“十四五”国家重点出版物出版规划项目

食品科学与技术前沿丛书

陈 坚 总主编

合成生物学与食品制造

刘延峰 陈 坚 主编

Synthetic Biology and Food Manufacturing

中国轻工业出版社

图书在版编目（CIP）数据

合成生物学与食品制造 / 刘延峰，陈坚主编. — 北京：中国轻工业出版社，2023.11
（食品科学与技术前沿丛书）
“十四五”国家重点出版物出版规划项目
ISBN 978-7-5184-4522-6

Ⅰ. ①合… Ⅱ. ①刘… ②陈… Ⅲ. ①合成生物—应用—食品加工 Ⅳ. ①TS205

中国国家版本馆CIP数据核字（2023）第153602号

责任编辑：伊双双
文字编辑：邹婉羽　　责任终审：许春英　　整体设计：锋尚设计
策划编辑：伊双双　　责任校对：吴大朋　　责任监印：张　可

出版发行：中国轻工业出版社（北京东长安街6号，邮编：100740）
印　　刷：三河市万龙印装有限公司
经　　销：各地新华书店
版　　次：2023年11月第1版第1次印刷
开　　本：787×1092　1/16　印张：19.5
字　　数：456千字
书　　号：ISBN 978-7-5184-4522-6　定价：158.00元
邮购电话：010-65241695
发行电话：010-85119835　传真：85113293
网　　址：http://www.chlip.com.cn
Email：club@chlip.com.cn
如发现图书残缺请与我社邮购联系调换
210313K1X101ZBW

食品科学与技术前沿丛书
编 委 会

《合成生物学与食品制造》
编 委 会

主　编　刘延峰　陈　坚

编　委（按姓氏笔画排序）

匡　华　吕雪芹　刘　龙　刘　潇

关　欣　吴俊俊　余世琴　张国强

周景文　饶义剑　堵国成

作者简介

陈　坚　中国工程院院士，发酵与轻工生物技术专家，现任江南大学未来食品科学中心教授、博士生导师，担任2035国家中长期规划食品领域战略研究组组长、“十四五”国家食品科技规划编制专家组组长，兼任中国工程院环境与轻纺工程学部副主任、国务院学位委员会轻工技术与工程学科评议组召集人、中国生物工程学会副理事长、中国食品科技学会副理事长。陈坚院士长期从事发酵工程、食品生物技术领域的研究和教学工作，针对发酵工业中高产量、高转化率、高生产强度三大关键工程技术难题，创新开发出一系列工程技术，应用于典型发酵产品工业生产；作为第一完成人获国家技术发明奖二等奖2项、国家科学技术进步奖二等奖1项、何梁何利基金科学与技术创新奖、中国专利奖金奖；国家“973”计划首席科学家、国家杰出青年基金获得者。

刘延峰　江南大学研究员，博士生导师，国家优秀青年基金获得者，主要从事利用合成生物技术构建细胞工厂用于合成重要营养化学品及食品组分的研究。作为第一作者/通讯作者在*Nature Chemical Biology*、*Nature Communications*和*Metabolic Engineering*等期刊发表论文30余篇；作为第一发明人获得授权发明专利12项，其中授权美国发明专利2项；作为项目负责人承担国家自然科学基金、江苏省优秀青年基金等国家和省部级科研项目9项。获得江苏省科学技术一等奖（2020年）、闵恩泽能源化工奖青年进步奖（2019年）。现为中国微生物学会工业生物微生物学专业委员会委员，*Frontiers in Bioengineering and Biotechnology*、*Fermentation*期刊编委，*Food Bioengineering*期刊青年编委。

序 | Preface

食品工业作为国民经济第一大产业，在保障民生、拉动内需、带动相关产业和区域经济发展、促进社会和谐稳定等方面具有关键战略意义。食品营养与可持续供给是世界各国重点攻关的关键领域，也是民生、民安、民康的重要基础保障。为了获取更多绿色、可持续、优质的蛋白质来满足人类日益增长的蛋白质需求，积极寻找新型食品蛋白资源已成为摆在世界各国面前的一项重要而关键的任务，是关系到食品安全、社会稳定和经济可持续发展的战略性问题，对于缓解蛋白质资源紧缺、提高人类膳食水平都具有重要意义。

近年来，世界多国都提出了一些关于未来食品的概念、方向和内容，并且，在2019—2022的四年间，以“未来食品”（Future Foods）或“食品未来”（The Future of Food）为主题的研究机构、平台和组织不断建立，相关杂志和学术会议持续出现，专业书籍也纷纷出版。进入21世纪以来，合成生物学技术的工具、方法、理论、体系迅猛发展，并被广泛应用于食品领域的各个产业。合成生物学等前沿技术在食品产业的应用催生出了食品细胞工厂、食品智能制造等新业态。

江南大学未来食品科学中心于2019年11月成立，中心聚焦前沿交叉学科，引领世界食品科学基础研究，开发食品领域颠覆性技术，助推我国进入世界食品领域强国前列。食品细胞工厂设计与构建、新食品蛋白资源的开发以及食品生物制造风险评估等领域的研究是中心重要研究方向。未来食品科学中心的教授团队注重将合成生物学技术与食品制造进行交叉融合，完成了一些重要项目，发表了一系列高质量论文，培养了一批高层次人才。这些均是专著的写作基础。

《合成生物学与食品制造》作为第一本介绍合成生物学技术用于食品制造的著作，一方面总结了合成生物学技术在食品制造方面的应用，另一方面提出了一些今后可能的发展方向。本书系统性显著、前沿性突出、交叉性鲜明，相信本书将为我国食品和生物相关专业教育以及人才培养注入新的能量，为我国食品生物制造的发展贡献一份力量。

中国工程院院士、江南大学教授

2023年8月

前言 | Foreword

健康、安全、可持续的食品制造是人类健康和社会可持续发展的关键要素之一。面对环境污染、气候变化、人口增长和资源枯竭等问题，如何保障安全、营养和健康的食品供给成为了一个亟待解决的问题。利用细胞工厂替代传统食品生产方式，建立可持续的食品制造新模式，可以大幅降低食品生产对资源和能源的需求，减少温室气体的排放，同时提升食品生产与制造的可控性，有效避免潜在的食品安全风险和健康风险。研究利用合成生物学技术创建细胞工厂，提升重要食品组分、功能性食品添加剂和营养品的合成效率，是解决目前食品制造面临的问题和主动应对未来挑战的必然要求。

传统食品的生产过程，特别是动物源食品的生产过程存在着能量浪费、环境污染和潜在的致病因素等问题，确保可持续、安全的食物来源，特别是优质蛋白质来源是一项巨大的挑战。合成生物学技术的出现和发展建立了有效合成蛋白质的细胞工厂，成为解决蛋白质供应问题的重要途径。食品生物制造的总体技术路线是构建细胞工厂种子，以车间生产方式合成乳、肉、糖、油、蛋等，其具有营养与经济竞争力，可以实施颠覆性技术路线，缓解农业压力，满足日益增长的需求。

本书系统地论述了合成生物学在食品制造中的相关研究与应用，围绕植物蛋白肉、细胞培养肉、人造蛋与人造奶、新食品蛋白资源、婴幼儿配方乳粉中活性组分的生物制造、黄酮类化合物的生物制造、食品生物制造风险评估以及食品生物制造中危害物质分析进行总结和探讨。全书共9章。第一章主要从合成生物学技术概述、合成生物学技术与食品制造的融合发展趋势、食品合成生物学技术概述、食品细胞工厂设计与构建、功能性营养素生物合成优化与控制和食品制造过程风险甄别与安全评价等方面，介绍了食品合成生物学技术。第二~五章分别介绍了植物蛋白肉、细胞培养肉、人造蛋与人造奶和新食品蛋白资源，总结了相关的研究与应用。第六章重点介绍了婴幼儿配方乳粉中活性组分的生物制造，着重介绍母乳寡糖、唾液酸、乳铁蛋白、脂肪酸和结构脂肪以及维生素的生物制造。第七章从关键黄酮合成基因的挖掘、复杂式黄酮从头合成途径的设计与组装和高效黄酮分泌系统的研发等方面总结了黄酮类化合物的生物制造。第八~九章介绍了食品生物制造过程危害物质风险评估与分析。本书第一章由刘延峰、刘龙、陈坚编写，第二章由刘潇、余世琴、周景文编写，第三章由关欣、堵国成编写，第四章由刘延峰、堵国成编写，第五章由饶义剑、张国强编写，第六章由吕雪芹、刘龙、堵国成编写，第七章由吴俊俊、周景文、陈坚编写，第八章、第九章由匡华编写；全书由刘延峰统稿。

为了使广大读者更系统全面地了解合成生物学技术在食品制造方面的应用，特组织江南大学未来食品科学中心相关专家编写本书，旨在归纳整理合成生物技术在食品制造领域的研究与应用情况，为促进食品绿色制造提供参考。

由于编者水平有限，书中难免有不妥之处，恳请专家、读者批评指正，以便不断改进和完善。

编者
2023年8月

目录 | Contents

第一章
合成生物学与食品制造概述

第二章
植物蛋白肉

第三章

细胞培养肉

第四章
人造蛋与人造奶

第五章

新食品蛋白资源

第六章

婴幼儿配方乳粉中活性组分的生物制造

第七章
黄酮类化合物的生物制造

第八章
食品生物制造风险评估

第九章
食品合成生物学危害物质分析

第一章

合成生物学与食品制造概述

合成生物学是生命科学前沿，它以工程化设计理念对生物体进行有目标的设计、改造乃至重新合成，是从理解生命规律到设计生命体系的关键技术。通过合成生物学，研究人员可以设计和构建新的生物分子成分、途径和网络，并使用这些结构重新编程细胞，以获得细胞工厂。随着合成生物学的发展及其在食品领域的应用，食品工业正发生着巨大的变化。食品科学与合成生物学的有机结合，既是提升食品安全与营养的重要技术，也是克服传统食品在人口和食品需求不断增长情况下难以可持续供给的重要手段。合成生物学使用人工设计的细胞工厂来实现食品生产（图1-1）。将合成生物学技术应用于食品生产，有望在提高资源转化效率的同时，减少空气污染、能源消耗和土地使用面积等可能由畜牧业发展带来的若干问题[1]。

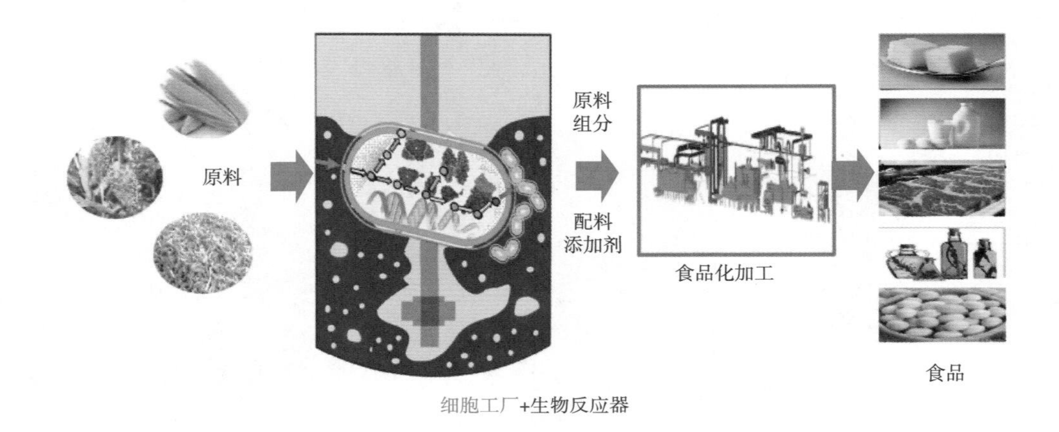

图 1-1　食品合成生物学技术流程

第一节　合成生物学技术体系及其在食品制造中的应用

一、合成生物学

（一）合成生物学概述

早在1910年，合成生物学的概念就被提出了，后来随着工程学思想策略与现代生物学、系统科学及合成科学的融合，以及DNA合成技术、基因编辑技术、高通量生物实验技术等取得突破性进展，逐渐形成了现代合成生物学。合成生物学在不同的发展阶段都有人从不同角度进行描述。“合成生物学”一词最早由法国物理化学家Stephane Leduc于1910年在其所著的《生命与自然发生的物理化学理论》一书中首次提出，归纳为“合成生物学是对形状和结构的合成”。合成生物学的具体定义最初由波兰遗传学家Waclaw szybalski提出的，是指设计新的调节元件，把这些新的调节元件添加到现有的基因组中，或者从零开始创建一个新的基因组，最终出现合成的有机生命体。在2000年美国化学学会年会上，美国斯坦福大学的 Eric Kool 再次引入“合成生物学”一词，用于描述在生命系统中起作用的非天然有机分子的合成，他将合成生物学定义为基于基因或蛋白质等生物元件为结构单元，通过将工程学原理与现代生物学相结合，利用人工设计与合成方法实现改造现有生命体系甚至设计制作全新的生命体系。2000年《自然》（*Nature*）杂志报道人工合成基因路线研究成果，将“合成生物学”研究推至世界范围。2015年，欧洲新兴的和新近发现的健康风险科学委员会提出了合成生物学的新定义：“合成生物学是一个集科学、技术和工程于一体的应用领域，旨在加快生物体遗传物质的构建和改造。”2016年，联合国《生物多样性公约》重新定义了合成生物学：“合成生物学是科学、技术和工程学的有机结合，是现代生物技术的进一步发展和新水平，其目的是提升人类对遗传材料、生物和生物系统的认知、设计、重设计、建造和转化。”[2]

综上所述，合成生物学是以工程化设计为理念，通过合成标准化生物功能元件、装置和系统，对细胞或生命体进行遗传学设计、改造，使其拥有特定生物功能，甚至创造新的生物系统的学科。合成生物学使用的关键技术包括基因编辑、蛋白质工程、代谢工程、DNA合成和组装、计算机辅助设计、细胞状态分析、系统生物学等多个领域[3]。其目标是通过采用工程化原理设计全新的细胞工厂，将化工多单元反应组装在一个细胞内完成，并在这个过程中理解生物系统的设计规则（图1-2）。通过合成生物学，研究人员可以设计和构建新的生物合

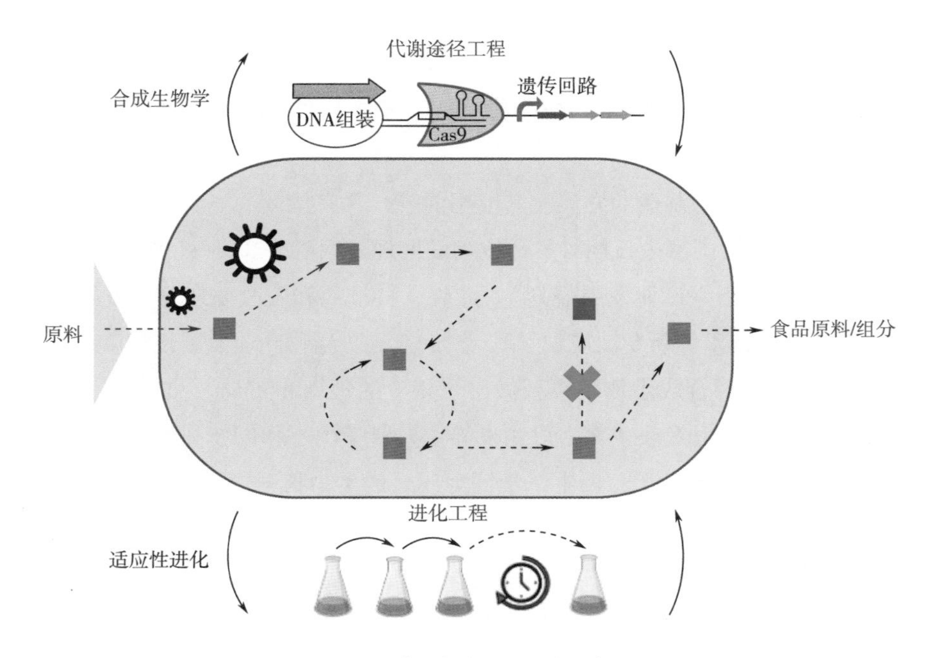

图 1-2　食品细胞工厂设计示意图

成途径和网络，增强现有系统的生物功能，构建基于非天然生物分子的人工细胞工厂。在近二十余年的发展过程中，合成生物学已经被应用于各个领域，并且取得了令人瞩目的成就，包括营养化学品生产、生物燃料合成、医药产品研发、生物材料制造、环境保护、工业酶制剂生产、农业原材料生产等[4]。其中，合成生物学在食品领域的应用为食品重要组分、功能性食品配料和重要功能营养因子的生物制造提供了关键技术和方法支撑。

合成生物学是全世界都在推动的第三次生物技术革命，被认为是21世纪最重要的生物平台技术，可广泛应用于生物材料、生物医药与健康、农业、能源和环境等与国计民生、国防和国家安全密切相关的重要领域，深刻影响着相关领域的发展，具有广阔的前景和巨大的应用开发潜力，具有显著社会经济价值。美国市场调查公司 BCC Research 2020年发布的《合成生物学：全球市场》报告数据显示，2019年由合成生物学直接驱动的全球市场规模已达53.19亿美元[3]。

2020年麦肯锡全球研究院（McKinsey Global Institute，MGI）在其发布的《生物革命：创新改变经济、社会和人们的生活》研究报告中称，原则上全球60%的产品可以采用生物法进行生产，预计在未来10～20年，合成生物应用可能每年对全球产生2万亿～4万亿美元的直接经济影响。据波士顿咨询公司2022年的预测，到21世纪末，合成生物技术将广泛应用在占全球产出1/3以上的制造业，创造约30万亿美元的价值。据Cefic数据和OECD预测，2020年全球化工品销售额为34710亿欧元，在未来的10年里，全球至少有20%的石化产品可由生物基产品替代。我国学者张媛媛、曾艳、王钦宏等于2021年发表的综述文章强调，未来10年，预计石油化工、煤化工产品的35%可被合成生物产品替代，从而缓解化石能源短缺等问题，对能源领域产生广泛影响。“人造肉”是合成生物学在食品领域的一个应用，英国《卫报》预计未来5年“人造肉”行业的规模将增至100亿美元。《中国植物肉市场洞察》Data100预计10年后全球肉类市场的规模将达到1.4万亿美元，其中“替代肉类”的市场占比将从目前不到1%提升到10%，超过万亿元人民币[5, 6]。

我国十分重视合成生物制造的发展及其应用前景，并有持续的规划部署。从科学技术发展的角度，有纲领性的《国家中长期科学和技术发展规划纲要（2006—2020年）》；从产业发展的角度，有“战略性新兴产业发展规划”。此外，科技部和发改委还分别发布了更具针对性的《“十三五”生物技术创新专项规划》和《“十三五”生物产业发展规划》等文件，全方位、多层级、多角度地对合成生物学领域做出了相应的规划和布局。2021年3月15日，习近平总书记在《求是》杂志上发表《努力成为世界主要科学中心和创新高地》一文，指出“以合成生物学、基因编辑、脑科学、再生医学等为代表的生命科学领域孕育新的变革”。国家在《中华人民共和国国民经济和社会发展第十四个五年规划和2035年远景目标纲要》中，明确将合成生物学列为科技前沿领域方向之一[4]。

（二）合成生物学技术进展

合成生物学兼顾模式微生物和非模式微生物的工业化应用改造。在细胞工厂静态、动态精细调控方面，开发了大量实用的使用技能。以下从基因编辑技术、基因表达调控工具、底盘细胞和系统生物学四个方面展开介绍。

1. 基因编辑技术

基因编辑技术是合成生物学的核心技术之一，其在微生物细胞工厂的机制探索与构建、测试中发挥了巨大的作用。其中对于基因组的整合通常基于同源重组进行，在这个过程中，研究人员已经开发了三种基因组编辑核酸酶，包括锌指核酸酶（ZFN）、转录激活因子样效应物核酸酶（TALEN）和规律间隔成簇短回文重复序列（CRISPR）-相关系统（Cas）。上述基因编辑技术在微生物细胞工厂的构建中至关重要，合成生物学组学技术和基因组规模代谢模型的快速发展，基因靶点的筛选变得更加高效。这些靶点包括以往难以鉴定出基因组规模的多个敲除靶点、多个过表达靶点以及多个变构调节靶点。然而，尽管获得潜在的多个基因靶点的过程效率提升，运用传统单基因改造方法对这些靶点进行鉴定和构建微生物细胞工厂往往是复杂的和耗时的。因此，基因组规模的基因编辑工具是不可或缺的，研究人员已经开发了两种主要的代表性方法，包括寡核苷酸介导的基因组工程工具和基于CRISPR的基因组工程工具。

寡核苷酸介导的基因组工程工具以哈佛医学院George Church教授团队构建的多重自动化基因组工程（MAGE）为代表[7]。MAGE是一种自动化、快速且高效的工具，旨在修改单个细胞或整个细胞群中的多个目标基因。其关键在于将定向单链DNA或寡核苷酸（Oligos）引入细胞，通过多轮电穿孔来修饰靶基因。该方法允许针对不同目的修改从核苷酸到基因组长度的许多目标，包括多个基因的敲除、过度表达或点突变。最初，它被用于改善番茄红素的生物合成，目前已广泛应用于微生物细胞工厂的构建。研究人员还开发了将组学数据或计算工具与MAGE相结合的方法，通过将MAGE与接合组装基因组工程（CAGE）相结合，获得了基因组重编码的大肠杆菌（*Escherichia coli*），其基因组上的所有314个“TAG”终止密码子都被“TAA”替换。此外，还开发了共选择MAGE（CoS-MAGE）以优化芳香族氨基酸衍生物的生物合成，微阵列寡核苷酸多重自动化基因组工程（MO）-MAGE被开发用于同时干扰数千个基因组位点。为了缩短MAGE的设计时间，还开发了一些自动化设计工具，如MAGE寡核苷酸设计工具MODEST。这些寡核苷酸介导的基因组工程工具的开发将有助于更好地了解宿主的代谢机制并开发更高效的微生物细胞工厂[8]。

另一种基于CRISPR的高效基因组规模工程工具——CRISPR-Cas系统也得到了迅速发展。CRISPR-Cas系统可以实现基因组规模的基因编辑。对于基因组规模的基因编辑，研究人员在大肠杆菌中开发了一种易于使用且高效的工具，允许同时编辑（插入或删除）3个目标基因，其编辑效率可达100%。同时，CRISPR-Cas9与基于噬菌体来源重组酶λ Red重组工程的MAGE技术（CRMAGE）的结合，不仅实现了高效快速的基因组编辑，也为基因组规模基因编辑的自动化开辟了新的可能性。此外，研究人员还开发了基于CRISPR的可追踪基因组工程（CREATE）。在基因组规模上，CRISPR-Cas系统甚至可以消除目标染色体。基于CRISPR的基因组尺度基因表达调控也已应用于微生物细胞工厂的构建。伊利诺伊大学香槟分校Huimin Zhao教授团队建立了正交三功能CRISPR系统（CRISPR-AID）它能实现在酿酒酵母中的转录激活、转录干扰和基因缺失[9]。

对于质粒载体的构建，同样发展出了包括GoldenGate组装、Gibson组装、BioBrick组装、单链组装、连接酶循环反应等多种方法。其中以GoldenGate组装和Gibson组装为代表（图1-3）。GoldenGate组装属于限制性内切酶方法，是在ⅡS型限制性内切酶和DNA连接酶的应用中建立的，其不仅可实现无痕质粒载体的构建，同时可以成功地连接多片段DNA。由于基于ⅡS型限制性内切酶的切割位点不是识别序列的一部分，理论上可以识别并连接256个不同的四碱基侧翼序列。Gibson组装于2009年被首次报道，它可以同时组装多达15个DNA片段。在这种方法中，要组装的DNA片段需要与相邻的DNA片段重叠13～40个碱基对。此外，还需要三种酶，包括核酸外切酶、TaqDNA聚合酶和TaqDNA连接酶。Gibson组装过程主要包括4个步骤：①核酸外切酶从5′端咀嚼DNA；②退火相邻DNA片段上产生的单链区域；③DNA聚合酶恢复与核苷酸的缺口；④DNA连接酶共价连接相邻片段的DNA并去除切口。

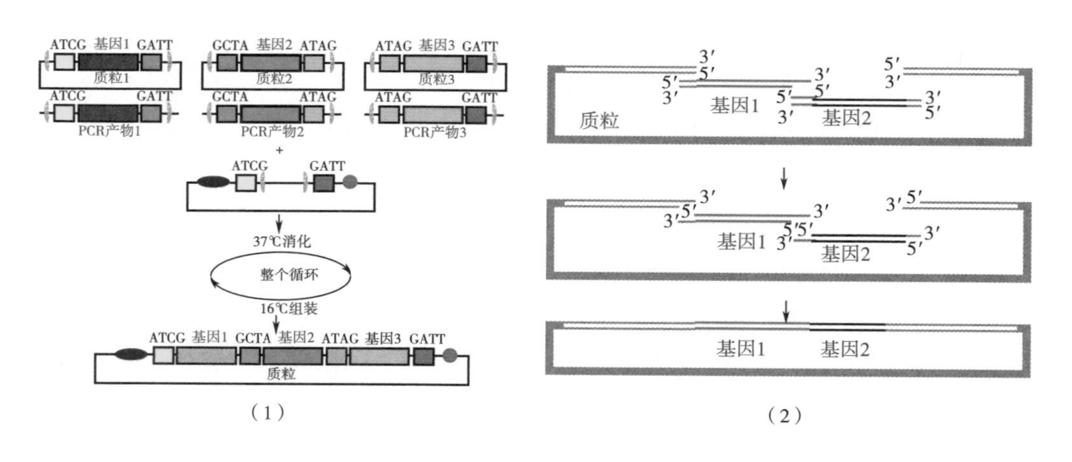

图 1-3 GoldenGate 组装与 Gibson 组装过程示意图

（1）GoldenGate组装 （2）Gibson组装

2. 基因表达调控工具

随着基因编辑、高通量基因测序技术的飞速发展，对于典型模式微生物大肠杆菌（革兰阴性菌）、枯草芽孢杆菌（*Bacillus subtilis*）（革兰阳性菌）和酿酒酵母（*Sacharomyces cerevisiae*）（真核微生物）中新型基因表达调控工具的研究取得了显著进展，进一步推动了合成生物学的发展。单基因或代谢途径的表达引入细胞后，需要经过进一步优化和调控，以提高合成效率，避免代谢负担，保持代谢网络的平衡[10]。为了满足合成生物学研究中对基因表达调控工具动态范围和动态模式的需求，研究人员设计、构建和测试了一系列用于合成生物学研究中精确和动态控制基因表达的新型元件和工具。经典的基因表达调控元件包括启动子、核糖体结合位点（RBS）和终止子等。在此基础上，近年来发展了一系列具有更大的动态范围和更广阔的应用领域的新一代基因表达元件，例如，基于大数据的合成启动子、*N*端编码序列和小转录激活核糖核酸（RNA）。此外，还开发了一系列可以实现全局基因调控的工具，例如，基于CRISPR-dCas9系统、基于全局转录因子、基于σ因子和基于表观遗传修饰的基因表达调控工具。同时，为了响应特定生物信号，开发了光遗传调节系统、群体感应系统、生物传感器系统和蛋白质降解系统等特定的基因表达调控工具。

（1）经典基因表达调控元件　细胞内基因表达水平的调控是多层次、复杂的过程，涉及基因转录、翻译及蛋白质降解等，通过不同强度表达元件替换来改变基因表达水平是经典基因表达调控元件探索与应用的基本思路，也是实现细胞内基因表达最简单的方式之一。经典的合成生物学基因表达调控元件，如启动子、核糖体结合位点、终止子等可以强烈影响基因转录与翻译水平，在调控蛋白质表达水平、改变细胞内代谢流等过程中扮演着重要角色。启动子是合成生物学领域中使用最广泛、最基本的表达元件，启动子改造与替换是最简便有效的基因表达调控方法之一。它是一段能够被RNA聚合酶识别并结合，从而对特定基因实现转录的DNA序列。在所有表征的启动子中，大部分启动子为组成型启动子，其不需额外的诱导即可使基因在细胞内持续表达。除此之外，常用的启动子中也包括少数在生物体内发现的诱导型启动子，其在细胞内的表达受到特定条件，如特定化合物的诱导。转录得到的mRNA通过5′端RBS序列实现核糖体的招募与结合，进一步实现基因的翻译过程。因此，RBS的差异直接影响了核糖体的结合效率，并在一定程度上决定了翻译强度。相比于启动子，RBS由于序列较短，操作便捷且调控范围较大，同样作为经典且常用的微生物基因表达调控元件。此外，为了结束基因从DNA至RNA的转录过程，需要一段特殊的DNA序列为转录提供终止信号，这段序列通常位于最后一个编码基因之后，称为终止子，其对于提高转录效率与提高mRNA稳定性十分重要。目前针对典型的模式微生物，如大肠杆菌、枯草芽孢杆菌、酿酒酵母等均已构建了相应的数据库，以提供不同强度和不同类型的基因表达元件。随着系统生物学，特别是转录组学和蛋白质组学测定技术的发展，不同强度、不同类型的经典基因表达调控元件库的构建变得更简单，这将进一步增强对基因表达水平的精确调控能力[11]。

（2）新型基因表达调控元件　随着合成生物学的快速发展，经典的基因表达调控元件在普遍应用的同时，亟待其性能上的提升以满足日益增长的需要。首先，理想的基因表达调控元件应具有调控范围大的特征，而从基因组上鉴定的天然调控元件强度由于受到进化的限制而不足以为合成生物学提供所需要的强度[12]。其次，理想的基因表达调控系统应具有稳定的特征，诱导型启动子应具有基础表达严密的特征，而经典的天然基因表达调控元件在细胞内潜在的调控机制可能干扰基因的稳定表达。因此，为了进一步实现基因表达的精确调控并扩大调控范围，研究人员逐渐开发应用了一些新型的基因表达调控元件，如合成启动子、广谱启动子、*N*段编码序列（NCS）与基于功能RNA或DNA的新型基因表达调控元件等。[13]

新型启动子包括合成启动子与广谱启动子。在合成生物学研究中，天然启动子越来越不能满足高强度表达的需求。因此，新一代的合成启动子逐渐被构建和应用。新型启动子根据构建方式一般分为三种，即易错PCR启动子文库、启动子间隔区域饱和突变文库、混合启动子文库。此外，目前天然表征的启动子在不同物种中往往是不相容的，特别是在原核微生物和真核微生物之间，这导致在不同宿主中进行相同基因表达时需要重构具有物种特异性启动子的表达框。为了解决此类问题，目前已经开发了一些具有不同强度的，在典型模式微生物间通用的广谱启动子。这些广谱启动子可用于优化不同宿主中的遗传回路或生物合成途径，从而简化或缩短操作过程。[14]

目的基因本身的序列也是对基因表达量影响巨大的因素之一。特别是基因*N*端编码序列，其通过影响核糖体在翻译起始阶段与mRNA结合和延伸的效率，在翻译水平上强烈影响基因表达，是细菌中调控基因表达水平的重要机制。在近年来的研究中，通过在典型模式微生物中的表征，越来越多的研究证实了*N*端编码序列对于基因表达的重要影响，并且提出了潜在的6种*N*端编码序列影响mRNA翻译水平的因素，包括*N*端规则、mRNA二级结构、热力学和动力学、腺嘌呤/胸腺嘧啶（A/T）含量、带电荷数氨基酸残基数以及特殊氨基酸的丰度。在合成生物学研究的实际应用中，*N*端编码序列的重要性正被逐渐重视。例如，在大肠杆菌中已经实现了超过244000个合成*N*端编码序列文库的构建、高通量测序、表征和分析[15]。在枯草芽孢杆菌中，目前已经开发了天然的和合成的*N*端编码序列文库及*N*端编码序列的改造方法以精细调控基因的表达。

基于功能RNA或DNA的新型基因表达调控元件同样是新型的调控基因元件，其包括核糖开关、sRNA与核酸适配体等。具体来说，核糖开关是某些mRNA非编码部分内的结构域，其可以响应特定代谢物的结合而改变自身结构来控制基因表达[16]。在细菌中，核糖开关由执行配体识别的适体域和调节转录终止或翻译起始的表达平台组成。适体域在不同生物中高度保守，其作为目标代谢物的精确传感器，具有高度的选择性和特异性。细菌功能RNA调控元件的另一类是一种较短的RNA，称为小RNA（sRNA）。大部分sRNA通过与特定mRNA直接碱基配对而影响基因的表达，但也有少部分通过直接与蛋白质发生相互作用从而调控蛋白质活性。核酸适配体是近年来开发的一种由单链DNA或RNA适配体和蛋白质配体组成的新型基因表达调控元件[17]。与核糖开关不同的是，核糖开关是与mRNA共转录的RNA元件，通过自身结构改变来调节基因表达，而核酸适配体可以是单链DNA或RNA，其通过识别和结合配体（包括蛋白质和小分子）发挥功能。适配体可以通过特异性结合相应的配体来改变其空间构型以进一步调节下游基因的转录或翻译[18]。

（3）基因表达的全局调控工具　经典的基因表达调控工具虽然可以实现对单基因表达水平的调控，但在合成生物学中的实际应用往往需要对多基因表达调控的配合。这限制了对宿主进行改造的通量，限制了同时探索多个基因的可能，使细胞难以实现全局的最佳表型。同时，细胞内代谢网络往往存在复杂的调控机制，在胞内进行单基因或多基因表达强度的改变或引入异源代谢途径往往造成细胞内代谢的失衡，代谢负荷加剧，进一步损害细胞生长，不利于代谢工程菌株在工业上的大规模应用[19]。胞内天然代谢网络的调控机制为解决这些限制提供了替代方法。当环境条件发生变化或细胞处于不利环境时，胞内代谢网络可以迅速响应环境的变化，开启或增强当前环境条件下利于细胞生存的一系列基因的表达，并抑制对细胞不利基因的表达。这种全局性的基因表达调控使细胞能够适应不同生长环境中的各种营养条件，诱导相应环境条件下合适的细胞生理过程，如细胞发育、氮代谢和碳代谢等，提高细胞在不同环境下的抗逆性。而这些全局性的基因表达调控系统往往受调控于某些特定的蛋白质或RNA，如全局转录调控因子、σ因子、6S RNA、DNA修饰酶等。因此，通过改变相应基因的表达水平，即可实现胞内全局性的基因表达精确调控[20]。最初，使用σ因子进行胞内全局转录调控的策略被称为全局转录机器工程（gTME）。目前，此概念已经拓展至对所有的全局基因表达调控工具的应用[21]。

（4）响应特定信号的基因表达调控工具　静态基因表达调控工具可以实现合成生物学对于基因表达的基本要求，并在代谢工程中通过调节基因表达量平衡细胞内各代谢途径的通量。但是，当静态基因表达调控工具存在局限时，如目的基因的表达或中间代谢产物对细胞生长造成损害或加剧细胞代谢负荷时，实现精确的基因表达动态调控显得越来越重要[22, 23]。在细胞内，动态的基因表达调控是天然代谢产物的普遍调控方式。经典的基因表达调控元件中仅有很少的工具，如诱导型启动子，可以实现对基因的动态表达调控，但启动子数量的有限性、诱导剂的额外添加、较小的动态范围以及基础表达的泄露使其越来越不能满足合成生物学研究与代谢工程应用的需要。因此，目前已经发展出一系列新型的可响应多种特定信号的基因表达动态调控工具。

例如，通过天然代谢产物对基因表达的反馈调节开发了生物传感器（Biosensor），通过宿主间基于化学信号交流导致特定基因表达的现象开发了群体响应分子开关。此外，通过组合天然发现的分子工具或通过人工改造已有分子工具的生物学特性，开发出了一系列天然不存在的人工基因表达调控工具。例如，通过将CRISPR系统中dCas9蛋白（仅有DNA结合功能，无DNA切割功能）与σ因子结合，可以实现转录的激活[24]。这些工具及其组合的使用可以实现类似于天然的基因表达调控功能，在缓解细胞代谢负荷、胞内中间代谢产物自动控制、解偶联细胞生长与生产过程等方面具有广阔的应用前景，成为未来研究和开发的重要方向之一[25]。

除了能响应化学信号的动态基因表达调控工具，目前也开发了一些响应物理信号，如光、热、电和磁信号的基因表达调控工具。其中在所有的输入信号中，光是一种理想的基因表达调控信号，其可以被瞬间开启或关闭[26]。在自然界中，天然存在多种光调控的基因表达元件，通过光信号的输入可以实现细胞内蛋白质的相互作用或基因转录的开启。光诱导基因的转录一般基于感光蛋白结构的变化，在有特定波长光照射的情况下，其可以将光信号转化为基因表达信号，当移除光源时，感光器会发生暗还原，恢复原始状态[27]。基于这一原理，最初在神经元的控制领域构建了光遗传学工具，用以在完整的哺乳动物神经组织内实现神经元刺激或抑制的精确时空调控。目前光遗传学工具已广泛扩展至所有的典型模式微生物，并在离子选择性、光谱灵敏度和时间分辨率等方面进行了优化以用于合成生物学研究和代谢工程改造（图1-4）。在大肠杆菌中，基于蓝细菌色素8（Cph8）构建了红光依赖的基因表达调控工具，基于蓝细菌膜相关组氨酸激酶CcaS及其调节蛋白CcaR构建了红光依赖的基因表达调控工具，使工程大肠杆菌能够独立感应红光和绿光，实现多基因表达的精确时空调控[28]。这套光遗传调控系统进一步被引入至枯草芽孢杆菌，通过优化途径基因表达，在枯草芽孢杆菌内成功实现了超过70倍的基因表达激活[29]。在酿酒酵母中，基于一种蓝光激活的光、氧、电压结构域（LOV）光敏蛋白EL222，成功构建了两个酵母光遗传基因表达工具OptoEXP和OptoINVRT，分别用于蓝光依赖的基因表达激活与基因表达抑制，并成功应用于代谢工程中提高酿酒酵母异丁醇和2-甲基-1-丁醇的产量。

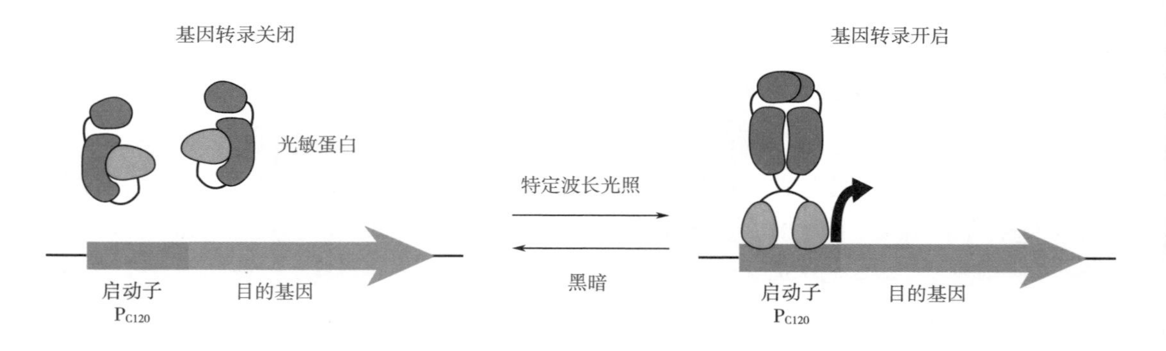

图 1-4 基于光遗传学的基因表达调控工具

目前，典型模式微生物基因表达的精细调控工具已经围绕中心代谢各个层面进行了补充、增强与发展，包括基因水平、转录水平、翻译水平和蛋白质水平，实现了工具的多样化和创新性[11]。同时，新型基因表达调控工具已经在一定程度上实现了理想基因表达调控元件的特征，如严格控制的泄漏率、便于调节的动态模式、宽泛的响应区间、良好的正交性、稳定的信号响应性等。此外，随着系统生物学和计算分析技术的进一步发展，研究人员发现了越来越多性能强大的天然细胞基因表达精细调控工具，并且已经用于动态基因表达精细调控工具的发展。同时，根据日益丰富的生物学信息开发功能更强大的基因表达精细调控元件也是未来发展的方向之一。性能更强大的基因表达调控工具可以进一步促进合成生物学的发展，如使工程菌株工程菌能够响应监测到的代谢压力而自动精确调节基因表达，在实现胞内资源平衡、防止代谢毒性和抑制低产亚群等方面具有广阔的前景[30]。

3. 底盘细胞

底盘细胞是指细胞工厂构建的初始宿主细胞，基于合成生物学策略的宿主工程化改造是实现生产酶或化学品的重要步骤。通过将合成途径和工具引入底盘细胞，研究人员可以测试所设计的合成途径和合成工具的可行性和有效性[13]。合成生物学改造底盘细胞的选择是构建微生物细胞工厂的第一步，也是最重要的一步。迄今为止，研究人员已经开发出一系列用于工业生产的微生物，包括酿酒酵母（*Saccharomyces cerevisiae*）、大肠杆菌（*Escherichia coli*）、芽孢杆菌属（*Bacillus*）、梭菌属（*Clostridium*）、假单胞菌属（*Pseudomonas*）、解脂耶氏酵母（*Yarrowia lipolytic*）、黑曲霉（*Aspergillus niger*）等[31]。在这些微生物中，大肠杆菌、枯草芽孢杆菌和酿酒酵母三种模式微生物由于成熟的基因操作工具和明确的遗传背景，经常被选为合成生物学改造的首选宿主菌株，但总的来说，不同的微生物具有不同的内源代谢和工业生产性能[13]。因此，对于特定的化学生物合成，宿主选择往往对其最终是否具有工业竞争力起着决定性的作用。

举例来说，革兰阳性模式微生物枯草芽孢杆菌，由于其生长快、易培养，并具有强大的蛋白质合成系统，目前在工业上已经广泛应用于营养化学品（如*N*-乙酰氨基葡萄糖、莽草酸、维生素B_2）、平台化学品（如乙偶姻、醋酸盐、苹果酸、异丁醇、2,3-丁二醇）、工业酶（如碱性蛋白酶、木聚糖酶、半乳糖苷酶、淀粉酶）和生物材料等的生产[32]。再如，氨基酸生产通常使用谷氨酸棒状杆菌（*Corynebacterium glutamicum*），脂质和脂肪酸的生产通常选择酵母，乳酸的生产通常选择乳酸菌，苹果酸的生产通常使用米曲霉（*Aspergillus oryzae*），柠檬酸的生产通常使用黑曲霉等。此外，还需要考虑微生物的其他方面，包括利用廉价碳源的能力、大规模工业发酵的稳健性和安全性。针对不同的靶向代谢工程改造，不同的宿主通常具有不同的效果，这是因为目的代谢途径往往会消耗大量的碳源或氮源、能量和辅助因子，并可能产生有毒的中间代谢产物，而不同宿主对不同辅助因子的供应具有独特的优势，或者不同宿主对不同的辅助因子或有毒的中间代谢产物可能有不同的耐受性。同时，靶标的部分代谢途径往往来源于宿主本身[35]。如果相应的天然酶促反应是高效的，这也将促进进一步的代谢工程。目前，除了实验尝试外，也发展出了代谢网络模型预测宿主细胞与代谢途径选择的工具。

4. 系统生物学

系统生物学通过使用广泛的实验数据并整合各种高通量技术和计算方法来解释系统级细胞现象。在微生物细胞工厂的构建中，最引人注目的系统生物学工具和策略是组学数据的分析和代谢模型的模拟。尽管仅通过传统的代谢工程方法开发能够生产化学品和生物材料的微生物细胞工厂是可以实现的，但在获得具有工业竞争力的菌株方面仍然存在许多挑战。特别是解析细胞的复杂代谢途径及其相关的调节网络是一项重大挑战。在宿主菌株中改变代谢通量或引入异源代谢途径通常会导致代谢竞争、失衡和抑制。为了让微生物细胞工厂更有效率，通常需要花费大量的时间和成本。为了克服这些障碍，有必要系统地了解细胞工厂的细胞代谢和生理特征。系统生物学的最大优势在于它可以解码微生物的代谢，更准确、更高效地、系统地、全局地提供代谢工程所需的基因组规模靶标，可以加快微生物细胞工厂的构建。此外，系统生物学可以帮助确定通过诱变筛选或适应性进化获得的菌株的突变靶标，使细胞工厂的构建更加合理。同时，随着新一代高效基因组工程工具的出现，包括寡核苷酸介导的基因编辑工具和基于CRISPR的基因编辑工具，系统生物学在构建高效微生物细胞工厂方面发挥着越来越重要的作用[34]。

二、食品合成生物学

食品产业关系国计民生，是衡量一个国家或地区经济发展水平和人民生活质量的重要标志，在促进经济增长、提高居民生活水平、扩大劳动就业等方面发挥着重要的作用。随着社会和科技的发展，人们对食物的消费观念发生了巨大的变化。在习近平新时代中国特色社会主义建设背景下，人民对于食物的需求从基本的“保障供给”逐渐转变为“营养健康”。面对环境污染和世界人口增加问题，迫切需要新工艺来满足消费者对食品更高的需求，同时确保食品的安全性、营养性和可持续性。

（一）我国食品产业概况

我国食品产业位居全球第一，是国民经济支柱产业。2022年，我国食品工业主营业务收入9.85万亿元，占全国GDP总量的8.1%。预计未来10年，中国的食品消费将增长50%，增长超过7万亿元。同时，我国也是全球最大的食品贸易国，食品进出口位居世界第一。2020年，我国进口食品908.1亿美元，出口221.5亿美元，分别涉及全球185和210个国家（地区），初步形成“买全球、卖全球”食品贸易格局。食品工业是融合全球供应链和提升我国国际竞争力的重要支撑[3]。

我国在食品科技方面同样发展迅速。全国有430余所高校设立了食品科学与工程专业。在近两年软科世界一流学科评估中，食品领域排名前十的高校中，中国高校有6所[1]。我国食品领域论文发表量、论文引用数量、专利申请和授权数量均位居全球第一。在Web of Science 平台核心合集中以“Food Technology”或“Food Science”为学科关键词进行检索，2007—2022年全球食品科学与技术学科领域发文总量61070篇，其中，我国发文9800篇，占全球总量的16.1%。2000—2020年食品科学领域累计获国家奖127项，其中，国家自然科学奖二等奖2项，国家技术发明一等奖1项、二等奖30项，国家科技进步一等奖2项、二等奖92项。我国重视在食品科技方面的研发资金投入与教育投入。在资金投入方面，1996—2022年，科技部通过国家主体计划（科技攻关计划、科技支撑计划、863计划和国家重点研发计划等）在食品领域累计资助了126个项目，国拨经费约44.7亿元。

虽然我国食品领域科技发展迅速，但是依然面临以下6个方面的问题：①在基础研究上，引领性基础研究较少。②领跑技术比例小。美国、日本和德国在食品领域领跑技术比例分别占48%、29%和13%，而我国在食品领域领跑技术比例仅占5%，与主要发达国家存在明显差距。发达国家主要以企业研发为主，产业化阶段技术比例在80%以上，而我国食品技术产业化比例较低。③装备自主创新能力低。美国、日本和欧盟等食品智能装备专利占全球食品智能装备专利总量的80%以上，而我国食品装备年进口额近300亿元，大型食品企业80%的关键高端装备依赖进口。④加工增值和资源利用不足。美国和日本食品工业产值与农业总产值之比分别为3.7：1和11.7：1，而我国食品工业产值与农业总产值之比小于2：1。我国食品工业消耗巨大资源和能源，包括年用水约100亿吨、耗电2500亿千瓦时、耗煤2.8亿吨、废水50亿立方米、废物4亿吨。⑤食品毒害物检测国外依赖度高。我国快速检测产品以农兽药残留检测为主（占比80%），受国际认可不足10%。食源性致病菌等核心检测试剂和毒素标准物质高度依赖进口。复杂基质分离材料国产占比不足15%，用于8种微生物快速检测的84个检测产品几乎没有国产。⑥生鲜食品储运损耗大。美国蔬菜加工运输损耗率为1%～2%，荷兰向世界配送果蔬损耗率为5%，而我国生鲜农产品物流损耗率较大，分别为：果蔬20%、肉类8%、水产品11%、粮食8%，生鲜食品冷链配送率仅8%，在储运方面损失巨大[35, 36]。

（二）传统食品生产面临的问题

1. 人口增长带来的产能压力

截至2022年底，全世界238个国家（地区）总人口数已突破80亿。根据联合国的预测，到2050年世界人口将增长到97亿，这必然要求更高效、更持续的食物生产方式。以维持人类生命和生长发育的必需的蛋白质为例，根据《中国居民膳食指南（2022）》中的建议，成年男性和女性的蛋白质摄入量应分别为65g/d和55g/d，并且对于特殊人群，如运动员、老年人和孕妇，最佳每日蛋白质摄入量应高于对一般人群的推荐量。同时，饮食指南推荐人们采用混合蛋白质饮食。植物蛋白通常缺乏一种或多种必需氨基酸，不易消化，而动物蛋白更符合人体的需要，通常能提供所有必需氨基酸。例如，牛肉富含赖氨酸、亮氨酸和缬氨酸；猪肉含有苏氨酸、苯丙氨酸和赖氨酸；而禽蛋类富含甲硫氨酸、苯丙氨酸、色氨酸和组氨酸。根据可消化必需氨基酸评分（DIAAS），鸡蛋和牛乳中的蛋白质得分更高，氨基酸组成/含量与人类所需更加相似。目前动物蛋白生产仍是主要的传统蛋白质供应方式之一，其占人类蛋白质总消耗量的40%，预计这一比例还将大幅增加。联合国粮食及农业组织（FAO）预测，从2000—2050年，全球肉类和乳制品的消费量将分别增长102%和82%，这需要额外生产2.33亿吨肉类和4.66亿吨牛乳[6]。

2. 传统食品生产造成的环境问题

为了满足如此大量的食物需求增长，传统食物供给方式需要加大自然资源的投入，然而，动物蛋白的生产通常被认为是高度污染和不可持续的。首先，目前可供使用的水、土地等地球资源是有限的。仅畜牧业就占据了20%的淡水、50%的草地和70%的大豆，并且占据全球温室气体排放量的18%（包括二氧化碳、一氧化二氮和甲烷）。其次，传统动物蛋白生产过程中，从饲料到动物性食品的转化过程效率不高，会造成大量资源的损失。例如，生产4g牛肉蛋白所消耗的资源可生产约100g植物蛋白；生产1kg鸡蛋平均需要2.3kg干物质饲料。全世界农作物产生的能量中有36%被牲畜消耗，但这些饲料中只有12%的能量最终进入人类饮食（以肉、蛋、乳和其他动物产品的形式）。因此，动物的生产过程将对气候、生物多样性和其他环境产生重大影响[13, 37, 38]。

3. 传统食品生产潜在安全问题

根据世界卫生组织报告和《柳叶刀》刊登的研究结果，膳食是仅次于遗传影响人类健康的第二大因素，约16.2%的疾病负担归因于膳食。膳食因素每年导致全球约1100万人死亡，其中中国有约301万人，主要原因之一便是动物性食品摄入过多[39]。具体来说：①超过65%的人类传染病源自动物。伴随传统动物蛋白生产过程中产出的粪便、动物尸体和其他废物中含有的沙门氏菌等病原体对公共健康构成威胁。②当人类摄入动物蛋白时，所消耗的食物中也可能含有残留的动物激素和抗生素。③传统方式生产的食品中某些化合物可能直接导致疾病。所有这些问题都对传统的食物供给方式提出了挑战。因此，未来有必要探索新型健康可持续的食物生产方式。

（三）食品合成生物学概述

食品合成生物学是在传统食品制造技术基础上，采用合成生物学技术，特别是食品微生物基因组设计与组装、食品组分合成途径设计与构建等，创建具有食品工业应用能力的人工细胞、多细胞人工合成系统以及无细胞人工合成系统，将可再生原料转化为重要食品组分、功能性食品添加剂和营养化学品，实现更安全、更营养、更健康和可持续的食品获取方式的学科。食品合成生物学发展需要经历3个阶段：第1阶段是通过最优合成途径及食品分子修饰，实现重要食品功能组分的有效、定向合成和修饰；第2阶段是建立高通量高灵敏筛选方法，筛选高效的底盘细胞工厂，实现重要食品功能组分的高效生物制造，为“人造功能产品”细胞的合成做准备，初步合成具有特殊功能的“人造功能产品”细胞。第3阶段是实现人工智能辅助的全自动生物合成的设计及实施，通过精确靶向调控，大幅提高重要食品功能产品在异源底盘和原底盘细胞中的合成效率，最终实现“人造功能产品”细胞的全细胞利用[13]。

国外已有合成生物学来源的食品添加剂和食品功能组分被列入欧盟（EU）和美国食品药品监督管理局（FDA）目录，人类对合成生物学制造技术的驾驭和运用，正在颠覆传统的食品生产和供给方式。采用合成生物学实现人工合成淀粉的概念和技术创新，不仅对未来农业生产特别是粮食生产具有革命性影响，而且对全球生物制造产业发展也有里程碑意义。采用合成生物学手段，重构微生物代谢途径，可以实现肌红蛋白、血红蛋白等“人造肉”关键组分的高效合成，能够解决植物蛋白肉与真肉色泽和风味差异的技术难题。

随着合成生物学技术的应用，传统的农牧业依赖的粮食生产系统将被改变和改革（图1–5），这将提高土地利用效率，节约水资源，避免使用农药和化肥。此外，基于合成生物学的食品制造系统受不可控环境因素的影响较小，更容易按照高质量标准进行。通过构建以食品组分为目标产物的细胞工厂，可以使用完全可再生资源生产植物蛋白肉、人造奶和代糖等[40, 41]。此外，目前成熟的发酵食品制造工艺也可以通过合成生物学技术进行改造，例如，啤酒行业可以通过使用人工改造的具有啤酒花中风味物质的酵母菌作为啤酒发酵菌种，摆脱对种植啤酒花的依赖[42]。然而，合成生物学在未来食品中的应用仍有许多技术难点需要克服。

图 1–5　通过合成生物学改善食品生产[23]

首先，虽然合成生物学和遗传工具的发展为微生物发酵食品的生产提供了方法，但微生物的代谢网络复杂，构建细胞工厂面临各种挑战[42]。

其次，食品原料和关键功能性营养因子的优质低成本合成是实现合成生物学技术在未来食品中大规模应用的关键。如何动态控制细胞工厂以实现目标产物的高效合成是一个需要解决的关键问题[43]。细胞生理的实时检测是了解细胞代谢过程特征的基础[44]。通过实时多参数数据和不同水平的细胞内组学数据，可以揭示影响细胞生长和代谢产物合成的关键因素[45]，为发酵过程的优化和控制提供有针对性的指导。与传统生化技术相比，新开发的荧光传感器可以准确监测细胞内代谢物的浓度，有望填补代谢物实时检测领域的空白[46]。

目前，重组食品的研究和生产方面已经取得了一些初步成果但是在制造和安全评估方面仍有一些瓶颈有待解决。例如，细胞培养肉面临干细胞来源不足、生产规模有限、与真肉色差大、生产成本高等问题。为了解决这些问题，需要将反应器设计与人工智能相结合，获得适合细胞规模化生产的生物反应器[47]。同时，还需要高效生产血红素等风味物质和维生素等营养物质[48]。在安全性评价方面，重组食品（如植物蛋白肉）仍然缺乏风险和安全管理标准。此外，有必要系统地评估尚未用于食品生产的组件（如支架、培养基、氧气载体）和新生产工艺（如生物反应器）的安全性。

虽然食品合成生物学可以为社会带来多种效益，但也应考虑可能存在的自然和社会风险[49]。未来，必须制定更详细的监管和准入制度，以应对快速发展的合成生物学领域[50~52]。同时，在技术层面，应在细胞工厂中引入生物防护系统，以避免其扩散到环境中[53]。此外，利用合成生物学技术生产的食品应标注相关标签，而不是仅仅使用“植物基”或“天然”来误导消费者[54]，需要更深入地普及合成生物学生产的未来食品及其组成成分，以提高公众对食品的接受度。

第二节　合成生物学与食品制造研究趋势

由于传统食品生产过程中，特别是动物来源食品的生产过程中存在的诸如能量浪费、环境污染和潜在的致病因素等问题，确保可持续、安全的食物来源，特别是含优质蛋白质的食物来源是一项相当大的挑战。合成生物学的出现和发展能够建立有效合成蛋白质的细胞工厂，合成新一代“人造食品”，成为解决蛋白质供应问题的重要途径。“人造食品”的总体技术路线是构建细胞工厂种子，以车间生产方式合成乳、肉、糖、油、蛋等，具有营养与经济竞争力，实施颠覆性技术路线，缓解农业压力，满足日益增长的需求（图1–6）。

目前，主要人造食品包括“人造蛋”“人造肉”和“人造奶”。结合合成生物学与营养设计，“人造食品”含有明确的成分，由微生物使用可再生物质作为原材料生产，更营养、更环保[55]。

图 1-6 未来食品典型例子——人造食品

一、人造肉

“人造肉”主要分为植物蛋白肉和细胞培养肉两大类。其中，植物蛋白肉是以植物原料或其加工品作为蛋白质、脂肪的唯一或主要来源，添加或不添加其他配料、食品添加剂（营养强化剂），经加工制成的具有类似传统肉制品风味、质构和形态的食品。植物蛋白肉成本相对较低、技术要求低、市场接受度高，因此植物蛋白肉现阶段具有技术成熟的优势和优先发展的潜力[56]。近年来，Impossible Foods、Beyond Meat等多家公司已开发出以植物蛋白为原料的植物蛋白肉制品并且已经实现商业化生产。目前，采用蛋白制品加工成类似肉制品形状的植物蛋白肉与真实肉制品有较大差距，普遍存在质构差异大、蛋白生物价偏低、含过敏原及异味成分等问题，品质还有待进一步提升。现阶段，植物蛋白肉生物制造的关键任务在于植物蛋白来源与品质优化、结构风味改良、生物酶处理和理化改性协同加工策略开发等，通过重组植物蛋白质构，来降低蛋白质过敏原与异味成分，提升植物蛋白肉感官性能与营养价值（图1-7）。

细胞培养肉是指基于干细胞、组织工程等技术在体外培养的动物肌肉组织，经过色泽、风味调整、营养物质补充以及物理成型等加工制成的模拟肉制品（图1-8）。利用细胞培养肉替代传统畜牧业具有重大的生态意义，被《麻省理工学院技术评论》评为2018年全球十大突破技术之一，是全球人造食品研究的热点。传统养殖业排放的温室气体占到全球温室气体排放量的14.5%，是所有交通工具燃油排放的总和。利用“植物蛋白肉”替代或部分替代传统畜牧业，能够显著降低全球温室气体排放。但目前细胞培养肉相关产品仍主要处于实验室研究阶段，商业化细胞培养肉大规模上市并且得到市场广泛认可还需要更加全面的研究和应用推广。

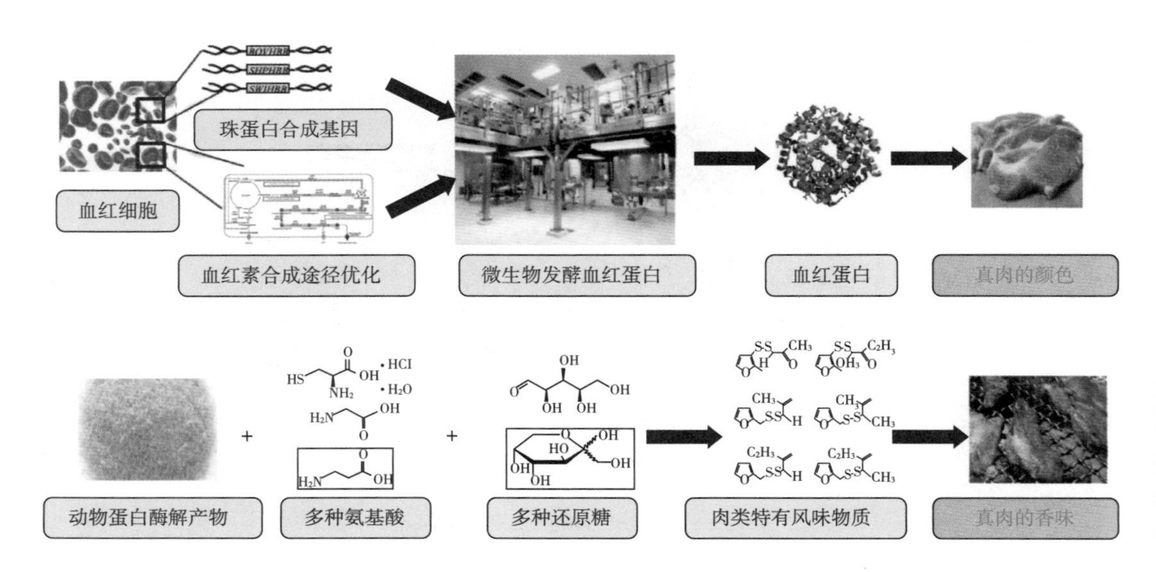

图 1-7　植物蛋白肉工艺

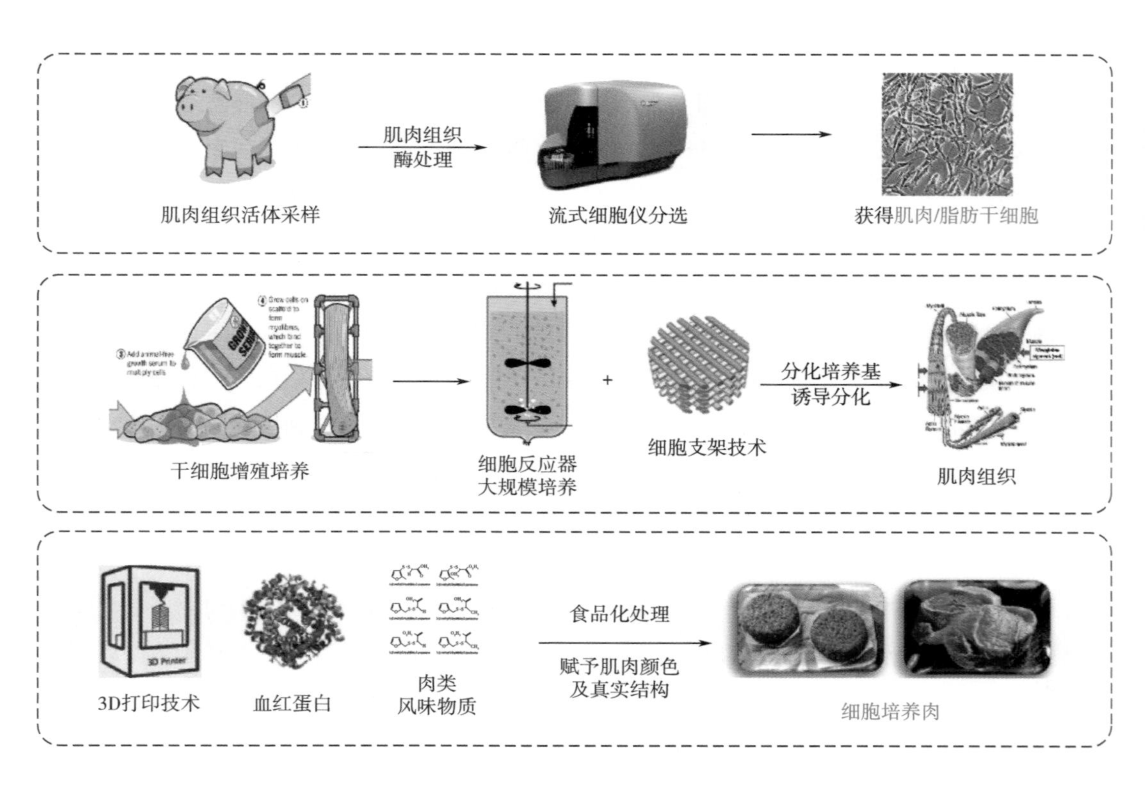

图 1-8　细胞培养肉工艺

此外，植物蛋白肉和细胞培养肉均需要在制备过程中利用由微生物细胞工厂酶制剂、血红素、维生素和脂类等关键成分，将所获得的食品原料和功能成分进行有机整合，最终获取风味协调、质构稳定和拟真度高的重组食品，实现色、香、味、形的食品化整合[57]。

二、“人造奶”和“人造蛋”

“人造奶”是未来食品研究的重要方向之一。牛乳是优质蛋白质的重要来源，近年来，全球乳制品消费量稳步增长。然而，目前传统牛乳生产仍面临疾病传播、环境破坏以及伦理问题等挑战。虽然已经开发出了植物基人造奶，但其营养成分与真实牛乳差异巨大，尤其是蛋白质或维生素含量不足。合成生物学的发展为此问题的解决提出了全新的思路。目前，通过构建细胞工厂，合成生物学技术已用于合成牛乳中的蛋白质和寡糖，如乳铁蛋白、人乳寡糖2′-岩藻糖基乳糖和乳酰-*N*-新四糖。与传统牛乳和植物基人造奶的生产工艺相比，应用合成生物学生产“人造牛乳”具有诸多优势。首先，生产牛乳成分的微生物发酵可以在生物反应器中进行，避免了传统方法造成的环境污染和抗生素、激素的残留。其次，生产牛乳成分的细胞工厂发酵可以使用简单易获得的培养基进行，如葡萄糖、大豆蛋白胨、玉米糖浆、尿素和无机盐等，成本相对较低。第三，微生物发酵周期短，不受环境和天气的影响。同时，细胞工厂可以避免植物材料提取效率低下、后处理流程复杂等问题。关于“人造奶”的开发和应用，美国PerfectDay公司分析了牛乳中20种对人体有益及重要的原料，以合成生物学技术组装酵母细胞，实现发酵合成6种蛋白质与8种脂肪酸。在分离纯化后再加入钙、钾等矿物质及乳化剂完成最后加工，口味和营养可与天然牛乳相同，并且不含胆固醇和乳糖。据测算，相比于传统牛乳生产方式，“人造奶”生产将减少98%的用水量、91%的土地需求、84%温室气体的排放，并节约65%的能源。然而，微生物生产“人造奶”的相关技术目前主要集中在使用微生物细胞工厂生产乳铁蛋白、酪蛋白与乳清蛋白，低成本工业化生产“人造奶”还需要克服许多问题和挑战[58]。

根据联合国粮食及农业组织（FAO）数据，鸡蛋是人类蛋白质摄入的主要来源之一，2018年全球产量超过8286万吨。然而，使用传统食品生产方式生产鸡蛋会带来许多挑战。首先，从营养的角度来看，鸡蛋中大量的胆固醇有加剧心血管疾病的风险。其次，鸡蛋含有多种致敏成分，可引起免疫球蛋白E（IgE）介导的食物过敏，这是成人和儿童最常见的食物过敏之一。三是产蛋过程不稳定因素较多，鸡蛋的质量受鸡品种、饲养时间和饲养条件等多种因素的影响。家禽养殖业也是一个高能耗、高污染物排放的行业。受制于传统鸡蛋生产行业的各种限制，以及具有健康问题和个人生活方式的特殊消费者的饮食限制，目前研究人员已经测试和开发了基于植物蛋白的鸡蛋替代品。美国HamptonCreek公司将豌豆和多种豆类植物混合，研发“人造蛋”，产品营养价值和味道与真蛋相似。此类“植物蛋黄酱”已经在中国香港等地的超市销售。但是，植物蛋白通常不具备卵清蛋白的多种特性，如良好的起泡性、乳化性、稳定性和弹性。同时，使用植物蛋白替代品也存在产品稳定性差、工艺复杂和潜在的过敏原等问题。因此，市场需要一种新的、更安全的鸡蛋替代品生产方法。合成生物学为人工合成卵清蛋白提供了最具潜力的解决方案，例如卵清中含量最丰富的蛋白质——卵清蛋白。目前美国ClaraFoods科技公司通过酵母细胞工厂构建、发酵合成卵清蛋白，是利用生物合成技术创制动物蛋白的范例。

三、营养化学品

随着经济的发展和生活水平的提高，人们对食品的消费趋势逐渐转向功能性食品。功能性食品不仅具有普通食品的营养和感官功能，而且富含对人体健康、疾病预防有益的功能性营养成分。随着越来越多的功能性营养品的代谢途径被阐明，研究人员可以借助合成生物学设计与优化代谢途径来构建微生物细胞工厂，以大规模合成低成本的营养化合物[4]。目前，合成生物学已广泛应用于类胡萝卜素（如番茄红素、β-胡萝卜素和虾青素）、甲萘醌-7（MK-7）和人乳寡糖（HMO）、*N*-乙酰神经氨酸等功能性成分的生物合成。这些高附加值营养化合物在食品中的添加对国民健康具有重要意义[3]。番茄红素是一种存在于红色水果和蔬菜中的类胡萝卜素，在降低包括癌症和心血管疾病在内的各种疾病的风险方面具有特殊的营养价值；甲萘醌-7在促进血液凝固，预防骨质疏松症和心血管疾病方面具有显著作用；母乳寡糖可促进益生菌的生长繁殖并降低婴儿感染病原体的风险；*N*-乙酰神经氨酸可促进婴儿骨骼生长、大脑发育和维持老年人脑功能，并有增强肠道对矿物质和维生素的吸收的功能[59]。

四、风味化合物

在食品生产过程中，风味化合物的添加是重要的工序之一。但是传统食品生产过程中添加的众多调味与风味物质存在对健康有害、成本高等问题。如肥胖、糖尿病和癌症在内的一些健康问题与食品中过量的膳食糖消耗有关，这增加了消费者对于低热量或零热量甜味剂的关注。由于制造许多天然甜味剂（如赤藓糖醇、甜菊糖苷、罗汉果苷和甘草甜素）所需的代谢合成途径和基因是已知的，因此使用微生物细胞工厂通过在生物反应器中发酵来生产这些甜味剂是传统植物提取生产方法的替代方案。例如，赤藓糖醇属于糖醇家族，也称为多元醇，天然存在于梨和蘑菇等水果和蔬菜中。由于不能被人体代谢，因此摄入赤藓糖醇不会改变血糖和胰岛素水平，是一种理想的甜味剂。目前，已经使用合成生物学方法，通过改造酵母实现了赤藓糖醇的商业化。未来对赤藓糖醇的研发主要集中在提高微生物生产水平以及使用廉价和丰富底物的能力上。

微生物细胞工厂还可用于生产食品工业中常用的调味剂，如柠檬烯、桧烯和香草醛，以实现廉价和可持续的供应。此外，可合成风味物质的微生物可以直接应用于食品生产过程。例如，研究人员已经构建了一种具有芳樟醇和香叶醇（啤酒花的主要风味成分）生物合成途径的酿酒酵母，可直接用于不额外添加啤酒花的啤酒生产。据报道，通过这种方式生产的啤酒比传统添加啤酒花生产的啤酒更具啤酒花风味[42]。

五、食品安全评价与生物安全防护

合成生物学具有造福社会、人类健康和农业的巨大潜力，但当其应用于食品制造时，同时也会存在巨大的风险。合成生物学的兴起，采用了基因编辑等新技术，可以创造新的生物途径，甚至是自然界中未知的微生物，通过更廉价环保的方式获取食品制造过程所需的营养组分。尽管基于合成生物学制造的未来食品发展迅速，人们仍需重视几十年来食品领域的热点话题——“食品安全问题”。

（一）食品制造过程风险的甄别

食品制造过程的风险主要集中在原料的安全性，新工艺的安全性和基因改造的安全性。

原料的安全性主要是基于合成生物学制造的未来食品的制作原料与传统相比相差甚远，例如，在细胞培养肉的制造过程中，要重视全程质量安全主动防控，特别是基于非靶向筛查、多元危害物快速识别与检测等，通过提升过程控制和检测溯源，构建新食品安全的智能监管。

新工艺的安全性问题主要表现在合成生物学制作食品的工艺中有一种新型的3D打印（三维打印）的方式，3D打印的方式操作简单，可以获得多样化的食物形态，但该工艺过程对食物本身的安全性是否有影响仍缺乏系统性的研究。

基因改造的安全性主要遗传修饰、营养因素、毒理学因素、致敏性因素、化学因素等多方面。最常见的就是遗传修饰，近几十年来，随着基因工程和分子生物学的发展，人们可以主动地改造基因，或者将外源基因导入某一生物体内，改变生物原有性状，这种高效的遗传修饰可以给人们的生活带来很多好处，但是隐藏的危害也值得关注，例如遗传操作中常用的抗生素如果进一步泛滥，极有可能形成一些有极强抗药性的超级细菌，另一方面，基因的水平转移也会带来很大的潜在风险。

（二）食品制造过程风险的安全评价

研究人员基于酶联免疫吸附测定（ELISA）和聚合酶链式反式（PCR）的跟踪技术已经成功地识别了农业领域的基因修饰标记，从农业的收获到加工，可检测的DNA序列、酶活性、细胞表面标记均可添加到合成生物体中以帮助追踪过程。在对食品制造过程的风险和安全分析之前，必须解决许多问题。例如，是否应该期望所有类型的合成生物都接受相同的风险分析？确定新设计的合成生物安全性的标准方法是什么？在我们能够回答这些问题之前，谨慎的做法是在每个合成生物的原始科学报告中写明与风险相关的数据。社区范围内报告风险相关数据的努力将产生丰富的信息，可用于荟萃分析和后续研究，基于Woodrow Wilson小组确定合成生物安全性的四个重点领域：合成生物在接收环境中的存活、基因转移、合成生物与天然生物之间的相互作用以及合成生物对新生态位的适应[60]。

（三）食品制造过程的生物安全防护

食品合成生物学的一个主要目标是设计和构建具有新功能和生物学行为的转基因生物（GMO），用于未来食品的制造。除了在技术应用中的潜在用途外，转基因生物还可以作为研究生物过程和原理的强大研究工具。但是转基因生物可能会无意泄漏到环境中。虽然因为工程功能会降低细胞适应自然环境的能力，许多食品级转基因生物可以安全释放，但当转基因生物能够胜过天然生物并对环境和人类健康产生负面影响时，必须采取生物安全防护措施来限制其繁殖。例如有研究人员利用密码子扩展技术，使得高产燕窝酸的重组枯草芽孢杆菌（*Bacillus subtilis*）能够产生非天然氨基酸的依赖性，实现了重组枯草芽孢杆菌的“生物封存”（避免重组菌逃逸至自然环境中繁殖），其逃逸率（$1/10^{10}$）远低于国际要求（$1/10^{8}$）[61]。此外，转基因生物安全防护策略还有菌株营养缺陷、遗传回路驱动的杀伤和涉及广泛细胞机制的水平基因转移阻断[62]。

参考文献

[1] 陈坚. 中国食品科技：从2020到2035［J］. 中国食品学报，2019，19（12）：1-5.

[2] Cameron D E，Bashor C J，Collins J J. A brief history of synthetic biology［J］. Nature Reviews Microbiology，2014，12（5）：381-390.

[3] 刘延峰，周景文，刘龙，等. 合成生物学与食品制造［J］. 合成生物学，2020，1（1）：84-91.

[4] 张媛媛，曾艳，王钦宏. 合成生物制造进展［J］. 合成生物学，2021，2（2）：145-160.

[5] 罗正山，徐铮，李莎，等. 生物工程在食品领域的研究与应用进展［J］. 食品与生物技术学报，2020，39（9）：1-5.

[6] 周景文，张国强，赵鑫锐，等. 未来食品的发展：植物蛋白肉与细胞培养肉［J］. 食品与生物技术学报，2020，39（10）：1-8.

[7] Harris H Wang，Farren J Isaacs，Peter A Carr，et al. Programming cells by multiplex genome engineering and accelerated evolution［J］. Nature，2009，460：894-898.

[8] Zhang X，Lin Y，Wu Q，et al. Synthetic Biology and Genome-Editing Tools for Improving PHA Metabolic Engineering［J］. Trends in Biotechnology，2020，38（7）：689-700.

[9] Lian J，HamediRad M，Hu S，et al. Combinatorial metabolic engineering using an orthogonal tri-functional CRISPR system［J］. Nature Communications，2017，8（1）：1688.

[10] 田荣臻，刘延峰，李江华，等. 典型模式微生物基因表达精细调控工具的研究进展［J］. 合成生物学，2020，1（4）：454-469.

[11] Liu L，Chen J. Systems and Synthetic Biotechnology for Production of Nutraceuticals［M］.

Singapore: Springer Singapore, 2019.

[12] Liu Y, Liu L, Li J, et al. Synthetic Biology Toolbox and Chassis Development in *Bacillus subtilis* [J]. Trends in Biotechnology, 2019, 37 (5): 548–562.

[13] Lv X, Wu Y, Gong M, et al. Synthetic biology for future food: Research progress and future directions [J]. Future Foods, 2021, 3: 100025.

[14] Kushwaha M, Salis HM. A portable expression resource for engineering cross–species genetic circuits and pathways [J]. Nature Communications. 2015, 6: 7832.

[15] Guillaume Cambray, Joao C Guimaraes, Adam Paul Arkin. Evaluation of 244,000 synthetic sequences reveals design principles to optimize translation in *Escherichia coli* [J]. Nature Biotechnology, 2018, 36 (10): 1005–1015.

[16] Wu G D, Compher C, Chen E Z, et al. Comparative metabolomics in vegans and omnivores reveal constraints on diet–dependent gut microbiota metabolite production [J]. Gut, 2016, 65 (1): 63–72.

[17] Liu L, Chen J. Systems and Synthetic Biotechnology for Production of Nutraceuticals [M]. Singapore: Springer Singapore, 2019.

[18] Tyo K E, Alper H S, Stephanopoulos G N. Expanding the metabolic engineering toolbox: More options to engineer cells [J]. Trends in Biotechnology, 2007, 25 (3): 132–137.

[19] Guiziou S, Sauveplane V, Chang H–J, et al. A part toolbox to tune genetic expression in *Bacillus subtilis* [J]. Nucleic acids research, 2016, 44 (15): 7495–7508.

[20] Alper H, Stephanopoulos G. Global transcription machinery engineering: a new approach for improving cellular phenotype [J]. Metabolic Engineering, 2007, 9 (3): 258–267.

[21] Cao H, Villatoro–Hernandez J, Weme RDO, et al. Boosting heterologous protein production yield by adjusting global nitrogen and carbon metabolic regulatory networks in *Bacillus subtilis* [J]. Metabolic Engineering, 2018, 49: 143–152.

[22] Deng J, Chen C, Gu Y, et al. Creating an in vivo bifunctional gene expression circuit through an aptamer–based regulatory mechanism for dynamic metabolic engineering in *Bacillus subtilis* [J]. Metabolic Engineering, 2019, 55: 179–190.

[23] Xu P. Production of chemicals using dynamic control of metabolic fluxes [J]. Current Opinion in Biotechnology, 2018, 53: 12–19.

[24] Qi L S, Larson M H, Gilbert L A, et al. Repurposing CRISPR as an RNA–guided platform for sequence–specific control of gene expression [J]. Cell, 2013, 152 (5): 1173–1183.

[25] Wu Y, Chen T, Liu Y, et al. Design of a programmable biosensor–CRISPRi genetic circuits for dynamic and autonomous dual–control of metabolic flux in *Bacillus subtilis* [J]. Nucleic acids research, 2019, 48 (2): 996–1009.

[26] Fenno L, Yizhar O, Deisseroth K. The development and application of optogenetics [J]. Annual review of neuroscience, 2011, 34: 389–412.

[27] Tabor J J, Levskaya A, Voigt C A. Multichromatic Control of Gene Expression in *Escherichia coli* [J]. Journal of Molecular Biology, 2011, 405 (2): 315–324.

[28] Milias–Argeitis A, Rullan M, Aoki S K, et al. Automated optogenetic feedback control for precise and robust regulation of gene expression and cell growth [J]. Nature communications, 2016, 7: 12546.

[29] Castillo–Hair S M, Baerman E A, Fujita M, et al. Optogenetic control of *Bacillus subtilis* gene expression [J]. Nature communications, 2019, 10 (1): 3099.

[30] 李宏彪，张国强，周景文. 合成生物学在食品领域的应用 [J]. 生物产业技术，2019，(4)：5–10.

[31] Khalil A S, Collins J J. Synthetic biology: applications come of age [J]. Nature Reviews Genetics,

2010，11（5）：367–379.
[32] Gu Y，Xu X，Wu Y，et al. Advances and prospects of *Bacillus subtilis* cellular factories：From rational design to industrial applications [J]. Metabolic Engineering，2018，50：109–121.
[33] Wu Y，Chen T，Liu Y，et al. Design of a programmable biosensor–CRISPRi genetic circuits for dynamic and autonomous dual–control of metabolic flux in *Bacillus subtilis* [J]. Nucleic acids research，2019，48（2）：996–1009.
[34] Choi KR，Jang WD，Yang D，et al. Systems Metabolic Engineering Strategies：Integrating Systems and Synthetic Biology with Metabolic Engineering [J]. Trends in Biotechnology，2019，37（8）：817–837.
[35] Xue L，Liu X，Lu S，et al. China's food loss and waste embodies increasing environmental impacts [J]. Nature Food，2021，2（7）：519–528.
[36] 李兆丰，徐勇将，范柳萍，等. 未来食品基础科学问题 [J]. 食品与生物技术学报，2020，39（10）：9–17.
[37] Humpenöder F，Bodirsky B L，Weindl I，et al. Projected environmental benefits of replacing beef with microbial protein [J]. Nature，2022，605：90–96.
[38] Järviö，N，Parviainen T，Maljanen N L，et al. Ovalbumin production using *Trichoderma reesei* culture and low–carbon energy could mitigate the environmental impacts of chicken–egg–derived ovalbumin [J]. Nature Food，2021，2：1005–1013.
[39] Willett W，Rockström J，Loken B，et al. Food in the Anthropocene：the EAT–Lancet Commission on healthy diets from sustainable food systems [J]. The Lancet，2019，393：447–492.
[40] Katz L，Chen Y Y，Gonzalez R，et al. Synthetic biology advances and applications in the biotechnology industry：a perspective [J]. Journal of Industrial Microbiology & Biotechnology，2018，45（7）：449–461.
[41] Stephens N，Di Silvio L，Dunsford I，et al. Bringing cultured meat to market：Technical，socio–political，and regulatory challenges in cellular agriculture [J]. Trends in Food Science & Technology，2018，78：155–166.
[42] Denby C M，Li R A，Vu V T，et al. Industrial brewing yeast engineered for the production of primary flavor determinants in hopped beer [J]. Nature Communications，2018，9：965.
[43] Almaas E，Kovacs B，Vicsek T，et al. Global organization of metabolic fluxes in the bacterium *Escherichia coli* [J]. Nature，2004，427（6977）：839–843.
[44] Tan J，Dai W，Lu M，et al. Study of the dynamic changes in the non–volatile chemical constituents of black tea during fermentation processing by a non–targeted metabolomics approach [J]. Food Research International，2016，79：106–113.
[45] Wu C，Zhou J，Hu N，et al. Cellular impedance sensing combined with LAPS as a new means for real–time monitoring cell growth and metabolism [J]. Sensors and Actuators a–Physical，2013，199：136–142.
[46] Zhang Z，Cheng X，Zhao Y，et al. Lighting Up Live–Cell and In Vivo Central Carbon Metabolism with Genetically Encoded Fluorescent Sensors [J]. Annual Review of Analytical Chemistry，2020，13（1）：293–314.
[47] Specht E A，Welch D R，Clayton E M R，et al. Opportunities for applying biomedical production and manufacturing methods to the development of the clean meat industry [J]. Biochemical Engineering Journal，2018，132：161–168.
[48] Voigt C A. Synthetic biology 2020–2030：six commercially–available products that are changing our world [J]. Nature Communication，2020，11：6379.
[49] Epstein M M，Vermeire T. Scientific Opinion on Risk Assessment of Synthetic Biology [J]. Trends in

Biotechnology，2016，34（8）：601–603.
[50] Lai H–E，Canavan C，Cameron L，et al. Synthetic Biology and the United Nations [J]. Trends in Biotechnology，2019，37（11）：1146–1151.
[51] Kitney R，Adeogun M，Fujishima Y，et al. Enabling the Advanced Bioeconomy through Public Policy Supporting Biofoundries and Engineering Biology [J]. Trends in Biotechnology，2019，37（9）：917–920.
[52] Trump B D. Synthetic biology regulation and governance：Lessons from TAPIC for the United States，European Union，and Singapore [J]. Health Policy，2017，121（11）：1139–1146.
[53] Ld A，Zy B. Safety and security in the age of synthetic biology [J]. Journal of Biosafety and Biosecurity，2019，1（2）：77–79.
[54] Lee J W，Chan C T Y，Slomovic S，et al. Next–generation biocontainment systems for engineered organisms [J]. Nature Chemical Biology，2018，14（6）：530–537.
[55] Zhang X，Liu Y，Liu L，et al. Microbial production of sialic acid and sialylated human milk oligosaccharides：Advances and perspectives [J]. Biotechnology Advances，2019，37（5）：787–800.
[56] Liu Y，Link H，Liu L，et al. A dynamic pathway analysis approach reveals a limiting futile cycle in *N*–acetylglucosamine overproducing *Bacillus subtilis* [J]. Nature communications，2016，7：11933.
[57] 周景文，张国强，赵鑫锐，等. 未来食品的发展：植物蛋白肉与细胞培养肉 [J]. 食品与生物技术学报，2020，39（10）：1–8.
[58] Deng M，Lv X，Liu L，et al. Cell factory–based milk protein biomanufacturing：Advances and perspectives [J]. International Journal of Biological Macromolecules，2023，31（244）：125335.
[59] Tian R，Liu Y，Cao Y，et al. Titrating bacterial growth and chemical biosynthesis for efficient N–acetylglucosamine and *N*–acetylneuraminic acid bioproduction [J]. Nature Communications，2020，11（1）：5078.
[60] Schmidt M，De Lorenzo V. Synthetic bugs on the loose：containment options for deeply engineered (micro) organisms [J]. Current Opinion in Biotechnology，2016，38：90–96.
[61] Moe–Behrens G G，Davis R，Haynes K A. Preparing synthetic biology for the world [J]. Frontiers in Microbiology，2013，4：5.
[62] Wright O，Stan G–B，Ellis T. Building–in biosafety for synthetic biology [J]. Microbiology–Sgm，2013，159：1221–1235.

第二章

植物蛋白肉

第一节 概述

植物蛋白肉是以植物蛋白为主要原料，通过重塑蛋白质的解离聚合行为形成与传统肉相似的纤维结构，同时添加脂肪、凝胶剂、酶、色素、调味香精香料、风味物质、微量的无机盐以及其他营养物质用于模拟真实肉的质构和口感，并丰富其营养价值，从而合成的一种蛋白肉。植物蛋白肉主要利用大豆蛋白、豌豆蛋白等，由于原料来源广泛、加工工艺相对成熟，市售产品（如素火腿、素牛肉粒、素食汉堡等）具有一定的规模，现已成为食品行业开发的新热点。植物蛋白肉关键组成成分血红蛋白、植物蛋白肉加工用酶谷氨酰胺转氨酶等都需要使用合成生物学技术。合成生物学技术制造的血红蛋白在植物蛋白肉中的应用被认为是近十年中合成生物学技术应用的典型成功案例。

一、植物蛋白肉发展背景

随着人类整体发展水平的不断提升，全球肉制品消耗量快速增长。到2050年，全球人口数量预计将增长至约90亿，肉类制品消耗预计将超过30000亿美元。这会进一步加重传统养殖业负担，同时带来越来越多的环境和社会问题。例如，导致全球变暖的温室气体排放中有14.5%来自饲养家畜，排放量超过了交通运输。而人造肉的生产基于植物蛋白或动物细胞蛋白，主要在实验室内完成，不需要培育和屠宰动物，可将有害温室气体排放量减少96%。通常所说的“人造肉”，一般可以分为“植物蛋白肉”和“细胞培养肉”两大类，分别简称为“植物肉”和“培养肉”。植物蛋白肉由于植物蛋白来源广泛、加工工艺相对成熟，已经逐步开始商业化生产，但是在口感、风味与营养等方面与真实肉制品仍然存在较大差距，还有一系列关键问题有待深入研究；细胞培养肉在营养、口感和风味方面更接近真实肉制品，是未来人造肉的主要研究发展方向，但是目前在理论与技术层面，特别是肌肉细胞大规模低成本获取与食品化等方面，还存在诸多挑战[1, 2]。

在前期的食品科学研究中，科研工作者主要集中在利用高新技术改造现有食品，通过改进生产方式，实现对传统食品的技术改良，但是食品的形态或本质并没有改变。国内以往在植物蛋白深加工方面已经有一定的积累。采用豆制品加工成类似肉制品形状的传统“素肉”，也可以视为较为初级的植物蛋白肉。但是传统的加工方式在口感、质地、风味、营养等方面与真实肉制品存在较大差异。其中以植物蛋白肉汉堡等为代表的新型食品为例，目前在欧美国家已经对此开展广泛的研究并有多家公司上市，预计近几年将实现大规模的市场推广，但是至今国内的相关科研基础严重缺乏，产业科技含量低。因此深入研究和发展高营养、高品质植物蛋白肉技术对我国蛋白制品、肉制品行业乃至食品行业都至关重要。

二、植物蛋白肉与传统肉的区别

严格来说，目前对植物蛋白肉并无十分清晰的定义，大部分国家将其归类于“肉类替代品”。表2-1所示为植物蛋白肉与传统肉的区别，这有助于我们更好地了解植物蛋白肉，进而得到接近传统肉的植物蛋白肉产品。

表 2-1　植物蛋白肉与传统肉的区别

项目	植物蛋白肉	传统肉
形态	以碎肉为主，用于制作肉饼、肉丸等	条状、块状、骨头、筋膜等形态
口感	近似真肉的口味，但仍存在差距	肉味
制作工艺	复杂，涉及某些合成生物技术	简单，猪、牛、羊、鸡、鸭、鱼等活物宰杀加工
营养价值	营养成分可控	集中在蛋白质和脂肪
产品价格	昂贵	在一定区间内波动

植物蛋白肉相比传统肉具备两大优势：①营养方面，保有肉类同等营养价值的同时做到无胆固醇、无反式脂肪酸，在健康价值方面比传统肉类更高；②环保和健康，植物蛋白肉可以避免传统养殖业存在的环境污染和疾病风险，例如抗生素滥用、沙门氏菌污染等问题。劣势在于成本和应用替代性等。植物蛋白肉的售价相较同类碎肉价格高15%～25%。此外，植物蛋白肉易碎，缺少韧性，主要是肉饼、肉丸、肉排、肉条制品，适合煎炸场景，无法用于制作像红烧肉、扣肉、炒肉丝、锅包肉等中式肉食菜品。

三、植物蛋白肉行业发展现状

近来，美国Impossible Foods公司通过添加由酵母合成的植物性血红蛋白制作改良版植物蛋白肉，完全不含胆固醇、动物激素和抗生素等，提升了植物蛋白肉的口感与风味，得到广泛推广[3]。目前，美国和欧洲都已经开展了大量利用植物蛋白结合微生物细胞工厂生产植物蛋白肉的研究，例如，美国Beyond Meat公司生产的人造植物蛋白肉汉堡。虽然现阶段植物蛋白肉在外形质构、风味方面与天然肉有明显区别，但是已经具有了较好的研究基础[4]。

植物蛋白肉生产的代表公司主要是Impossible Foods和Beyond Meat。植物蛋白肉汉堡的价格比普通汉堡贵20%左右，随着规模化生产与技术改良，成本有望进一步下降。素食、健康、环保等因素推动植物蛋白肉市场快速发展。目前美国、欧洲是最大的市场，亚太地区及南美国家对植物蛋白肉的巨大需求也将推动植物蛋白肉市场快速扩大，其中亚太地区植物蛋白肉市场预计将由中国主导。

美国是当前植物蛋白肉市场份额最大的国家，植物蛋白肉行业竞争日趋激烈。美国占全球40%的植物蛋白肉市场。据信息资源元库（IRR）显示，美国食品巨头Kellogg′s在肉类替代品市场占据47.7%的市场份额，而Beyond Meat的市场占有率仅为6.8%，排名第三。除了植物蛋白肉生产企业、食品生产商之外，传统肉类公司也通过投资等方式进入该行业，包括嘉吉、荷美食品、JBS 和泰森食品等巨头。

国内植物蛋白肉市场规模较小，尚无植物蛋白肉行业巨头。中国目前从事植物蛋白肉业务的公司，主要为深圳齐善食品、江苏鸿昶食品和宁波素莲食品，体量较小。国内植物蛋白肉不流行的原因主要是植物蛋白肉不符合国人的消费习惯和素食主义的不盛行。

2019年我国猪肉价格受非洲猪瘟疫情影响大幅上涨，2018年第四季度以来，生猪和能繁母猪的产能持续下降。此外，2020年新冠肺炎疫情使得传统肉类生产企业和传统肉类生产方式面临挑战。全球最大生猪屠宰商史密斯菲尔德（Smithfield Foods）、美国最大肉类生产商泰森食品（Tysons Food）、跨国食品加工集团JBS USA、国际粮油巨头嘉吉（Cargill）等旗下的肉类加工厂不断爆出有员工感染新冠病毒，导致大批量停工和减产，对美国乃至全球的肉类产业链影响巨大。随之而来的传统肉类供应短缺、肉价上涨和居家健康消费，再一次将“植物蛋白肉”热度燃起，猪肉市场供给偏紧的效应近期开始集中显现。虽然目前我国“植物蛋白肉”处于初级导入阶段，但依托消费升级以及大健康人群的刚需，未来会有很大的发展空间。

四、植物蛋白肉发展意义

植物蛋白肉能够减少对资源的浪费和对环境的污染，以植物蛋白肉为例，每生产1kg的大豆仅需要排放约0.2kg二氧化碳，消耗0.8m^3水和占用10m^2的土地，而生产畜牧肉类产品远远超过这个消耗量。以牛肉为例，每生产1kg牛肉需要排放12kg二氧化碳，消耗4m^3的水和占用1020m^2的土地，分别是生产1kg大豆的60倍、5倍和102倍。牲畜是温室气体排放的主要来源，因此减少牲畜养殖对缓解温室效应有一定的积极意义。畜牧业产生的肉类会消耗大量土地、粮食作物、水资源等自然资源，如果改变大规模种植玉米和小麦等农作物喂养牲畜的养殖方式，改成从植物中直接获取蛋白并且让其粘黏起来，就可以跳过动物养殖从植物中生产肉类，节省粮食、土地和水资源[5]。

未来肉类产品缺口巨大。根据经济合作与发展组织（OECD）的数据，2018年中国肉类消费量达到8829.6万吨，欧盟与美国肉类消费量分别为4426.7万吨和4134.9万吨。2019年，美国肉类人均消费量为100kg左右，而中国仅为美国的一半左右。因此，未来中国的肉类消费量将进一步增加，预计2030年中国肉类产品的供给缺口将达到3800万吨以上，该不足部分可由植物蛋白肉来填补[5]。

第二节 植物蛋白肉的组成

植物蛋白肉的组成包括植物蛋白、脂肪、凝胶剂、酶、色素、调味香精香料、风味物质、微量的无机盐以及其他营养物质。目前，植物蛋白肉与传统肉品质还存在较大差距，急需在质构仿真、营养优化、风味调节及成品定制等方面全方位进行突破。对植物蛋白肉原料进行改性并优化辅助添加的物质是一个很大的空间等待我们去探究。在讨论植物蛋白肉加工技术之前，必须充分了解其组分。以下对植物蛋白肉组成进行详细介绍。

一、植物蛋白

蛋白质是人体所需的第一营养素，植物蛋白是目前最受关注的植物基组分之一。一般来说，动物蛋白中的必需氨基酸比较平衡，而植物蛋白往往是赖氨酸、色氨酸、苏氨酸和甲硫氨酸的含量相对不足。用于制造植物蛋白肉的蛋白质是决定植物蛋白肉产品特性和产品差异化最重要的成分之一。蛋白质在亲水性和溶解性、界面性质（乳化和发泡）、风味结合、黏度、凝胶化、组织化方面具有重要的结构–功能关系。此外，加工蛋白质引起的物理、化学和营养变化取决于蛋白质来源。

生产植物蛋白肉常用的植物蛋白原料来源于大豆蛋白，大豆蛋白即从大豆中提取出来的蛋白质。大豆蛋白除甲硫氨酸和半胱氨酸含量稍低于联合国粮食及农业组织（FAO）推荐值之外，氨基酸组成基本平衡，接近于全价蛋白质，是仅次于动物蛋白的理想蛋白质资源[6]。大豆蛋白不仅氨基酸组成很接近人体需求，而且容易被人体吸收利用。用“蛋白质消化校正计分（PDCAAS）”来衡量，大豆分离蛋白和牛乳和鸡蛋的蛋白质一样得到满分1.0，甚至比牛肉的0.92还要高[7]。此外，大豆蛋白通过高温、高压的处理形成大豆组织蛋白，具有良好的吸水性和保油性，同时还有着良好的纤维状结构，可以很好地模拟肉的咀嚼感。在营养和加工性能方面，大豆蛋白也是生产植物蛋白肉的首选原料[8]。

世界上最著名的两家“植物蛋白肉”企业Impossible Foods和Beyond Meat分别用大豆蛋白和豌豆蛋白生产植物蛋白肉。植物蛋白肉的核心是“用植物原料去模拟肉”，包括营养组成、口感和风味[9]。模拟营养组成较简单，即比较植物蛋白和肉的营养差异，把缺少的成分添加进去就可以。而口感模拟存在一定难度，要想获得肉的咀嚼感，就需要植物蛋白被加工成纤维状，这在食品技术中通常被称为“拉丝”，需要所加工蛋白质有很好的凝胶性能，经过高温高压的挤压才能产生肌肉纤维的质感。在这点上，大豆蛋白占据优势。

然而在不断的生产实践中，大豆蛋白的缺点也逐渐显现出来：首先，大豆蛋白是八大过敏原之一。其次，转基因问题，国内大豆蛋白的生产用的都是国产非转基因豆粕，而在欧美，大量的产品中使用了转基因豆粕，随着“反转”风潮的兴起，欧美消费者也开始纠结“转基因大豆蛋白”的问题。再次，用于提取大豆蛋白的豆粕需要脂肪残留很低，否则豆腥味以及哈喇味会比较重，所以需要有机溶剂浸提豆粕中的脂肪，这样豆粕中就会有微量的有机溶剂残留。最后，大豆中存在的大豆异黄酮是一种植物雌激素。

对比大豆蛋白，豌豆蛋白则不存在上述四个缺点。虽然豌豆蛋白在氨基酸组成上存在缺陷，但可以在加工过程通过添加以弥补。其拉丝性能不足也可通过配方和工艺的调整来改善，从而使其最后的口感也可以接近传统肉。随着植物蛋白肉市场的发展，花生蛋白、玉米蛋白、小麦蛋白和大米蛋白等其他植物蛋白也逐渐被添加到植物蛋白肉中以丰富其组成。

从营养角度来说，与大豆相比，谷物成分的碳水化合物含量通常更高，蛋白质含量低得多。谷物蛋白质根据来源植物（如小麦、大米、大麦、燕麦）和加工程度（如种子、面粉、分离物、薄片）分为几个不同的类别。小麦蛋白是植物蛋白肉制品生产中最常用的一种谷物蛋白。小麦蛋白粉又称为谷朊粉，是从小麦面粉中提取出来的天然蛋白粉，蛋白质含量高达750～850g/kg，含有人体必需的15种氨基酸，是营养丰富的植物蛋白资源，但小麦蛋白仍存在赖氨酸和苏氨酸不足的问题。

玉米蛋白来源于加工玉米生产淀粉产生的主要副产物玉米黄粉（Corn Gluten Meal，CGM）。我国玉米黄粉资源丰富，年产量60万吨，居世界第三位。玉米黄粉中含有丰富的蛋白质，为600～700g/kg，其余为少量的淀粉与纤维素以及其他各种营养物质。玉米黄粉含有的蛋白质中68%为醇溶蛋白，22%为谷蛋白，另外还含有少量的球蛋白和白蛋白。醇溶蛋白与谷蛋白不溶于水，易与其他大分子有机物和微量元素结合，不易被消化吸收，大部分被排出体外。且 玉米黄粉口感不佳，严重缺乏赖氨酸（Lys）、色氨酸（Trp）等必需氨基酸，目前只有少量的玉米黄粉被用作禽畜饲料，绝大部分被当作“三废”排放掉，未得到合理的利用。

花生果实中蛋白质含量为240～360g/kg，且花生蛋白没有大豆蛋白、豌豆蛋白产品的豆腥味，而是具有天然的鲜味，不需要另外添加香精就能够有很好的味道。花生蛋白具有很好的可溶性、保水性以及起泡性等性质，很适合作为植物蛋白肉原材料。同时花生蛋白素肉的纤维结构可以模拟真正的传统肉的纤维感，咀嚼感较好。但花生蛋白缺乏甲硫氨酸。

与其他蛋白质相比，大米蛋白具有低过敏、易消化特点，是公认的优质膳食蛋白。大米蛋白是对来源于大米的蛋白质的总称，一般存在于大米加工副产物中，其含有丰富的支链氨基酸，可以阻断色氨酸的转运以缓解疲劳。此外，大米蛋白可通过修复受损衰老细胞，修补胃肠黏膜，促进肠胃蠕动及营养吸收，改善胃溃疡、急慢性胃炎、肠炎等调节肠胃。大米蛋白还可促进细胞生长，提高机体免疫力。另外，有研究者经体外实验发现大米蛋白具有清除自由基和金属螯合等体外抗氧化能力进而可以延缓衰老。从可持续发展资源的角度来说，我国一年有2亿吨稻谷产量，按照65%的出米率，大约有1.3亿吨米，如果其中碎米按10%计算，大约有1300万吨碎米，如果按80g/kg的蛋白质含量算，大约有100万吨以上的蛋白质资源可以利用。我国是稻米生产量最大的国家，而大豆和玉米要依赖进口，如果碎米能够得到充分利用，把大米蛋白和淀粉很好地利用在健康产品中，则可以将其作为自主原料不受贸易限制。

二、碳水化合物

植物蛋白肉制品在加工过程中需要添加碳水化合物成分。其中，淀粉或面粉的添加可改善产品质地和稠度。为了增强产品稳定性和黏结性，可添加适量凝胶剂。凝胶剂主要为天然高分子化合物多糖，它是由醛糖或酮糖通过糖苷键连接在一起形成的多聚物。

三、酶

植物蛋白肉缺乏肌肉蛋白特有的纤维结构，为调节植物蛋白交联程度、改善口感，可利用食品酶对其进行酰胺化和脱酰胺处理。谷氨酰胺转氨酶和漆酶是目前在植物蛋白肉加工中应用最多的交联酶。

谷氨酰胺转氨酶又称转谷氨酰胺酶（TG酶），是由331个氨基组成的分子质量约3.8ku的具有活性中心的单体蛋白质，是一种催化酰基转移反应的转移酶，其可催化蛋白质多肽发生分子内和分子间共价交联，从而改善蛋白质的结构和功能，对蛋白质的性质（如发泡性、乳化性、乳化稳定性、热稳定性、保水性和凝胶能力等）改善效果显著，进而改善食品的风味、口感、质地和外观等。因此，TG酶在食品加工中具有广泛应用前景，作为新型生物酶制剂，TG酶又称为食品加工中的黏合剂、凝结剂、增稠剂和增筋剂。传统肉类加工工艺通常加入大量的盐和磷酸，以提高其持水力、连贯性和质地。近期，少盐少磷酸的食物被广泛推广，但其质地和物理性质都不尽如人意。TG酶可以替代部分传统肉制品加工中添加的品质改良剂——磷酸盐，生产低盐肉制品，可应用于水产加工、火腿、香肠、面类、豆腐等。

此外，作为植物蛋白肉主要基材的大豆等多种植物蛋白含有多种过敏原，筛选特异性蛋白酶降解过敏原蛋白是植物蛋白肉脱敏的重要途径。大豆等豆类原料中的醇、醛等挥发性物质形成了大豆蛋白制品特有的豆腥味，严重影响了植物蛋白肉的风味和口感，可应用醇、醛脱氢酶破坏醇、醛分子。

四、色素

几千年的饮食文化传承，我们已经习惯根据外观、口味或气味等特征来挑选食物，因此复制真实食物的感官性质很重要。传统肉含有的肌红蛋白在烹饪过程会发生化学变化进而产生颜色变化，而直接加工的植物蛋白原料是白色的。现阶段为了模拟真实肉的颜色，通常在加工过程中添加色素。

为模拟肉类色泽，植物蛋白肉通常采用热稳定性强的水果和蔬菜提取物（如苹果汁、甜菜汁）或重组血红蛋白（如大豆血红蛋白）作为颜色添加剂。Beyond Meat公司使用红色的甜菜根汁、胭脂树提取物添加到植物蛋白肉饼中作为肉类颜色来源，同时添加抗坏血酸以保持色泽。但是甜菜红色素并不能像真肉中的血红蛋白一样受热变色，这就让采用甜菜红色素进行上色的植物蛋白肉产品颜色并不那么逼真，加热之后仍有一定程度的鲜艳红色。

除甜菜红色素外，另一类植物蛋白肉着色剂则是大豆血红蛋白。大豆血红蛋白是一种血红素，而血红素是大自然中最普遍存在的成分之一，是血液中携带氧气的分子。血红素几乎可以在我们日常食用的各种食品中找到，它大量存在于动物肌肉中，在大豆植物的根部也有分布。Impossible Foods在其植物蛋白肉产品中添加了2%（质量分数）的大豆血红蛋白作为色泽的来源，在煎烤时肉质颜色会像真肉一样变深。美国FDA已批准大豆血红蛋白作为肉类风味色泽替代品添加进植物蛋白肉中，这也是该成分首次被批准作为食品添加剂。但是大量使用转基因技术生产大豆血红蛋白也为其带来了众多争议。另外，大豆血红蛋白存在于大豆植株根部，如果只采用挖掘大豆植株的方式来获取大豆血红蛋白，过程困难，成本昂贵，不利于资源的可持续发展和循环利用，从而使得Impossible Foods在整体产品价格方面居高不下，难以与传统动物肉制品竞争。因此，科研人员正在努力构建合适的食品级酵母菌株，利用基因工程手段和发酵法来大规模获取血红蛋白。除了充当着色剂的作用，大豆血红蛋白还可以提供生肉的“血腥味”，并在加工过程中形成独特的成熟肉类香气。

五、调味物质

植物蛋白直接加工得到的产品味道单一，口感较差。为丰富其口感，掩盖大豆蛋白的腥味和苦涩味，植物蛋白肉还会加入辣椒、大蒜、洋葱、芹菜以及鼠尾草等香辛料。

六、脂肪

传统肉制品中通常含有较高含量的脂肪，以提供独特肉类香气、改善质构等。但是，动物脂肪含有高比例的饱和脂肪酸和胆固醇，这使得人们在摄入过量动物油脂的同时也增加了患心血管疾病的风险。饱和脂肪的来源包括：①牛肉、猪肉和羊肉的脂肪块；②深色鸡肉和家禽皮；③高脂肪乳制品，如全脂牛乳、黄油、干酪、酸奶油、冰淇淋；④热带植物油，如椰子油、棕榈油、可可脂。通常建议日常饮食中应少摄入饱和脂肪。

肉类特有的美好香气也是消费者在选择产品时的重要关注点之一。而油脂作为多种风味物质的良好载体，可以起到均匀分散风味物质、充当风味释放的载体等作用。不仅如此，植物蛋白肉中的蛋白质、油脂等成分在加热条件下发生美拉德反应、油脂氧化反应等，产生了更加复杂、多层次的肉类风味。

要想得到一块合格的植物蛋白肉，一种关键成分不可或缺——脂肪。植物蛋白肉也需要添加适量的脂肪，以实现对多汁性、嫩度、风味等传统肉特性的模拟。但是，显然不能使用动物来源的脂肪添加到植物蛋白肉中去，并且在植物蛋白肉加工过程中，需要严格控制脂肪含量，以避免在脂肪添加过量的情况下使产品在挤压剪切过程中出现过度润滑和黏性过度的现象。现在应用在植物蛋白肉中的动物脂肪模拟物大致有以下几种。

（1）椰子油　椰子油（Coconut oil）是由椰子树的种子精炼而得到的非挥发性植物油，外观为白色至黄白色澄清的黏稠液体，几乎不溶于水。椰子油的性能稳定，不需冷藏保存。其饱和脂肪酸含量达到80%以上，在所有天然植物油脂中为最高。因此，椰子油的熔点比较高，常温状态也呈现固态外观，且不易氧化。椰子油是重要的植物基饱和脂肪来源，常被用做植物蛋白肉中的动物脂肪替代物。然而，在实际生产加工应用过程中，椰子油也显现出其缺点。椰子油的熔点只有23～26℃，在对植物蛋白肉产品加热熟化时，椰子油会快速熔化而使整体结构失稳，椰子油变为液态流失出去，产生植物蛋白肉组织中常见的“孔洞”结构，导致终产品的口感干柴，多汁性差，口感不佳。现在在植物蛋白肉产品中使用椰子油作为脂肪替代品的公司占大多数，包括珍肉、Beyond Meat、Impossible Foods、Morning star Farms等。

（2）结构化乳液凝胶　通过物理手段构建复杂网络结构来固定水油液滴，能够实现用液态植物油来代替富含饱和脂肪的固态油脂[10]。事实上，国内外研究人员对于动物脂肪模拟物的探索已有20年左右的历史，同时也诞生了大量的液态油脂结构化方法。这些方法在本书后续章节会详细介绍。某些蛋白质、皂苷类物质等天然来源的乳化剂都能够很好地起到构建网状结构的作用。应用在乳液中的蛋白质粉剂主要有两大类，蛋白质含量在900g/kg以上的为分离蛋白，蛋白质含量低于900g/kg的则称作浓缩蛋白。分离蛋白和浓缩蛋白具有乳化、发泡、成胶等功能特性，其中蛋白质的持水力（Water holding capacity，WHC）和黏度被视作影响脂肪替代品性能的关键参数，会影响到产品的颜色、质地以及许多其他感官属性。此外，皂苷是一类广泛存在于植物中的复杂化合物，其化学结构由皂苷元和糖组成。由于皂苷元具有一定的亲脂性，而糖链具有较强亲水性，这就使得皂苷成为一种被广泛应用的表面活性剂，如果将其水溶液摇晃，便能很简单地得到持久性的肥皂状泡沫。

（3）其他组分　除上述几种脂肪替代品或脂肪模拟物外，还可以通过添加多种添加剂溶于水、油中成胶来起到模拟脂肪的作用。如黄原胶、魔芋胶、甲基纤维素、阿拉伯胶等食品添加剂可以与多种液态食用植物油共同作用，起到增稠、增黏、持水保油的作用，并在一定程度上避免了油脂在加热过程中流失的情况。素莲、Gardein、Sgaia′s vegan meats等公司即采取这种方法来模拟动物脂肪。

七、风味物质

油脂在高温高压下氧化降解产生的醛、酮、醇、酯等挥发性物质是参与肉类特征风味形成的重要成分。脂质氧化降解产物通过发生美拉德反应产生肉的特征风味。表2-2列举了部分肉类风味形成的前体及化合物。

表 2-2 肉类风味形成的前体及化合物

风味前体类别	实例	热反应类别	风味化合物	关联风味
糖核苷酸、多肽	葡萄糖5′-腺苷、单磷酸酯类、半胱氨酸	美拉德反应	吡嗪类、烷基吡嗪类、烷基吡啶类、酰基吡啶类、吡咯类、呋喃类、呋喃酮类、吡喃酮类、噁唑类、噻吩类	焙烤、焦糖味、肉味
脂肪酸	磷脂亚油酸	脂类氧化	烃类、醇类、醛类、酮类、2-烷基呋喃类	脂肪、黄油、甜味
维生素	维生素B_1	降解	硫醇、脂肪族硫化合物、呋喃、苯硫醚	淡淡的、烤洋葱、硫味

在食品加工过程中添加风味物质对于模拟肉的味道和气味非常重要。在植物蛋白肉中，通常添加30～100g/kg的风味添加剂来增强或掩盖特定的味道[11]。使用豆类蛋白为原料制造的植物蛋白肉产品不可避免地具有一定的豆腥味，豆腥味是大豆所特有的由臭味、腥味、苦味、青草味、涩味等糅合而成的特殊不良气味，这种味道可能会降低消费者选择这类植物蛋白肉产品的欲望。豆腥味形成的主要原因是大豆在粉碎过程中，其含有的脂肪氧化酶被氧气和水激活，发生了酶促氧化反应，形成小分子醇、酮、酸、胺等挥发性异味化合物。在植物蛋白肉产品生产过程中，豆腥味的掩盖通常是通过添加许多香料和调味料来实现。使用多种复合酶处理原料也可以在一定程度上去除豆腥味。肉类风味形成的前体及化合物主要由糖、氨基酸、核苷酸、糖蛋白、谷氨酸钠、盐等成分组成，添加后可以改善产品的风味和颜色[12]。

另一类值得考虑的风味物质则是大豆血红蛋白。Impossible Foods从大豆植物中分离出富含铁的“血红素”，以大豆血红蛋白的形式添加到其植物蛋白肉产品中，以模仿肉质的浓郁肉味，使产品在煎炸之后具有非常强烈和真实的肉香[13]。血红素是传统肉中的重要成分，能通过血液运输氧气。斯坦福大学的研究人员发现，血红素的这一功能使其成为让肉更有“肉味”的关键成分。添加植物来源的血红素可以为植物蛋白肉增加血腥味道，烹饪过程中血红素的释放催化了味道和香气的形成，使植物蛋白肉饼（或其他种类的植物蛋白肉制品）闻起来更加像肉，在嗅觉上更加逼真。

虽然植物蛋白肉主打“健康”“低脂”等口号，但生产商为了肉味风味和保存的需要向植物蛋白肉饼中加入了更多的盐分。虽然人体必须保证每日的适量盐分摄入，但过多的钠摄入会导致高血压，从而增加患心脏病和中风的风险。此外，为了重现经典的汉堡香气，Beyond Meat汉堡肉饼除了添加芝士外，还要经历煎烤，再淋上数种高热量酱汁。这也使得植物蛋白肉汉堡产品实际上的热量并不似人们想象中的低[14]。

八、其他营养物质

在大健康产业背景下，消费者越来越倾向于“可降低疾病风险”和“促进健康”的属性价值来选择购买和消费的商品。植物蛋白肉不添加抗生素，在生产加工过程中能保证无细菌病毒感染，具有低胆固醇、低脂肪与高膳食纤维等产品优势。并且在此基础上，可添加其他营养物质如维生素和膳食纤维来增加植物蛋白肉的营养价值。

第三节　植物蛋白肉生产技术

植物蛋白肉是以植物性蛋白质或植物性成分为原料，通过静电纺丝、挤压技术和3D打印技术等，将植物组织蛋白加工，使其蛋白质发生改性、分子链取向、重新交联，形成具有类似肉类的纤维结构，从而使其具备传统肉制品的质地、风味和口感。

一、挤压技术

由于具有高产率、低成本、多功能性和能源效率高等特点，挤压技术是当前用于将植物蛋白转化为结构化聚集体或原纤维以随后加工成肉类替代产品的主要加工技术。根据原料水分含量不同，可将挤压技术分为低水分挤压技术和高水分挤压技术（图2-1）[15]。

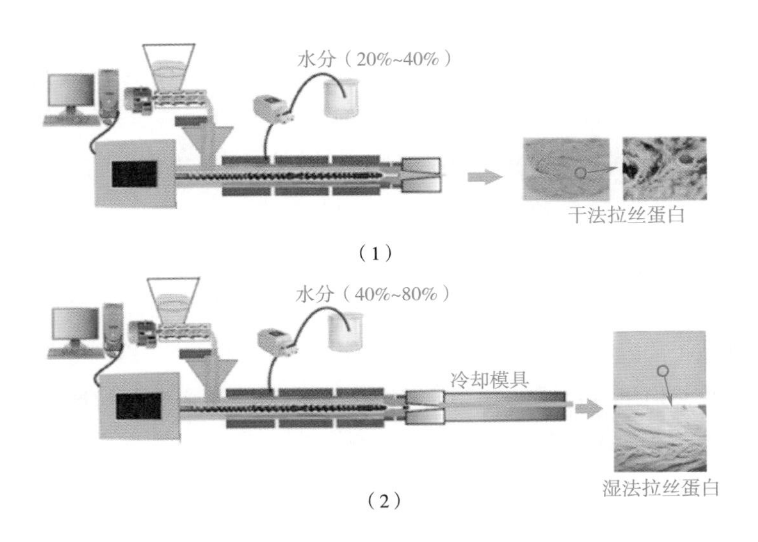

图 2-1　植物蛋白肉挤压生产设备

（1）低水分挤压设备　（2）高水分挤压设备

低水分挤压技术兴起于20世纪60年代，目前该技术已基本成熟，当前植物蛋白肉生产工艺多以低水分挤压为主。低水分挤压是指对水分含量20%～40%（质量分数）的植物蛋白进行挤压膨化的工艺［图2-1（1）］，当植物蛋白原料从挤压机内的高温、高压条件下挤出时，突然释放的压力使蛋白质膨化形成海绵状结构。虽然该挤出物具有类似肉类的纤维结构和弹性，但是很难根据它们膨胀的海绵状的外观将其当作肉类[16]。低水分挤压产品后续加工工艺较为复杂，在食用前需要复水，属于非即食性食品。低水分挤压产品的主要用途是用作肉制品（火腿肠等）的添加物，代替部分肉类蛋白以及提高产品的吸水、吸油能力。在设备方面，低水分挤出设备是利用单旋转或双旋转螺杆的泵送作用的拖曳流动装置，单螺杆挤压机和双螺杆挤压机都能在低水分条件下挤出植物蛋白肉产品[17]。然而，单螺杆挤压机的混合、分散和均化效果较差，只适用于简单的蛋白质膨化处理。与依赖于料筒（和螺杆）与熔体之间摩擦的单螺杆挤出不同，在双螺杆挤出中，产品从一个螺杆散装转移到另一个螺杆，从而使向前输送更加有效。

高水分挤压是在低水分挤压的基础上逐渐发展起来的。在20世纪80年代，双螺杆挤压机开始取代单螺杆挤压机，由于前者具有更加高效的加工能力、更低的能耗（200～1200kJ/kg）和更大的水分含量范围，因此在现阶段实际生产中双螺杆挤压机的使用较为普遍。双螺杆挤压机挤压物料的水分含量较高，为40%～80%［图2-1（2）］，这使其挤出物的最终水分含量也可以超过30%，因此高水分挤压产出的植物蛋白肉制品在食用前无需复水，其具有类似肉的纤维结构和质地特性，可以作为肉类替代品食用[18]。在设备方面，高水分挤压不仅需要双螺杆挤压机，而且对挤压机的螺杆构型和长径比等也有着较为严格的要求。值得注意的是，与低水分挤压不同，高水分挤压设备还需在挤压机模头出口处安装一个较长的冷却模具［图2-1（2）］，通常将其温度设置在75 °C以下。冷却模具是高水分挤压设备非常重要的一环，冷却模具系统拥有压力监测、温度控制功能，可以使湿法拉丝蛋白经过特殊的冷却模具系统挤出，在物料离开模头前温度降低至接近室温，不会使产品由于机筒内外温差而发生水蒸气“闪蒸”现象；同时冷却模具会提供垂直于挤出方向的剪切应力，使蛋白质分子重新排列形成高弹性、高韧性的纤维状组织结构[19～22]。

用于高水分挤压的挤压机根据其功能性主要分为3个部分：混合区、蒸煮区和冷却成型区（图2-2）。其中，蒸煮区是高水分挤压的核心区段，在此区段内螺杆装有较多的啮合元件，温度一般高于130°C，植物蛋白原料在高剪切力和高温作用下发生显著的物理和化学变化。冷却成型区是使蛋白质的分子重排，形成纤维状结构的关键区段。温度一般略低于75°C。混合区主要是让水与物料混合，在此区段需要装有少量啮合元件，温度一般低于80°C，这样可使水与物料充分混匀而水分不会蒸发。在此区段也会发生一些物理化学变化。在整个高水分挤压过程中，各区段原料都会有不同的相态变化。在混合区内，原料与水在螺杆的剪切作用下形成均匀的面团。在蒸煮区内，从固态转变为橡胶态或黏液态，即发生了熔融。传输到冷却模具时，熔融状态的混合物会形成层流，逐渐定型并呈现类似传统肉的质地和结构特征[23，24]。

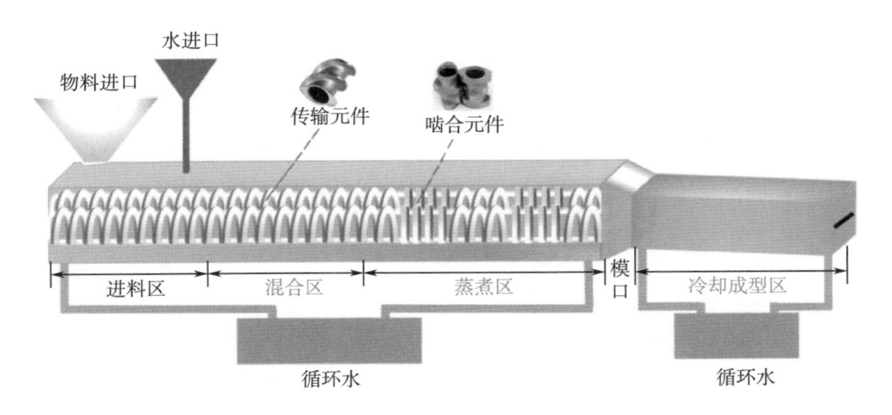

图 2-2　高水分挤压机结构示意图

二、剪切室技术

剪切室技术制备植物蛋白肉是一种基于流动诱导结构概念的新技术[25]。该技术工艺流程可以在流变仪的锥形装置（Shear Cell）或圆柱形圆筒装置（Couette Cell）中进行（图2-3）。在锥形装置中［图2-3（1）］，底部锥旋转而顶部锥保持静止，加工温度可以调节。圆柱形圆筒装置是进一步优化的产品［图2-3（2）］，由两个嵌套圆筒组成，外层圆筒保持固定不动，内层圆筒可以匀速旋转。将植物蛋白原料和水混合加入“剪切区”即圆筒间隙后，通过调节圆筒转速与温度，控制加工时间，即可在剪切力和加热的简单组合下将植物蛋白原料加工为均一、分层的纤维结构[26]。

（1）　　（2）

图 2-3　剪切室技术中的 Shear Cell 装置和 Couette Cell 装置

（1）锥形装置　（2）圆柱形圆筒装置

荷兰瓦赫宁根大学Atze Jan van der Goot教授团队使用圆柱形圆筒装置，在温度 90 ~ 110℃、内圆筒转速5 ~ 50r/min、作用时长5 ~ 25min条件下剪切大豆分离蛋白与小麦面筋蛋白的混合原料，获得了微观尺度的多层纤维状植物蛋白肉[27]。由于圆柱形圆筒加工植物蛋白肉的剪切力恒定、机械能耗比挤压工艺下降约10%，加工容量扩大时不需要重新设计设备，只需增加剪切区长度即可，因此极具工业应用生产植物蛋白肉潜力。剪切室技术已获得联合利华、奇华顿、宜瑞安等公司共同投资，相关研发试用正在推广阶段[28]。

三、纺丝技术

纺丝技术制造植物蛋白肉可分为湿法纺丝技术和静电纺丝技术（图2-4）。在湿法纺丝工艺中，高纯度的植物蛋白与黏合剂混合溶解在稀碱溶液中形成纺丝液，经多孔板或喷嘴挤压到酸性盐溶液后凝固拉伸纤维化成型［图2-4（1）］。静电纺丝技术利用高压静电场对植物蛋白高分子溶液或熔体的击穿作用，在喷射装置和接收装置间施加高压静电场，喷射装置前端的纺丝液滴形成圆锥形泰勒锥，并向接收装置方向拉伸形成射流，溶剂挥发后最终在接收装置上形成无纺状态的蛋白质纳米纤维［图2-4（2）］。

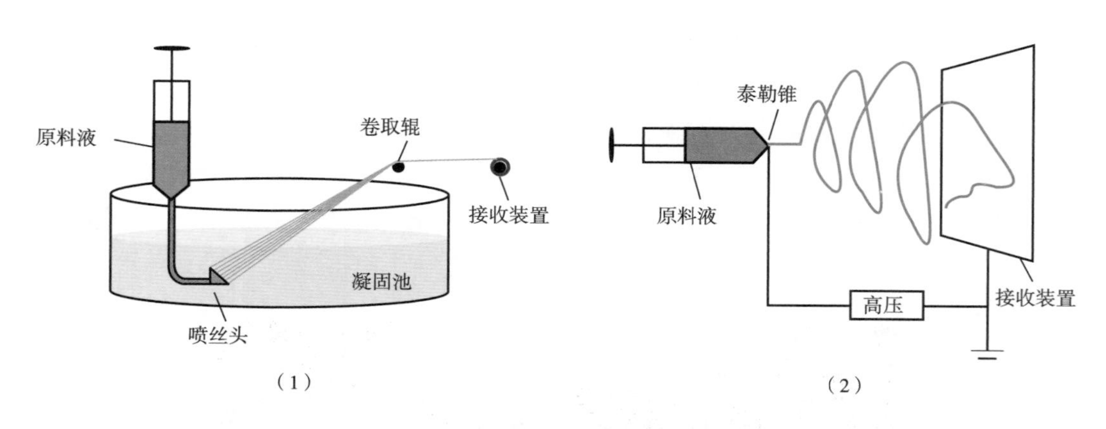

图 2-4 纺丝技术制造植物蛋白示意图

（1）湿法纺丝技术 （2）静电纺丝技术

湿法纺丝技术需要使用大量酸性和碱性溶液，化学污染严重，产品食用安全性低，在植物蛋白肉的生产中已被逐步淘汰。静电纺丝技术要求植物蛋白原料不仅溶解度高、黏度高、电导率高、表面张力高，而且需要在溶解状态下以无规卷曲形态存在，以促使喷丝过程中原料相互作用发生缠绕[29]。然而，植物蛋白肉的常见原料豆类蛋白主要以球蛋白形式存在，在水溶液中容易凝聚。虽然通过化学改性或添加助溶剂能够提高静电纺丝原料的性能，但在食品制造上却并不适用[30]。目前，只有在乙醇水溶液中以无规卷曲形态存在的玉米醇溶蛋白以及加热状态下成无规卷曲形态的明胶、乳清蛋白被发现具有静电纺丝加工植物蛋白肉的可能[31]，但明胶或乳清蛋白是否符合植物蛋白肉生产的原料许可还待商榷。由此可见，受原料约束，静电纺丝技术在植物蛋白肉生产上的应用发展空间还较有限。

四、3D 打印技术

3D打印植物蛋白肉主要是将增材制造工艺应用在“肉品”制造，使用特殊制备的可食用“墨水”，经过3D打印机逐点逐层累积叠加形成三维肉块，以创造出挤出机无法比拟的成块肉质（图2-5）。3D打印植物蛋白肉使用的“墨水”多是由豌豆、大豆等各类植物蛋白结合油脂、色素、交联剂等添加物组成[32]，代表企业有Novameat和Redefine Meat。

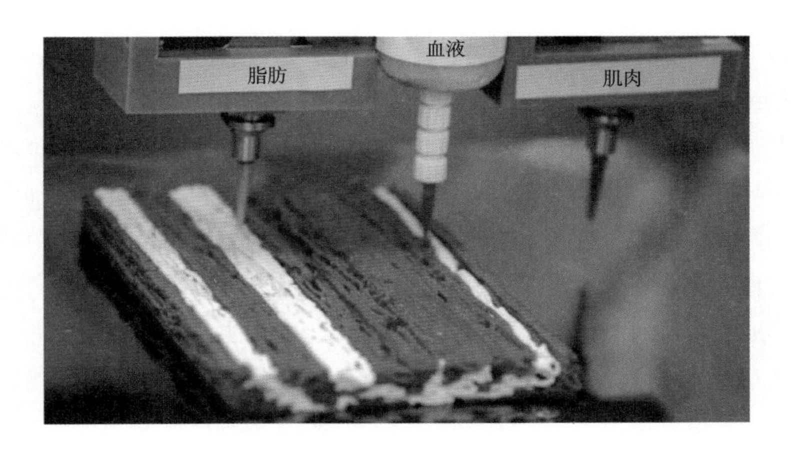

图 2-5　3D 打印技术生产植物蛋白肉

3D打印技术的优点是可以精确控制食品的口味、质地和营养特性，如定制肉类大理石花纹[33]，同时能够以非常低的单价快速迭代新的原型版本。然而，现阶段3D打印还只存在于实验室小试阶段，研究如何结合大规模生产设备（如挤压机）以达到有效联用，对于其下一步扩大化应用具有重要意义。

五、调味和增色

在植物蛋白肉中加入辣椒、大蒜、洋葱、芹菜、以及鼠尾草等香辛料可以对植物蛋白肉进行调味。通过在植物蛋白肉制品中添加植物来源的血红素可以使植物蛋白肉饼在视觉上看起来更加像肉，在颜色上更加逼真。目前，合成生物学技术制造血红蛋白是研究的热点。合成生物学技术可以构建具有血红蛋白合成能力的酵母菌株，进一步通过发酵来大规模产生血红蛋白，这些血红蛋白可以用于植物蛋白肉颜色的拟真。除了充当色素，血红蛋白还可以提供生肉的“血腥味”，并在加工过程中形成独特的熟肉香气。

第四节　植物蛋白肉的机遇与挑战

自2020年9月“美国植物蛋白肉第一股”Beyond Meat官宣在中国嘉兴投资建厂后，国内植物蛋白肉市场迎来快速发展，肯德基、汉堡王、德克士等多家快餐连锁品牌相继加入植物蛋白肉产业并推出多款植物蛋白肉食品[34]。植物蛋白肉是生物与食品科学发展的产物，其问世引起了人们的热议，但其真正广泛为市场所接受仍面临许多挑战。

一、消费者接受度

一些调查者发现，在意大利，年轻、接受高等教育、具备植物蛋白肉相关知识和期望减少肉类消费的群体更愿意接受植物蛋白肉产品。技术安全性是爱尔兰消费群体对植物蛋白肉食品的重要关注点。与城镇消费者更容易接纳植物蛋白肉产品不同，爱尔兰乡村消费者普遍担心植物蛋白肉市场对农业和畜牧业的冲击。对德国消费者的调查发现，伦理和情绪反对导致消费者对植物蛋白肉产品全球推广的担忧。在北美洲的加拿大和美国，当产品售价相同时，消费者更愿意选择动物肉制作的汉堡。但相比之下，美国消费者似乎对植物蛋白肉食品有着较强的兴趣并愿意尝试。在我国大约半数受访者因为担心植物蛋白肉对人体健康造成威胁而对植物蛋白肉犹豫不决，保持中立。年轻的男性尤其是受过高等教育的男性及对肉类评价较高、对政府食品安全监管更满意的男性更容易接受和尝试植物蛋白肉。

植物蛋白肉的口感风味、技术风险和价格等因素是影响消费者购买行为的重要因素：首先，植物蛋白肉产品在口感上与传统肉相比存在较大的差异。与传统肉鲜嫩多汁、富有弹性的口感不同，植物蛋白肉产品纤维结构的紧密性和黏弹性相对较差。其次，植物蛋白肉在生产环节还需解决大豆蛋白和豌豆蛋白的豆腥味对口感风味的影响。尽管植物蛋白肉技术可以减少屠杀动物和减轻环境压力，但人们选择食物和重复购买的前提在于其良好的口感风味。再次，与天然食物相比，消费者对于人造食品的质量安全往往有着更高的敏感性。虽然植物蛋白肉技术可以有效解决肉类食品抗生素滥用的问题，但新技术的使用可能导致植物蛋白肉产品在生产过程中出现其他未知有害物，并且这种技术风险可能在短期并不会显现。最后，目前植物蛋白肉的市场售价较高。例如，某超市有一款产品名为“植物蛋白汉堡饼”，每盒重226g，零售价59.9元，折算下来每500g售价在132元，几乎是普通猪肉的2～3倍。此外，某网络销售平台上的“庖丁造肉”重234g，售价为45.9元；星巴克的4款植物蛋白肉产品，价格为35～49元，均高于传统肉同类产品。绿色素食生活馆Green Common公司通过天猫国际进入中国内地。初期售卖的健康素食食品包括Omni Pork新猪肉、Alpha Food植物鸡块等。一款“生植物蛋白肉”产品每包容量为230g，售价为28元，每500g价格约67元。植物蛋白肉的价格居高不下主要有两点原因：①植物蛋白肉以大豆或豌豆作为蛋白原料，添加各种脂类、无机盐、维生素等以改善口感和丰富营养成分，原料做工成本高；②植物蛋白肉还未形成大批量工业化生产。

二、营养、健康和食品安全

植物蛋白肉相对于普通动物肉和肉制品的优势之一是改善营养结构和健康益处。然而，大多数这类植物蛋白肉产品的高度加工性质并不一定具有所谓的健康优势。由于严格的加工方案（混合、均质、高温烹调等），植物蛋白肉将不可避免地失去一些天然存在的或作为补充剂添加的营养物质。目前，很少有营养学研究支持植物蛋白肉与肉类营养成分相比的具体健康益处主张。例如，目前还不清楚添加到产品配方中的无机矿物质是否具有与肌肉组织中天然存在的有机血红素铁、锌、硒和其他微量矿物质相当的生物功效。植物培养肉通常比它们设计取代的肉类产品含有更多的盐，这给降低钠含量改善健康带来了挑战。此外，设计植物培养肉生产工艺应考虑对大豆配方材料中存在的某些抗营养因子进行失活的预处理。例如，植酸酶处理可以将大豆分离蛋白中植酸的含量从8.4mg/g蛋白质降低到0.01mg/g蛋白质以下。另外，大豆分离蛋白含有浓度为1～30mg/g的胰蛋白酶抑制剂，虽然蛋白酶抑制剂通常被认为是热敏感的，但它们在中等加工温度（93°C）下需要长时间的加热才能被破坏。降低豆类蛋白成分（分离或浓缩）中酶抑制剂含量的可能方法之一是超高温预处理。

缺乏“干净”的标签是植物蛋白肉的另一个常见问题。检测人员在这些产品中发现了大量成分，通常超过20种（部分多达40种）。添加剂可能包括常规肉制品中不常添加的防腐剂、稳定剂和着色剂，如二氧化钛、甲基纤维素和卵磷脂。针对大量的添加剂，再加上一些产品中的饱和脂肪和高盐含量，带来了一个问题，即一些植物性替代品是否真的比肉类更健康、更有营养。此外，蛋白质食品的高温加工可能产生毒物和致癌物，如杂环芳胺。植物蛋白肉的蛋白质含量很高，通常是在高温下加工（烧烤、油炸等），这使它们容易受到杂环芳胺等有毒物质形成的影响。在传统肉加工中，酚类天然抗氧化剂显示出作为潜在的毒物形成抑制剂以提高安全性的前景，这可能也是确保植物性替代品安全的一个好策略。对于特定的消费群体，某些植物蛋白的过敏性，如大豆蛋白（结合IgE的大豆蛋白），被认为是一种健康风险；而消费群体敏感性水平可从轻度到重度不等。同样，对于含有小麦蛋白的植物蛋白肉产品，面筋敏感性、不耐受和过敏，如乳糜泻，是必须在易感人群中仔细监测的潜在风险因素。此外，由于熟肉替代品一般都是高水分食品，因此需要考虑后期处理的影响和特定的储存条件（包装、温度等）。应对产品的微生物安全性和风味变化（如脂质氧化）进行研究[35]。

参考文献

[1] Suman S P，Joseph P. Myoglobin Chemistry and Meat Color [J]. Annual Review of Food Science and Technology，2013，4（1）：79-99.

[2] Simsa R，Yuen J，Stout A，et al. Extracellular Heme Proteins Influence Bovine Myosatellite Cell Proliferation and the Color of Cell-Based Meat [J]. Foods，2019，8（10）：521.

[3] Fraser Rachel Brown，et al. Methods and Compositions for Affecting the Flavor and Aroma Profile of Consumables：US 9700067B2 [P]. 20171116.

[4] Rubio NR，Xiang N，Kaplan D L. Plant-based and cell-based approaches to meat production [J]. Nat Commun，2020，11（1）：6276.

[5] 王守伟，孙宝国，李石磊，等. 生物培育肉发展现状及战略思考 [J]. 食品科学，2021，42（15）：1-9.

[6] Fraser R Z，Shitut M，Agrawal P，et al. Safety Evaluation of Soy Leghemoglobin Protein Preparation Derived From Pichia pastoris，Intended for Use as a Flavor Catalyst in Plant-Based Meat [J]. Int J Toxicol，2018，37（3）：241-262.

[7] 赵亚兰，尉亚辉. 豆血红蛋白的研究进展 [J]. 西北植物学报，2000，20（4）：684-689.

[8] Ismail I，Hwang Y H，Joo S T. Meat analog as future food：a review [J]. J Anim Sci Technol，2020，62（2）：111-120.

[9] Galanakis C M. Sustainable meat production and processing [M]. Amsterdam：ELSEVIER Press，2019.

[10] Kew B，Holmes M，Stieger M，et al. Review on fat replacement using protein-based microparticulated powders or microgels：A textural perspective [J]. Trends in Food Science & Technology，2020，106：457-468.

[11] Khan M I，Jo C，Tariq M R. Meat flavor precursors and factors influencing flavor precursors—A systematic review [J]. Meat Sci，2015，110：278-284.

[12] Mottram D S. Flavour formation in meat and meat products：a review [J]. Food Chemistry，1998，62（4）：415-424.

[13] Legako J F，Brooks J C，O'Quinn T G，et al. Consumer palatability scores and volatile beef flavor compounds of five USDA quality grades and four muscles [J]. Meat Sci，2015，100：291-300.

[14] 曾艳. 植物蛋白肉的原料开发、加工工艺与质构营养特性研究进展 [J]. 食品工业科技，2020，42（3）：338-345，350.

[15] 王强. 高水分挤压技术的研究现状、机遇及挑战 [J]. 中国食品学报，2018，18（7）：1-9.

[16] Zhang J，Liu L，Liu H，et al. Changes in conformation and quality of vegetable protein during texturization process by extrusion [J]. Crit Rev Food Sci Nutr，2019，59（20）：3267-3280.

[17] Samard S，Gu B Y，Ryu G H. Effects of extrusion types，screw speed and addition of wheat gluten on physicochemical characteristics and cooking stability of meat analogues [J]. J Sci Food Agric，2019，99（11）：4922-4931.

[18] Cheftel J C，Kitagawa M，Quéguiner C. New protein texturization processes by extrusion cooking at high moisture levels [J]. Food Reviews International，1992，8（2）：235-275.

[19] Dogan H，Gueven A，Hicsasmaz Z. Extrusion Cooking of Lentil Flour（Lens Culinaris-Red）-Corn Starch-Corn Oil Mixtures [J]. International Journal of Food Properties，2013，16（2）：341-358.

[20] 刘欣然. 植物基仿肉类食品纤维结构设计与评价研究进展 [J]. 食品安全质量检测学报，2020，11（17）：5935-5941.

[21] Manski J M，Goot A J，Boom R M. Advances in structure formation of anisotropic protein-rich foods through novel processing concepts [J]. Trends in Food Science & Technology，2007，18（11）：

546-557.

[22] Krintiras G A，Gobel J，Bouwmen W G，et al. On characterization of anisotropic plant protein structures [J]. Food Funct，2014，5 (12)：3233-3240.

[23] Einde RM，Bolsius A，Soest J J G，et al. The effect of thermomechanical treatment on starch breakdown and the consequences for process design [J]. Carbohydrate Polymers，2004，55 (1)：57-63.

[24] Chen F L，Wei Y M，Zhang B. Chemical cross-linking and molecular aggregation of soybean protein during extrusion cooking at low and high moisture content [J]. LWT - Food Science and Technology，2011，44 (4)：957-962.

[25] Grabowska K J，Tekidou S，Boom R M，et al. Shear structuring as a new method to make anisotropic structures from soy-gluten blends [J]. Food Res Int，2014，64：743-751.

[26] Dekkers B L，Boom R M，Goot A J. Structuring processes for meat analogues [J]. Trends in Food Science & Technology，2018，81：25-36.

[27] Krintiras G A，Gadea Diaz J，Goot A J. On the use of the Couette Cell technology for large scale production of textured soy-based meat replacers [J]. Journal of Food Engineering，2016，169：205-213.

[28] 张金闯. 组织化大豆蛋白生产工艺研究与应用进展 [J]. 农业工程学报，2017，33 (14)：275-283.

[29] Nieuwland M，Geerdink P，Brier P，et al. Food-grade electrospinning of proteins [J]. Innovative Food Science & Emerging Technologies，2013，20：269-275.

[30] Stijnman A C，Bodnar I，Tromp R H. Electrospinning of food-grade polysaccharides [J]. Food Hydrocolloids，2011，25 (5)：1393-1398.

[31] Mattice K D，Marangoni A G. Comparing methods to produce fibrous material from zein [J]. Food Res Int，2020，128：108804.

[32] Chen J，Mu T，Goffin D，et al. Application of soy protein isolate and hydrocolloids based mixtures as promising food material in 3D food printing [J]. Journal of Food Engineering，2019，261：76-86.

[33] Tiwari R V，Patil H，Repka M A. Contribution of hot-melt extrusion technology to advance drug delivery in the 21st century [J]. Expert Opin Drug Deliv，2016，13 (3)：451-464.

[34] Zhao X，Zhou J，Du G，et al. Recent Advances in the Microbial Synthesis of Hemoglobin [J]. Trends Biotechnol，2021，39 (3)：286-297.

[35] 赵静静. 我国植物蛋白肉市场发展现状及展望研究 [J]. 农村经济与科技，2021，32 (4)：3.

第三章

细胞培养肉

第一节 概述

2013年，荷兰科学家Mark Post教授制备了世界第一块细胞培养牛肉饼并将细胞培养肉概念正式推向公众，引起各界广泛关注。细胞培养肉（Cultured meat），又称培育肉，是以细胞生物学为基础，根据肌肉组织的生长发育及损伤修复机制，利用体外培养动物细胞的方式，通过动物细胞体外大量增殖、定向诱导分化形成肌纤维、脂肪等构成肌肉组织的细胞类型，再经过收集、食品化处理等工序生产出的肉类食品[1]。

一、细胞培养肉的优势

如今经济飞速发展，社会需求转变加快，饮食的健康、卫生、美味、营养等方面越来越受到人们的重视。肉类作为人类摄取优质动物源蛋白质的重要途径，其每年的生产和消费数量巨大且增速迅猛，随人口数量的攀升肉类将面临严重供给不足的问题[2]。但禽畜饲养需要消耗大量的水、土地等资源，并排放大量温室气体，对环境造成污染，同时还存在着动物伦理和公共健康等问题。据估算，生产1kg牛肉需要1.5万升水，约40m^{2}土地，并产生300kg二氧化碳（各种温室气体对自然温室效应增强的贡献，可以用CO_2的大气浓度或排放率计算）。全球约三分之一的可用土地用于农业，而目前农作物总产量的30%用于动物饲养，但由于饲料转化率低，导致生态链物质转化效率非常低。此外，动物病疫如非洲猪瘟、禽流感、疯牛病等的广泛流行也给禽畜饲养带来了不确定性，极大地增加了养殖业的成本和风险。因此，迫切需要更高效、环境友好的生产系统，以满足2030年及以后的全球肉类需求。

与传统肉品生产方式相比，细胞培养肉是在无菌实验室或无菌工厂中生产的，营养成分接近真实传统肉，但整个生产过程无需大规模动物养殖和宰杀，成分明确、质量可控，具有绿色、安全、可持续等优势[3]。因此，细胞培养肉被认为是最有可能解决未来人类肉与肉制品生产和消费困境的有效方案之一。

二、细胞培养肉的起源和发展历程

早在20世纪初期，就有学者提出了不通过屠宰牲畜来获得可食用肉的设想。1931年，英国前首相丘吉尔在他的《思想和冒险》中写道："50年以后，我们将不会为了吃鸡胸肉或鸡翅而把整只鸡养大，而是在适当的培养基下分别培养这些组织。"这可以算作是细胞培养肉的雏形，但对于当时的科学发展和技术手段而言，细胞培养肉仅仅是一种对未来的幻想和憧憬。20世纪60年代，随着科技的不断发展，干细胞分离和鉴定、体外培养以及组织工程的研究不断深入，相关技术手段也趋于成熟，使得体外产生骨骼肌肉、软骨、脂肪等组织成为可能。随后，在20世纪90年代，医学领域中有学者开始研究利用骨骼肌肉干细胞（又称肌卫星细胞）结合多种新型材料制造“人工肌肉”，在航空航天、生物医疗等领域具有重要的应用价值。

食品领域真正开始研究动物细胞培养肉是在21世纪的初期。2002年，美国国家航空航天局（NASA）的研究员进行了火鸡肌肉细胞的培养研究，他们在火鸡中提取肌肉细胞，并培养于含有牛血清的细胞培养基中，得到了条形的火鸡肌肉纤维。不久后，NASA资助开展了培养鱼肉的研究，培育出第一块可食用的生物培育鱼片，并对其培养基组成和生物反应器设计进行了深入的研究。2004年，美国成立新丰收（New Harvest）研究机构，着重研究利用细胞培养的方式生产动物产品。2008年，第一届世界细胞培养肉研讨会在挪威食品研究所举行，这次会议成立了细胞培养肉联盟，并深入讨论了细胞培养肉的商业可能性。2013年，荷兰科学家Mark Post通过6年的研究终于推出世界首例细胞培养牛肉制作的汉堡，该汉堡由10000多条单独的肌纤维组合而成，单个汉堡造价接近33万美元。虽然成本高昂，但细胞培养肉这项技术的成功引起了各界人士的关注。此后，众多以开发细胞培养肉产品为目的的公司成立并获得融资，如美国的Memohis Meat公司、荷兰的Mosa Meat公司等。在我国，2019年，南京农业大学周光宏教授团队用猪肌肉干细胞培养出我国第一块质量为5 g的细胞培养肉产品，并在2020年举办了全国试吃会。目前，全球已有超过80家细胞培养肉相关的初创公司成立，行业总融资金额超过3亿美元。2020年12月，新加坡在全球首创性地批准了细胞培养的鸡肉产品上市销售。

三、细胞培养肉生产流程和技术挑战

细胞培养肉的生产主要应用了细胞生物学、组织工程、食品工程领域的先进技术和策略，其主要生产流程如图3-1所示，可分为四个步骤：①种子细胞的获取；②种子细胞的大规模扩增；③定向诱导分化为肌纤维、脂肪等构成肌肉组织的成熟细胞类型；④不同细胞类型的组装和食品化加工。

虽然细胞培养肉已展现出广阔的市场前景和诱人的商业利益，但是全球范围内，对于细胞培养肉的研发仍处于起步阶段。虽然利用现有技术能够制造出细胞培养肉雏形，但培养规模小、成本高，并且还无法形成类似传统肉的大块组织结构。此外，在动物干细胞的高效获取、干细胞体外增殖和干性（即干细胞特性）维持、高效成肌或成脂诱导分化以及后续的食品化加工等方面仍然存在着许多技术难题[4, 5]。具体来说：①在种子细胞的获取方面，不同类型的动物干细胞，如胚胎干细胞、成体干细胞等都具有增殖并分化成为肌纤维或脂肪的潜能，目前可以从猪、牛、鸡等动物中分离获得高纯度的肌肉干细胞，但是数量极少，此外对于全能性（细胞具有能重复个体的全部发育阶段和产生所有细胞类型的能力）更高的胚胎干细胞系的建立，仍然面临着较多挑战[6]。②动物干细胞的体外大量增殖是细胞培养肉生产的

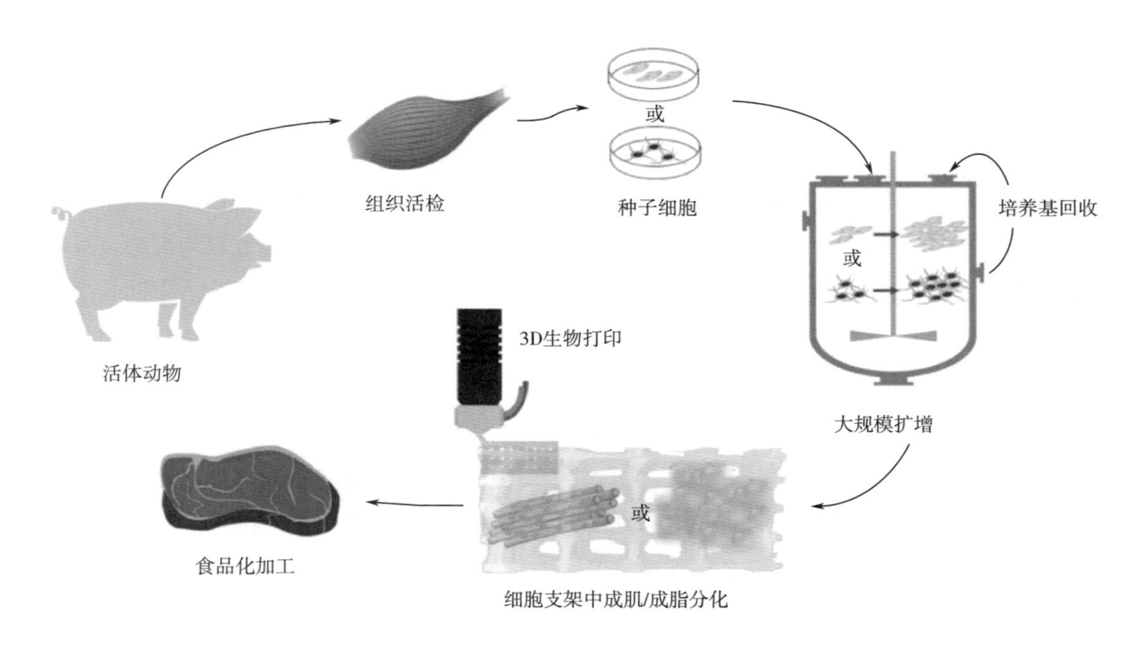

图 3-1 细胞培养肉生产流程示意图

核心，由于体外培养无法真正模拟体内干细胞的生存环境，细胞在长期培养过程中会出现增殖能力减弱、细胞衰老、蛋白质稳态失衡等一系列问题，因此需要针对上述问题对干细胞发育机制进行深入研究，发展能够促进干细胞保持干性条件下大量增殖的培养体系，提升干细胞的数量。③干细胞通常在含有10%～20%（质量分数）动物血清的培养基中进行培养，但血清成本高昂且成分尚未明确、批次间差异大，不利于细胞培养肉的工业化生产和质量控制，因此需要针对具体动物干细胞类型开发化学成分明确的无血清、无抗生素、无对人体健康有害物质的培养基。④实验室规模的细胞培养是无法满足细胞培养肉的工业化生产需求的，需要针对动物肌肉干细胞或其他干细胞类型的特性（如细胞形态、尺寸、大小等）设计开发特异的生物反应器，有利于提高细胞培养的密度、扩大培养规模，并降低生产成本[7]。⑤利用现有的技术虽然能够培养出具有一定组织的培育肉，但其与传统肉制品仍有较大的差别，肉品的构成除肌细胞外，还存在神经、血液、结缔组织和脂肪细胞等成分，但目前细胞培养肉中缺乏这些细胞成分或者存在比例极低，使得其颜色、结构、质地、口感等方面都有所欠缺[8]。因此，需要针对其他类型细胞的体外培养进行研究，并且通过3D生物打印等方式将多种细胞类型整合，再经过食品化加工处理模拟真实的肉品。

以下将从种子细胞的高效获取、动物干细胞体外高效增殖及干性维持、动物干细胞定向诱导成肌和成脂分化、细胞培养肉食品化加工几个方面阐述细胞培养肉制造的关键技术、规模化生产瓶颈和可能的解决策略。

第二节 种子细胞的高效获取

一、种子细胞的类型

应用组织工程的方法再造组织和器官所用的各类细胞统称为种子细胞。获取种子细胞是细胞培养肉制造过程的首个步骤，种子细胞的质量和数量对后续的增殖和分化步骤均有重要影响。

细胞培养肉生产的种子细胞需要具备体外增殖和分化产生肌纤维、脂肪等肌肉组织细胞的能力，主要包括4种细胞类型：胚胎干细胞、诱导多能干细胞、间充质干细胞以及肌肉干细胞。

（1）胚胎干细胞（Embryonic stem cells，ESCs）是被公认的典型的具有发育全能性、无限增殖和多向分化潜能的细胞，可从囊胚早期阶段的内细胞团和胚胎发育早期的原始生殖细胞中分离得到。胚胎干细胞在体外具有很强的增殖能力，并且在适合的条件下能够被诱导分化为几乎所有类型的细胞。因此，若能从动物的胚胎中建立稳定的胚胎干细胞系，其无限的增殖潜能将避免再次从胚胎中收获更多细胞的需要，从而使其成为细胞培养肉种子细胞的一个有吸引力的选择。但是，实际上目前仅有少数几种动物的胚胎干细胞系被成功建立，如小鼠、养殖鱼类等[6]。对于猪、牛等大动物来说，在体外建立稳定的胚胎干细胞系十分困难。如猪胚胎干细胞对胰蛋白酶、磷酸盐缓冲液等试剂的刺激比较敏感，暴露其中数秒就会裂解。由于猪、牛、羊等大动物的胚胎干细胞分离纯化难、传代次数低、容易分化，没有完善的胚胎干细胞鉴定体系等原因导致胚胎干细胞建系成功率低。另外，对于珍稀野生鱼类，也难以获取其胚胎用于胚胎干细胞系的建立。

（2）诱导多能干细胞（Pluripotent Stem Cells，PSCs）是一类能高度分化，具有体外无限自我更新和自我增殖，且能够分化为多种三胚层细胞类型的一类干细胞。虽然多能干细胞的全能性低于胚胎干细胞，但其可由不同类型的细胞产生，包括胚胎、生殖细胞和体细胞，因此适合作为猪、牛等大体型动物细胞培养肉生产的种子细胞。通过逆转录病毒载体将基因导入到人和鼠的皮肤成纤维细胞，即可诱导其发生重编程，产生的细胞在形态、基因和蛋白质表达、表观遗传修饰状态、细胞倍增能力、类胚体和畸形瘤生成能力、分化能力等方面都与胚胎干细胞相似，这种基因诱导而产生的多能干细胞称为诱导多能干细胞（induced Pluripotent Stem Cells，iPSCs）。应用诱导多能干细胞已经成功培养和分化出心肌、神经、胰腺、骨等多种体细胞和不同的组织。随着技术的不断提升，目前科学家已通过小分子化合物、腺病毒、质粒转染等方法成功诱导出无病毒载体整合的诱导多能干细胞，相对于慢病毒转染的重编程诱导方法，具有安全性强、细胞基因组稳定性高等优势。2009年，中国科学院上海生命科学研究院研究团队首次从猪的体细胞中培育出多能干细胞，这也是世界上首次培育出有蹄类动物的多能干细胞。

（3）间充质干细胞（Mesenchymal stem cells，MSCs） 是一种非终末分化的多能成体干细胞，主要存在于结缔组织和器官间质中，通常可以从骨髓、脐带或脂肪组织中分离得到。它能够分化为中胚层细胞，如脂肪细胞、成骨细胞和肌细胞。它具有很好的增殖能力和多向分化的潜能，既有间质细胞的特征，又有内皮细胞及上皮细胞的特征，并且来源广泛，易于培养、扩增和纯化。间充质干细胞可以经过诱导分化形成肌细胞，然而分化效率很低。但一般来说，间充质干细胞分化为脂肪细胞是一个比较简单的过程，最常见的是使用胰岛素、地塞米松和异丁基甲基黄嘌呤（IBMX）组合。另外，许多其他的药物组合已经被用于诱导脂质摄取和脂肪形成。但是，间充质干细胞的体外增殖能力有限，细胞分裂次数通常小于40个倍增。并且，当这些细胞接近其增殖极限时，其成脂分化潜能显著降低。

（4）肌肉干细胞（Muscle stem cells，MuSCs） 又称肌卫星细胞（Satellite cells），位于肌肉组织基膜和肌细胞膜之间，是肌肉组织中的专能干细胞[8]。肌卫星细胞一般处于静息状态，当受到刺激或损伤时会被激活，通过增殖分化为成肌细胞。一部分可以与其他成肌细胞融合为新的多细胞核肌管，从而形成肌纤维；另一部分自我更新补充干细胞，以保持自身数量稳定。肌肉干细胞能够从新鲜的肌肉组织中分离获取，具有肌源性分化特性[9]。一旦增殖到足够的数量，肌卫星细胞能够很容易地分化为肌管和成熟的肌纤维，因此通常作为体外生产肌纤维的首选种子细胞[10]。虽然肌卫星细胞是细胞培养肉生产过程中最有应用价值的细胞来源，但它无法像其他类型的全能或多能干细胞具有高效的增殖潜能。因此，提高肌肉干细胞体外增殖效率是细胞培养肉领域研究的重点和难点。

二、胚胎干细胞系的建立

胚胎干细胞系建立的基本流程可分为胚胎的获取、内细胞团的获取、内细胞团的离散、胚胎干细胞的鉴定4个步骤。

图3-2所示为尼罗罗非鱼（*Oreochromis niloticus*）胚胎干细胞系的建立流程。①胚胎的获取：通常采集囊胚作为胚胎干细胞系的来源，亲鱼自然产卵后采用湿法受精获取受精卵，随后对受精卵进行培育，待发育至囊胚期时进行去膜和囊胚的分离。②内细胞团的获取：将囊胚转移到无菌的磷酸盐缓液（PBS，pH 7.4）中并冲洗几次，利用解剖针和细镊子撕下绒毛膜，分离内细胞团。③内细胞团的分散：利用胰蛋白酶将内细胞团离散成较小的细胞团（3～4个细胞），再通过温和消化获得单个细胞。用PBS洗涤几次后，将细胞转移到含有相应的生长因子、尼罗罗非鱼胚胎提取物和尼罗罗非鱼血清的完全培养基中进行培养。④胚胎干细胞的鉴定：通常培养3～4d可见分离的细胞增殖形成克隆，7～10d后形成胚胎干细胞。

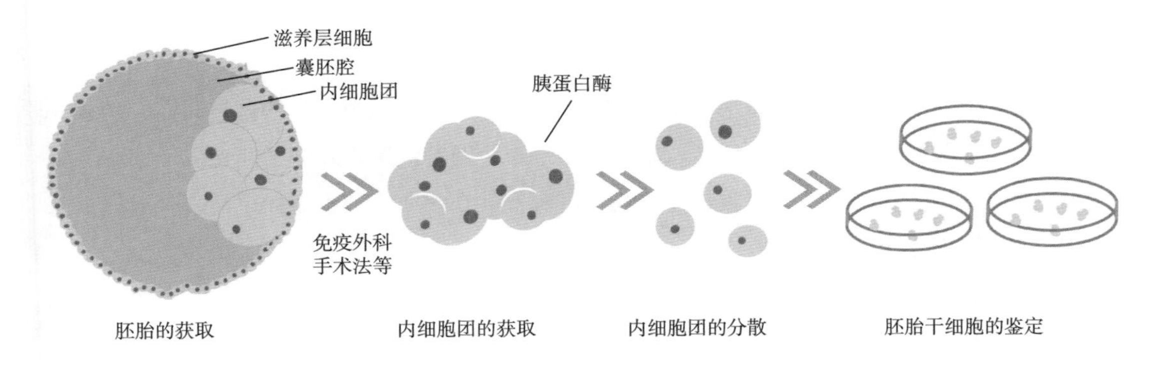

图 3-2　尼罗罗非鱼胚胎干细胞系的建立流程

三、诱导多能干细胞系的建立

诱导多能干细胞系的建立通常以表皮成纤维细胞为初始细胞，通过病毒介导或其他的方式将多能性相关的基因导入细胞，将经转染的细胞种植于饲养层细胞上，于胚胎干细胞专用培养体系中培养，并根据需要加入相应的小分子物质以促进细胞的重编程，随后可出现类似胚胎干细胞养克隆，经细胞形态、表观遗传学、体外分化潜能等方面的鉴定后获得诱导多能干细胞系。

目前，猪、羊、牛等动物的诱导多能干细胞系均已成功建立。图3-3所示为猪诱导多能干细胞系的建立流程，诱导的干细胞通常来源于耳成纤维细胞（PEFs）或骨髓基质细胞（BMCs）。首先利用脂质体将携带外源因子*Oct3/4*、*Sox2*、*cMyc*和*Klf4*的慢病毒质粒分别和包装质粒共同转染胚胎细胞，进行病毒的包装。随后，将携带*Oct3/4*、*Sox2*、*cMyc*、*Klf4*基因的慢病毒共同感染猪PEFs或BMCs，24～48h后，将细胞消化并接种到胚胎尾间成纤维细胞上，在6孔板中进行培养。培养12d后挑选克隆，将克隆后的细胞一分为二，接种到两个包被了滋养层细胞的96孔板中，取出其中一份进行碱性磷酸酶染色。保留染色阳性的细胞进行扩增以及后续多能性的鉴定。经过进一步筛选、鉴定后，最终可获得符合多能干细胞标准的猪诱导多能干细胞系。

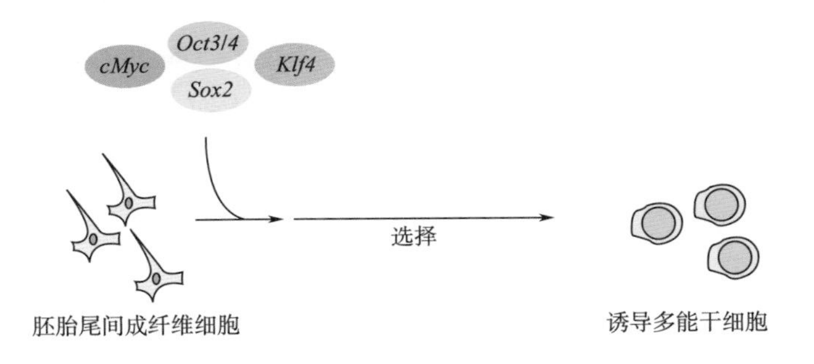

图 3-3　猪诱导多能干细胞系的建立

四、间充质干细胞的分离和纯化技术

间充质干细胞来源较广，几乎存在于所有的动物器官和组织中，自1957年研究人员首次从骨髓中发现间充质干细胞，先后又从脂肪、脐带、牙髓等组织中发现了间充质干细胞。相对于骨髓和脐带，脂肪组织取材更具便捷性和可操作性，获取渠道也更加广泛，获取的细胞数量大且体外增殖能力较强。

目前，研究人员已实现从人、鼠、猪、犬、兔等不同物种和不同部位的脂肪组织中分离得到脂肪间充质干细胞。脂肪间充质干细胞的分离过程相对简单，首先将获取的脂肪组织去除组织表面的血管、筋膜、结缔组织等，随后剪切成1cm^3碎块，后续可使用传统组织块法和酶消化法进行间充质干细胞的分离纯化。传统组织块法，即利用间充质干细胞的贴壁特性，待其自行在培养皿中贴壁爬行生长，优点是所获得的细胞纯度高，缺点是提取时间长，一般需要11～13d才观察到原代细胞游出，出现集落样生长。而酶消化法能够快速高效地将间充质干细胞从组织中分离。通常使用1g/kg。Ⅰ型胶原酶消化2h至无明显大颗粒后，使用细胞筛过滤，将滤液转移至15 mL离心管离心弃上清，然后用100g/kg胎牛血清（FBS）的DMEM完全培养基（一种改良基础培养基）重悬沉淀，调整细胞密度至1×10^6个细胞/mL，转移至60mm培养皿置于37℃，5%CO_2培养箱中培养。24 h后首次半量更换培养基除去大部分血细胞，以后每隔3d更换1次培养基，直至培养结束。

五、肌肉干细胞的分离和纯化技术

（一）肌肉干细胞的分离

目前，肌肉干细胞的分离可采用单个肌纤维外植法和酶消化法两种方法。

1. 单个肌纤维外植法

单个肌纤维外植法是传统的肌肉干细胞分离方法，该方法将分离的单根肌纤维置于增殖培养基中培养一定时间后，基于肌卫星细胞的自发迁移特性，肌肉干细胞会从肌纤维上迁移出来，并逐渐开始贴壁，由圆形变为梭形或纺锤形，随后将单根肌纤维小心移除，继续培养。该方法可以获得较纯的肌肉干细胞，便于研究细胞的生理状态及其子代从肌纤维上的迁移、自我更新、增殖、分化和融合等过程。但是该方法产量低、过程复杂且耗时，不适用于工业化生产流程。

2. 酶消化法

目前，通过酶消化法从动物组织中分离肌肉干细胞已广泛应用于组织工程和生物工程领域，该方法能够处理大量肌肉组织，是细胞培养肉生产过程中获取肌肉干细胞的首选方法。酶消化法利用蛋白酶能够催化蛋白质特定肽键水解的原理，使得底物与酶的活性中心可逆结合，蛋白质特定肽键因弯曲变形而被活化，更易于受到水分子的攻击，分别形成氨基和羧基而断裂，进而得到小分子多肽或氨基酸。不同的蛋白酶可以作用在不同氨基酸相连组成的肽键。多种蛋白酶相互协作，能够消化多种胞外蛋白及糖蛋白，把组织解离成单个细胞。

酶消化法分离肌肉干细胞的流程如图3-4所示，主要包括组织分离、机械切割、蛋白酶孵育、过细胞筛去杂及红细胞裂解。首先从动物中分离出肌肉组织，经过机械切割使组织成泥状，再加入组合蛋白酶消化60 ~ 90 min，每隔10 min震荡1次，后续进行过筛获得单细胞悬液，进一步将红细胞裂解得到单核细胞悬液。胶原蛋白酶、中性蛋白酶、胰蛋白酶、链霉蛋白酶等多种蛋白水解酶已被广泛应用于组织消化，但是对于不同物种和部位的肌肉干细胞，需要有针对性地进行优化，以获得最佳的蛋白酶组合和处理方法。

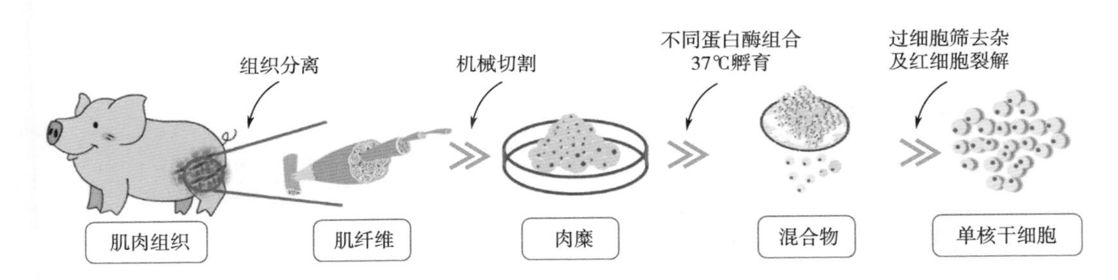

图 3-4 酶消化法分离肌肉干细胞流程

（二）肌肉干细胞的纯化

通过酶消化法，组织中的单核细胞被大量释放，但除肌肉干细胞外，细胞群里中仍存在成纤维细胞、内皮细胞和血细胞等非肌源性细胞。非肌源性的贴壁细胞会与肌肉干细胞争夺营养，不利于肌肉干细胞的增殖。因此，需要对肌肉干细胞进行纯化，常用的方法包括差速贴壁法、Percoll密度梯度离心法、流式细胞分选（FACS）法和免疫磁珠分选（MACS）法。

1. 差速贴壁法

差速贴壁法是利用不同细胞贴壁时间不同进而将不同类型细胞分离纯化的方法。在肌肉干细胞分离过程中，混杂的非肌源性细胞主要是成纤维细胞。成纤维细胞的贴壁能力强于肌肉干细胞，在细胞接种1h之内就可直接贴壁在细胞培养瓶的底面，但此时肌肉干细胞仍悬浮于培养基中，因此将含有肌肉干细胞的培养上清液收集并转移到新的培养瓶中，即可实现肌肉干细胞的纯化。差速贴壁纯化法相较于其他纯化方法操作便捷，方法成熟且较为常用。但不同物种和部位的细胞贴壁能力和贴壁时间难以完全掌握，因此难以获得高纯度的肌肉干细胞。

2. Percoll 密度梯度离心法

Percoll密度梯度离心法主要利用离心溶液介质所形成的密度梯度来维持重力的稳定性和抑制对流，前提是分离的细胞的密度在离心溶液的梯度柱密度范围内。当经过一定时间离心后，不同密度的细胞或颗粒分别集中在离心溶液某一密度带上，从而使得不同的细胞及颗粒得以分离。Percoll是一种包有乙烯吡咯烷酮的硅胶颗粒，渗透压低（< 4 kPa）、黏度小、可形成高达1.3g/mL密度，采用预先形成的密度梯度可在低离心力下较短时间内达到满意的细胞分离效果。另外，Percoll扩散常数低，形成的梯度十分稳定，并且Percoll不穿透生物膜，对细胞无毒性作用。应用Percoll密度梯度离心法分离兔肌肉干细胞的流程如图3-5所示，首先在离心管内由下至上铺制80%（质量分数）Percoll工作液和20%（质量分数）Percoll工作液，将组织消化的细胞混悬液缓慢铺至Percoll工作液上，4500r/min离心后分为4层，由上至下依次为：培养基层、死细胞和组织碎片层、梯度Percoll层（梯度液2和梯度液1）、淡红色少量细胞碎屑层，目的细胞存在于梯度Percoll层中间。随后小心吸取80%与20% Percoll层间液体约1mL至另一离心管，使用培养基洗涤后重悬并转移至离心管，即可得到纯化后的肌肉干细胞。采用Percoll密度梯度离心法纯化后的肌肉干细胞密度高，细胞形态相比于差速贴壁法较均一，细胞纯化率及产率较高。

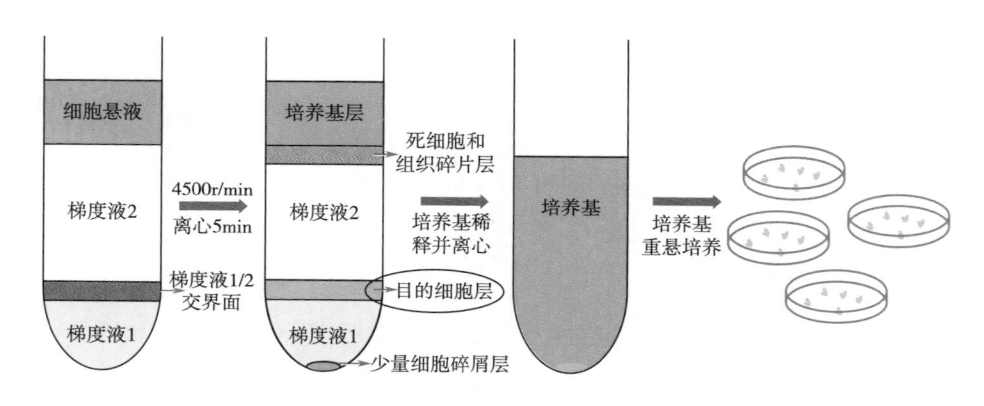

图 3-5 Percoll 密度梯度离心法分离免肌肉干细胞的流程

3. 流式细胞分选法

流式细胞分选法根据细胞特有的表面标志物进行分离，因此能够获得高纯度的目标细胞群体，是目前广泛应用的一种细胞分离纯化方法。流式细胞分选中，表面标志物的选择很大程度上决定了分选细胞的纯度。目前，对于猪、牛等大动物的肌肉干细胞，已建立$CD31^-CD45^-CD29^+CD56^+$的细胞分选策略，分选得到的细胞Pax7表达比例接近100%。流式细胞分选法速度快、分选纯度高、操作便捷，是目前较为理想的高纯度细胞分选策略。但进行流式细胞分选时，会给予细胞一定的压力，可能造成细胞损伤。为了减少该方法给细胞带来的压力，也有另一种通过细胞表面标志物高纯度分离细胞的方法——免疫磁珠分选法。

4. 免疫磁珠分选法

免疫磁珠分选法与流式细胞分选法原理相似，均是基于抗原抗体特异性结合的策略。不同的是，免疫磁珠分选法的抗体（一抗或二抗）与磁珠相连，磁珠携带与之结合的细胞吸附于磁性分离柱上，进而实现阳性细胞分离或阴性细胞的分离。磁珠分离系统分离的细胞纯度可以达到80%～99%，得率为60%～90%。与流式细胞分选法相比，免疫磁珠分选法设备简单，耗时极短。免疫磁珠分选法也可用做流式细胞分选法分选前的预分离，以减少流式细胞分选法所用时间。

第三节　动物干细胞体外高效增殖及干性维持

一、干细胞增殖的方式及机制

在体内，干细胞通过自我更新来维持细胞群的稳态并保证细胞的数量。干细胞的自我更新过程即细胞的增殖过程，干细胞的增殖主要通过对称分裂（Symmetric cell divisions，SCDs）和非对称分裂（Asymmetric cell divisions，ACDs）两种方式进行（图3-6）。对称分裂是指一个干细胞分裂产生两个与母细胞相同的子代干细胞；而非对称分裂是指一个干细胞分裂产生一个与母细胞相同的子代干细胞和一个分化的子细胞[11]。在整个生命周期中，干细胞的非对称和对称分裂在时间和空间上受到精准调控，保证组织器官的发育、损伤修复和体内稳态。

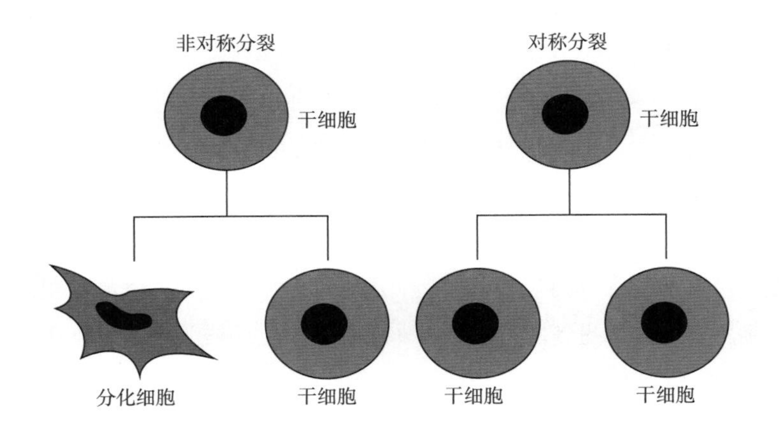

图3-6　干细胞分裂方式：非对称分裂（ACD）和对称分裂（SCD）

1. 对称分裂

干细胞对称分裂是机体在组织器官发育、损伤修复以及其他生长因素刺激下所发生的分裂方式，会产生具有同样命运的子细胞，主要目的是扩大干细胞池，是干细胞维持自我更新的重要机制。在哺乳动物的胚胎早期发育阶段，细胞分裂以对称分裂的方式进行，产生与母细胞相同的两个子细胞，同样具有全能分化的能力，增加了胚胎干细胞的数量，干细胞可以在发育后期分化为各种类型的细胞（图3-7）。肌肉干细胞的对称分裂方式在平面方向（相对于肌纤维）进行分裂，体现为肌肉干细胞数量的增长，此分裂过程中只产生具有干性的子细胞，而若母细胞为分化细胞，则子细胞也为分化细胞。

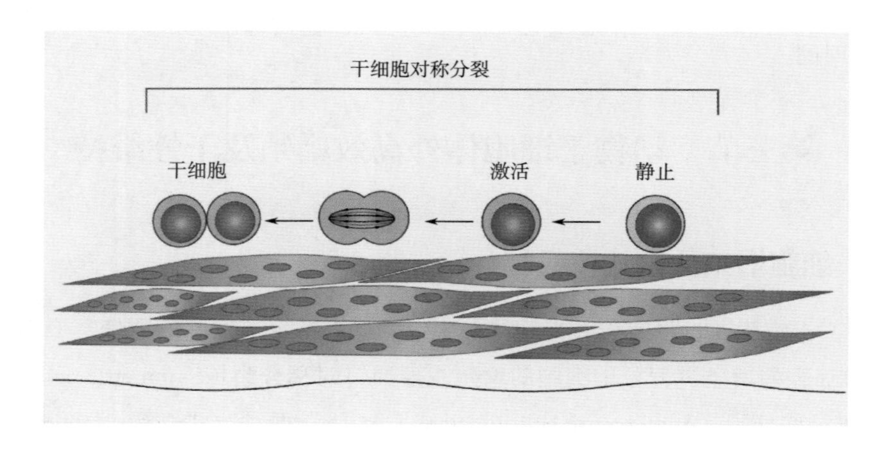

图 3-7 早期干细胞对称分裂

2. 非对称分裂

除自我更新外，干细胞的另一个重要特性和功能就是分化产生成熟的体细胞，构成机体的组织器官，以及发挥特定功效。非对称分裂是干细胞在进行组织发育、损伤修复的同时维持干细胞数量的一种重要分裂方式。非对称分裂在维持组织稳态和多细胞生物的发展中极为重要。如图3-8所示，干细胞非对称分裂的调节有两种机制：一种机制是细胞外机制，即通过干细胞微环境动态变化与干细胞发生变化决定子细胞的命运，细胞外机制在成体干细胞中更为普遍；另一种为细胞内在机制，即通过细胞自身的活动决定非对称分裂的发生和子细胞命运。研究表明，肌肉干细胞种群是异质性的，肌肉干细胞在基因表达特征、肌生成和分化倾向、干细胞和谱系潜能等方面存在差异，肌肉干细胞中存在的稳健的机制来动态调控其异质性。肌肉干细胞进行自我更新的过程中，非对称分裂已经成为平衡干细胞自我更新和分化的关键机制[12]。

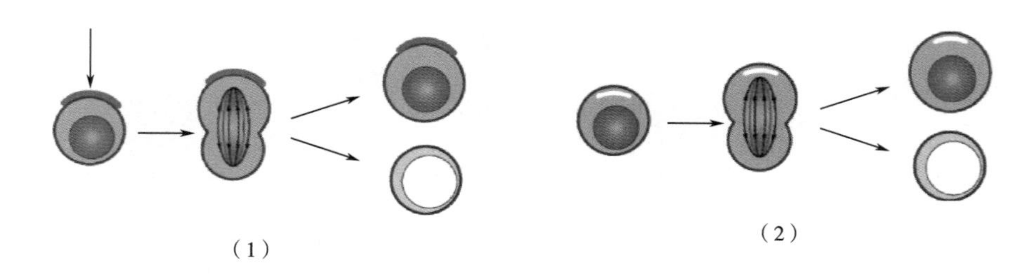

图 3-8 干细胞的非对称分裂机制

（1）细胞外机制（如脂肪移植） （2）细胞内在机制（如命运决定因子）

二、动物干细胞体外培养技术

动物干细胞的体外培养是指通过模拟机体内的生理条件，将从生物机体内取出的器官、组织或细胞等在体外进行培养，并使其继续生存、生长和繁殖的过程。

（一）动物干细胞体外培养流程

动物干细胞的体外培养包括细胞的复苏、培养、传代、换液、冻存等。

1. 细胞的复苏

冻存的细胞首先要复苏后再培养传代和进行实验研究。复苏细胞一般采用快速融化法，以保证细胞外结晶快速融化，避免慢速融化水分渗入细胞内，再次形成胞内结晶损伤细胞。实验步骤主要包括先将冻存管于37°C水浴快速解冻，随后将冻存管中的细胞重悬于培养基并离心弃去培养基，最后用所需培养基重悬细胞进行培养。

2. 细胞的培养

根据生长方式的不同，动物细胞的培养可分为两大类：一类是贴壁培养，该类细胞必须依附于基质表面才能生长；另一类是悬浮培养，这类细胞不需要依附于基质表面，可像微生物一样进行悬浮培养。细胞培养肉的种子细胞包括肌肉干细胞、间充质干细胞、胚胎干细胞等都需要依附于基质贴壁培养。为了提高细胞的附着和生长能力，附着物需要进行预处理，一般采用多聚赖氨酸进行包被，对于一些不太容易附着的原代细胞来说，还需要采用胶原、基质等进行包被，促进细胞的贴壁能力，改善细胞的培养条件。

对干细胞体外培养而言，培养基是细胞所需营养物质的全部来源，对细胞的黏附、增殖、维持细胞特性具有至关重要的作用。细胞培养基主要由基础培养基和添加剂两部分组成。基础培养基中基本包含与体内相同的成分，主要有糖、氨基酸、无机盐、微量元素等。常见的动物细胞培养基础培养基有DMEM、MEM、DMEM/F-12等。除基础培养基外，血清对于动物细胞的培养是至关重要的，血清中含有黏附因子、生长因子、营养物质等成分。动物细胞体外培养的过程中，还需要保持相对恒定的生理环境，控制pH、温度、渗透压、可溶性气体浓度等条件。细胞处于旺盛增殖期后，会大量消耗培养基中的营养，产生的细胞代谢产物对细胞继续增殖产生不利影响，因此需要及时更换培养基，这一过程称为换液。换液包括去除旧培养基和更换新鲜培养基两个步骤，在换液的过程中，尽量保持操作温和，防止将贴壁细胞吹起[13]。

3. 细胞的传代

当细胞密度达到铺满整个培养孔板或者培养瓶面积时（特别容易融合分化的细胞其密度不能过高），这时需要进行传代操作，以较低密度的细胞量进行培养。对于贴壁细胞，传代操作的步骤主要包括去除旧培养基，PBS清洗去除残余培养基，采用胰蛋白酶消化细胞，采用新鲜培养基重悬细胞稀释，以适当密度细胞量接种于新的培养瓶中。传代过程中，制作单细胞悬液是比较理想的状态，应尽量保持细胞培养液中细胞单一且均匀，有助于细胞均匀的生长。以肌肉干细胞为例，在细胞培养时，当细胞聚合度超过85%后，细胞会自发分化并形成肌管。所以扩增细胞时，要在细胞聚合度70%～80%时及时传代，以避免细胞过度分化。

4. 细胞的冻存

长期连续传代细胞不仅消耗大量的人力和物力，而且细胞的生长与形态等会有一定退变或转化，导致细胞失去原有的遗传特性，有时还会由于细胞污染而造成传代中断，种子丢失。因此，在实际工作中常需冻存一定数量的细胞，以备替换使用。目前，细胞冻存最常用的技术是液氮冷冻保存法，主要采用加适量保护剂的缓慢冷冻法冻存细胞。细胞在不加任何保护剂的情况下直接冷冻，细胞内外的水分会很快形成冰晶，从而引起一系列不良反应。冻存之前，需要保证细胞处于活跃生长的状态（对数或指数生长期），保证细胞处于最健康的状态，从而有利于后面的复苏。通常采用常规的标准细胞传代方法收集细胞。在细胞的收集过程中应尽可能轻柔，因为如果在此时细胞受到损伤，加上细胞在经历后续的冷冻和解冻过程中的进一步损害，可能会导致细胞在复苏后难以存活[14]。

（二）动物细胞的大规模培养

1. 大规模培养技术

随着细胞培养基、培养方法和仪器生产的进步，哺乳动物细胞的大规模培养技术已经得到了很大的发展。传统的生物制品生产工艺存在着生产周期长、操作繁琐、工作量大、易污染等诸多缺陷。生物反应器系统具有更好的稳定性和安全性，大量节省劳动力、生产场地和能源消耗，降低生产成本，具有明显优势。通过生物反应器精准控制温度、pH、溶氧、营养物质、代谢产物的浓度等条件可以实现动物细胞的大规模培养。干细胞作为一种原代非永生化细胞，其增殖分化对周围环境的要求十分苛刻，细胞培养肉的质量、得率有赖于在反应器内维持一个最优的生长环境，包括营养物质的混合、氧气的供应、二氧化碳以及其他代谢废物的排除。在动物干细胞的大规模培养中，需要对许多的变量进行研究并加以控制，使生产过程可靠和有效。图3-9所示是反应器的不同组成部分在细胞大规模培养中所起功能与作用的示意图。简言之，体外培养动物细胞时，需要人工构建动物的“心脏”（营养物质的混合）、“肺”（气体交换）、“肾脏”（代谢废物的排放）等器官。如果反应器内的整体环境或局部环境发生偏差，可能会造成蛋白质表达、折叠等方面的错误，甚至造成细胞的提前分化或过早凋亡。[15]

常见的生物反应器类型：搅拌式生物反应器、非搅拌式生物反应器、新型生物反应器等。因动物细胞无细胞壁，搅拌式生物反应器产生的剪切力会对细胞生长产生较大的影响，为了避免细胞损伤，需要对搅拌式生物反应器进行改进，为细胞创造更适宜的环境。相较于搅拌式生物反应器，非搅拌式生物反应器会产生更小的剪切力，对细胞损伤小，更易实现动物细胞高密度培养。非搅拌式生物反应器主要有气升式生物反应器、中空纤维生物反应器

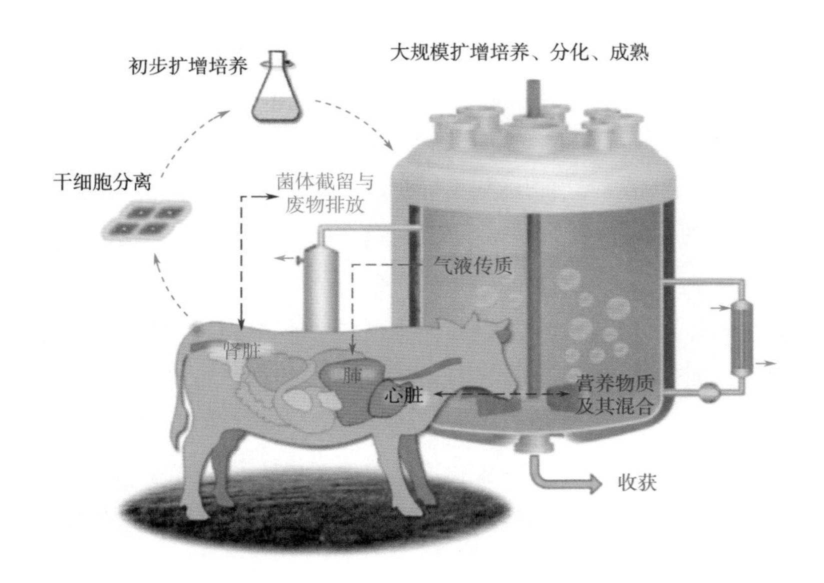

图 3-9 生物反应器在细胞大规模培养中的功能与作用

等。由于动物细胞培养过程的复杂性，近年来国内外已开发出很多种新型生物反应器如：填充床生物反应器、摇床式生物反应器、一次性生物反应器等，旨在解决泡沫多、均一性差、剪切力小等传统生物反应器所产生的问题。

2. 过程分析技术

可靠的过程分析技术（PAT）是在商业化生产过程中保证产品质量的重要前提条件之一。对溶氧、pH、二氧化碳、葡萄糖、温度等过程参数的测量和控制，是生物反应器中最重要的技术，此外活细胞浓度、葡萄糖、乳酸等关键参数目前也已经能实现在线监测。非侵入性的光学传感器是大型生物反应器的最佳选择，它无需取样即可连续测量和记录整个细胞培养过程中参数的变化趋势。

3. 培养基回收利用技术

培养基回收利用技术是动物细胞大规模培养降低成本的重要途径。在连续培养中，为了持续保持较高的生长速率，需要在较高的稀释率下操作，即以较大的流量补充培养基并排出废液，进而使液相的营养物质浓度维持在较高水平，而代谢废物维持在较低水平。但是，从全混流反应器排出的液体成分与反应器内部的液体成分相同，含有较高浓度的营养物质。如果直接作为废水排掉，不但本身是巨大的浪费，也给污水处理造成较大的压力。实现培养基回收利用需要对培养基内的主要成分进行连续监控和调节，对过程分析技术提出更高的要求[16]。

4. 细胞截流技术

在排除废液的过程中，如何实现对细胞的截流是反应器设计的核心技术之一。在传统的细胞培养工艺中，带有细胞截流装置的反应器一般称为灌流培养反应器。其本质是一种过滤装置，可分为死端过滤和错流过滤。死端过滤是指给水全部透过膜（运行时产水量等于给水量），被截留物质留在超滤膜的给水一侧，经过一段时间的运行，被截留物质累积到一定程度，需进行冲洗。错流过滤，又叫交叉流过滤，在泵的推动下料液平行于膜面流动，与死端过滤不同的是料液流经膜面时产生的剪切力把膜面上滞留的颗粒带走，从而使污染层保持在一个较薄的水平。死端过滤装置操作简单，但是过滤膜容易堵塞，只能用于简单的分批培养。错流过滤中，料液流经过滤膜面时产生的剪切力可以缓解堵塞，延长膜的使用时间。但是，错流过滤需要额外的泵和管道来驱动料液流动，增加了过程的复杂程度和污染的风险。为了缓解这一问题，人们发明了交替错流过滤技术。交替错流过滤连续细胞培养的工作原理如图3-10所示。过滤膜本身常用中空纤维，与错流过滤并无二致。但是驱动装置改成了隔膜泵，料液连续流动改成了往复流动，最大程度上实现了与外界的隔离，降低了污染的风险。同时，在抽真空的作用下，小部分滤液可反向进入纤维通道内，起到了自净的作用。

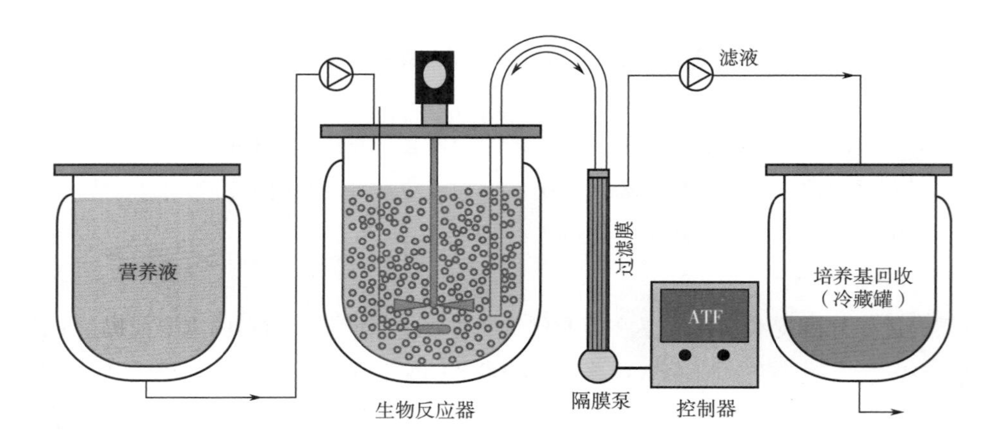

图 3-10　交替错流过滤连续细胞培养工艺

三、干性维持技术

为了实现细胞培养肉的大规模生产，首先要获得大量的具有成肌、成脂分化潜能的干/祖细胞。但动物干细胞在体内的数量极其稀少，从体内分离后需要对其在体外进行大量扩增，这是实现细胞培养肉制造目的最关键的一步。但是，干细胞脱离体内微环境后，其在体外的生长增殖能力受培养环境影响巨大，通常随着体外培养时间的延长，细胞的增殖倍数显著降低，分化能力也大幅下降。因此，需要有能够有效促进动物干细胞增殖的物质和简便高效提高干细胞体外增殖效率的方法，使其在短时间内大量扩增，这对细胞培养肉的制造尤为重要。目前在体外培养干细胞过程中，主要有细胞因子调控、小分子化合物调控、非编码RNA调控、永生化改造、细胞共培养等技术手段，在实现高效增殖的同时维持细胞的干性，从而满足需求[11]。主要有以下方式。

1. 细胞因子调控

细胞因子（Cytokine）是一类能在细胞间传递信息，具有免疫调节和效应功能的低分子质量蛋白质或小分子多肽，具有调节细胞生长、分化成熟、功能维持等多种生理功能。细胞因子通过与细胞表面的特异性受体结合，激活Ras-MAPK、PI3K、ERK等信号转导通路，促进细胞增殖。众多的细胞因子在体内通过旁分泌、自分泌或内分泌等方式发挥作用，同时具有多效性、重叠性、拮抗性、协同性等多种生理特性，从而形成较复杂的细胞因子调节网络，参与人体多种重要的生理功能[17]。

根据主要的功能不同，细胞因子可以分为白细胞介素（Interleukin，IL）、集落刺激因子（Colony stimulating factor，CSF）、干扰素（Interferon，IFN）、肿瘤坏死因子（Tumornecrosis factor，TNF）、转化生长因子-β家族（Transforming growth factor-β family，TGF-β family）、生长因子（Growth factor，GF）、趋化因子家族（Chemokine family）等，具体类型如表3-1所示。

表 3-1　细胞因子的分类及其主要功能

细胞因子类型	主要功能	主要代表
白细胞介素（Interleukin，IL）	在细胞间相互作用、免疫调节、造血以及炎症过程中起重要调节作用	IL-1 ~ IL-38
集落刺激因子（Colony stimulating factor，CSF）	不同CSF不仅可刺激不同发育阶段的造血干细胞和干细胞增殖和分化，还可促进成熟细胞的功能	G（粒细胞）-CSF、M（巨噬细胞）-CSF、GM（粒细胞、巨噬细胞）-CSF、Multi（多重）-CSF（IL-3）、SCF、EPO等
干扰素（Interferon，IFN）	各种不同的IFN生物学活性基本相同，具有抗病毒、抗肿瘤和免疫调节等作用	根据干扰素产生的来源和结构不同，可分为IFN-α、IFN-β和IFN-γ，他们分别由白细胞、成纤维细胞和活化T细胞所产生
肿瘤坏死因子（Tumor necrosis factor，TNF）	两类TNF基本的生物学活性相似，能够杀伤肿瘤细胞	根据其产生来源和结构不同，可分为TNF-α和TNF-β两类，前者由单核-巨噬细胞产生，后者由活化T细胞产生，又名淋巴毒素（Lymphotoxin，LT）
转化生长因子-β家族（Transforming growth factor-β family，TGF-β）	TGF-β对细胞的生长、分化和免疫功能都有重要的调节作用。TGF-β1、TGF-β2和TGF-β3功能相似，一般来说，TGF-β对间充质起源的细胞起刺激作用，而对上皮或神经外胚层来源的细胞起抑制作用	主要包括TGF-β1、TGF-β2、TGF-β3、TGFβ1β2以及骨形成蛋白（BMP）等

续表

细胞因子类型	主要功能	主要代表
生长因子（Growth factor，GF）	具有调控细胞生长、发育的作用，对人体的免疫、造血调控、肿瘤发生、炎症与感染、创伤愈合、血管形成、细胞分化、细胞凋亡、胚胎形成等方面具有重要的调节作用	表皮生长因子（EGF）、血小板衍生的生长因子（PDGF）、成纤维细胞生长因子（FGF）、胰岛素样生长因子-1（IGF-1）等
趋化因子家族（Chemokinefamily）	趋化因子的主要作用是诱导细胞定向迁移	包括四个亚族：①C-X-C/α亚族，主要趋化中性粒细胞；②C-C/β亚族，主要趋化单核细胞；③C型亚家族的代表有淋巴细胞趋化蛋白；④CX3C亚家族，Fractalkin是CX3C亚家族的代表，对单核-巨噬细胞、T细胞及NK细胞有趋化作用

研究表明，在干细胞的体外培养中，在培养基中添加微量细胞因子就可以发挥显著调控干细胞黏附生长及增殖分化的作用。近些年，已经发现多种细胞因子对肌肉干细胞、间充质干细胞等细胞培养肉种子细胞的增殖有激活作用，以下简述几种。

（1）成纤维细胞生长因子（Fibroblast growth factors，FGFs） FGFs家族包括至少23个成员，其中FGF-1和FGF-2主要参与骨骼肌的发育。FGF-1因等电点呈酸性被命名为酸性成纤维生长因子（aFGF），FGF-2因等电点呈碱性被命名为碱性成纤维生长因子（bFGF），bFGF是一种广谱的有丝分裂原，具有广泛的促细胞增殖、刺激血管生成等作用。对来源于中胚层和神经外胚层的细胞，如成纤维细胞、血管内皮细胞、骨骼肌细胞、平滑肌细胞、肾上腺皮质等，作用效果十分显著。bFGF亚型共有五种，分子质量分别为18ku、22ku、22.5ku、24ku和34ku，18ku的bFGF分布最广、含量最多，是bFGF发挥生物学作用的主要形式。

（2）肝血小板衍生生长因子（Platelet-Derived growth factor，PDGF） PDGF在细胞的发育中有重要的作用，首先被确定是能够促成纤维细胞和平滑肌细胞和神经胶质细胞生长的血清生长因子。PDGF是由A、B两条肽链通过二硫键连接形成的同质或异质的二聚体，其受体有PDGFR-α和PDGFR-β两种。PDGF可以通过激活内皮细胞的邻近组织细胞，刺激平滑肌细胞释放VEGF等生长因子。其他生长因子也可以影响PDGF介导的作用。例如，bFGF可能是PDGF在内皮细胞中发挥趋化作用的重要的协同因子。

（3）胰岛素样生长因子（Insulin-like growth factors，IGFs） IGFs对肌肉组织的生长发育有着重要的调控作用，由于结构和化学特性不同，主要包括IGF-1和IGF-2两个亚型。IGF-1通过mTOR/STAT3信号通路促进了成肌细胞的增殖及迁移。IGF-2通过下调周期蛋白依赖性激酶（CDKs）蛋白抑制因子P27的表达，上调CDK6的表达而加速细胞增殖，CDK6可能是通过调节Akt磷酸化过程而加速细胞增殖的。现已知的IGF家族有2种受体（IGFR-Ⅰ和

IGFR-Ⅱ）及6种结合蛋白（IGF binding proteins，IGF-BPs）。

此外，肝细胞生长因子（HGF）、转化生长因子-β1和转化生长因子-β2（TGF-β1和TGF-β2）、表皮生长因子（EGF）、血管内皮生长因子（VEGF）等都被证明具有调控肌肉干细胞增殖的功能。可见，肌肉干细胞的生长受到多种细胞因子的联合调控，多种细胞因子同时作用于细胞表面受体，激活增殖相关的通路，上调基因和蛋白表达水平，促进细胞的快速增殖。此外，生长因子间也存在相互协调促进分泌，如PDGF可以诱导促进VEGF分泌等，其共同作用促进了肌肉干细胞的增殖发育[12]。

2. 小分子化合物调控

小分子化合物（Small molecule compounds）是一类可以通过调节特定的靶分子信号对细胞命运进行调控的化合物。小分子化合物的效应迅速且可逆，并且可以实现信号通路的精准调控。不同小分子化合物调控的信号通路间彼此可以相互联系，相互作用，形成复杂精细的调控网络，调控动物干细胞的体外生长行为。

已有研究证明，通过添加P38/MAPK信号通路抑制剂SB203580可以有效地维持肌肉干细胞的干性并促进其增殖。酪氨酸激酶抑制剂AG490可以有效抑制STAT3和JAK2/3蛋白，从而通过抑制JAK1/JAK2/STAT3信号轴来抑制肌肉干细胞的分化、促进细胞的增殖。总体而言，小分子化合物进入细胞或与细胞膜上的受体相互作用，激活如ERK、Notch、Wnt和Akt等信号途径，准确调控对肌肉干细胞信号通路调节的靶基因和蛋白质的表达，实现肌肉干细胞的高效增殖。

除肌肉干细胞外，间充质干细胞、胚胎干细胞等的体外增殖和干性维持均可被不同小分子化合物调控。已有报道姜黄素、梓醇、柚皮素等的添加对于间充质干细胞的体外增殖也有促进作用。维生素C和全反式维甲酸的添加能够促进胚胎干细胞的增殖。通过小分子化合物抑制糖原合成酶激酶（Glycogen synthase kinase，GSK3）能够激活Wnt/β-catenin信号通路，进而使诱导多功能细胞被激活并进入增殖状态[18]。

3. 非编码 RNA 调控

微RNA（miRNA）、长链非编码RNA（lncRNA）和环状RNA（circRNA）都属于非编码RNA。非编码RNA在生物体内参与调控肌肉干细胞的静息、增殖和分化的机制已经得到了广泛研究。在体外，可以将非编码RNA扩增，与质粒重组，通过细胞转染，将质粒转入细胞，实现干细胞中非编码RNA表达上调，如上调与肌肉干细胞增殖相关的非编码RNA，也可通过转染小干扰RNA（siRNA）进行干扰，造成靶基因的沉默，从而实现肌肉干细胞的高效增殖。

miRNA是微小的非编码RNA，长度为21～22个碱基，能够抑制或者沉默靶mRNA基因，在转录后水平调控相关基因的表达。成熟的miRNA是由转录的初级miRNA（pri-miRNA）被核酸外切酶外切产生的。miRNA具有抑制靶mRNA表达的功能，少量的miRNA具有激活靶mRNA的功能[13]。

miRNA广泛存在于组织和细胞中，一些在肌肉中特异性高表达，调控肌肉的发育。特异性肌肉miRNA，如miR-1、miR-206、miR-133在体外肌肉干细胞激活时表达上调，直接靶向*Pax7*和*Pax3* mRNA进行介导。此外，在肌肉干细胞的体外增殖过程中，大量的非特异性miRNA也参与调控，发挥着不可或缺的作用（图3-11）。

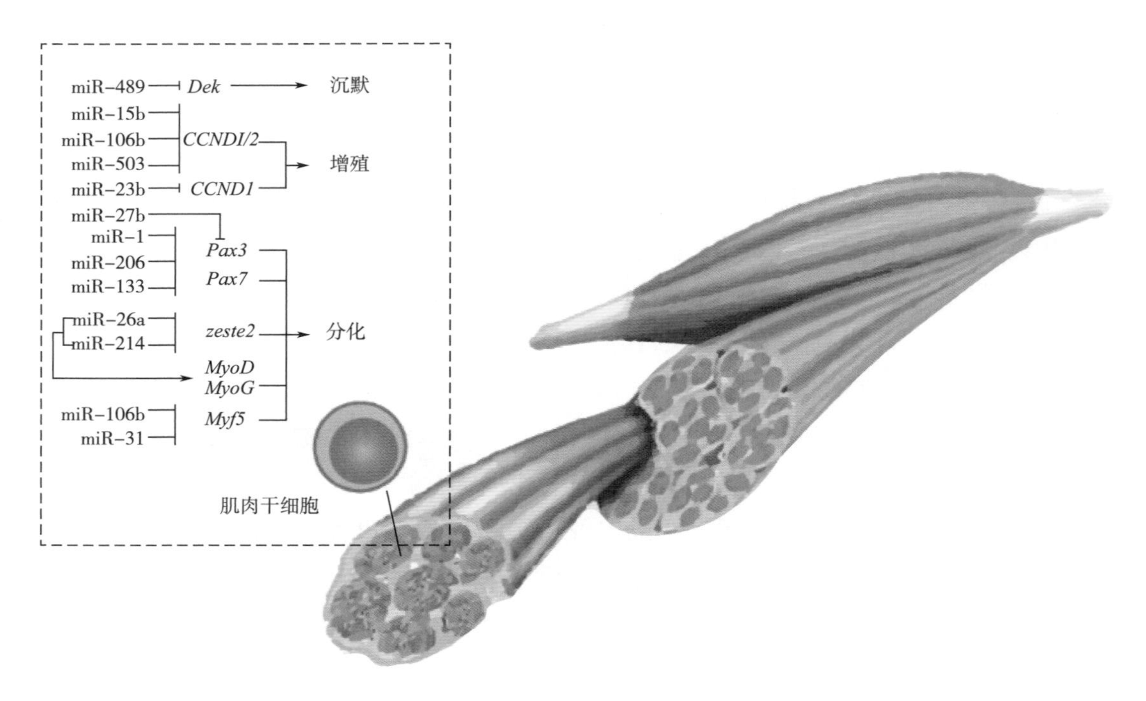

图 3-11 肌肉干细胞中的 miRNA

尖箭头表示激活，钝箭头表示抑制。

除了miRNA，长链非编码RNA（lncRNA）也已成为基因表达的关键调控因子。lncRNA是一类长度大于200个碱基的非编码RNA，数量众多，虽然其在序列水平上保守性比较差，但在肌肉发育、分化等方面的功能已经被发现。lncRNA SYISL直接与蛋白复合体（Polycomb repressive complex 2，PRC2）相互作用，一方面抑制周期蛋白P21的表达，使其无法退出细胞周期，从而促进成肌细胞增殖，另一方面沉默*MyoG*、*Myh4*等肌肉特异性基因的表达，抑制其分化。

除此之外，circRNA在骨骼肌生成过程中发挥的重要作用也被报道。circRNA是一类内源性共价闭合环状RNA分子，可与miRNA靶mRNA竞争结合miRNA，以解除miRNA对靶基因表达的抑制作用，在转录后水平参与调控成肌细胞增殖、分化。

胚胎干细胞有着自己独特的miRNAs表达谱，胚胎干细胞特异性的miRNAs可能在维持干细胞多能性和自我更新能力方面具有重要作用。一些胚胎干细胞特异性表达的miRNAs，如小鼠胚干细胞中的miR-290和miR-302家族，人胚干细胞中的miR-371和miR-302家族，敲除与miRNA形成有关的酶（Dicer1、Ago2等）时胚胎干细胞增殖减缓，甚至发生凋亡。

4. 永生化改造

正常分离的原代干细胞在体外培养的过程中不断进行着分裂、增殖和分化，但在经过有限次的传代后，原代细胞就会停止分裂，发生衰老和凋亡，这一缺陷限制了细胞在体外的大规模增殖。由此，细胞永生化（Cell immortalization）技术应运而生。细胞永生化是指在体外培养的细胞经过自发的或受到外界因素的影响，拥有了无限繁殖能力的过程。在自然情况下，细胞发生自发的永生化概率极低，虽然研究人员采用理化、生物等多种方法体外培养诱导细胞发生永生化，但这些理化途径可能会造成细胞的恶性转变。在细胞永生化技术的发展中，现阶段人们主要通过将外源性永生化基因，如病毒基因（SV40基因）、端粒酶基因、原癌基因或抑癌基因等导入受体细胞，使外源基因整合到靶基因中表达，增加细胞永生化的能力，从而建立拥有无限增殖能力的永生化细胞[14]。

现通过在干细胞上的慢病毒转染细胞导入SV40基因，实现干细胞在体外的高效增殖。将*hTERT*基因与*CDK4*基因通过慢病毒转染肌肉干细胞，实现了肌肉干细胞的永生化。端粒酶的构建也在骨髓间充质细胞的永生化研究中，通过在细胞中重构端粒酶，可以实现骨髓间充质细胞的干性维持，延长间充质干细胞的增殖能力。

第四节　动物干细胞定向诱导成肌和成脂分化

一、动物干细胞定向诱导成肌分化技术

（一）肌纤维的体内形成过程

在体内，骨骼肌发育起始于胚胎阶段，来源于中胚层中的间充质干细胞（MSCs）。发育过程主要包括三个阶段（图3-12）。①成肌细胞形成：MSCs首先分化形成高表达*Pax3*和*Pax7*的肌祖细胞（Myogenic progenitor），肌祖细胞大量分裂增殖形成卫星细胞，卫星细胞被激活后迁移到形成四肢和躯干的部位，进一步形成单核梭状的成肌细胞（Myoblast），此时*Pax3*直接激活*Myf5*。②肌管形成：单核成肌细胞大量增殖，相互融合形成多核的肌管（Myotube）。分化时，成肌细胞中*Pax7*的表达显著下降，*Myf5*促进*MyoD*的表达，且在分化早期和晚期分别表达生肌调控因子肌细胞生成素（Myogenin）和Mrf4，促进肌管的形成。③肌纤维肥大：肌管进一步成熟，且细胞核移动到细胞膜下面，形成网状肌纤维。成肌细胞和肌管的形成发生在胚胎期，肌纤维数目在动物出生前已基本确定，出生后肌肉生长发育主要通过肌纤维肥大（Hypertrophy）而不是增生（Hyperplasia）来完成，肌纤维肥大主要表现为肌肉蛋白合成增加，肌纤维直径和长度的增加。许多功能基因参与骨骼肌形成，与信号通路共同构成了一个精密的调控网络，主要包括*MRF*（生肌调节因子基因）、*Mef2*（肌细胞增强因子2基因）、*Pax3*/*Pax7*（*Pax3*/*Pax7*转录因子基因）[14]。

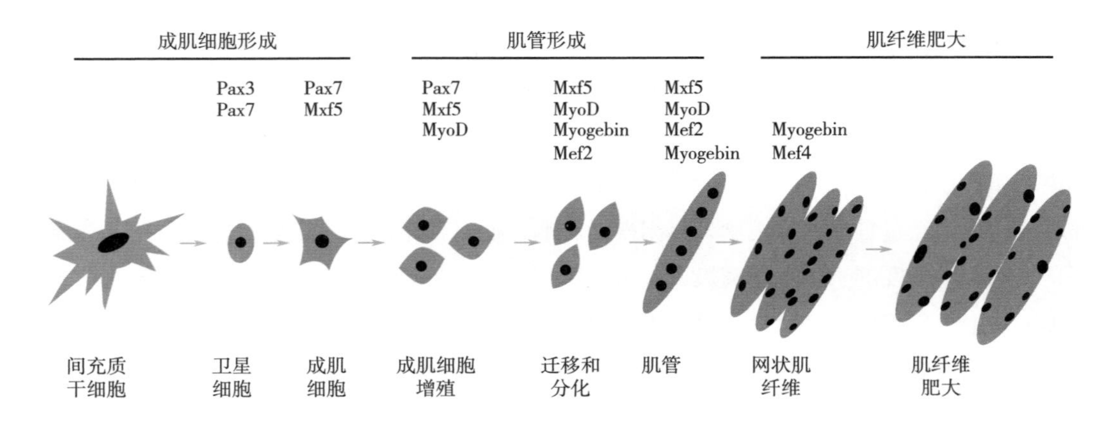

图 3-12 骨骼肌发育过程及生肌调控因子

Myogenin：生肌调控因子肌细胞生成素。

（二）动物干细胞体外成肌分化策略

胚胎干细胞、诱导多能干细胞、间充质干细胞和肌肉干细胞均具有成肌分化产生肌纤维的潜能，但是他们的成肌/成脂分化效率具有显著差异。对于每一种干细胞类型均需要针对性的调控以使其达到最佳的分化能力，下文以肌肉干细胞为例进行成肌分化策略的阐述。通常，肌肉干细胞在低浓度马血清条件下能够进行成肌分化，但该条件下的肌纤维形成效率、分化率、细胞融合率、蛋白质表达量还不足以满足细胞培养肉生产的要求，因此可采用不同的策略增强其分化效率和蛋白质表达量[19]。

1. 细胞因子及激素调控

胰岛素样生长因子（Insulin-like growth factors，IGF）具有显著促进成肌分化和增强肌纤维蛋白质含量的作用。IGF-1通过激活p38和PI3K，明显提高Myogenin的表达，从而促进干细胞的成肌分化。在肌肉负调控因子MSTN存在的情况下，IGF-1对绵羊成肌细胞仍然具有明显促进分化的作用。成纤维细胞生长因子21（FGF21）具有促进细胞周期退出从而增强成肌分化的作用，且该作用受到成肌转录因子MyoD的调控，同时FGF21通过FGF21-SIRT1-AMPK-PGC1α通路发挥作用，促进氧化型肌纤维的形成。此外，一些激素如17β-雌二醇、地塞米松等能够激活P38和Akt/mTOR途径促进骨骼肌细胞的成肌分化。

2. 小分子化合物调控

添加小分子化合物可在体外诱导肌肉干细胞的成肌分化。如白藜芦醇是广泛存在于水果和蔬菜中的一种多酚，它在骨骼肌中可参与蛋白质分解代谢、肌肉代谢调节、抗氧化应激和抗凋亡过程。白藜芦醇能够刺激IGF-1信号通路，尤其是蛋白激酶B（AKTB）和胞外调节蛋白激酶1/2（ERK1/2）蛋白激活，提高AMP依赖的蛋白激酶（AMPK）水平。在细胞晚期分化中，白藜芦醇能够调节新形成的肌管的形态变化，例如成肌细胞伸长，长度和直径增加，单核肌细胞向多核肌管融合趋势上升。此外白藜芦醇还可通过miR-22-3p和AMPK/SIRT1/PGC-1α途径促进肌管中肌肉纤维类型从快肌纤维转变为慢肌纤维。

维生素类小分子化合物也被证实能够影响肌肉干细胞的成肌分化。全反式视黄酸（ATRA）是维生素A的关键代谢产物，参与调控细胞增殖、分化过程。100nmol/L ATRA可激活p38 MAPK和mTOR信号通路，进而激活了Wnt/β-连环蛋白（Wnt/β-catenin）信号通路，从而抑制骨骼肌前体细胞体外增殖，促进细胞分化。1,25-D_3是维生素D的活性形式，添加1,25-D_3可下调IGF-1表达并同时上调IGF-2表达从而降低增殖活性上调生肌调节因子（MyoD），另一方面，1,25-D_3可直接使肌原细胞中肌肉生长抑制素Mstn的结合蛋白Fst增加，从而抑制Mstn活性，促进肌细胞生成素和组织相容性复合体（MHC）表达，促进成肌分化，使肌纤维增粗肥大[20]。

儿茶素可通过上调生肌调节因子［肌肉转录调节因子（MyoD）、肌细胞生成素（MyoG）、生肌决定因子5（Myf5）和肌细胞增强因子（MEF2）］的表达直接增强成肌分化。表儿茶素没食子酸酯（ECG）可激活PI3K/Akt信号通路，增加Myf5的表达，从而诱导肌源性分化[21]。ECG通过上调核纤层蛋白 A/C（Lmna）的表达刺激肌卫星细胞的活化，并通过促红细胞生成素肝细胞激酶（Eph）受体及其配体Ephrin信号通路（Eph/Ephrin signaling）降低成肌细胞黏附力（Adhesion），增强其迁移能力（Migration）。还可激活雷帕霉素靶蛋白（mTOR）通路，上调胰岛素样生长因子2（IGF-Ⅱ）和胰岛素受体底物 1（IRS1）的表达，经由PI3K/Akt信号通路增强MyoD、MyoG表达，促进成肌分化。ECG还可经由Wnt/β-catenin通路负向调控*C-myc*（一种癌基因）的表达，进而调控成肌分化。ECG通过增强Myof（与质膜相关的蛋白质）的表达刺激肌管间的相互融合，并最终促进生成肌纤维（图3-13）。

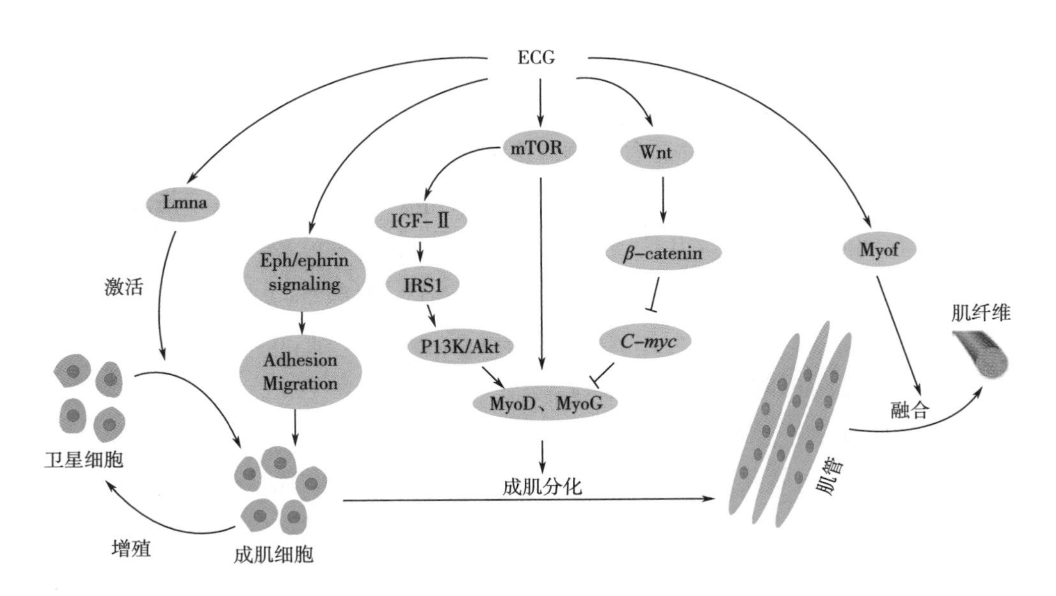

图 3-13 ECG 促进骨骼肌生成机制

3. miRNA 调控

多种miRNA也被报道参与肌肉干细胞成肌细胞的分化调控[22]，如表3-2所示。编码miRNA的许多基因都含有YY1的结合位点，YY1是一种普遍表达的转录因子。YY1抑制成肌细胞中miR-1的表达。而且YY1本身就是miR-1靶标，因此形成了反馈调控。连接蛋白43（Cx43）和组蛋白脱乙酰基酶4（HDAC4）是肌肉基因表达的阻遏物，也是miR-1的直接靶标[23]。

表 3-2 常见调控肌肉干细胞成肌细胞分化的 miRNAs 及靶基因

功能	miRNAs	靶基因
促进成肌分化	miR-1	*Pax7*、*MSTN*、*HDAC4*、*CNN3*、*YY1*
	miR-26a	*SMAD1*、*SMAD4*、*EZH2*
	miR-27b	*Pax3*
	miR-148a	*ROCK1*
	miR-181	*HOXA11*
	miR-206	*Pax3*、*Pax7*、*MSTN*、*HDAC4*、*CX43*、*POLA1*、*FST11*、*UTRN*
	miR-133	*SRF*、*nPTB*
	miR-486	*FoxO1*、*PTEN*、*Pax7*
	miR-503	*Cdc25a*

miRNA转染的操作技术已经成功运用于目的基因表达调控中[24]。一般操作为：从液氮罐里取出冻存的细胞，复苏并接种培养。待细胞长到70%的密度时，转染miRNA和阴性对照于成肌细胞中。再分别将miRNA或阴性对照与Opti-MEM减血清培养基混合，转染试剂与Opti-MEM减血清培养基混合，静置5min后将两者混合再静置20 min，加入培养基中使miRNA或NC转染终浓度为50nmol/L。细胞密度达到90%时换成2%马血清的高糖DMEM分化培养基，诱导分化。最后通过实时定量PCR（Real time-qPCR）以及蛋白免疫印迹（Western Blot）检测分化标志基因的表达量变化情况。

4. 细胞共培养调控技术

细胞共培养技术又称为复合培养或混合培养技术，是指将2种或2种以上细胞放在同一培养系统中培养。与单层细胞培养技术相比，细胞共培养技术可以较大程度地模拟体内环境，以便更好地观察细胞与细胞、细胞与培养环境之间的相互作用。细胞共培养技术在诱导成肌分化时有重要作用。如单核巨噬细胞和骨骼肌成肌细胞在培养体系中进行共培养时，成肌分化标志蛋白MyoD和Myogenin显著上调，表明共培养可明显加快成肌分化进程，促进多核肌管的形成和骨骼肌重塑。此外，原代成肌细胞L6与间充质干细胞共培养，直接接触显著上调肌细胞增强因子MEF2的表达，促进间充质干细胞成肌分化，形成混合肌管。纤维/脂肪形成祖细胞（Fibro/Adipogenic progenitors，FAPs）与成肌祖细胞共培养时，FAPs代表了白细胞介素-6（IL-6）的可诱导来源，为增殖的成肌祖细胞提供瞬态的促分化信号源，从而大大提高了成肌祖细胞的分化率。

二、动物干细胞定向诱导成脂分化技术

在体内，脂肪细胞由间充质来源的星状或梭形前体细胞分化而来，其在激素（如胰岛素）、生长因子等刺激下分化成脂肪前体细胞，再由脂肪前体细胞分化形成成熟的脂肪细胞。一旦脂肪前体细胞被触发成熟，它们就会开始改变形状，并经历一轮称为克隆扩增的细胞分裂，随后启动遗传程序，使它们能够合成和储存甘油三酯。

在生长期，脂肪母细胞在形态上与成纤维细胞相似。Pref-1（一种脂肪母细胞分泌因子）作为脂肪母细胞的标志物，在脂肪细胞分化过程中消失。脂肪母细胞在经历分化过程之前进入一个被称为生长停滞的静止期。两个转录因子，CCAAT/增强子结合蛋白α（C/EBPα）和过氧化物酶体增殖物激活受体（PPARγ）被证明参与了脂肪细胞分化所需的生长停滞。在生长停滞后，脂肪母细胞必须接受适当的有丝分裂和成脂信号的组合，才能继续进行后续的分化步骤，主要包括脂蛋白酯酶（Lipoprotein Lipase，LPL）、CD36蛋白（Platelet glycoprotein 4）、固醇调节元件结合蛋白-1（Sterol regulatory element binding protein-1，SREBP-1）、CCATT增强结合蛋白β（CCAAT enhancer binding protein β，C/EBPβ）、CCATT增强结合蛋白δ（CCAAT enhancer binding protein δ，C/EBPδ）等[25]。在分化过程中，脂肪前体细胞经历一轮DNA复制，导致脂肪前体细胞扩增。诱导分化也会导致细胞形状的急剧变化，使梭状细胞转变为球形，积累细胞质甘油三酯，形成被一个大脂滴填充的成熟脂肪细胞（图3-14）。

脂肪组织的体外生产在种子细胞选择上，主要有胚胎干细胞与间充质干细胞两种。但是，胚胎干细胞的成脂分化需14d其分化率仅为间充质细胞干细胞成脂分化率的1/4，因而间充质干细胞是体外脂肪组织制造的首选细胞类型[26]。动物脂肪组织在体内发育成熟经过了数百万年的进化，在体外诱导前体细胞成脂分化自然会大打折扣，首先要面对的是具有成脂分化能力的干细胞都是多能的，因而需要一种系统的定向诱导脂源性分化的调控技术。成脂分化受许多自身调控因素和环境调控因素的影响，其中控制成脂特异性基因表达的转录因子和miRNA得到了较多的研究。体外成脂分化技术主要有三个方向：添加物外源调控、基因编辑和miRNA转染技术。

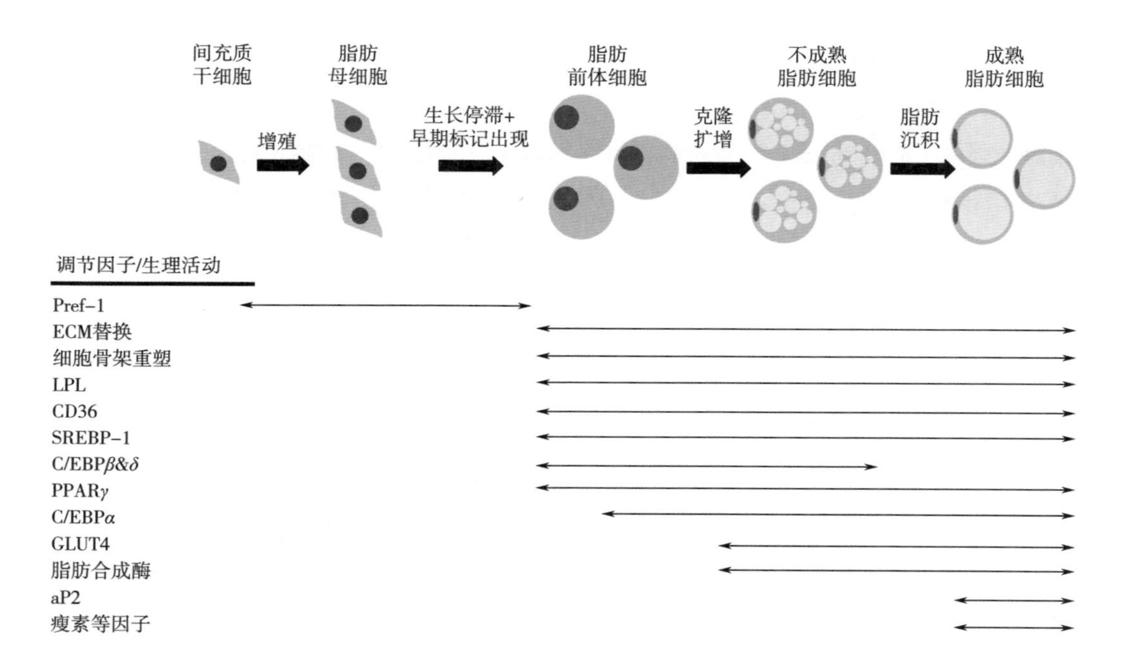

图 3-14　脂肪生成的多步过程及参与调节因素

Pref-1，前脂肪细胞因子-1；ECM，细胞外基质；CD36，脂肪酸转位酶；LPL，脂蛋白脂酶；SREBP-1，固醇调节元件结合蛋白-1；C/EBPβ&δ：CCAAT/增强子结合蛋白β&δ；PPARγ，过氧化物酶体增殖物激活受体-γ；C/EBPα，CCAAT/增强子结合蛋白α；GLUT4，葡萄糖转运蛋白4型；aP2，脂肪细胞脂肪酸结合蛋白。

1. 添加物外源调控

过氧化物酶体增殖物激活受体（PPARs）是成脂过程中的必需转录因子，CCAAT/增强子结合蛋白（C/EBP）家族是另一组关键的调控成脂分化的转录因子。在早期未分化的间充质干细胞中有C/EBPβ及C/EBPδ的表达，在分化培养基的作用下激活PPARγ1的表达，而PPARγ1又进一步活化C/EBPα，产生级联激活效应，促进成熟脂肪细胞的形成[27]。除上述两种主要转录因子外，其他调节因子如固醇调节元件结合蛋白SREBPs家族的SREBP-1a及SREBP-1c、TGF-β、TCFTL1和锌脂蛋白等也在成脂分化中起着重要的调控作用。因此，通过外源添加的方式间接调控细胞成脂分化相关内源性因子是潜在的体外成脂调控技术。比如天然产物、激素、细胞因子、小分子化合物按照合理的浓度添加于成脂进程的不同阶段已经被证明其可行性。

维生素C及其衍生物、黄芪多糖（APS）和亚油酸等天然产物添加于分化培养基中被证实可明显促进脂源性分化。维生素C衍生物*l*-抗坏血酸-2-磷酸（AA2P）单独使用可启动部分小鼠胚胎成纤维细胞（前脂肪细胞）3T3-L1前脂肪细胞成脂分化，与成脂诱导剂同时添加可以正向叠加以最大化的促进前脂肪细胞成脂分化[28]。含40μg/mL黄芪多糖的成脂诱导剂能提升不同氧气浓度环境中BMSCs内脂滴含量及过氧化物酶体增殖物激活受体PPAR-γ2和脂蛋白脂肪酶（LPL）的蛋白质和mRNA水平，且在氧浓度为10%时有显著的促进成脂分化的作用。亚油酸和α-亚麻酸的添加可以显著抑制脂肪前体细胞增殖活力，促进脂肪前体细胞成脂分化[29, 30]。激素和细胞因子的添加也能起到同样的促进作用[31, 32]。在分化培养基中额外添加50ng/mL胰岛素样生长因子IGF-1，经过14d的诱导，与对照相比有相对更大的脂滴的生成，在额外添加IGF-1的基础上再添加胰岛素可见明显的大脂滴的生成，表明IGF-1与胰岛素的协同促进成脂分化的作用。相同作用的还有小分子化合物，通过激活或者抑制脂源性相关靶点，促进成脂分化。比如PPARγ激动剂环格列酮添加于成脂诱导剂可以诱导骨骼肌卫星细胞向脂源性分化，生成脂滴且脂滴形成量和甘油积累量与环格列酮添加量呈正相关[33]。

2. 基因编辑

基因编辑相比于外源添加调控因子可以更加直接地调节成脂分化。经过多年对脂肪组织发育的研究，关键的成脂分化基因及相关内源性因子已得到深刻的认识，为基因编辑技术应用于体外成脂分化技术提供了理论基础。比如利用CRISPR和CRISPR相关蛋白9（Cas9）系统可以通过RNA引导的DNA靶向提供有效的基因修饰激活促成脂分化因子的表达，包括过氧化物酶体增殖物激活受体（PPARs）和CAAT/增强子结合蛋白（C/EBP）家族等，抑制抗成脂分化相关因子的表达包括Wnt信号通路关键靶蛋白等。其他技术如利用腺病毒转染递送表达载体以高表达脂源性基因、siRNA技术低表达抗脂源性分化的相关蛋白等可用于调控体外脂源性分化。

3. miRNA 转染策略

miRNAs主要通过2种方式参与成脂分化的调控：一种是作用于间充质干细胞及前脂肪细胞分化相关的信号通路，包括MAPK、Wnt通路等，另一种是作用于一些重要的转录因子，如PPARs、C/EBPs 等从而转录调控特异性蛋白的表达如脂肪酸结合蛋白4（FABP4）、脂肪酸合成酶（FASN）、葡萄糖转运蛋白4型（GLUT4）等来影响脂肪细胞的分化。成脂分化相关miRNA如表3-3所示。

表 3-3　成脂分化相关 miRNA

miRNA种类	实验细胞类型	作用靶基因	成脂分化作用	作用通路/转录因子
miRNA-344	小鼠前体脂肪细胞系	*GSK3β*	抑制	Wnt/β-catenin
miRNA-183	小鼠前体脂肪细胞系	*LRP6*	促进	
miRNA-8	间充质干细胞	*TCF*	促进	
miRNA-210	小鼠前体脂肪细胞系	*TCF712*	促进	
miRNA-200a	小鼠心肌细胞	*Wnt5a*	促进	

续表

miRNA种类	实验细胞类型	作用靶基因	成脂分化作用	作用通路/转录因子
miRNA-375	小鼠前体脂肪细胞系	*ERK1/2*	促进	MAPK
miRNA-143	小鼠前体脂肪细胞系	*PTN*	促进	
miRNA-29	小鼠前体脂肪细胞系	*Akt*	抑制	IRS1/PI3K/Akt
miRNA-124	小鼠前体脂肪细胞系	*Dlx5*	抑制	
miRNA-139	小鼠前体脂肪细胞系	*Notch*	抑制	
miRNA-143	小鼠前体脂肪细胞系	*ORP8*、*PTN*	促进	
miRNA-320	小鼠前体脂肪细胞系	*PI3K*	抑制	
miRNA-155	小鼠前体脂肪细胞系	*CREB*	抑制	cAMP/PKA/CREB
miRNA-27a	小鼠前体脂肪细胞系	*PPARγ*	抑制	PPARs
miRNA-27b	巨噬细胞	*PPARγ*	抑制	
miRNA-130a	前脂肪细胞	*PPARγ*	抑制	
miRNA-519d	前脂肪细胞	*PPARα*	促进	
miRNA-138	间充质干细胞	*EID1*	抑制	
miRNA-31	间充质干细胞	*C/EBPα*	抑制	C/EBPs
miRNA-326	间充质干细胞	*C/EBPα*	抑制	
miRNA-155	小鼠前体脂肪细胞系	*C/EBPβ*	抑制	
miRNA-378	小鼠前体脂肪细胞系	*C/EBPα/β*	促进	
miRNA-21	间充质干细胞	*TβR* Ⅱ	促进	TGF-*β*
miRNA-335	小鼠前体脂肪细胞系	*TNF-α*	促进	
miRNA-152	小鼠前体脂肪细胞系	*LPL*	促进	其他蛋白
miRNA-103	小鼠前体脂肪细胞系	*PDK1*	促进	
miRNA-204	小鼠前体脂肪细胞系	*Runx2*	促进	
miRNA-448	小鼠前体脂肪细胞系	*KLF5*	促进	

注：Wnt/*β*-catenin为Wnt/*β*-连环蛋白；MAPK 为丝裂原活化蛋白激酶；IRS1为胰岛素受体底物；cAMP/PKA/CREB 为腺苷酸环化酶/蛋白激酶A /环磷腺苷效应元件结合蛋白；PPARs为过氧化物酶体增殖物激活受体；C/EBPs为CCAAT增强子结合蛋白；TGF-*β*为转化生长因子-*β*。

第五节　细胞培养肉食品化加工

为了使细胞培养肉成为肉类产品，需要通过食品科学进一步还原肉类的口感及肌理。细胞培养肉食品化加工技术主要包括塑形技术、增色技术和调味技术。

一、细胞培养肉塑形技术

肌肉是具有立体结构的组织，富含肌纤维、脂肪、结缔组织、血管等结构。但由于不同类型细胞的生长速率、营养需求不同，通常体外培养都是针对单一细胞类型进行特异性调控，并且细胞是在二维平面上生长。因此，利用组织工程技术模拟真实肌肉组织的结构构建三维支架并在上面组装不同类型的细胞，进行肌肉组织的三维塑形，是生产具有组织结构的块状细胞培养肉的重要环节[34]。细胞培养肉的三维塑形需要运用生物材料作为支架[35]，类似血管系统将营养物质输送到组织，并利用3D生物打印技术将细胞和生物材料整合构建立体结构。

（一）支架材料

支架最初是为组织工程和再生医学开发的，但对于食品领域的细胞培养肉而言，需要从安全性、可食用性、可降解性、口味和营养等方面选择支架材料并制定合理的使用标准。理想的细胞培养肉支架应选择可食用的材料，并且是可口的且能被安全食用。其次，在食用或加热时能保持特定的质构、口味、营养品质以及热稳定性。除食品风味和安全方面的要求外，也需考虑材料的来源、成本以及是否易于大规模生产等。

天然大分子如蛋白质、多糖以及合成的聚合物等都可用作细胞培养肉支架的材料。但是，应尽量避免使用胶原蛋白、明胶等需要从动物组织中分离提取的材料，否则将违背细胞培养肉减少动物饲养、改善动物福利的初衷。此外，支架材料在经过加工后需具备一定的结构和形态，同时保留天然化学成分。目前有希望应用于细胞培养肉的材料是多糖，如纤维素、淀粉、壳聚糖、藻酸盐、透明质酸[36]。此外，利用重组技术基于微生物蛋白质表达系统获得的蛋白质类材料，如纤维蛋白、胶原蛋白、明胶、角蛋白等也是研究较为深入且符合细胞培养肉生产要求的支架材料之一。其他材料还包括在细菌和其他系统中表达的聚酯，以及植物和微生物产生的复杂的复合基质，包括木质素、植物基质（如去细胞组织的叶子）、真菌菌丝体等。支架材料的选择除可考虑生物来源外，使用合成聚合物，如一系列合成聚酯在细胞培养肉的生产中也具备一定优势[37]。以合成聚合物为支架材料的优势是质量和供应稳定，但合成聚合物在合成支架时还需进行表面修饰，这可能会导致其使用受到限制[38]。可作为细胞培养肉生产细胞支架的非动物源材料如表3-4所示。

表 3-4 细胞培养肉细胞支架非动物来源生物材料

聚合物类别	具体成分	来源
多糖	纤维素和纤维素衍生物［羧甲基纤维素（CMC）、羟丙基甲基纤维素（HPMC）、甲基纤维素（MC）］	植物、细菌
	淀粉	植物
	甲壳素/壳聚糖	真菌（酵母）
	透明质酸、甲基丙烯酸酯衍生物	重组异源表达
	藻朊酸盐	植物
	琼脂糖	植物
蛋白质	胶原蛋白/明胶、玉米蛋白、甲基丙烯酸酯衍生物	重组异源表达
	蚕丝	重组异源表达
	弹性蛋白	重组异源表达
	角蛋白	重组异源表达
	层粘连蛋白	重组异源表达
聚酯	聚羟基链烷酸酯（以及均聚物、共聚物的变体）	重组异源表达
合成	聚乳酸/聚乙二醇酸	化学合成
	聚己酸内酯	化学合成
	聚乙二醇	化学合成
	聚乙烯醇	化学合成
天然复合材料	菌丝	真菌
	木质素	植物
	去细胞组织	植物
	大豆水解物	植物

作为食品，支架材料的食品安全性和质量评估标准需额外考量。通过模仿天然三维组织，支架起到细胞黏附，生长和构成组织成熟的框架的作用。用于细胞培养肉生产的支架材料必须具有生物活性、较大的表面积、一定的收缩性能，拥有支持组织成熟的合适孔隙率，并且必须能够降解或食用，在消化后无毒性和过敏反应。此外，与医学领域的生物材料选择不同的是用于细胞培养肉生产的支架需要特定的质地、降解能力、蒸煮损失、水结合能力和

味道等性质，因而需要适合的检测方法对每种功能特性进行评估，以确保细胞培养肉的品质。表3-5所示为细胞培养肉细胞支架的评估标准与手段。

表 3-5　细胞培养肉细胞支架的评估标准与手段

特性类别	特性	参考指标	检测手段
物理性质	可加工性	流变性、流动特性、热稳定性、结构稳定性	黏度计、流变仪、动态力学分析、差示量热法、热重分析
	质地	结晶度、孔隙率	压缩测试、XRD、FTIR、Warner-Bratzler剪切力分析
	表面特征	表面功能化修饰分子分布	免疫组织化学、NMR
	纤维生长形态	纤维尺寸、表面形貌、排列形式	SEM、水银孔率法
化学性质	降解性及稳定性	化学物检测、化学降解率、酶解率	体外模拟溶液［酶（蛋白酶、氧化酶、水解酶，化学成分、肠道/唾液模拟物、pH、胆汁等）、巨噬细胞筛查、LPS分析、内毒素筛查、残留化学筛查（抗生素、内分泌模拟物等）］
生物性质	可食用性	GRAS、无毒	细菌毒理学检测，3D组织体外筛选
	来源性	组分一致	成分分析黏度计、流变学、动态力学分析、差示热分析、热重分析
	味道	适口性、风味和芳香族化合物（或烹饪的副产品）、美拉德反应产物（用于糖基支架）、氧化、稳定性	色谱法、GC-MS、TBARS测定
	营养	代谢物、金属、糖、氨基酸、维生素含量	HPLC-MS分析，金属分析
环保性	可持续性	生产、合成与加工所需水耗、能耗及温室气体排放	生命周期评估

注：XRD，X射线衍射；FTIR，傅里叶变换红外光谱；NMR，核磁共振；LPS，脂多糖；GRAS，普遍认为安全（Generally recognized as safe）；GC-MS，气相色谱-质谱法；TBARS，硫代巴比妥酸反应性物质；HPLC-MS，高效液相色谱-质谱法。

（二）3D生物打印技术

肌肉组织通过筋腱连接在骨骼上。组织工程中以拉伸的支架通过模仿生理状态下的肌肉，帮助肌肉细胞的排列、延伸，形成具有良好的收缩性和功能的肌肉组织[39]。传统用于生产肌肉组织的支架主要有单柱型、双柱型以及多柱型[40]。但是传统的组织工程所用的支架生产的肌肉组织较小，通常仅用于药物筛选和临床治疗。目前，3D生物打印技术在组织工程领域兴起并迅猛发展，它是一种能够在数字三维模型驱动下，按照增材制造原理定位装配生物材料或细胞单元，制造医疗器械、组织工程支架和组织器官等的技术。3D生物打印技术可以精确地构建打印形态，包括纤维尺寸、表面拓扑、孔隙率和对齐方式等，并利用活细胞与水凝胶材料混合制成的生物墨水进行组织器官的打印，同时可精确调节特定类型的细胞比、细胞定位甚至细胞密度。因此，3D生物打印技术是制造具有立体结构和多细胞类型细胞培养肉的重要技术手段。

当3D生物打印技术以活细胞作为生物墨水时，打印速率、喷嘴直径、喷嘴高度、挤出速率和填充百分比之类的参数对于实现几何精度、支架一致性甚至打印结构的精度至关重要[36]。除此之外，生物墨水的机械性能是获得可优良3D打印培养肉的因素之一。生物墨水的膨胀现象可能会影响培养肉的纤维性质。喷嘴高度的变化、生物墨水的膨胀，甚至肉类的拖动可能导致变形层。喷嘴的速率取决于打印头的移动速率，并且必须通过初步测试或通过测量最佳速率来控制。喷嘴速率的增加将挤出更薄的生物墨水，阻力减小，从而防止了层间黏结和最终产品不精确。此外，3D打印不同参数的设计及组合，可以生成具有逼真的质地，口感和营养成分的创新培养肉。3D打印的培养肉经历烹饪后，直接反映其产品的结构和质地特征[38]。通过合适的评估手段，将有针对性地改善培育肉的口感与营养。对于3D打印细胞培养肉，脂肪的填充密度在强度，稳定性和结构方面起着至关重要的作用，这有助于培养肉纹理的形成[26]。细胞培养肉的主要挑战之一是在烹饪后保留3D打印产品的内部设计和结构。3D打印细胞培养肉中蛋白质的热变形和收缩是蒸煮和收缩损失的主要原因。3D打印细胞培养肉的烹饪过程中的水分流失是失去肉类基质的主要原因之一，而热量产生的收缩压力将导致肉类蛋白质收缩以及水分释放。3D打印细胞肉及其后续评估参数如图3-15所示。

二、细胞培养肉增色技术

（一）肉类颜色形成机制

在肌肉组织中，血红色素、血红蛋白和肌红蛋白是肉类颜色的主要来源，血红蛋白是血液中的一种蛋白质，肌红蛋白是肌肉中的一种蛋白质，在动物活体中，血红蛋白和肌红蛋白的作用是传输和储藏氧气。肌红蛋白和血红蛋白的颜色相似，以肌红蛋白为例，在缺乏空气

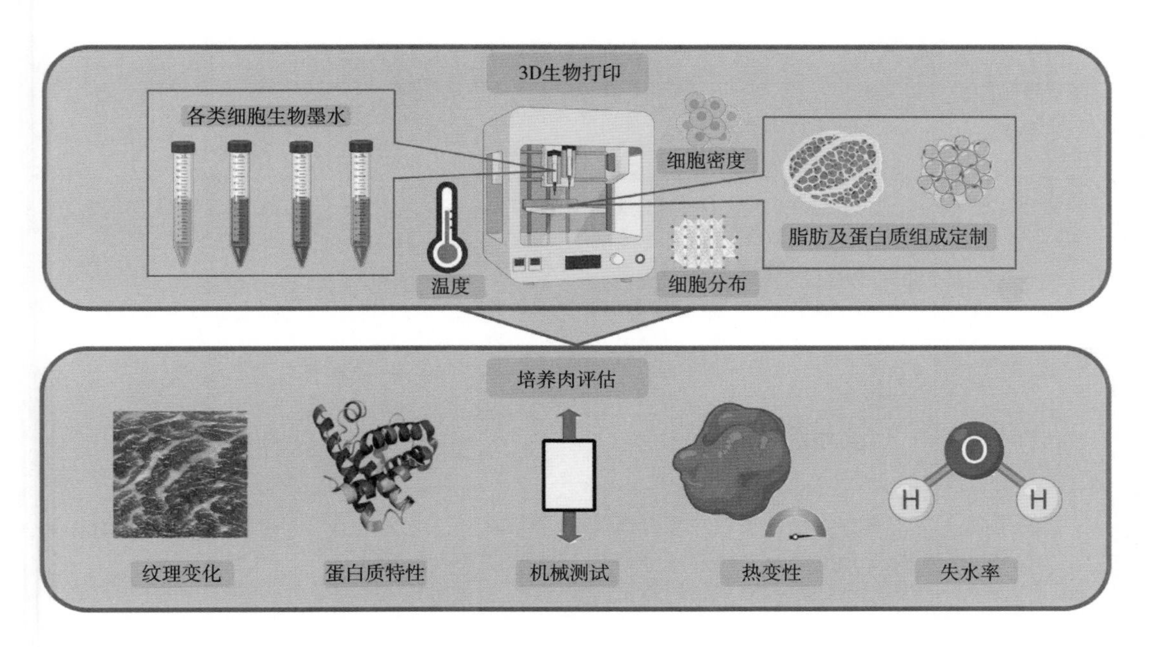

图 3-15　3D 打印细胞培养肉及其后续评估参数

和氧气的条件下，肌红蛋白呈紫色还原形态。暴露在氧气中时，肌红蛋白被氧化成红色的氧合肌红蛋白，在有氧环境下保存一段时间后即形成棕色的正铁肌红蛋白，赋予肉颜色。及肉制品中的各类呈色物质如表3-6所示。

表 3-6　肉及肉制品中各类呈色物质

色素	形成方式	铁的状态	血红素结构	珠蛋白状态	颜色
肌红蛋白	高铁肌红蛋白还原，氧合肌红蛋白脱氧	Fe^{2+}	完整的	天然的	浅紫红色
氧合肌红蛋白	肌红蛋白的氧合	Fe^{2+}	完整的	天然的	亮红色
高铁肌红蛋白	肌红蛋白、氧合肌红蛋白的氧化	Fe^{3+}	完整的	天然的	棕色
亚硝酰基肌红蛋白	肌红蛋白与NO结合	Fe^{2+}	完整的	天然的	亮红色（粉红色）
亚硝酰基高铁肌红蛋白	高铁肌红蛋白与过量的亚硝酸盐作用	Fe^{3+}	完整的	天然的	红色
珠蛋白血色原	肌红蛋白、氧合肌红蛋白、血色原因加热和变性试剂作用，血色原受辐照	Fe^{2+}	完整的	变性的	暗红色

续表

色素	形成方式	铁的状态	血红素结构	珠蛋白状态	颜色
珠蛋白血色原	肌红蛋白、氧合肌红蛋白、高铁肌红蛋白，血色原因加热各变性试剂作用，血色原受辐照	Fe^{3+}	完整的	变性的	棕色
亚硝酰基血色原	亚硝酰基蛋白受热与盐作用	Fe^{2+}	完整的	变性的	亮红色（粉红色）
硫代肌绿蛋白	肌红蛋白与H_2S、O_2作用	Fe^{3+}	完整但被还原	变性的	绿色
胆绿蛋白	H_2O_2对肌红蛋白或氧合肌红蛋白的作用，抗坏血酸盐或其他还原剂对氧合肌红蛋白作用	Fe^{3+}或Fe^{2+}	完整但被还原	变性的	绿色
高铁胆绿素	肌红蛋白与过量的H_2S、O_2作用	Fe^{3+}	卟啉环打开	变性的	绿色
胆色素	肌红蛋白与极大过量的H_2S、O_2作用	无铁	卟啉环破裂	变性的	黄色或无色

由于动物细胞培养肉来源于体外培养，其养料来源为氨基酸、碳水化合物、维生素等，而缺乏血液供应，因此，其色泽较浅，缺乏天然肉类的血红色。细胞培养肉增色技术一方面需要进一步的研究和探索，加强肌肉干细胞形成肌肉组织后自身肌红蛋白的表达；另一方面是在对细胞培养肉进行食品化处理时，外源添加血红素、肌红蛋白和血红蛋白等，通过充分混合使细胞培养肉产品着色，显现为传统肉制品的红色。研究人员通过添加肌红蛋白为细胞培养肉着色，观察到补充可以改善细胞培养肉的颜色，而不会影响肌肉细胞的生长速率[38]。

（二）血红蛋白 / 肌红蛋白生产合成策略

以动物血液或植物组织为原料，利用化学试剂提取血红素或血红蛋白的方法不仅耗时耗力，且纯化所得纯度较低，无法应用于植物蛋白肉的生产。为了解决这一问题，国内外开展了针对血红素及不同来源的血红蛋白、肌红蛋白生物合成的研究。通过这些研究，研究人员已经掌握了血红素、血红蛋白和肌红蛋白合成的关键调控节点，为实现利用食品级菌株合成血红素、血红蛋白和肌红蛋白以及细胞培养肉的增色技术打下了良好基础。在最新的研究中，研究人员通过采用无需添加底物的血红素合成C5途径，抑制血红素降解和副产物的形成，利用血红素转运蛋白将过量的血红素转运至胞外，在大肠杆菌中成功实现了超过200mg/L血红素的合成[29]。在利用微生物细胞合成血红素的基础上，可以进一步合成不同来源的血红蛋白和肌红蛋白，如美国研究人员利用毕赤酵母成功合成了植物来源的大豆血红蛋白，目前该大豆血红蛋白已经被用于植物基牛肉汉堡的生产。但由于毕赤酵母并非食品级宿主，且合成出的大豆血红蛋白的纯度仅能达到65%，并且植物来源的大豆血红蛋白在结构和功能上与动物来源的血红蛋白还存在差异，因此，接下来的研究将更有针对性的利用食品级的酿酒酵母菌株，运用成熟的血红素合成代谢改造策略和蛋白质高效表达系统来生产不同动物来源（猪、牛、羊等）血红蛋白和肌红蛋白，从而满足大众对细胞培养肉视觉上的需求。

三、细胞培养肉调味技术

（一）肉类风味产生机制

肉类的香味历来就受到人们的喜爱，香味能给食用者以嗅觉和味觉上的满足和心灵上的愉悦，并促进身体对其营养物质的吸收。脂质氧化、美拉德反应是肉品风味的重要来源，肌肉细胞内的小分子代谢产物，加工过程中大分子降解生成的一些小分子肽、氨基酸、核苷酸等是肉品风味的主要来源。应用气相色谱-质谱法（GC-MS）等分析方法，对比生肉与熟肉的化学组成可以发现，肉中主要的风味物质是由氨基酸和糖类在高温下经美拉德反应形成的含硫化合物和含氮杂环化合物，以及一些微量的醛、酮、醇和呋喃类化合物[40]。而肉类的鲜美味道则是由肉中蛋白质、脂类物质和香味物质共同作用形成的。在真肉中脂类物质的含量一般为5～150g/kg，经加热烹调后的脂类物质在口中经过乳化作用会使肉的味道变得醇厚，产生浓郁的味道[41]。

（二）风味物质合成策略

利用合成生物学技术可以实现不同营养与风味物质的合成，可以为植物蛋白肉等未来食品的营养、风味定制化加工提供有效手段。近年来，通过采用动物或植物蛋白的酶解产物与氨基酸（半胱氨酸）和还原糖（木糖或果糖）反应，已经能够生产各种强烈、逼真的风味物质[41]。国内研究人员可以分别利用不同来源的蛋白质水解产物，再辅以氨基酸、酵母膏、还原糖和脂肪等物质，经美拉德反应形成香气浓郁圆润、口感醇厚逼真的肉味香精。同时，通过对形成香味物质反应体系条件的葡萄糖-半胱氨酸系统优化，合成了具备肉味的1,2-乙二硫醇、2-乙基吡嗪、2,4,5-三甲基噻唑和2-乙酰基呋喃4种风味化合物。除此之外，应用响应面的方法对美拉德反应条件进行精确的设定，还可以模拟出多种不同来源肉制品的风味。在合成风味物质的基础上，研究人员进一步利用酵母菌株合成了牛肉中的风味强化肽，应用该合成寡肽能提升其他风味物质的呈味作用，并能增强鲜味显著改善肉制品的风味[42]。将少量安全的肉类香味物质与生产的细胞培养肉制品混合，就可以真实地模拟出各种肉类的气味，从而满足人们在食用植物蛋白肉制品的过程中嗅觉上对香气的需求。除此之外，还需要添加适量的脂肪酸才能形成肉类独特的风味。研究人员利用表达载体在酿酒酵母中构建了花生油脂和脂肪酸合成代谢途径，验证了利用生物发酵法合成人体必需脂肪酸（亚油酸、亚麻酸）及其酯类衍生物的可能性[43]。同样利用食品级的解脂耶氏酵母和低廉的原料，经培养条件优化后已经可以合成亚麻酸、二十碳二烯酸、二十碳三烯酸和二十碳五烯酸。目前商业化的产酯酵母的不饱和脂肪酸产量已经可以达到胞内总脂肪酸含量的50%以上[44]。利用成熟的脂类纯化方法从产酯酵母胞内可以高效地提取出人体所需的不饱和脂肪酸酯（尤其是人体缺乏的ω-3亚麻酸类的脂肪酸），并适量添加至细胞培养肉中，可以更加真实地模拟出各种肉类的味道，从而全面满足人们在食用细胞培养肉产品过程中味觉上的需求。

参考文献

[1] 陈坚. 中国食品科技：从2020到2035 [J]. 中国食品学报，2019，v.19（12）：7-11.

[2] Zhang，G，Zhao，X，Li，X，et al. Challenges and possibilities for bio-manufacturing cultured meat [J]. Trends in Food Science & Technology，2020，97：443-450.

[3] 周景文，张国强，赵鑫锐，等. 未来食品的发展：植物蛋白肉与细胞培养肉 [J]. 食品与生物技术学报，2020，39（10）：7-14.

[4] Murke F，Castro S，Giebel B，et al. Concise Review：Asymmetric Cell Divisions in Stem Cell Biology [J]. Symmetry，2015，7（4）：2025-2037.

[5] Simons B，Clevers H. Strategies for homeostatic stem cell self-renewal in adult tissues [J]. Cell，2011，145（6）：851-862.

[6] Barui A，Datta P. Biophysical factors in the regulation of asymmetric division of stem cells [J]. Biological Reviews，2018，94（3）：810-827.

[7] 李雪良，张国强，赵鑫锐，等. 细胞培养肉规模化生产工艺及反应器展望 [J]. 过程工程学报，2020，20（1）：3-11.

[8] Billin A N，Bantscheff M，Drewes G，et al. Discovery of Novel Small Molecules that Activate Satellite Cell Proliferation and Enhance Repair of Damaged Muscle [J]. ACS Chem Biol，2016，11（2）：518-529.

[9] Horak M，Novak J，Bienertova-vasku J. Muscle-specific microRNAs in skeletal muscle development [J]. Dev Biol，2016，410（1）：1-13.

[10] Ju H，Yang Y，Sheng A，et al. Role of microRNAs in skeletal muscle development and rhabdomyosarcoma（Review）[J]. Molecular Medicine Reports，2015，11（6）：4019-4024.

[11] Statello L，Guo C-J，Chen L-L，et al. Gene regulation by long noN-coding RNAs and its biological functions [J]. Nature Reviews Molecular Cell Biology，2020，22（2）：96-118.

[12] Chao-Tung Yang，Endah Kristiani，Yoong Kit Leong，et al. Big data and machine learning driven bioprocessing - Recent trends and critical analysis [J]. Bioresource Technology，2023，372：128625.

[13] Zachary Cosenza，Raul Astudillo，Peter I Frazier，et al. Block，Multi-information source Bayesian optimization of culture media for cellular agriculture [J]. Biotechnology and Bioengineering，2022，119（9）：2447-2458.

[14] Rodrigo Luiz Morais-da-Silva，Germano Glufke Reis，Hermes Sanctorum，et al. The social impacts of a transition from conventional to cultivated and plant-based meats：Evidence from Brazil [J]. Food Policy，2022，111：102337.

[15] Ivana Pajčin, Teodora Knežić, Ivana Savic Azoulay, et al. Bioengineering Outlook on Cultivated Meat Production[J]. Micromachines, 2022, 13 (3): 402.

[16] Larysa Bal-Prylypko, Maryna Yancheva, Mariia Paska, et al. The study of the intensification of technological parameters of the sausage production process[J]. Potravinarstvo Slovak Journal of Food Sciences, 2022, 16: 27-41.

[17] Satnam Singh, Wee Swan Yap, Xiao Yu Ge, et al. Cultured meat production fuelled by fermentation [J]. Trends in Food Science & Technology, 2022, 120: 48-58.

[18] Anuj Kumar, Ankur Sood, Sung Soo Han. Technological and structural aspects of scaffold manufacturing for cultured meat: recent advances, challenges, and opportunities[J]. Critical Reviews in Food Science and Nutrition, 2022, 63 (5): 585-612.

[19] Jannis O Wollschlaeger, Robin Maatz, Franziska B Albrecht, et al. Scaffolds for Cultured Meat on the Basis of Polysaccharide Hydrogels Enriched with Plant-Based Proteins[J]. Gels, 2022, 8 (2): 94.

[20] Garcia L A, King K K, Ferrini M G, et al. 1,25 (OH)$_2$ Vitamin D_3 Stimulates Myogenic Differentiation by Inhibiting Cell Proliferation and Modulating the Expression of Promyogenic Growth Factors and Myostatin in C_2C_{12} Skeletal Muscle Cells[J]. Endocrinology, 2019, 152 (8): 2976-2986.

[21] Gutierrez-Salmean G, Ciaraldi T P, Nogueira L, et al. Effects of (-) -epicatechin on molecular modulators of skeletal muscle growth and differentiation[J]. J Nutr Biochem, 2014, 25 (1): 91-94.

[22] Bartel D P. MicroRNAs: genomics, biogenesis, mechanism, and function[J]. Cell, 2004, 116: 281-297.

[23] SunY, Y Ge, J Drnevich, et al. Mammalian target of rapamycin regulates miRNA-1 and follistatin in skeletal myogenesis[J]. J Cell Biol, 2010, 189: 1157-1169.

[24] Chen J F, E M Mandel, J M Thomson, et al. The role of microRNA-1 and microRNA-133 in skeletal muscle proliferation and differentiation[J]. Nat Genet, 2006, 38: 228-233.

[25] Wang Y, Kim K-A, KIM J-H, et al. Pref-1, a Preadipocyte Secreted Factor That Inhibits Adipogenesis[J]. The Journal of Nutrition, 2006, 136 (12): 2953-2956.

[26] ZHAO X Y, CHEN X Y, ZHANG Z J, et al. Expression patterns of transcription factor PPARγ and C/EBP family members during in vitro adipogenesis of human bone marrow mesenchymal stem cells[J]. Cell Biol Int, 2015, 39 (4): 457-465.

[27] Zhao X R, Choi K R, Lee S Y. Metabolic engineering of *Escherichia coli* for secretory production of free haem[J]. Nature Catalysis, 2018, 1 (9): 720-728.

[28] Khan M I, Jo C, Tariq M R. Meat flavor precursors and factors influencing flavor precursors-A systematic review[J]. Meat Sci, 2015, 110: 278-284.

[29] Andrew J Stout, David L Kaplan, Joshua E Flack, Cultured meat: creative solutions for a cell biological problem[J]. Trends in Cell Biology, 2023, 33 (1): 1-4.

[30] 梁媛，赵馨怡，张靖伟，等. 亚油酸和α-亚麻酸对脂肪干细胞活力及成脂分化的影响[J]. 大连工业大学学报，2017，36 (5): 323-327.

[31] Cunha A G, Gandini A. Turning polysaccharides into hydrophobic materials: a critical review. Part 1. Cellulose[J]. Cellulose, 2010, 17 (5): 875-889.

[32] Post M J, Levenberg S, David L Kaplan, et al. Scientific, sustainability and regulatory challenges of cultured meat[J]. Nature Food, 2020 (1): 403-415.

[33] Serge Ostrovidov, Hosseini V, Ahadian S, et al. Skeletal Muscle Tissue Engineering: Methods to Form Skeletal Myotubes and Their Applications[J]. Tissue Engineering Part B: Reviews, 2014, 20 (5): 403-436.

[34] Kang h W，Lee S J，Ko I K，et al. A 3D bioprinting system to produce human-scale tissue constructs with structural integrity[J]. Nat Biotechnol，2016，34（3）：312-319.
[35] Kesti M，Fisch P，Pensalfini M，et al. Guidelines for standardization of bioprinting：a systematic study of process parameters and their effect on bioprinted structures[J]. Bio Nano Materials，2016，17（3-4）：193-204.
[36] Sun J，Zhou W，Yan L，et al. Extrusion-based food printing for digitalized food design and nutrition control[J]. Journal of Food Engineering，2018，220：1-11.
[37] Dick A，Bhandari B，Prakash S. 3D printing of meat[J]. Meat Sci，2019，153：35-44.
[38] Zhang X，Tan J，Xu X，et al. A coordination polymer based magnetic adsorbent material for hemoglobin isolation from human whole blood，highly selective and recoverable[J]. Journal of Solid State Chemistry，2017，253：219-226.
[39] Dashdorj D，Amna T，Hwang I. Influence of specific taste-active components on meat flavor as affected by intrinsic and extrinsic factors：an overview[J]. European Food Research And Technology，2015，241（2）：157-171.
[40] 周景文，张国强，赵鑫锐，等. 未来食品的发展：植物蛋白肉与细胞培养肉[J]. 食品与生物技术学报，2020，39（10）：7-14.
[41] 陈妍，陆利霞，熊晓辉. 微生物发酵法生产食品风味物质 [J]. 中国调味品，2011，36（7）：13-17.
[42] 苏扬. 牛肉的风味化学及风味物质的探讨 [J]. 四川理工学院学报（自科版），2000，13（2）：68-72.
[43] 白松，侯正杰，高庚荣，等. 微生物合成奇数链脂肪酸研究进展 [J]. 中国生物工程杂志，2022，42（6）：76-85.
[44] 倪丽娟，张白曦，陈卫，等. 解脂耶氏酵母β氧化基因敲除菌的构建及挥发性脂肪酸的利用 [J]. 中国油脂，2017，42（11）：83-88.

第四章

人造蛋与人造奶

第一节 概述

随着合成生物学的发展，市场上逐渐出现了使用食品合成生物学技术生产的人造食品，包括人造蛋和人造奶。人造蛋分为植物基人造蛋和基于重组动物蛋白的人造蛋，人造奶分为植物基人造奶和基于重组动物蛋白的人造奶。

一、蛋白质——人类的第一营养素

蛋白质是维持人类生命和生长所必需的营养物质，是生命的物质基础。作为人体生理生化的重要组成部分，蛋白质是生命活动的主要承担者[1]。因此，摄入蛋白质的质量和数量直接影响人类健康[2，3]。根据《中国居民膳食营养素参考摄入量》中提出的建议，成年男性蛋白质摄入量应为65g/d，成年女性蛋白质摄入量为55g/d。对于某些人群，包括运动员、老年人和孕妇，研究表明，由于蛋白质对身体的积极作用，最佳的每日蛋白质摄入量应该高于普通人群的推荐量[4]。根据联合国的预测，到2050年，世界人口预计将增长到约90亿，这表明每年需要额外生产2.6亿吨蛋白质才能满足日益增长的需求。在消费模式上，消费者不仅对食物的需求量会发生变化，对食物的种类多样性需求也会发生变化。

二、传统蛋白质资源

植物和动物是蛋白质的传统来源，其中动物来源的蛋白质占人类蛋白质总消费量的40%，而且这一比例预计将大幅增加[5，6]。膳食指南推荐混合蛋白质饮食，包括动物性乳制品和植物性食物。植物蛋白通常缺少一种或多种必需氨基酸，不容易消化，而动物蛋白更符合人体的需要[4]。例如，牛肉富含赖氨酸、亮氨酸和缬氨酸；猪肉含有苏氨酸、苯丙氨酸和赖氨酸；而鸡蛋富含甲硫氨酸、苯丙氨酸、色氨酸和组氨酸[7~9]。

同时，在食品转化过程中，特别是动物源蛋白转化过程中，也会产生大量的资源损失[10~13]。现有传统农业转化效率低，以每千克产出相同热量为标准，干谷物向所有肉类的转化率低于15%。假设肉类副产品也是可食用的，那么谷物到畜禽活重的转化率为23%。以牛肉生产为例，生产4g牛肉蛋白所消耗的资源可以生产100g植物衍生蛋白[14]。有限的自然资源使传统的蛋白质供应方式难以满足人口需求。摄入动物蛋白也可能导致安全问题，如牛海绵状脑病、禽流感和抗生素残留[15]。这些问题对传统的蛋白质供应方式提出了挑战[16]。因此，有必要探索可持续的蛋白质来源，以弥补传统蛋白质供应模式的不足[17，18]。动物源性蛋白生产是传统的主要蛋白供应方式之一，由于人口增长、个体蛋白质消费量增加和环境污染加剧，动物源性蛋白生产在满足全球需求方面面临着越来越大的挑战。因此，确保可持续的蛋白质来源是一个亟待解决的问题。

三、新兴蛋白质资源

食品合成生物学的出现和发展使高效合成蛋白质的细胞工厂得以建立，是解决蛋白质供应问题的重要途径。食品合成生物学的目标是以可再生生物质为原料合成食品成分或营养化学品[19~21]。利用食品合成生物学生产蛋白质可以：①减少空气污染、能源消耗和土地占用面积；②减少畜牧业可能导致的动物传染病[22]。

近年来，新的蛋白质资源不断涌现，包括藻类、昆虫和一些新的植物食品[23~25]。来自淡水或咸水的藻类是高数量和高质量蛋白质的新来源[26]。一些小球藻和螺旋藻的蛋白质含量可以达到其干重的40%~60%，这些生物中的蛋白质包含人体所需的全部9种必需氨基酸[27]。昆虫，如蟋蟀、蝎子和狼蛛，通常使用食品工业产生的蛋白质废料作为饲料，也是高质量蛋白质的来源[28]。与其他动物基蛋白质相比，昆虫基蛋白质消耗的能量更少，利用的面积更小，这有助于减轻环境的负担和能量损失[29]。最近，研究人员发现了一些到目前为止还没有被用作蛋白质来源的植物物种，如鹰嘴豆、椰子、羽扇豆、藜麦和大麻种子[30]。与传统的动物源性蛋白相比，这些食品具有较高的资源效益和较低的环境成本。尽管如此，使用它们来提供蛋白质也有困难，例如复杂的蛋白质分离过程和消费者的低接受度限制了其工业化[31]。到目前为止，与传统的蛋白质供应来源相比，藻类蛋白和昆虫蛋白只占人类蛋白质摄入量的一小部分。

第二节　植物基人造蛋

受鸡蛋行业的各种限制，以及受有健康问题和个人生活方式选择的特殊消费者的饮食限制，各种其他蛋白质来源的鸡蛋替代品，特别是植物蛋白质，已经被测试和开发。通过从植物中提取不同蛋白质，研发出的风味、营养价值和真蛋相当，味道及营养价值与真蛋相媲美、营养功能与真蛋接近的蛋制品，又称为“植物基人造蛋”。

一、鸡蛋中的蛋白质组成

鸡蛋是人们生活中不可或缺的动物膳食来源之一，在东西方饮食习惯中，鸡蛋作为常用烹饪食材深受人们喜爱。鸡蛋价格低廉，营养价值却极高，富含蛋白质、脂肪、卵磷脂、维生素和矿物质等人体必需营养素。此外，鸡蛋中的蛋白质在人体内的生物利用率接近91%，且氨基酸组成全面，除了含有成年人日常维持身体健康所需的9种必需氨基酸外，还包括婴幼儿体内无法通过自身合成的组氨酸[32, 33]。鸡蛋含有维持胚胎发育所需的营养素，包括蛋白质、脂肪、维生素、矿物质和生长因子。此外，鸡蛋是具有高生物价值蛋白质的绝佳来源。鸡蛋蛋清中的蛋白质含量为9.93% ~ 10.71%（质量分数），蛋黄中的蛋白质含量为16.28% ~ 17.85%（质量分数）[34, 35]。总体而言，蛋清由四种蛋白质组成，即卵清蛋白、卵转铁蛋白（12%）、卵黏蛋白（11%）和溶菌酶（3.4%）（表4-1），而蛋黄是由水、脂肪和脂蛋白组成的复杂的均质体系[36, 37]。因此人们把鸡蛋视为高性价比的终生保健食品。在食品工业中，功能性质优异的鸡蛋蛋白常作为原辅料、添加剂和营养强化剂等广泛应用于各类食品加工。

表 4-1 鸡蛋中主要的蛋白质组分及其功能活性

主要蛋白质组分	含量（质量分数）/%	生物活性
卵清蛋白	54.0	抗氧化、抗菌、抗癌、免疫调节
卵转铁蛋白	12.0	抗氧化、抗高血压、抗菌、抗癌、免疫调节
卵黏蛋白	11.0	抗菌、抗癌、免疫调节
溶菌酶	3.4	抗高血压、抗菌、抗癌、免疫调节
其他蛋白质	19.6	—

二、鸡蛋及其生产行业存在的问题

科学家通过对鸡蛋总化学成分的分析，发现鸡蛋的质量受多种因素的影响，如鸡的基因型（品种、品系、杂种）、年龄、饲养制度和饲养条件等[38, 39]。虽然鸡蛋质量不稳定的情况在现代鸡蛋生产产业体系中得到了实质性的缓解，但家禽养殖业也是高耗能、高污染物排放的行业，环境污染也困扰着鸡蛋生产行业。根据联合国粮食及农业组织的数据，生产1kg鸡蛋平均需要2.3kg干物质饲料。此外，鸡蛋的蛋白质效率为25%，这意味着鸡饲料投入中仅有25%的蛋白质有效地转化为鸡蛋产品，其余75%在转化过程中损失。当全球粮食供应面临短缺时，这显然是物质和能源的浪费。此外，由于其他因素，鸡蛋生产行业也面临着制约。例如，动物福利受到“欧洲保护养殖动物公约”的规范，该公约规定了家禽养殖的基本条件，如最小空间、最大母鸡数量[40 ~ 42]。

三、植物基人造蛋研究现状

鸡蛋粉是食品工业中烘焙行业应用较广的主要配料之一，在蛋糕、糕点、蛋黄酱和蛋卷等焙烤食品制作中，由于其良好的起泡性、凝胶性和乳化性等加工性能，使其与糖、面粉等原料一样，成为必不可少的原材料。但是，鸡蛋粉并不是完美的食品配料，由于其较高的胆固醇含量，对于过多食用含有鸡蛋的食品的人们，可能诱发心脑血管等慢性疾病[43~45]。研究与开发健康的鸡蛋蛋白替代品成为食品科学一项热门研究领域。理论上植物蛋白完全可以替代鸡蛋蛋白在食品加工中的某些特性[46]。国际上近年来出现了用于制作蛋黄酱的鸡蛋替代品，如在美国被称为“植物蛋”的产品，报道称“植物蛋”是由多种容易种植的植物，如豌豆、高粱和葵花籽等混合调配，制作出味道、营养价值及食用特性与普通鸡蛋相似的粉末，可代替鸡蛋加工食品[47]。但是实际上其并不能完全替代鸡蛋，而且不具有高温烹调性。国内还未有此方面的研究报道，仅对大豆分离蛋白、玉米蛋白等植物性蛋白的功能性研究多有报道，而且多数应用于肉制品加工和饲料行业，品种单一。

加拿大初创公司Noblegen推出了一款“鸡蛋”产品，但是此鸡蛋并非与我们常吃的鸡蛋相同，而是创新地展示了来自细小裸藻（*Euglena gracilis*）的潜力。这款全素鸡蛋粉由细小裸藻粉、豌豆蛋白、甲基纤维素、结冷胶、黑盐、洋葱粉、营养酵母、迷迭香提取物和维生素E混合制备而成，产品为粉末状形式。正是由于这种方式，使得全素鸡蛋粉可以有多种应用方式，除了炒鸡蛋，还可用来制作蛋糕、蛋饼、煎饼或者其他产品。此外，全素鸡蛋粉也具有发泡、黏合、乳化、保水等功能，而且具备消费者正在从替代蛋中寻找的营养。公司通过其官方网站出售全素蛋粉制作的冰淇淋，以提高人们对其“无动物性”乳蛋白的认识。Noblegen也希望提高消费者的认识并获得有关全素鸡蛋粉的反馈。

裸藻是一种单细胞微生物，天然富含蛋白质、β–葡聚糖、油脂、维生素和矿物质，具有表达动植物特性的独特能力。虽然从肽序列的角度来看，裸藻的蛋白质和动物蛋白在本质上是不同的。裸藻的蛋白质消化率校正氨基酸记分（PDCAAS）评分为0.96~1.00，表明其不像某些植物蛋白，而更像鸡蛋或牛乳中的蛋白质，这对于非动物来源的蛋白质而言十分不易，仅从模拟肉类和乳制品的角度，就已经十分令人兴奋。

第三节　植物基人造奶

食品研发的重点是通过创造比传统食品更健康的替代品来满足消费者不断变化的需求。在当今世界，饮料不再是简单地被用于止渴，消费者也在这些饮料中寻求特定功能。这些饮料的功能可能是满足不同的需求和生活方式，如补充能量，对抗衰老、疲劳和压力。近年来，这种消费需求的变化和发展促使饮料行业出现了各种功能性新产品。其中不含胆固醇和乳糖的植物基人造奶一般适用于所有消费者，包括乳糖不耐受和心脏病人群。植物基人造奶是用含蛋白质和脂肪的植物种子（如大豆、核桃、花生等）或果实（如椰子等）制成的饮品。在西方国家，植物基人造奶不仅被视为一种饮料，而且作为烹饪配料被广泛应用。过去，豆浆因为营养丰富而备受关注，是牛乳的健康替代品。但最近，人们更多关注谷物、油籽、坚果的功能特性，探索并揭示了其成分的物理属性及相互作用，并将其应用于植物基人造奶。但由于植物基人造奶是通过植物材料的分解制备的，因此其含有的颗粒成分和大小不均匀。

颗粒的大小和最终产品的稳定性取决于原材料的性质、分解方法和储存条件。因此，制备一种在外观、味道、风味、稳定性和营养价值方面与牛乳相似的植物基人造奶需要解决产品制备技术、原材料性质和储存条件等问题。

一、牛乳中的主要蛋白质

牛乳是优质蛋白质的重要来源。酪蛋白和乳清蛋白是牛乳中的主要蛋白质，分别占总蛋白质含量的26%～28%和5.5%～7.0%（表4-2）[45～47]。食品界对它们的功能和编码基因已有很好的研究[48]。近年来，全球乳制品消费量稳步增长。根据美国农业部（USDA）的一项调查，截至2019年，全球牛乳产量为5.23亿吨，与2018年报告的产量相比增长了0.96%。与此同时，2019年全球牛乳消费量为1.88亿吨，比2018年报告的消费量增长0.56%。然而，如上文所说，牛乳也可能导致健康问题，如乳糖不耐受、牛乳过敏和高胆固醇血症[49～52]。此外，还必须考虑牛乳激素和抗生素残留、消费者的不同生活方式、畜牧业对环境的破坏以及伦理问题。为了解决上述问题，出现了植物基人造奶[53，54]。植物基人造奶是通过水基提取方法提取降解植物材料中的可溶性成分，然后经过过滤、离心、均质和加热过程而获得[55～58]。燕麦、花生、杏仁奶以及其他植物基人造奶是市场上最新的产品[59～61]。然而，这些产品不平衡的营养结构（特别是蛋白质或维生素含量不足）和不受欢迎的感官味道限制了它们的消费[62]。

表 4-2 牛乳中的主要蛋白质的含量和生物功能

蛋白质种类	含量（质量分数）/%	生物功能	参考文献
总蛋白质	32～34	—	[46，61]
总酪蛋白	26～28	含量最丰富的蛋白质，占总蛋白质含量的80%；离子载体；生物活性肽的前体	[1]
α_{S1}-酪蛋白	10.7		[62，63]
α_{S2}-酪蛋白	2.8～3.4		[1，63]
β-酪蛋白	8.6～10.1		[1]
κ-酪蛋白	3.1～3.9		[47]
总乳清蛋白	5.5～7.0		[64～66]
α-乳白蛋白	1.2	参与乳糖合成，Ca^{2+} 载体，抗癌	[63，65]
β-乳球蛋白	3.2	抗病毒，与脂肪酸结合	[1，47]
免疫球蛋白（IgA、IgM、IgG）	0.7～1.1	免疫保护	[65，67]

续表

蛋白质种类	含量（质量分数）/%	生物功能	参考文献
血清白蛋白	0.4	离子载体	[62]
乳铁蛋白	0.02～0.5	抗菌，抗病毒，免疫保护	[65，67]
乳过氧化物酶	0.03	抗菌	[47，62]
糖巨肽	1.2	抗病毒	[47，62]

二、植物基人造奶的类型

植物基人造奶是用含蛋白质和脂肪的植物种子或果实制成的饮品。植物奶的主要原料有燕麦、大豆、花生、杏仁和椰子等，也含有一定的维生素、膳食纤维和矿物质。

（一）燕麦乳

燕麦对健康的益处与燕麦谷物中存在的β-葡聚糖、功能蛋白、脂质和淀粉等成分有关，因此燕麦是制备功能性植物基人造奶的良好原材料之一。燕麦中被关注的功能活性成分为β-葡聚糖，它是一种可溶性纤维，具有增加溶液黏度的能力，并可以延迟胃排空时间，增加胃肠道转运时间。β-葡聚糖还以降低总胆固醇和低密度脂蛋白胆固醇从而降低胆固醇而闻名。β-葡聚糖也是抗氧化剂和多酚的良好来源。因此，以燕麦为原料的燕麦乳含有优质碳氢能量，富含碳水化合物、钙质和纤维，可以果腹和提供能量。

（二）豆浆

大约2000年前，中国首次记载了豆浆的使用。豆浆的原料是大豆，它向牛乳供应不足的人群提供营养，在对牛乳蛋白过敏和乳糖不耐受的人群中也很受欢迎。大豆是必需的单不饱和脂肪酸和多不饱和脂肪酸的良好来源，这些脂肪酸被认为对心血管健康有好处。异黄酮对癌症、心血管疾病和骨质疏松症具有预防作用[68]。染料木素是大豆中含量最丰富的异黄酮，被认为是最具生物活性的[69]。除了异黄酮，人们还知道大豆蛋白对几种疾病具有保护和治疗作用。大豆中的植物甾醇被认为具有降低胆固醇的特性[70]。对于消费者来说，豆浆是一种廉价、清爽、有营养的饮料。饮用豆浆的缺点是大豆蛋白具有致敏性，这使得它不适合对大豆蛋白过敏的人群[71]。

（三）花生奶

花生奶被低收入群体、营养不良的儿童、素食者和对牛乳过敏的人广泛使用[58]。花生被认为是健康的，因为其含有几种生物活性成分，这些成分以其预防疾病而闻名。花生是蛋白质、脂肪、膳食纤维、维生素、矿物质、抗氧化剂、植物甾醇等的良好来源[72]。花生的功能特性主要与酚类化合物的存在有关。酚类化合物具有抗氧化功能，能够预防冠心病、脑卒中和各种癌症等氧化性损伤性疾病而闻名。一些研究人员尝试使用各种组合来制备花生奶，脱脂、焙烧、碱浸泡、蒸煮等技术已经成熟[58]。此外，还可以添加香料剂，以添加剂的形式改善味道或风味和营养，以获得所需的营养和风味。

（四）杏仁乳

杏仁乳的原料是杏仁，食用杏仁对健康有潜在好处。杏仁在坚果消费中所占份额最大。杏仁含有约250g/kg蛋白质，其中大多数以单磷酸腺苷或阿曼丁的形式存在[73]。杏仁营养丰富，含有大量α-生育酚和锰，也是维生素E的绝佳来源。与其他植物基人造奶相比，杏仁乳天然是维生素的良好来源，尤其是维生素E，它不能由身体合成，需要通过饮食或补充剂来获取。α-生育酚是维生素E的功能活性成分，是一种强大的抗氧化剂，在防止自由基反应方面发挥着关键作用[74]。其次，杏仁是钙、镁、硒、钾、锌、磷和铜等其他营养素的丰富来源。此外，杏仁还具有细胞壁甾醇物质中存在的阿拉伯糖促成的潜在益生菌特性。杏仁富含钙和脂肪，热量低，营养价值比其他植物基人造奶更好。

（五）椰奶

椰奶在东南亚美食中占有重要地位。它不仅作为饮料，还被用作许多甜食和其他食品的配料。椰奶脂肪含量高，通常作为增稠剂用于咖喱。椰子是一种营养丰富的产品，是膳食纤维的良好来源。椰奶原料来源于椰子，富含维生素以及铁、钙、钾、镁和锌等矿物质。椰奶与抗癌、抗菌和抗病毒等健康益处有关。它含有一种存在于母乳中的饱和脂肪酸——月桂酸，与促进大脑发育有关。月桂酸还有助于增强免疫系统和保持血管的弹性。椰奶富含维生素C、维生素E等抗氧化物质，有助于抗衰老。椰奶很少引起过敏反应。椰奶的其他优势包括：有助于消化、滋养皮肤和具有冷却特性。尽管对健康有益，但饱和脂肪的存在限制了其消费。

三、植物蛋白发酵乳

近年来，随着生物技术的进步以及现代动物营养学的不断发展，我国对食品产品绿色安全以及环境污染问题越发重视，植物蛋白的发酵生产也成为当今热点。植物蛋白发酵乳指植物经乳酸菌等微生物发酵工艺而制成的一大类乳制品。现今的植物蛋白发酵乳生产，一方面可以提高植物蛋白源的营养价值，使其能够替代部分动物蛋白源，保护牛、羊等动物资源；另一方面，植物蛋白源经过微生物发酵加工后较发酵前更加绿色、安全且口感风味更好，符合现代资源发展的可持续性。

我国可开发的植物蛋白源种类繁多，资源丰富，应用前景较广。植物蛋白发酵乳是以大豆、花生等植物的种子或果仁为主要原料，经过预处理、过滤、杀菌、接种发酵等工序，而制成的一类乳饮料。

第四节　基于重组动物蛋白的人造蛋与人造奶

随着动植物蛋白在食品、饮料以及未来食品领域越来越广泛的应用，以动植物为来源、依靠提取获得蛋白质，无论种类还是数量上都已经无法满足大众对健康、环保及美味食品的不断追求。因此，以代谢工程为基础通过微生物发酵合成动植物蛋白已经成为新的发展趋势。以合成生物学技术组装酵母细胞，发酵合成牛乳中的重要蛋白质，在分离纯化后再加入钙、钾等矿物质及乳化剂完成最后加工获得的饮品，口味和营养可与天然牛乳相同，并且不含胆固醇和乳糖。人造蛋和人造奶目前处于表达关键组分研究及技术路线验证阶段。运用合成生物学技术合成牛乳和鸡蛋中的蛋白质组分为代表的生物制造研究目前已经取得了一定进展，为基于重组动物蛋白人造奶和人造蛋提供了有力技术支持[75]。

一、蛋清中的蛋白质

复合卵清蛋白依照鸡蛋卵清中蛋白质的各组分含量制备。蛋清中的蛋白质主要包括卵清蛋白、卵转铁蛋白、卵黏蛋白、溶菌酶、类卵黏蛋白、球蛋白G2、球蛋白G3等。此处针对前四种主要蛋白质进行介绍。

（一）卵清蛋白

卵清蛋白是一种典型的球状蛋白，占蛋清总蛋白质含量的54%，分子质量为42.7ku，等电点为4.5。卵清蛋白包含386个氨基酸残基，由单个二硫键和四个游离巯基形成了稳定的直径为3nm的球状三维结构，由于卵清蛋白致敏性较强，纯化制备容易，且结构表征学研究完善，已作为模式蛋白被广泛应用于蛋白质构象、生化性质、疫苗安全性检测及免疫学动物模型的研究。

（二）卵转铁蛋白

卵转铁蛋白是存在于鸡蛋蛋清中的一种糖蛋白，约占蛋清蛋白质总量的12%，属于转铁蛋白和金属蛋白酶家族。卵转铁蛋白由两个结构域（分别位于*N*端和*C*端）组成，包含15个二硫键，是鸡蛋中致敏性较强的过敏原。卵转铁蛋白由686个氨基酸残基组成，分子质量约为78ku，等电点为6.5。得益于其铁结合能力，卵转铁蛋白具备显著的抗菌活性[76]。

（三）卵黏蛋白

卵黏蛋白同样也是鸡蛋蛋清中的一种糖蛋白（糖基化程度约为25%），约占蛋清总蛋白质含量的11%。卵黏蛋白的分子质量约为28ku，包含186个氨基酸残基，等电点约为4.1。卵黏蛋白中较高的糖化程度赋予它极强的热拮抗性和胰蛋白酶抑制活性，因此即使经过食物热加工和胃肠道消化后卵黏蛋白仍可保持高强度的致敏性。

（四）溶菌酶

溶菌酶是一种分子质量为14.3ku的碱性单链球蛋白，等电点为10.7，在鸡蛋蛋清中含量较少，仅占蛋清总蛋白质含量的3.4%。溶菌酶的整个蛋白质序列包含129个氨基酸残基，由4个二硫键连接并稳定其空间构象，酶活性非常稳定，热稳性强但受pH影响较大。溶菌酶可特异性分解革兰阳性菌，因此在食品工业中作为抑菌剂被广泛应用于食物杀菌、保鲜和防腐等。

二、人工合成卵清蛋白

人工合成提供了基于重组动物蛋白人造蛋最有潜力的解决方案。如蛋清中含量最丰富的卵清蛋白，在以前的研究中，各种微生物已经被用来生产卵清蛋白[76, 77]。早在1978年，大肠杆菌就通过基因工程合成和分泌了43000u鸡蛋卵清蛋白[78]。在最近的研究中，利用大肠杆菌和枯草芽孢杆菌也已经人工合成了正确折叠的卵清蛋白[79~81]。虽然微生物合成的卵清蛋白基本上没有翻译后修饰，但它仍然表现出与天然鸡蛋卵清蛋白相似的抗原性和生物活性。

此外，还有一些公司致力于蛋清的微生物生产。例如，Clara Foods曾试图利用多种微生物（如酿酒酵母和枯草芽孢杆菌）生产卵清蛋白。这些尝试表明，食品合成生物学可以利用微生物合成主要的卵清蛋白，为人工生产具有相似功能特性（包括溶解性、吸水性、黏度、胶凝性、凝聚力、黏附性、乳化性和起泡性）的鸡蛋替代品铺平道路。

三、人造乳蛋白研究进展

传统乳制品中主要的蛋白质成分乳清蛋白（牛乳清蛋白、羊乳清蛋白）已经可以利用大肠杆菌、酿酒酵母等微生物来合成。2013年，美国NEB公司在乳酸克鲁维酵母（*Kluyveromyces lactis*）中实现了牛白蛋白的表达并成功应用在酶保护剂等多个方面，获得了良好的经济效益。这些研究成果为生产以乳清蛋白为主要成分的人造奶产品奠定了良好的基础。虽然利用微生物发酵法合成动物蛋白在国内起步相对较晚，但近年来我国在这方面的研究也已经取得了一些突破性成果，例如在乳清蛋白的合成方面，已经可以利用大肠杆菌成功实现牛乳中7种主要蛋白（α_{S1}-酪蛋白、α_{S2}-酪蛋白、β-酪蛋白、κ-酪蛋白、α-乳清蛋白、β-乳球蛋白、白蛋白）的异源表达并且未被降解[82~91]。生理功能验证表明大肠杆菌作为合成人造牛乳蛋白的底盘细胞具有较好的应用潜能，该研究为后续进一步开发人造奶奠定了基础。

目前，对乳铁蛋白的研究主要集中在乳铁蛋白的生物合成上。获得的重组蛋白不仅可以作为人造奶的原料，而且还具有抑制肠道致病菌、辅助伤口愈合、防治心血管疾病等生理功能，具有较高的商业价值。牛乳铁蛋白是一种低浓度的抗菌剂和免疫调节剂，在牛乳中含量很低[92~94]。因此，建立细胞工厂进行生物合成牛乳铁蛋白可能是一种很有前途的策略。研究人员已经在红球菌（*Rhodococcus* sp.）和普通小球藻（*Chlorella vulgaris*）中成功表达了牛乳铁蛋白*C*叶和*N*叶[95]。Western blot分析证实重组牛乳铁蛋白（RbLf）的积累，纯化蛋白的浓度为15.3mg/L，纯度为90.3%，RbLf对大肠杆菌BL21（DE3）和大肠杆菌Mach1-T1菌株的生长抑制率分别为87.7%和79.8%[96]。通过对密码子使用的优化和强启动子AOX1的筛选，牛乳铁蛋白在毕赤酵母中也得到了高效表达。经诱导、裂解、纯化后分批发酵，最终RbLF表达量为3.5g/L。在食品合成生物学中，GARS菌株枯草芽孢杆菌（*Bacillus subtilis*）是蛋白质表达的理想宿主。研究人员通过启动子优化和密码子工程在枯草杆菌168中成功表达了牛乳铁蛋白[97]。经硫酸铵沉淀、Ni-NTA亲和层析、Superdex 200层析三步纯化，乳铁蛋白的得率为16.5 mg/L，纯度为93.6%。并且研究人员验证了乳铁蛋白对大肠杆菌JM109、铜绿假单胞菌（*Pseudomonas aeruginosa*）和金黄色葡萄球菌（*Staphylococus aureus*）的预期抗菌活性[98]。除了乳铁蛋白，通过合成生物学生产其他主要乳蛋白的研究目前较少。

2014年，Perfect Day对人造生物工程奶的生产进行了核心技术研究，包括将牛乳蛋白的DNA序列导入酵母细胞，并通过发酵生产酪蛋白和乳清蛋白。之后，将牛乳蛋白与水和其他成分混合，生产乳制品替代品，即人造生物工程奶。人造生物工程奶的发展促进了以食品合成生物学技术为基础的牛乳生产。然而，上述研究都集中在实验室范围内对牛乳蛋白中单一成分的研究，要实现人造生物工程奶的工业化生产，还有许多问题和挑战需要克服，因此，有必要进行进一步的研究。

四、人造蛋白存在的瓶颈和应对策略

微生物发酵法合成牛乳和鸡蛋中的蛋白质组分存在以下瓶颈。首先，微生物宿主成分对单一蛋白质的表达不足，低产率增加了获取蛋白质的成本。其次，获得牛乳和鸡蛋中的蛋白质并且复配组合需要复杂的蛋白质提纯和复合过程，这增加了生产成本，限制了蛋白质的工业化生产策略。为了解决上述第一个问题，可以构建具有高比生长率和高产率的微生物底盘细胞来提高蛋白质的表达。例如，可以通过优化基因表达调控元件（如启动子、核糖体结合位点、*N*末端编码序列和信号肽元件）来提高蛋白质合成效率，以实现高效的分泌表达。此外，高通量和高灵敏度的筛选方法也是筛选高效底盘单元工厂的有力工具[99]。为了解决第二个问题，可以开发两种潜在的蛋白质生产策略，即“单宿主多蛋白质”和“多宿主多蛋白质”。例如，为了合成人造奶中的蛋白质成分，“单宿主多蛋白质”策略表明，单细胞工厂可以同时合成4种主要类型的蛋白质，包括α_{S2}-酪蛋白、β-酪蛋白、κ-酪蛋白和α-乳清蛋白，而不产生主要过敏原α_{S1}-酪蛋白和β-乳球蛋白。同时，通过调控不同基因的表达，最终获得一定比例的目标产物。“多宿主多蛋白质”策略表明，通过几个细胞工厂的共培养和共发酵，可以同时获得不同类型的蛋白质。为了合成牛乳蛋白，一个细胞工厂可以同时表达一种或几种类型的牛乳蛋白，然后不同的细胞工厂可以作为共培养和共发酵系统来表达多种蛋白质组分。该方法还可以通过调节生长速率和优化不同菌株的基因表达元件，直接表达一定比例的蛋白质，无需合成即可获得产品。

参考文献

[1] Rezaei R，Wu Z，Hou Y，et al. Amino acids and mammary gland development：nutritional implications for milk production and neonatal growth [J]. J Anim Sci Biotechnol，2016，7 (1)：20-31.

[2] Elmadfa I，Meyer A L. Animal Proteins as Important Contributors to a Healthy Human Diet [J]. Annu Rev Anim Biosci，2017，5 (1)：111-131.

[3] Wu G，Imhoff-Kunsch B. Biological mechanisms for nutritional regulation of maternal health and fetal development [J]. Paediatr Perinat Epidemiol，2012，26(1)：4-26.

[4] Bauer J，Biolo G，Cederholm T，et al. Evidence-based recommendations for optimal dietary protein intake in older people：a position paper from the PROT-AGE Study Group [J]. J Am Med Dir Assoc，2013，14 (8)：542-559.

[5] Cassidy E S，West PC，Gerber J S，et al. Redefining agricultural yields：from tonnes to people nourished per hectare [J]. Environ Res Lett，2013，8 (1)：12-30.

[6] Boland M J，Allan N R，Johan M V，et al. The future supply of animal-derived protein for human consumption [J]. Trends Food Sci Tech，2013，29 (1)：62-73.

[7] Stefan H M G，Julie J R C，Joan M G S，et al. Protein content and amino acid composition of commercially available plant-based protein isolates [J]. Amino Acids，2018，50 (12)：1685-1695.

[8] Pil N，Kuyng M P，Soo H C，et al. Characterization of edible pork by-products by means of yield and nutritional composition [J]. Korean J Food Sci An，2014，34 (3)：297-306.

[9] Caire-Juvera G，Vazquez-Ortiz F A，Grijalva-Haro M I. Amino acid composition，score and in vitro protein digestibility of foods commonly consumed in Norhwest Mexico [J]. Nutr Hosp，2013，28 (2)：365-371.

[10] Dance A. Engineering the animal out of animal products [J]. Nature Biotechnology，2017，35 (3)：704-707.

[11] Garnett T. Livestock-related greenhouse gas emissions：impacts and options for policy makers [J]. Environ Sci Policy，2009，12 (4)：491-503.

[12] Winkler T，Winiwarter W. Scenarios of livestock-related greenhouse gas emissions in Austria [J]. J Integr Environ Sci，2015，12 (1)：107-119.

[13] Mekonnen M M，Hoekstra A Y. A Global Assessment of the Water Footprint of Farm Animal Products

[J]. Ecosystems, 2012, 15 (4): 401–415.

[14] Shepon A, Eshel G, Noor E, et al. The opportunity cost of animal based diets exceeds all food losses [J]. P Natl Acad Sci USA, 2018, 115 (8): 3804–3809.

[15] Aiking H. Future protein supply [J]. Trends Food Sci Tech, 2011, 22 (5): 112–120.

[16] French K E. Harnessing synthetic biology for sustainable development [J]. Nat Sustain, 2019, 2 (1): 250–252.

[17] Thomas D, Brecht D P, Jo M, et al. Standardization in synthetic biology: An engineering discipline coming of age [J]. Crit Rev Biotechnol, 2018, 38 (5): 647–656.

[18] Bueso Y F, Tangney M. Synthetic Biology in the Driving Seat of the Bioeconomy [J]. Trends Biotechnol, 2017, 35 (1): 373–378.

[19] Cameron D E, Bashor C J, Collins J J. A brief history of synthetic biology [J]. Nat Rev Microbiol, 2014, 12 (2): 381–390.

[20] Eleanore T W, Claudia E V, Andrew D H, et al. Revolutionizing agriculture with synthetic biology [J]. Nat Plants, 2019, 5 (2): 1207–1218.

[21] Tyagi A, Kumar A, Aparna S V, et al. Synthetic biology: Applications in the food sector [J]. Crit Rev Food Sci Nutr, 2016, 56 (11): 1777–1789.

[22] Chriki S, Hocquette J F. The Myth of Cultured Meat: A Review [J]. Front Nutr, 2020, 7 (3): 189–194.

[23] FAO. Dietary protein quality evaluation in human nutrition [M]// Report of an FAQ Expert Consultation. FAO Food Nutr Pap, 2013, 92: 1–66.

[24] Lee H J, Yong H I, Kim M, et al. Status of meat alternatives and their potential role in the future meat market – A review [J]. Asian Austral J Anim, 2020, 33 (2): 1533–1543.

[25] Siegrist M, Sutterlin B, Hartmann C. Perceived naturalness and evoked disgust influence acceptance of cultured meat [J]. Meat Sci, 2018, 139 (13): 213–219.

[26] Sui Y X, Vlaeminck S E. Dunaliella Microalgae for Nutritional Protein: An Undervalued Asset [J]. Trends Biotechnol, 2020, 38 (1): 10–12.

[27] Bleakley S, Hayes M. Algal Proteins: Extraction, application, and challenges concerning production [J]. Foods, 2017, 6 (2): 203–300.

[28] Arnold van H, Dennis G A B O. The environmental sustainability of insects as food and feed [J]. A review. Agron Sustain Dev, 2017, 37 (1): 43–54.

[29] Sa A G A, Moreno Y M F, Carciofi B A M. Plant proteins as high–quality nutritional source for human diet [J]. Trends Food Sci Tech, 2020, 97 (1): 170–184.

[30] Pihlanto A, Mattila P, Makinen S, et al. Bioactivities of alternative protein sources and their potential health benefits [J]. Food Funct, 2017, 8 (1): 3443–3458.

[31] Ritala A, Hakkinen S T, Toivari M, et al. Single Cell Protein–State–of–the–Art, Industrial Landscape and Patents 2001–2016 [J]. Front Microbiol, 2017, 8 (1): 208–216.

[32] van der Spiegel M, Noordam M Y, van der Fels–Klerx H J. Safety of Novel Protein Sources (Insects, Microalgae, Seaweed, Duckweed, and Rapeseed) and Legislative Aspects for Their Application in Food and Feed Production [J]. Compr Rev Food Sci F, 2013, 12 (2): 662–678.

[33] Nirupama S, Sindhu K, Satvik K, et al. Protein–quality evaluation of complementary foods in Indian children [J]. Am J Clin Nutr, 2019, 109 (5): 1319–1327.

[34] Ginka A A, Vasko T G, Zhana Y P, et al. Comparative analysis of nutrient content and energy of eggs from different chicken genotypes [J]. J Sci Food Agr, 2019, 99 (13): 5890–5898.

[35] Svenja M A, Dirk W L, Thomas K, et al. NMR–based differentiation of conventionally from organically produced chicken eggs in Germany [J]. Magn Reson Chem, 2019, 57 (9): 579–588.

[36] Lee J H, Paik H D. Anticancer and immunomodulatory activity of egg proteins and peptides: a review [J]. Poultry Sci, 2019, 98 (1): 6505–6516.
[37] Chiara D, Simona A, Andrea S, et al. Exploring the chicken egg white proteome with combinatorial peptide ligand libraries [J]. J Proteome Res, 2008, 7 (8): 3461–3474.
[38] Clayton Z S, Fusco E, Kern M. Egg consumption and heart health: A review [J]. Nutrition, 2017, 37 (4): 79–85.
[39] McNamara D J. The fifty year rehabilitation of the egg [J]. Nutrients, 2015, 7 (5): 8716–8722.
[40] Farinazzo A. Chicken egg yolk cytoplasmic proteome, mined via combinatorial peptide ligand libraries [J]. J Chromatogr A, 2009, 1216 (16): 1241–1252.
[41] Lin M, Tay S H, Yang H, et al. Replacement of eggs with soybean protein isolates and polysaccharides to prepare yellow cakes suitable for vegetarians [J]. Food Chem, 2017, 229 (13): 663–673.
[42] Wilderjans E, Pareyt B, Goesaert H, et al. The role of gluten in a pound cake system: A model approach based on gluten–starch blends [J]. Food Chem, 2008, 110 (5): 909–915.
[43] Shim Y Y, Mustafa R, Shen J, et al. Composition and properties of aquafaba: Water recovered from commercially canned chickpeas [J]. J Vis Exp, 2018, 10(132): 56305–56404.
[44] He Y, Shim Y Y, Mustafa R, et al. Chickpea cultivar selection to produce aquafaba with superior emulsion properties [J]. Foods, 2019, 8 (12): 685–692.
[45] Aidin F, An C G, Rosa V, et al. Chemical composition of commercial cow's milk [J]. J Agr Food Chem, 2019, 67 (17): 4897–4914.
[46] Haug A, Hostmark A T, Harstad, O M. Bovine milk in human nutrition – a review [J]. Lipids Health Dis, 2007, 6 (1): 25–31.
[47] Severin S, Xia W S, Milk biologically active components as nutraceuticals: Review [J]. Crit Rev Food Sci, 2005, 45 (3): 645–656.
[48] Caroli A M, Chessa S, Erhardt G J. Invited review: Milk protein polymorphisms in cattle: Effect on animal breeding and human nutrition [J]. J Dairy Sci, 2009, 92 (13): 5335–5352.
[49] Szilagyi A, Ishayek N. Lactose intolerance, dairy avoidance, and treatment options [J]. Nutrients, 2018, 10 (12): 1994–2001.
[50] El–Agamy E I. The challenge of cow milk protein allergy [J]. Small Ruminant Res, 2007, 68 (13): 64–72.
[51] Crittenden R G, Bennett L E. Cow's milk allergy: A complex disorder [J]. J Am Coll Nutr, 2005, 24 (12): 582–591.
[52] Epstein S S. Potential public health hazards of biosynthetic milk hormones [J]. Int J Health Serv, 1990, 20 (13): 73–84.
[53] Tangyu M Z, Muller J, Bolten C J, et al. Fermentation of plant–based milk alternatives for improved flavour and nutritional value [J]. Appl Microbiol Biot, 2019, 103 (14): 9263–9275.
[54] Sethi S, Tyagi S K, Anurag R K. Plant–based milk alternatives an emerging segment of functional beverages: a review [J]. J Food Sci Tech Mys, 2016, 53 (18): 3408–3423.
[55] Makinen O E, Wanhalinna V, Zannini E, et al. Foods for special dietary needs: Non–dairy plant–based milk substitutes and fermented dairy–type products [J]. Crit Rev Food Sci, 2016, 56 (13): 339–349.
[56] Deswal A, Deora N S, Mishra H N. Optimization of enzymatic production process of oat milk using response surface methodology [J]. Food Bioprocess Tech, 2014, 7 (8): 610–618.
[57] Namiki M. Nutraceutical functions of sesame: A review [J]. Crit Rev Food Sci, 2007, 47 (22): 651–673.

[58] Diarra K, Nong Z G, Jie C. Peanut milk and peanut milk based products production: A review [J]. Crit Rev Food Sci, 2005, 45 (2): 405-423.
[59] Valencia-Flores D C, Hernandez-Herrero M, Guamis B, et al. Comparing the effects of ultra-high-pressure homogenization and conventional thermal treatments on the microbiological, physical, and chemical quality of almond beverages [J]. J Food Sci, 2013, 78 (14): 199-205.
[60] Das A, Raychaudhuri U, Chakraborty R. Cereal based functional food of Indian subcontinent: a review [J]. J Food Sci Tech Mys, 2012, 49 (3): 665-672.
[61] Albenzio M, Santillo A, Ciliberti M G, et al. Milk from different species: Relationship between protein fractions and inflammatory response in infants affected by generalized epilepsy [J]. J Dairy Sci, 2016, 99 (7): 5032-5038.
[62] Maldonado Y A, Glode M P, Bhatia J, et al. Consumption of raw or unpasteurized milk and milk products by pregnant women and children [J]. Pediatrics, 2014, 133 (25): 175-179.
[63] Uniacke-Lowe T, Huppertz T, Fox P F. Equine milk proteins: Chemistry, structure and nutritional significance [J]. Int Dairy J, 2010, 20 (12): 609-629.
[64] Barlowska J, Szwajkowska M, Litwinczuk Z, et al. Nutritional value and technological suitability of milk from various animal species used for dairy production [J]. Compr Rev Food Sci F, 2011, 10 (23): 291-302.
[65] Nguyen T T P, Bhandari B, Cichero J, et al. A comprehensive review on in vitro digestion of infant formula [J]. Food Res Int, 2015, 76 (15): 373-386.
[66] Grenov B, Michaelsen K F. Growth components of cow's milk: emphasis on effects in undernourished children [J]. Food Nutr Bull, 2018, 39 (12): 45-53.
[67] Elagamy E I. Effect of heat treatment on camel milk proteins with respect to antimicrobial factors: a comparison with cows' and buffalo milk proteins [J]. Food Chem, 2000, 68 (2): 227-232.
[68] Omoni A O, Aluko R E. Soybean foods and their benefits: Potential mechanisms of action [J]. Nutr Rev, 2005, 63 (26): 272-283.
[69] Cohen L A, Zhao Z, Pittman B, et al. Effect of intact and isoflavone-depleted soy protein on NMU-induced rat mammary tumorigenesis [J]. Carcinogenesis, 2000, 21 (18): 929-935.
[70] Kensuke F, Nobuhiko T, Satoshi W, et al. Isoflavone-free soy protein prepared by column chromatography reduces plasma cholesterol in rats [J]. J Agr Food Chem, 2002, 50 (20): 5717-5721.
[71] Rahmati K, Tehrani M M, Daneshvar K. Soy milk as an emulsifier in mayonnaise: physico-chemical, stability and sensory evaluation [J]. J Food Sci Tech Mys, 2014, 51 (32): 3341-3347.
[72] Wien M, Oda K, Sabate J. A randomized controlled trial to evaluate the effect of incorporating peanuts into an American Diabetes Association meal plan on the nutrient profile of the total diet and cardiometabolic parameters of adults with type 2 diabetes [J]. Nutr J, 2014, 13 (15): 10-24.
[73] Shridhar K S, Walter J W, Kenneth H R, et al. Biochemical characterization of amandin, the major storage protein in almond (*Prunus dulcis* L.) [J]. J Agric Food Chem, 2002, 50 (15): 4333-4341.
[74] Niki E, Yamamoto Y, Takahashi M, et al. Inhibition of oxidation of biomembranes by tocopherol [J]. Ann N Y Acad Sci, 1989, 570 (4): 23-31.
[75] Gandhi K, Gautam P B, Sharma R, et al. Effect of incorporation of iron-whey protein concentrate (Fe-WPC) conjugate on physicochemical characteristics of dahi (curd) [J]. J Food Sci Tech Mys, 2021, 59 (1): 478-487.
[76] Giansanti F, Leboffe L, Pitari G, et al. Physiological roles of ovotransferrin [J]. Biochim Biophys Acta, 2012, 18 (20): 218-225.
[77] Fang G, Yunxiao X, Jinqiu W, et al. Large-scale purification of ovalbumin using polyethylene glycol

precipitation and isoelectric precipitation [J]. Poultry Sci，2019，98 (3)：1545-1550.

[78] Fraser T H，Bruce J B. Chicken ovalbumin is synthesized and secreted by *Escherichia coli* [J]. Proc Natl Acad Sci，1978，75(12)：5936-5940.

[79] Liu Y，Su A Q，Tian R Z，et al. Developing rapid growing *Bacillus subtilis* for improved biochemical and recombinant protein production [J]. Metab Eng Commun，2020，11 (1)：141-152.

[80] Upadhyay V，Singh A，Panda A K. Purification of recombinant ovalbumin from inclusion bodies of *Escherichia coli* [J]. Protein Expr Purif，2016，117 (2)：52-58.

[81] Rupa P，Mine Y. Immunological comparison of native and recombinant egg allergen，ovalbumin，expressed in *Escherichia coli* [J]. Biotechnol Lett，2003，25 (12)：1917-1924.

[82] Yadav M，Shukla P. Efficient engineered probiotics using synthetic biology approaches：A review [J]. Biotechnol Appl Bioc，2020，67 (20)：22-29.

[83] Zhang Y H P，Sun J B，Ma Y H. Biomanufacturing：history and perspective [J]. J Ind Microbiol Biot，2017，44 (12)：773-784.

[84] Deng J Y，Gu L Y，Chen T C，et al. Engineering the Substrate Transport and Cofactor Regeneration Systems for Enhancing 2′-Fucosyllactose Synthesis in *Bacillus subtilis* [J]. Acs Synth Biol，2019，8 (10)：2418-2427.

[85] Yu S，Liu J J，Yun E J，et al. Production of a human milk oligosaccharide 2′-fucosyllactose by metabolically engineered *Saccharomyces cerevisiae* [J]. Microb Cell Fact，2018，17 (1) 101-110.

[86] Huang D，Yang K X，Liu J，et al. Metabolic engineering of *Escherichia coli* for the production of 2′-fucosyllactose and 3-fucosyllactose through modular pathway enhancement [J]. Metab Eng，2017，41 (1)：23-38.

[87] Martinez J L，Liu L F，Petranovic D，et al. Engineering the oxygen sensing regulation results in an enhanced recombinant human hemoglobin production by *Saccharomyces cerevisiae* [J]. Biotechnology and Bioengineering，2015，112 (13)：181-188.

[88] Liu L F，Martinez J L，Liu Z H，et al. Balanced globin protein expression and heme biosynthesis improve production of human hemoglobin in Saccharomyces cerevisiae [J]. Metab Eng，2014，21 (15)：9-16.

[89] Drouillard S，Mine T，Kajiwara H，et al. Efficient synthesis of 6′-sialyllactose，6,6′-disialyllactose，and 6′-KDO-lactose by metabolically engineered *E. coli* expressing a multifunctional sialyltransferase from the *Photobacterium* sp. JT-ISH-224 [J]. Carbohyd Res，2010，345 (14)：1394-1399.

[90] Wang S H，Yang T S，Lin S M，et al. Expression，characterization，and purification of recombinant porcine lactoferrin in *Pichia pastoris* [J]. Protein Expres Purif，2002，25 (1)：41-49.

[91] 张齐，崔金明，蒙海林，等. 7种牛乳蛋白基因在大肠杆菌中的异源表达 [J]. 集成技术，2016，5 (6)：79-84.

[92] Vogel H J. Lactoferrin，a bird's eye view introduction [J]. Biochem Cell Biol，2012，90 (13)：233-244.

[93] Latorre D，Puddu P，Valenti P，et al. Reciprocal interactions between lactoferrin and bacterial endotoxins and their role in the regulation of the immune response [J]. Toxins，2010，2 (1)：54-68.

[94] Jenssen H，Hancock R E W. Antimicrobial properties of lactoferrin [J]. Biochimie，2009，91 (13)：19-29.

[95] Kim W S，Shimazaki K I，Tamura T. Expression of bovine lactoferrin *C*-lobe in *Rhodococcus erythropolis* and its purification and characterization [J]. Biosci Biotech Bioch，2006，70 (12)：2641-2645.

[96] Garcia-Montoya I，Salazar-Martinez J，Arevalo-Gallegos S，et al. Expression and characterization of recombinant bovine lactoferrin in *E. coli* [J]. Biometals，2013，26 (13)：113-122.

[97] Jin L，Li L H，Zhou L X，et al. Improving expression of bovine lactoferrin *N*-lobe by promoter optimization and codon engineering in *Bacillus subtilis* and its antibacterial activity [J]. J Agr Food Chem，2019，67 (35)：9749-9756.
[98] Yang，H，Liu Y F，Li J H，et al. Systems metabolic engineering of *Bacillus subtilis* for efficient biosynthesis of 5-methyltetrahydrofolate [J]. Biotechnol Bioeng，2020，117 (7)：2116-2130.
[99] Peiroten A，Landete J M. Natural and engineered promoters for gene expression in *Lactobacillus* species [J]. Appl Microbiol Biotechnol，2020，104 (27)：3797-3805.

第五章

新食品蛋白资源

蛋白质是生命的重要组成部分，是人体所需的三大营养物质之一，摄入适量的蛋白质对于维持人体正常生命活动至关重要。进入21世纪以来，社会高速发展带来了人口的快速增长，这对传统食品蛋白质资源的供给提出了严峻的挑战，到2050年，全世界将有2/3的人口可能面临蛋白质资源不足。目前常规蛋白质根据来源可以分为植物蛋白和动物蛋白，依靠农业的常规动植物蛋白质产量无法完全满足人们需求，且过度的畜牧业还会导致土地退化、水污染和荒漠化等环境问题。同时，畜牧业将饲料转化为蛋白质的能力差别较大，在饲养过程中还会排放大量的温室气体，对全球气候及人类的生存和安全具有较大危害。因此，为了获取更多绿色、可持续、优质的蛋白质来满足人类日益增长的蛋白质需求，积极寻找新型的食品蛋白质资源成为摆在世界各国面前的一项重要而关键的任务，是关系到食品安全、社会稳定和经济可持续发展的战略性问题，对于缓解蛋白质资源紧缺、提高人类膳食水平都具有重要的意义[1]。

新食品蛋白资源是指传统上不常用的新原料或新加工方法获得的资源，用于制作蛋白质含量较高的新食品。自20世纪50年代开始，人们逐渐开始了对于新食品蛋白资源的开发。根据来源，目前常见的新食品蛋白可分为植物蛋白、昆虫蛋白、藻类蛋白和酵母蛋白等。

第一节　植物蛋白

植物蛋白是人类膳食蛋白质的重要来源。谷类一般含蛋白质60～100g/kg，但其中所含必需氨基酸种类不齐全。薯类含蛋白质20～30g/kg。某些坚果类如花生、核桃、杏仁和莲子等则含有较高的蛋白质（150～300g/kg）。豆科植物如某些干豆类的蛋白质含量可高达400g/kg左右。特别是大豆，在豆类中更为突出。它不仅蛋白质含量高，而且质量也高，是人类食物蛋白质的良好来源。植物蛋白为素食者饮食中主要的蛋白质来源，可用于制成形、味、口感等与动物食品相似的仿肉制品。

植物蛋白资源丰富、廉价易得，在生产过程中碳排放量少，氨基酸组成齐全且配比合理，具有易消化、可改善肠道微生态的特点。相比于动物蛋白，植物蛋白可持续性更强，胆固醇及不饱和脂肪酸含量低，还具有多种生物活性，如降血压、降胆固醇、预防心血管疾病、抗肿瘤等。目前常见的植物蛋白包括大豆蛋白、小麦蛋白、水稻蛋白、花生蛋白等。因此，开发新的植物蛋白资源，逐步实现植物蛋白替代动物蛋白，对于解决蛋白资源短缺问题、提供高质量蛋白食品、保护生态环境等具有重要意义[2]。

目前对新型植物蛋白资源的开发，研究重点主要在叶蛋白、米糠蛋白和豌豆蛋白等[3]。

一、叶蛋白

叶蛋白，又称为绿色蛋白质浓缩物（Leaf Protein Concentrates，LPC），是以新鲜的牧草或其他绿色植物的茎叶为原料，通过打浆、榨汁、蛋白浓缩、蛋白干燥等工艺从其汁液中提取的一类植物性蛋白，是一种巨大的、可再生的蛋白质资源。叶蛋白作为一种绿色、可持续蛋白质资源，由水、二氧化碳和空气中的氮通过光合作用合成，廉价易得、生态友好，因此可为人类提供最高性价比和最丰富的蛋白质资源。

对叶蛋白的研究起始于18世纪70年代，而直到20世纪40年代随着蛋白质资源短缺现象的日益严重，人们对叶蛋白的研究才逐渐重视起来，掀起了叶蛋白研究的新高潮。在此过程中，随着全球性的叶蛋白研究实验室的建立和叶蛋白工业设备的不断完善，在英国、美国、法国、新西兰、澳大利亚、日本、意大利等国家先后实现了叶蛋白的大规模工业化生产。随着对叶蛋白研究的逐渐深入，到20世纪90年代，研究内容已从单纯的叶蛋白简单提取逐渐向全方位、多层次方向发展，叶蛋白的精制品及相关的食品、医药及精细化学品得到了极大发展。

我国绿色植物资源极为丰富，有3万多种植物，且地理分布合理。其中约7%的绿叶植物可被食用，900多种植物在境内分布广泛，具有较高的利用性[4]。但我国在叶蛋白的研究方面相比于欧美等国家起步较晚，直到20世纪90年代以后才开始对叶蛋白资源进行开发，研究内容包括叶蛋白的提取、叶蛋白的生产工艺及副产品的深加工等。随着全国农业结构的战略性调整，叶蛋白的开发和利用得到了更大的重视和支持，这对于缓解我国食品、医药等方面蛋白质的短缺具有关键性作用。

（一）叶蛋白的组成与营养价值

叶蛋白中蛋白质含量为550～720g/kg，可利用碳水化合物含量为50～200g/kg，粗脂肪含量为70～250g/kg，粗纤维含量为5～15g/kg，粗灰分含量为5～15g/kg，总能量平均值为18380kJ/kg。叶蛋白属于功能性蛋白质，根据在水中溶解性的不同，叶蛋白可分为“亲水蛋白”和“亲脂蛋白”两类。亲水蛋白为可溶性蛋白，约占叶蛋白总量的50%。亲水蛋白的主要组成是叶绿体基质中的核酮糖1,5–二磷酸羧化/加氧酶，占亲水蛋白的30%～70%。这部分蛋白质呈白色，无异味，可作为人类食品的优质蛋白质资源。“亲脂蛋白”为不溶性蛋白，约占叶蛋白总量的50%，主要包括膜蛋白和色素结合蛋白[5]。

叶蛋白的氨基酸含量丰富且配比合理，包含人体必需的8种氨基酸，与FAO推荐的成人所需氨基酸模式基本一致，营养价值高于大豆蛋白、花生蛋白等。表5–1所示为6种植物叶片中叶蛋白的不同种氨基酸含量相比于一般谷物类蛋白质，叶蛋白的苏氨酸和赖氨酸含量较高，对于赖氨酸不足的人群具有重要意义。此外，叶蛋白具有较高的营养价值和保健功能，含有丰富的维生素A、维生素E、维生素K、核酸等，矿质元素含量丰富，Ca、P、Mg、Fe、

Zn等元素的含量较高，且不含有胆固醇，叶黄素和胡萝卜素含量丰富。叶蛋白的功能特性较好，具有良好的乳化、胶凝、发泡和热定型等理化性质，因此被联合国粮食及农业组织认为是一种具有绿色、可持续、高价值的新型蛋白资源[6]，开发并利用植物叶蛋白将成为解决蛋白质资源缺乏危机、为人类提供高质量蛋白质食品的有效途径。

表 5-1　6 种植物叶片中叶蛋白的氨基酸组成　　单位：mg/g

氨基酸种类	紫苜蓿	黑麦草	花生（叶）	甘薯（叶）	紫云英	桑（叶）
异亮氨酸（Ile）	34.0	21.4	18.5	22.8	21.0	10.0
亮氨酸（Leu）	58.6	42.1	41.0	53.3	48.0	27.0
赖氨酸（Lys）	38.4	26.6	25.5	20.3	25.3	25.1
甲硫氨酸（Met）	12.6	8.9	4.3	7.5	5.5	9.8
苯丙氨酸（Phe）	51.3	37.8	24.8	34.8	27.0	22.3
苏氨酸（Thr）	29.8	21.3	20.8	28.0	24.5	16.6
缬氨酸（Val）	39.2	29.1	23.3	29.8	27.3	13.1
天冬氨酸（Asp）	56.1	39.2	53.3	52.5	48.3	43.8
丝氨酸（Ser）	24.4	16.6	20.5	24.0	25.5	19.0
甘氨酸（Gly）	32.5	26.3	24.8	31.3	27.0	23.0
丙氨酸（Ala）	38.8	32.2	29.8	28.5	32.8	26.1
谷氨酸（Glu）	57.4	57.4	61.3	76.5	60.8	48.9
胱氨酸（Cys）	8.7	7.5	3.5	4.3	3.5	3.4
酪氨酸（Tyr）	34.7	27.3	17.5	10.0	18.5	15.4
组氨酸（His）	14.9	9.2	9.8	9.3	9.5	9.2
精氨酸（Arg）	37.0	27.8	27.5	32.5	27.8	25.9
脯氨酸（Pro）	37.6	25.2	38.8	29.5	28.3	18.8

（二）叶蛋白的提取

1. 叶蛋白的提取原料

叶蛋白主要以绿色植物的茎叶作为原料进行提取。因此，在进行原料选择时，应选择绿叶含量丰富、蛋白质含量较高、植株再生能力强的绿色植物，且叶子中无毒性和高黏性成分，从而保证高质量、高产量地获得叶蛋白[7]。目前用于叶蛋白提取的植物有60多种，其中豆科牧草包括苜蓿、大豆、豌豆、三叶草、紫云英等；禾本科牧草包括黑麦草、鸡脚草、燕麦叶、羊茅等；树叶类包括刺槐叶、松叶、榆树叶、柏树叶、乌饭树叶等，其平均粗蛋白含量一般在13.2%（质量分数）左右（表5-2）。

表 5-2 生产叶蛋白的植物及其绿叶中粗蛋白含量

植物名称	绿叶中粗蛋白含量（质量分数）①/%	可否多次刈割	植物名称	绿叶中粗蛋白含量（质量分数）①/%	可否多次刈割
苜蓿	22.8	可	甘蓝	16.7	不可
白车轴草	28.7	可	浮萍	23.7	不可
红车轴草	15.9	可	泡桐	19.3	幼嫩苗可
斜茎黄芪	20.5	可	桑	14.5	幼嫩苗可
紫云英	22.3	可	洋槐	24.3	幼嫩苗可
白花草木犀	17.5	可	藜	21.7	可
黄花草木犀	16.8	可	紫狼尾草	10.8	可
萝卜	22.5	不可	野生葛	20.2	可
白菜	18.9	不可	凤眼莲	20.3	不可
籽粒苋菜	28.4	可	聚合草	20.1	可
营养酸模	35.0	可			

注：①粗蛋白含量以绝干物质［除去水分（包括初水分和吸附水）后的剩余物］为基础计算。

2. 叶蛋白的提取方法

叶蛋白的制备主要包括3个部分，分别是汁液的榨取、叶蛋白的提取和叶蛋白的浓缩干燥。叶蛋白包括亲水性叶蛋白和亲脂性叶蛋白两类，亲水性叶蛋白可在溶液中呈现稳定的胶体状。叶蛋白表面的水化膜可防止沉淀析出，而水化膜外面的电荷层，可防止蛋白质凝聚，使叶蛋白保持溶解状态。因此，在进行叶蛋白的提取时，应根据所提取叶蛋白的特性、叶蛋白的含量及叶蛋白的品质，以蛋白质的水化及电荷排斥作用为依据，通过利用各个组分在溶解度、分子大小、形状及电荷性质方面的差异，选择合适的提取方法，如加热法、酸碱加热法、盐析法、发酵酸法、有机溶剂法和酸碱沉淀法[6]。

（1）加热法 加热法主要为直接加热法，即直接对浸提溶液进行加热。通过加热，高温条件下蛋白质的空间结构被破坏，蛋白质发生变性从而凝固沉淀，再通过离心获得粗蛋白。加热法的叶蛋白提取率受加热时间、温度、料水比等条件影响。加热温度一般为70～90℃，加热时间一般为7～15min，该方法叶蛋白提取率一般为1.5%～3.8%。加热法进行叶蛋白提取时，操作简单易行且成本较低，制备的叶蛋白结构紧密，提取的同时还可灭活酶，防止营养流失；但同时加热会造成温度过高，使得叶蛋白活性及提取率降低。

（2）酸碱加热法　酸碱加热法包括酸化加热法和碱化加热法是向浸提液中加入酸或碱，将溶液的pH调节至叶蛋白的等电点，使叶蛋白变性，同时对浸提液进行加热，利用高温破坏叶蛋白的空间结构，使叶蛋白凝固沉淀。酸碱加热法的叶蛋白提取率主要受到加热温度、pH、料液比和加热时间等因素影响。其中酸化加热法提取叶蛋白过程中pH为1.0～6.0，温度为70～90℃，加热时间为3～9min，叶蛋白提取率为1.4%～65.7%；碱化加热法叶蛋白提取过程中pH为8.0～10.0，温度为55～100℃，加热时间为4～60min，叶蛋白提取率为4.4%～94.6%。酸碱加热法提取叶蛋白具有操作步骤少、操作简单、成本低廉等特点，提取时叶蛋白凝集快，蛋白质结构较为紧密，但同时会增加不饱和脂肪酸和胡萝卜素等成分的损失，影响叶蛋白活性，使叶蛋白的空间结构受到破坏。

（3）盐析法　盐析法是利用中性盐，通过中和叶蛋白表面的电荷，破坏其水化膜，使得叶蛋白凝集沉淀，从而实现叶蛋白的分离纯化。盐浓度对于叶蛋白的提取起到关键作用，高浓度盐溶液可以加速植物细胞死亡，促进细胞壁裂解；低浓度盐溶液可增加水的极性，有利于叶蛋白的溶解。盐析法叶蛋白提取率主要受到中性盐的种类和添加量等因素影响。利用盐析法提取叶蛋白时，常用的盐为氯化钠和硫酸钠，提取率一般为3.4%～41.4%。盐析法具有操作简单、条件温和、生产过程安全的特点，制备的叶蛋白结构完整，蛋白质活性高，但该方法获得的叶蛋白品质较差。因此，在叶蛋白提取中盐析法常与酸化加热法等配合使用。

（4）发酵酸法　发酵酸法与酸化加热法的原理类似，通过将pH调节至叶蛋白的等电点使叶蛋白变性。与酸化加热法不同，发酵酸法利用酵母菌等菌种在发酵过程中产生的酸和热来调节溶液pH，使其降低至叶蛋白的等电点从而实现叶蛋白的沉淀、分离。发酵酸法可分为直接发酵法和间接发酵法两种。直接发酵法是将菌种直接加入汁液中进行发酵沉淀；间接发酵法是加入预发酵的发酵酸。发酵酸法的叶蛋白提取率主要受到发酵菌种、接种量、温度和时间等因素的影响。发酵菌种一般选择产酸量高、且耐酸能力强的优良菌种，如乳酸杆菌等，从而缩短发酵时间，降低发酵温度。发酵酸法为生物性提取方法，化学污染少，操作简单，成本低廉，制得的叶蛋白结构紧密，容易分离。但该方法发酵时间较长，发酵过程不易控制，使叶蛋白有一定程度的降解。

（5）有机溶剂法　有机溶剂法是通过向浸提液中加入甲醇、乙醇、丙酮、乙腈等有机溶剂，利用有机溶剂破坏叶蛋白表面的水化膜，降低溶液的介电常数，促使叶蛋白表面对不同电荷的吸引力增加，从而使叶蛋白发生凝集沉淀。有机溶剂法的叶蛋白提取率一般为3.4%～51.8%。该方法相比于其他提取方法，可以去除浸提液中的有害物质、多酚类物质和植物色素，避免了叶蛋白的脱色步骤。但该提取方法操作较复杂，提取要在低温下进行，残留的有机溶剂需要去除，生产成本较高，且环境不友好。

（6）酸碱沉淀法　酸碱沉淀法是在酸碱加热法的基础上进行的优化。酸碱沉淀法可分为溶解和沉淀两个步骤，溶解步骤是将叶蛋白溶解在溶剂中，沉淀步骤是通过加入酸或碱调节pH使叶蛋白析出。酸碱沉淀法与酸碱加热法相比，提取条件温和，叶蛋白提取率高，避免了酸碱加热法造成的叶蛋白损失，制得的叶蛋白结构疏松。但该方法操作较复杂，消耗大量的酸碱，提取过程中需要控制温度辅助沉降，提取成本较高。

（三）叶蛋白的应用

1. 叶蛋白在食品中的应用

叶蛋白的氨基酸含量丰富且配比合理，不含胆固醇，叶黄素和胡萝卜素含量丰富，营养价值高，凝胶、乳化及发泡等功能性质好。此外，叶蛋白作为在植物叶片中形成的初始蛋白质，分子链短，易于消化吸收。因此叶蛋白在食品领域具有广泛的应用。叶蛋白提取后可直接加工成胶囊或颗粒食用，作为优质的蛋白质资源为人们提供营养。印度等国家已经将叶蛋白加入饼干、糖果、面包、酿造酱油中供人们选择食用。在众多叶蛋白中，苜蓿叶营养价值高，且廉价易得，在食品中应用极为广泛。将30～40g/kg的苜蓿汁液或蛋白质浓缩物添加在羊乳中，可以大大降低羊乳的奶腥味，且使得乳制品更易吸收[7]。

2. 叶蛋白在医疗中的应用

叶蛋白除在食品中有广泛使用外，在抗氧化、抗肿瘤、抗衰老等方面也具有重要的利用价值。苜蓿叶蛋白可帮助提高身体内血红蛋白的含有量，具有防止贫血的功能；菠菜叶蛋白具有明显的抑制血管紧张素转化酶，有治疗高血压的作用；叶蛋白还具有抗氧化活性[7]。从叶蛋白分离上清液中提取超氧化物歧化酶，具有较高生物活性，可用于肿瘤、关节炎和老年性白内障的治疗。此外，叶蛋白中的支链氨基酸含量较为丰富，对肝炎患者蛋白质的摄入有较好的促进作用，从而帮助维持机体的正氮平衡，改善机体的营养状态，促进肝脏功能恢复。叶蛋白中亲水性的叶绿体基质中的核酮糖1,5–二磷酸羧化/加氧酶吸收性好，营养丰富且均衡，可用于肾脏疾病患者的治疗。

二、米糠蛋白

水稻是人类食物的主要来源之一，在我国的粮食作物中其生产量及消耗量也处于前列。在稻米的加工过程中，米糠作为副产品，占整个稻米质量的5%～7%。其营养物质丰富，富含维生素和矿物质，含有稻米中绝大多数的营养和人体必需营养素。米糠中含有120～160g/kg蛋白质，具有高营养、低过敏性等特性，其在功效上与牛乳酪蛋白接近，是一类经济、优质的植物蛋白[8]。因此，蛋白米糠作为一种新的蛋白质资源，对于缓解我国蛋白质资源紧缺的现状具有重要意义。但米糠蛋白的提取目前仍面临很多困难，原因是米糠蛋白的组成十分复杂，使得米糠蛋白在进行分离提取时效率较低。此外，米糠蛋白的功能性质不好，溶解性差，不利于加工，这两点成为了米糠蛋白进行工业化生产的瓶颈，因此米糠蛋白的提取和改性是目前研究的重点。

（一）米糠蛋白的组成与营养价值

米糠蛋白的组成十分复杂，其分子质量为10～90ku[9]。根据分子质量主要可划分为3个结构域，分别为43.0～97.4ku，20.1～43.1ku和<20.1ku。米糠蛋白的等电点为4.5，热稳定性较高，变性温度为83.4℃。米糠蛋白可分为四类，分别为清蛋白（Albumin）、球蛋白（Globulin）、谷蛋白（Glutelin）以及醇溶蛋白（Prolamin），质量比约为37：36：22：5。其中清蛋白是水溶性蛋白，分子质量为10～100ku，球蛋白不溶于水但可溶于稀盐溶液[10]。上述两种蛋白质均属于生理活性蛋白，具有较好的溶解性，必需氨基酸组成合理，且易于消化吸收，直接参与稻谷的新陈代谢过程。后两种蛋白质，即谷蛋白和醇溶蛋白，都属于贮藏蛋白，谷蛋白不溶于水和盐溶液，溶于稀的酸或碱溶液；醇溶蛋白不溶于水和无水乙醇，但溶于70%～80%（体积分数）的乙醇溶液。这两种蛋白质相比于清蛋白和球蛋白营养价值较低，但其弹性和韧性较好，因此可添加到面食中，增强面食的弹性和韧性，改善面食品质。

米糠蛋白具有独特的营养价值，对于增加食品的功能性和多样性具有重要意义。首先，其氨基酸种类齐全（表5-3），必需氨基酸的组成平衡合理，9种人体必需氨基酸占氨基酸总量的41.9%，接近WHO/FAO推荐模式。与其他谷物蛋白相比（表5-4），米糠蛋白赖氨酸含量较高，具有特殊的营养价值。其次，米糠蛋白的生物效价高（2.0～2.5），与牛乳中的酪蛋白相当，适合儿童食用。此外，米糠蛋白的消化率高达90%，远高于一般的植物蛋白；且具有低的致敏性，是目前已知谷物中致敏性最低的蛋白质，可用于婴幼儿食品及老年人食品中。另外，米糠蛋白还具有重要的生物活性，可以调节胆固醇，具有降血压、抗氧化、抗动脉粥样硬化作用，并对肿瘤有一定的治疗作用。

表 5-3 米糠蛋白的氨基酸组成（每 100g 蛋白质） 单位：g

氨基酸	含量	氨基酸	含量	氨基酸	含量
丙氨酸	7.1	组氨酸	1.4	脯氨酸	5.2
精氨酸	6.1	异亮氨酸	4.9	丝氨酸	5.2
天冬氨酸	9.6	亮氨酸	9.2	苏氨酸	3.3
胱氨酸	1.2	赖氨酸	4.3	色氨酸	1.4
谷氨酸	16.8	甲硫氨酸	2.7	酪氨酸	5.0
甘氨酸	4.1	苯丙氨酸	6.1	缬氨酸	5.6

表 5-4 米糠蛋白与其他常见蛋白质氨基酸含量对比（每 100g 蛋白质） 单位：g

氨基酸	WHO/FAO推荐模式	米糠蛋白	大米蛋白	小麦蛋白	玉米蛋白	鸡蛋蛋白
赖氨酸	5.5	5.8	4.0	2.5	2.0	5.6
苏氨酸	4.0	3.9	3.5	2.9	4.1	5.2
色氨酸	1.0	1.6	1.7	1.3	0.6	1.6
甲硫氨酸+半胱氨酸	>3.5	3.9	3.9	3.8	3.0	6.3
缬氨酸	5.0	5.5	5.8	4.2	5.7	6.8
亮氨酸	7.0	8.4	8.2	6.8	14.6	9.3
异亮氨酸	4.0	4.5	4.1	3.6	4.2	5.0
苯丙氨酸+酪氨酸	>6.0	11.1	10.3	7.9	8.4	5.6

（二）米糠蛋白的改性

虽然米糠蛋白具有独特的应用价值，但其功能性质，尤其是溶解性较差，这严重限制了米糠蛋白的工业化生产及应用。溶解性是米糠蛋白功能特性中最重要的指标，这是由于溶解性会直接影响米糠蛋白的其他功能特性，如乳化性、起泡性和凝胶性等，对米糠蛋白在实际生产中的应用起到关键影响作用。米糠蛋白溶解性较差的原因主要是米糠蛋白中存在大量的二硫键，与米糠中的植酸等发生作用，从而使得米糠蛋白溶解度降低。米糠蛋白的乳化性是由其蛋白质结构决定的，由于其蛋白质表面疏水基团少，使得它与油脂的结合能力较弱，从而造成乳化性较差。米糠蛋白较差的溶解性和分子柔性、疏水性等因素相互作用，进而造成米糠蛋白的起泡性也较弱。因此，开发高效、安全的米糠蛋白改性方法成为目前米糠蛋白研究最为迫切需要解决的问题。目前常用的米糠蛋白的改性方法包括物理改性、化学改性和酶法改性。

1. 物理改性

物理改性是利用电、磁、机械处理等各种物理方式作用于米糠蛋白，使其功能特性发生改变。超声处理米糠蛋白会破坏米糠蛋白的四级结构，通过解离和聚合生成亚基和肽。这一过程能够促使米糠蛋白中亲水基团和疏水基团暴露出来，从而使得米糠蛋白的功能特性得到改善。通过超声处理，米糠蛋白的溶解度从255g/L增加到792g/L，乳化性和起泡性分别提高了82.3%和36.1%。物理改性相比于其他改性方法具有经济、安全、毒副作用小的特点。物理改性一般作用时间较短，对米糠蛋白本身的功能性质影响较小，在米糠蛋白改性中较为常用。

2. 化学改性

化学改性是指将化学试剂作用于米糠蛋白，促使米糠蛋白中的化学键发生断裂，或在米糠蛋白中引入一些特定的基团，从而对米糠蛋白的功能特性实现改善。常见的米糠蛋白化学改性的方法包括酰化、脱酰胺、酸碱化、磷酸化、糖基化等。用琥珀酸酐对米糠蛋白进行酰化后，其溶解度、起泡性、乳化稳定性都有一定程度的改善；乙酰化和磷酸化改性后，米糠蛋白的凝胶特性也有明显改善；用葡聚糖干法糖基化改性米糠蛋白后，其溶解性、乳化性均有显著提高。

3. 酶法改性

酶法改性是利用碱性蛋白酶、木瓜蛋白酶、胰蛋白酶、谷氨酰胺转氨酶（TG酶）等酶作用于米糠蛋白，不同的酶对米糠蛋白不同的氨基酸侧链进行修饰，修饰后的米糠蛋白功能特性得以提升。其中，利用碱性蛋白酶对米糠蛋白进行改性后，其起泡性、乳化性、溶解性都有较大程度的改善。酶法改性相比于其他改性方法具有专一性强的特点，因而毒副作用较小。且酶法改性效率高，条件温和，在米糠蛋白改性中较常使用。

（三）米糠蛋白的提取

米糠蛋白中含有大量的二硫键，二硫键可以与米糠中大量存在的植酸和纤维素相互作用，使得米糠蛋白的提取较为困难。目前，米糠蛋白的提取一般采用碱法、物理法和酶法。

1. 碱法

碱法提取是利用碱液破坏米糠蛋白中存在的大量化学键，减弱米糠蛋白与米糠中植酸、纤维素的结合，使得米糠蛋白游离出来，从而实现米糠蛋白的提取。碱法提取米糠蛋白的工艺包括碱液加入、固液分离、蛋白质等电位沉淀和米糠蛋白的浓缩回收等。碱法提取过程受到多种因素影响，包括加碱的量、提取温度、固液比和提取时间等。碱法提取简单经济，提取率较高，但强碱作用后蛋白质变性程度高，赖氨酸与丙氨酸等易发生缩合反应，会产生有毒物质，且易发生美拉德反应，影响产品颜色及营养特性。

碱法提取米糠蛋白生产工艺流程：

脱脂米糠→加水→调节 pH→水浴→离心→取上清液→浓缩干燥→米糠蛋白

2. 物理法

物理法提取主要是通过各种物理方法将细胞破碎，从而将米糠蛋白释放出来进行提取。常用的物理方法有冻融、超声、均质、高压、胶体磨、高速混匀等。其中，脉冲超声通过空化效应（指存在于液体中的微气核空化泡在声波的作用下振动，当声压达到一定值时发生的生长和崩溃的动力学过程）作用于细胞壁，将其破坏，从而有利于米糠蛋白的提取。胶体磨法是将外力作用于米糠的细胞结构，将其挤压破碎，从而将米糠蛋白释放出来[9]。

相比于其他提取方法，物理法操作简单便捷，但提取效率较低且设备投资高。物理法提取可致细胞破裂，为酶法提取提供合适的催化环境，因此物理法常与酶法联合使用来提高提取率。

物理法提取米糠蛋白生产工艺：

米糠原浆→胶体磨研磨→均质→离心→取上清液→浓缩干燥→米糠蛋白

3. 酶法

酶法提取是利用酶来破坏细胞壁使米糠蛋白释放出来。酶法提取根据使用的酶种类不同，可分为蛋白酶提取法和非蛋白酶提取法两种。蛋白酶提取法选用蛋白酶提取米糠蛋白，在蛋白酶的作用下，将溶解性较低的米糠蛋白转化为可溶的小分子肽类物质进而实现提取分离。常用的蛋白酶可分为三类，即中性蛋白酶、酸性蛋白酶和碱性蛋白酶。非蛋白酶提取法选用糖酶、植酸酶等提取米糠蛋白，在这些酶的作用下，将米糠中难以除去的淀粉转化为糊精和低聚糖，通过离心将其去除，从而实现米糠蛋白在残留物中的富集。

相较于其他方法，酶法提取处理时间短提取效率高，反应温和，因而不破坏米糠蛋白原有的营养和功能。但酶法提取所选用的酶价格较高，后处理繁琐，不适用于大规模工业化生产。因此，在实际生产中，常将多种方法联合使用，既可以提高米糠蛋白的提取率和溶解度，又保留米糠蛋白的营养性和功能性。

酶法提取米糠蛋白生产工艺流程：

米糠→脱脂→加水→加酶（调节 pH、温度）→反应→灭酶→离心→取上清液→干燥→米糠蛋白

（四）米糠蛋白在食品中的应用

米糠蛋白主要应用于婴幼儿配方食品、功能性食品，作为营养强化剂或其他食品添加剂。米糠蛋白因其特殊的低致敏性，可以添加到婴幼儿配方乳粉和米粉中，还可用于对饮食有限制的易过敏儿童的食物中，为婴儿及易过敏儿童提供安全、营养丰富的植物蛋白。此外，米糠蛋白还具有广泛的生物活性，如抗癌、降血压、抗衰老等，可直接作为原料用于保健品的生产，也可作为原料制取功能性多肽，生产功能性的米糠多肽粉，如抗衰老肽、抗氧化肽等[10]。米糠蛋白及水解物因具有特殊的营养特性，还可作为营养强化剂应用于食品、调料及汤料中。此外，改性后的米糠蛋白具有良好的功能特性，可作为添加剂应用于食品中，例如，利用改性后良好的乳化性，将其添加至肉、乳制品中可提高肉类的持水性，改善牛乳的口感；利用改性米糠蛋白良好的发泡性，将其添加到蛋糕和面包中，可改善蛋糕的膨发体积和面包的醒发体积；利用米糠蛋白的抗氧化性，将其用作褐变抑制剂和脂肪氧化抑制剂，可延长食品的保质期。最后，米糠蛋白因具有较高的抗拉强度，还可以用来制备可降解

的蛋白质可食性膜。

三、豌豆蛋白

豌豆作为一类在世界各地广泛种植的食用豆类，已有两千多年的栽培历史。其营养成分丰富，蛋白质含量高，约为250g/kg，脂肪含量低，为5～25g/kg，淀粉含量约为500g/kg，粗纤维含量约为50g/kg，且含有较多的矿质元素和维生素[11]。豌豆蛋白氨基酸含量丰富且比例均衡，含有人体必需的9种氨基酸。豌豆蛋白及其水解肽具有重要的生物活性，可以起到降血压、抗氧化、降胆固醇及调节肠道菌群等作用。豌豆蛋白还具有良好的功能特性，具有较好的溶解性、持水和持油性、乳化性、发泡性和凝胶性。因此，对豌豆蛋白进行开发利用，对于缓解蛋白资源匮乏和开发新型功能性食品具有重要意义。

（一）豌豆蛋白的组成与营养价值

豌豆蛋白中球蛋白占55%～65%，清蛋白占18%～25%。其中，清蛋白的分子质量为5～80ku，由一系列酶和凝集素组成。清蛋白中含有丰富的必需氨基酸，如色氨酸、苏氨酸等。球蛋白可分为豆球蛋白、豌豆球蛋白以及少量的伴豌豆球蛋白。豆球蛋白是一种六聚体蛋白，分子质量为300～400ku；豌豆球蛋白是一种三聚体蛋白，分子质量为150～170ku；伴豌豆球蛋白与豌豆球蛋白具有同源性，分子质量约为70ku。

豌豆蛋白的生物价为48%～64%，功效比为0.6～1.2。豌豆蛋白中含有人体必需的8种氨基酸，除甲硫氨酸含量较低外，其余均达到WHO/FAO的推荐模式（表5-5）。其精氨酸含量为7.8%，有助于促进肌肉增长。豌豆蛋白具有无转基因特性、蛋白抑制因子低、吸收率高的优点，还可以有效地减轻胃肠胀气，并能促进矿物质的生物利用度的提高，且豌豆蛋白具有较低的致敏性，特别适合用于婴幼儿食品中，为婴儿提供安全、营养丰富的蛋白质[12]。此外，豌豆蛋白能有效降低血浆中胆固醇、甘油三酯含量，具有降低肥胖、动脉粥样硬化及恶性肿瘤发病率的功效，是一种优质的植物蛋白。

表 5-5　豌豆蛋白与其他常见食物蛋白质所含必需氨基酸含量

单位：mg/g 蛋白质

氨基酸	WHO/FAO推荐量	鸡蛋	禽类	鱼类	禾谷类	食用豆类	豌豆
缬氨酸	50	68.3	50.2	43.2～52.8	42.2～55.0	51.5～58.3	56
亮氨酸	70	92.5	77	73.6～86.5	71.1～152	76.8～87.8	83.2
异亮氨酸	40	50.3	40.6	41.4～52.1	32.8～36.4	44.5～47.6	56

续表

氨基酸	WHO/FAO推荐量	鸡蛋	禽类	鱼类	禾谷类	食用豆类	豌豆
苯丙氨酸	60	56.3	37.8	36.5 ~ 40.0	45.3 ~ 54.4	88.2 ~ 94.3	51.2
甲硫氨酸	35	63.7	38	32.4 ~ 34.6	39.4 ~ 45.4	18.5 ~ 25.0	12.8
色氨酸	10	16.1	11.6	7.3 ~ 8.6	7.8 ~ 19.5	5.4 ~ 8.0	11.2
赖氨酸	55	56.3	77	68.8 ~ 77.6	22.4 ~ 37.9	67.6 ~ 74.4	73.6
苏氨酸	40.0	52.3	48	42.2 ~ 48.2	30.6 ~ 45.2	36.4 ~ 39.8	38.4

（二）豌豆蛋白的提取

目前提取豌豆蛋白的方法主要有碱溶酸沉法、盐提透析法和膜分离法。

1. 碱溶酸沉法

碱溶酸沉法是提取豌豆蛋白的主要方法，其提取过程是将碱液加入豌豆蛋白中，促使其溶解，进而分离得到豌豆蛋白粗品；向溶液中加酸，将其pH调节至豌豆蛋白等电点，促使豌豆蛋白凝集沉淀，进而分离、干燥得到豌豆蛋白纯品。碱溶酸沉法提取率的影响因素包括料液比、提取温度、提取时间、pH等。此方法可以有效去除可溶性糖类和不溶性聚糖，豌豆蛋白提取质量较高，操作方法简单易行；但提取率较低，且生成大量废水，高浓度碱液易造成蛋白质变性，且在碱性条件下丝氨酸或胱氨酸残基与赖氨酸的氨基发生缩合反应产生有毒物质[13]。

碱溶酸沉法提取豌豆蛋白生产工艺流程：

豆粕→碱提→离心分离→上清液→酸沉→离心分离→沉淀→洗涤→中和→冷冻干燥→豌豆蛋白

2. 盐提透析法

盐提透析法是利用高浓度盐溶液对豌豆蛋白进行处理，根据不同蛋白质在盐中的溶解度不同，实现分步沉淀分离，再经过除盐获得豌豆蛋白纯品[14]。此方法具有操作简单、重复性好、成本低廉、提取率高等优点。

3. 膜分离法

膜分离法是利用超滤膜为分离手段对具有不同形状和分子质量的豌豆蛋白进行分离的方法。在膜分离法中，分子质量小的蛋白质透过超滤膜，分子质量大的蛋白质被截留下来，从而实现豌豆蛋白的浓缩和分离。膜分离法提取的豌豆蛋白功能性较好，可以去除大部分抗营养因子，但是不易于大规模生产。

（三）豌豆蛋白的功能性质

豌豆蛋白的功能性质包括起泡性、乳化性、凝胶性和溶解性等，这些性质对豌豆蛋白在食品加工、储存中的应用起到关键作用。豌豆蛋白具有较高的溶解性、乳化性能、持水持油性、凝胶性和耐热耐盐性，可作为食品营养强化剂和素食代餐肉的原料。

1. 溶解性

豌豆蛋白的溶解性受pH的影响较大。在pH 2时为66%～77%，pH 8时为70%～95%，最小溶解度在pH 4～6处。高浓度的豌豆蛋白易形成高黏度的蛋白质溶液，因此，使用高浓度豌豆蛋白时需要对豌豆蛋白进行改性。

2. 乳化性

豌豆蛋白在制备水包油乳液时具有优异的乳化，其乳化层和液体层高度的比为38%～46%。在低表面电荷和低溶解度环境下，豌豆蛋白的乳化性较低，当pH >7时，乳化性显著增加。

3. 持水性

豌豆蛋白具有良好的持水性，约为4.0 g/g。热处理的程度会对豌豆蛋白的持水性造成显著影响，即豌豆蛋白的持水性随着热处理程度的增加而增加。此外，提取方式也对豌豆蛋白的持水性具有较大影响。

4. 凝胶性

豌豆蛋白具有一定的凝胶性，其最小凝胶形成浓度为145～160g/L。豌豆蛋白的种类、组成及加工工艺对其凝胶性有一定的影响。豌豆蛋白的凝胶性使其可作为添加剂广泛应用于食品行业中，利用豌豆蛋白的凝胶化结构，可以改善肉类的口感，提高食品的持水持油能力。

5. 持油性

豌豆蛋白的持油性为2.7g/g，高于大豆蛋白（1.2g/g）。豌豆的种类和加工条件对豌豆蛋白的持油性有较大影响。碱溶酸沉法、盐提透析法和膜分离法提取得到的豌豆蛋白的持油性具有显著差异，分别为3.7g/g，5.3g/g和3.3g/g。此外，极端的酸和热等处理方式会严重破坏豌豆蛋白的持油性，使其不超过0.87 g/g。

（四）豌豆蛋白的改性

豌豆蛋白在大规模商业化生产时，蛋白质发生热变形，功能性质变差，不利于豌豆蛋白的利用。物理改性、化学改性和酶法改性是目前植物蛋白改性的常用方法，这3种改性方法也被应用于豌豆蛋白的改性。

1. 物理改性

物理改性就是利用物理手段作用于豌豆蛋白，实现豌豆蛋白功能特性的改善。通过热、电磁场、超声、超滤等方法对豌豆蛋白进行作用，使其结构和聚集方式发生改变，进而改善其功能特性。其中，使用超声作用于豌豆蛋白，可使豌豆蛋白在溶液中的分散更加均匀，从而改善乳状液的粒径，提高豌豆蛋白的乳化性；使用超滤等方式处理豌豆蛋白，可显著改善其溶解性和起泡性；对豌豆蛋白进行挤压处理可使其发生质构化；加热豌豆蛋白，可使其变性制成食用薄膜，显示出优良的物理和机械性能[15]。

2. 化学改性

化学改性是以化学试剂为手段对豌豆蛋白进行处理，通过在豌豆蛋白结构中的氨基酸侧链进行化学修饰，实现豌豆蛋白功能特性的改善。常用的豌豆蛋白的化学改性方法有酰化、磷酸化和糖基化。对豌豆蛋白进行酰化，可以改变豌豆蛋白的等电点，使其乳化性得到提高；在豌豆蛋白结构中引入水溶性的糖，可以增强豌豆蛋白与水的相互作用，提高豌豆蛋白的溶解性、起泡性和乳化性。

3. 酶法改性

酶法改性是以酶为手段，对豌豆蛋白进行处理，包括部分水解、导入基团和切除基团，实现对豌豆蛋白分子内或分子间的相互作用的调节，从而改善豌豆蛋白的功能特性。常用于豌豆蛋白改性的酶包括风味蛋白酶、木瓜蛋白酶、碱性蛋白酶和谷氨酰胺转氨酶。风味蛋白酶作用于豌豆蛋白后，通过酶解，可产生具有抗氧化活性的氨基酸；木瓜蛋白酶作用于豌豆蛋白，可使酶解液具有较高的血管紧张素转化酶抑制活性；酸性蛋白酶作用于豌豆蛋白，可产生具有生物活性的自由氨基酸等物质；碱性蛋白酶作用于豌豆蛋白，可使酶解产生的生物活性肽具有抑制血管紧张素转化酶活性、肾素活力的功能，从而用于治疗高血压。此外，谷氨酰胺转氨酶对豌豆蛋白的处理，可以显著改善豌豆蛋白凝胶的流变特性和胶弹性，使其剪应力和应变力与肉类及素食香肠接近，在食品行业中得到更好的应用。

（五）豌豆蛋白在食品中的应用

豌豆蛋白氨基酸含量均衡，营养丰富，制备简单，价格低廉，因此可作为动物蛋白或大豆蛋白的替代品用于食品中，作为食品添加成分、乳化剂，并可应用于强化饮料中，优化产品的营养成分，改善产品质构，增强产品稳定性。

豌豆蛋白中不含麸质，有助于无麸质食品的生产加工；将豌豆蛋白预乳化的脂肪添加到香肠中，可以提高香肠的热稳定性和剪切硬度；将豌豆蛋白添加到面团中，可改善面团的黏弹性和流变性；将豌豆蛋白添加到馒头中，可有效改善面粉的粉质特性，提高馒头的应用价值；将豌豆蛋白添加到牛肉饼中，可改善其口感，使牛肉饼更柔韧且呈现更低的脂肪保留率；将豌豆蛋白添加到意大利面条中，可强化其强度，并减少面条烹饪时间；豌豆蛋白中丰富的支链氨基酸能够促进人体肌肉的生长和肌肉厚度的增加，可用作运动和锻炼后的营养补剂。

豌豆蛋白良好的乳化性使它能够以食品原料的形式应用于食品工业中，用作液体乳液和油脂微囊化处理中的乳化剂[16]。此外豌豆蛋白还可应用于蛋糕、蛋奶酥、软糖中、纯素食型酸乳和非乳类运动产品，以及作为功能性饮料和粉剂中部分乳蛋白的替代品。例如，豌豆蛋白能够与多糖形成可溶性复合物，从而应用于蛋白奶昔以及果汁等功能性饮料中。豌豆蛋白在饮料中的应用需要通过豌豆蛋白与多糖的可溶性复合物的形成，改善单一豌豆蛋白的溶解性和热稳定性，避免豌豆蛋白在酸化过程中聚集沉淀。

第二节 昆虫蛋白

昆虫作为自然界物种最为丰富、数量最大的生物类群，是一种可再生资源，具有种类丰富、繁殖量大、生活周期短、食物转化率高、蛋白质含量高、养殖成本低、环保、可工业化生产等优点，其潜在资源价值得到了FAO的认可，在其发布的《可食用昆虫：食物和饲料保障的未来前景》中指出，昆虫是迄今为止尚未被充分利用的最大生物资源，将成为21世纪人类蛋白质的主要来源之一，对解决蛋白质资源短缺问题具有重要意义[17]。

一、概述

昆虫作为蛋白质来源有多种优势：①昆虫种类极其丰富，可食用的昆虫包括10余个目，近2000余种，涵盖了虱目、蜉蝣目、蜻蜓目、等翅目、半翅目、同翅目、脉翅目、鳞翅目、毛翅目、双翅目、鞘翅目、膜翅目等（表5-6）；②昆虫具有较强的繁殖能力，饲养所需空间小，规模化生产过程中温室气体排放量低，环境污染小，获得等质量昆虫蛋白的二氧化碳排放量约为牛猪等大型动物的1/3；③昆虫生长周期短，在饲养过程中，还可通过人工控制，进一步缩短昆虫饲养周期；④昆虫的食物转化率远高于传统牲畜，因而有“微型牲畜”之称；⑤昆虫蛋白可在昆虫的卵、幼虫、成虫、蛹、蛾等各个生长阶段通过对其加工制成。

表5-6 全世界可食用昆虫所属目及其种数

目	俗名	种数
虱目（Anoplura）	虱	3
蜉蝣目（Ephemeroptera）	蜉蝣	17
蜻蜓目（Odonata）	蜻蜓	20
等翅目（Isoptera）	白蚁	235
半翅目（Hemiptera）	甲虫	39

续表

目	俗名	种数
同翅目（Homoptera）	蝉、叶蝉、粉蚧	91
脉翅目（Neurptera）	草蛉	73
鳞翅目（Lepidoptera）	蝴蝶和蛾类	4
毛翅目（Trichoptera）	石蛾	228
双翅目（Diptera）	苍蝇和蚊子	33
鞘翅目（Coleoptera）	甲虫	336
膜翅目（Hymenoptera）	蚂蚁、蜜蜂和胡蜂	307

人类食用昆虫历史已久。1885年，英国昆虫学家文森特·霍尔特（Vincent Holt）出版的《为什么不食用昆虫?》（*Why not eat insects*?）一书中，昆虫就作为一种食物资源被进行系统研究。昆虫的食用方式不尽相同，这主要与昆虫本身的生活习性、采集难易程度和当地人的口味变化有关。昆虫的烹调手法也多样，常见的有油炸、腌制、烘炒等手法。我国是世界上开发利用昆虫历史最为悠久的国家，食用昆虫的习俗在气候类型多样、生物种类丰富且多民族聚居的西南地区尤盛，且得到了很好的保留。自20世纪80年代以来，国内外兴起了可食用昆虫研究与开发的热潮，美国、墨西哥、日本、中国等许多国家都对昆虫食品进行了研发。1986年，我国将昆虫蛋白的研究列入863生物资源开发计划。在我国，昆虫的食用方式除了传统加工烹饪外，还有深加工，如利用蚕研发氨基酸口服液，利用蚂蚁研制雄风酒，以蚕丝为原料制作各种面食等[18]。

二、昆虫的营养价值

昆虫作为新食品蛋白资源开发具有重大优势，其营养丰富，含有大量的生物活性肽、不饱和脂肪酸以及矿质元素，蛋白质含量高，氨基酸种类齐全，必需氨基酸的组成平衡合理，接近或高于WHO/FAO氨基酸推荐模式，适宜被人体吸收[19]。

昆虫的营养成分主要包括蛋白质与必需氨基酸、脂肪及脂肪酸、矿质元素、维生素及功能成分等[20]。昆虫体内蛋白质含量丰富，氨基酸组成合理均衡，脂肪、矿质元素含量丰富，易于被人体吸收，具有较高的营养保健价值，还含有大量具有重要生物活性的功能成分，因此被誉为“21世纪人类的全营养食品”。

（一）蛋白质与必需氨基酸

昆虫体内的蛋白质含量十分丰富，在可食昆虫的不同虫态中蛋白质含量均很高，粗蛋白含量多为200～800g/kg，为鸡、猪肉、鸡蛋、鱼的2～3倍。不同目可食用昆虫的蛋白质含量见表5-7。其中，蜉蝣目、蜻蜓目、半翅目昆虫蛋白质含量较高，为400～800g/kg；鞘翅目、鳞翅目和双翅目蛋白质含量稍低。

表 5-7　不同目可食用昆虫体内蛋白质含量范围与食用肉蛋类蛋白质比较

单位：g/kg

不同目可食用昆虫	蛋白质含量	食用肉蛋类	蛋白质含量
蜉蝣目	400～650	鸡肉	200
蜻蜓目	400～650	鱼	190
同翅目	400～570	鸡蛋	150
半翅目	420～730	猪肉	190
鞘翅目	230～660		
鳞翅目	200～700		
双翅目	150～700		

营养分析是确定昆虫资源开发价值的基础。昆虫蛋白质的营养价值既取决于其含有的必需氨基酸的种类、含量，也取决于所含必需氨基酸相互之间的比例。昆虫蛋白中必需氨基酸含量较高，且种类丰富。昆虫血浆中含有远超人血浆数量的游离氨基酸，不同目可食用昆虫体内所含的氨基酸平均含量如表5-8所示，昆虫所含必需氨基酸占总氨基酸含量的50%以上，且必需氨基酸含量都接近或超出WHO/FAO提出的氨基酸模式，能够满足人体需要。昆虫蛋白具有较高的功效比值（动物每摄入1g蛋白质所增加的体重克数），可与优质的植物蛋白相媲美。此外，昆虫氨基酸非常易于消化吸收，消化吸收率可达70%～98.9%，与肉类、鱼类的消化吸收率相当，高于植物蛋白。

表 5-8　昆虫体内氨基酸平均含量与 WHO/FAO 推荐量比较　单位：mg/g 蛋白质

氨基酸	直翅目	半翅目	鞘翅目	鳞翅目	双翅目	膜翅目	均值	WHO/FAO 推荐量
异亮氨酸	47.3	47.3	48	47.5	50	47.3	47.9	40
亮氨酸	88.9	76.8	78	74.5	80	83.3	80.1	70
赖氨酸	55.7	39.8	54	53	58	57.4	52.9	55

续表

氨基酸	直翅目	半翅目	鞘翅目	鳞翅目	双翅目	膜翅目	均值	WHO/FAO推荐量
甲硫氨酸+胱氨酸	38	35.8	47	55.5	60	55.7	48.6	35
苯丙氨酸+酪氨酸	157	133.3	110	13.2	152	121.6	114.5	60
苏氨酸	40.7	41	40	44	46	35.1	41.1	40
色氨酸	6.3	8.4	8.1	5.3	4.2	6.7	6.5	10
缬氨酸	55	48.5	62	55	56	56	55.4	50

（二）脂肪与脂肪酸

昆虫蛋白中含有丰富的脂肪和脂肪酸，且昆虫体内脂肪和脂肪酸含量受昆虫种类及发育阶段影响较大（表5-9）。昆虫中脂肪含量一般占昆虫干重的20%～40%，直翅目成虫脂肪含量最高，鳞翅目幼虫的脂肪含量最低。昆虫中的脂肪酸包括饱和脂肪酸、单不饱和脂肪酸和多不饱和脂肪酸。饱和脂肪酸包括软脂酸和硬脂酸，主要以软脂酸为主，硬脂酸含量较少。单不饱和脂肪酸包括棕榈油酸和油酸，其中鞘翅目中油酸占总脂肪酸的30.0%～41.5%。鳞翅目幼虫阶段多不饱和脂肪酸含量高达总脂肪酸的53.8%，成蛹后多不饱和脂肪酸下降，而饱和脂肪酸、单不饱和脂肪酸显著上升。

表 5-9　几种昆虫干体中脂肪和脂肪酸组成

项目	鞘翅目		双翅目	鳞翅目		直翅目
	紫棕象甲（幼虫）	黄粉虫（幼虫）	蝇蛆	飞蛾（蛹）	飞蛾（幼虫）	蝗虫（成虫）
脂肪/（g/kg虫体）	195～698	289～373	301	301～350	53～143	462
软脂酸（$C_{16:0}$）/（g/kg脂肪）	324～360	212～243	396	227～262	130	321
硬脂酸（$C_{18:0}$）/（g/kg脂肪）	3～31	30～39	52	45～70	160	59
饱和脂肪酸总量/（g/kg脂肪）	389～409	277	—	288～330	316	391
棕榈油酸（$C_{16:1}$，顺-7）/（g/kg脂肪）	33～360	—	—	6～17	2	14

续表

项目	鞘翅目		双翅目	鳞翅目		直翅目
	紫棕象甲（幼虫）	黄粉虫（幼虫）	蝇蛆	飞蛾（蛹）	飞蛾（幼虫）	蝗虫（成虫）
油酸（$C_{18:1}$，顺-9）/（g/kg脂肪）	300～415	472	370	260～369	139	249
单不饱和脂肪酸总量/（g/kg脂肪）	434～666	—	—	266～369	149	263
亚油酸（$C_{18:2}$，顺-6）/（g/kg脂肪）	130～260	172	76	42～73	81	295
亚麻酸（$C_{18:3}$，顺-3/顺-6）/（g/kg脂肪）	20～35	<5	—	277～380	455	42
多不饱和脂肪酸总量/（g/kg脂肪）	177～280	—	—	299～439	538	338
SFA/（MUFA+PUFA）①	0.4～0.6	—	—	0.4～0.5	0.5	0.7

注：①SFA，饱和脂肪酸；MUFA，单不饱和脂肪酸；PUFA，多不饱和脂肪酸。

（三）矿质元素

昆虫蛋白中还含有丰富的矿质元素，且其含量受昆虫种类及发育阶段影响较大（表5-10）。昆虫中含量较高的矿质元素主要为钙、钾、镁、磷、钠，约占矿质元素总量的90%以上。直翅目蟋蟀成虫的钙含量最高，达到2.1g/kg；鞘翅目幼虫和鳞翅目幼虫的钾含量较高，达到21.30g/kg；鳞翅目蛹的镁含量最高，达到207.0mg/100g；鳞翅目飞蛾幼虫和直翅目蟋蟀成虫的磷含量最高，最高达到10.900g/kg。此外，昆虫蛋白中还含有丰富的铁、锌、锰、铜、硒等微量元素。直翅目蝗虫成虫的铁含量最高，达到2.297g/kg；鞘翅目紫棕象甲幼虫锌含量最高，达到0.265g/kg；鳞翅目飞蛾幼虫的锰含量最高，达到101.63g/kg；直翅目蝗虫成虫的铜含量最高，达到0.025g/kg；鞘翅目紫棕象甲幼虫硒含量最高，达到0.016g/kg。

表 5-10　几种昆虫干体中矿质元素含量（以干物质为基础）　单位：g/kg

元素	鞘翅目		双翅目	鳞翅目		直翅目	
	紫棕象甲（幼虫）	黄粉虫（幼虫）	蝇蛆	飞蛾（蛹）	飞蛾（幼虫）	蟋蟀（成虫）	蝗虫（成虫）
钙	0.541～2.080	0.467	5.000	0.158	0.070～0.372	1.321～2.100	0.245

续表

元素	鞘翅目		双翅目	鳞翅目		直翅目	
	紫棕象甲（幼虫）	黄粉虫（幼虫）	蝇蛆	飞蛾（蛹）	飞蛾（幼虫）	蟋蟀（成虫）	蝗虫（成虫）
钾	10.250 ~ 22.06	—	—	—	0.476 ~ 21.300	11.266	2.597
镁	0.336 ~ 1.318	—	—	2.070	0.019 ~ 0.699	0.800 ~ 1.094	0.331
磷	3.520 ~ 6.850	7.259	8.857	4.740	0.459 ~ 10.900	7.800 ~ 9.578	—
钠	0.448 ~ 0.520	—	—	—	0.444 ~ 2.100	4.351	1.210
铁	0.147 ~ 0.308	0.0673	0.389	0.026	0.013 ~ 0.640	0.063 ~ 0.112	2.297
锌	0.158 ~ 0.265	0.105	0.090	0.230	0.043 ~ 0.242	0.186 ~ 0.218	0.130
锰	0.008 ~ 0.035	0.007	0.031	0.007	0.07 ~ 101.63	0.030 ~ 0.037	0.124
铜	0.016	0.015	0.012	0.002	—	0.009 ~ 0.020	0.025
硒	0.016	—	—	0.002	—	0.006	0.005

（四）维生素

昆虫中含有丰富的维生素（表5-11），包括维生素A、维生素E、维生素C、维生素B_1，维生素B_2、烟酸、泛酸、生物素和叶酸等。其中，蟋蟀中的维生素A、维生素E、维生素C、维生素B_2含量较高，紫棕象甲含有的维生素B_1较多，为34mg/kg。此外，蟋蟀在烟酸、泛酸、生物素及叶酸含量上也远远超出其他昆虫。

表 5-11　几种昆虫干体中维生素含量（以干物质为基础）

项目	紫棕象甲（幼虫）	飞蛾（幼虫）	蟋蟀（幼虫）	蝗虫（幼虫）
维生素A/（mg/kg）	113	30	243	28
维生素E/IU	—	—	640 ~ 810	226
维生素C/（mg/kg）	43	20	97	1

续表

项目	紫棕象甲（幼虫）	飞蛾（幼虫）	蟋蟀（幼虫）	蝗虫（幼虫）
维生素B_1/（mg/kg）	34	—	1	—
维生素B_2/（mg/kg）	22～25	22	111	14
烟酸/（mg/kg）	34	—	126	24
泛酸/（mg/kg）	—	—	75	—
生物素/（mg/kg）	—	—	552	—
叶酸/（mg/kg）	—	—	5	9

三、昆虫功能蛋白

昆虫蛋白中含有丰富的功能蛋白，包括抗冻蛋白、储存蛋白、热休克蛋白、抗菌肽、干扰素、类免疫球蛋白、类固醇载体蛋白-2、信息素结合蛋白、滞育关联蛋白和昆虫几丁质酶（表5-12）。这些功能蛋白具有调节特异性和非特异性免疫应答、抗菌、抗病毒和抗肿瘤作用，对糖尿病、肿瘤、高血压等疾病显示重要的生物活性，是制备功能食品、筛选药物、制备疫苗的天然资源宝库。

表 5-12 昆虫功能蛋白及其特点和作用

昆虫功能蛋白	特点	作用
抗冻蛋白（AFPs）	亲水氨基酸多，起关键作用的氨基酸残基具有保守性①	低温保护、低温储藏等
储存蛋白（SP）	特异性血淋巴蛋白	成虫变态发育、雌卵发育
热休克蛋白（HSPs）	分子伴侣②	昆虫发育过程、细胞代谢等
抗菌肽（AMP）	分子小、稳定性好、光谱抗菌、无毒副作用	可作为抗菌药物及抗肿瘤药来源
干扰素（IFN）	抑制病毒合成，杀灭癌细胞	预防治疗各种癌症
类免疫球蛋白（Hemolin）	只存在于鳞翅目昆虫体内	免疫防御、延缓细胞黏着及病毒和细菌入侵
固醇载体蛋白-2（SCP-2）	在双翅目中发现和鉴定	介导昆虫吸收和运输胆固醇
信息素结合蛋白（PBP）	属于气味结合蛋白③家族	参与昆虫识别性信息素

续表

昆虫功能蛋白	特点	作用
滞育关联蛋白（DAP）	滞育期间[4]产生	可作储存蛋白、抗冻蛋白、储藏蛋白
昆虫几丁质酶	降解中肠壁和围食膜[5]中的几丁质	消化、降解旧表皮

注：①“保守性”指不同的蛋白质中，具有相近或相同的氨基酸序列。

②“分子伴侣”指一类协助细胞内分子组装和协助蛋白质折叠的蛋白质。

③“气味结合蛋白”：气味结合蛋白（Odorant-binding protein，OBP）指能与某种气味分子结合的蛋白质。

④“滞育期间”指某些昆虫的发育停滞期。

⑤“围食膜”指昆虫中肠上皮细胞分泌的一种非细胞长管束薄膜结构。

昆虫抗冻蛋白的功能是具有特殊的热滞活性（耐热活性），可抑制冰晶的生长，利用这一功能可保护生物免受冻害的影响。昆虫抗冻蛋白的这一功能使其在改善冻融食品的质量和产品的储存方面具有潜在的应用价值，可作为食品添加剂在冷冻食品中使用，保证食品在冰冻、储藏、运输和解冻过程中均不发生结晶，起到改善冰冻食品的品质、提高食品质量、防止营养成分损失的作用。

抗菌肽是昆虫所特有的具有抗菌效果的蛋白质防疫体系。当昆虫受到刺激或感染之后，其血淋巴中即产生这种具有抗菌功效的小肽，由20～60个氨基酸残基组成，相对分子质量为2000～7000u。

抗菌肽具有独特的抗菌、杀菌效果，抗菌谱广、活性强，对肿瘤细胞、病毒、原虫和真菌等也有较强的抑杀作用，且基本不对真核细胞起作用，不存在超标而危害人体健康的危险。抗菌肽通过电压依赖的方式穿透细菌细胞膜，使膜的通透性增加，细菌因内容物大量外流而死亡从而达到抑菌的效果。昆虫抗菌肽不会导致细菌的耐药性，可为解决细菌耐药性问题提供新的方案。同时，抗菌肽作为天然防腐剂在食品保鲜方面显示出良好的应用前景，能有效延长食品的保鲜期。

凝集素是昆虫的天然免疫识别受体，主要为C型凝集素，是一种钙依赖的糖结合蛋白。凝集素具有抗癌、抑菌和免疫调节作用。家蝇凝集素能通过线粒体途径阻止癌细胞增殖，使癌细胞凋亡，具有较强的抗癌活性。凝集素因为能够特异性地与细菌的糖蛋白结合，并启动免疫反应，因此在体内和体外条件下对革兰阳性菌和革兰阴性菌均显示较好凝集作用，从而体现优良的抗菌活性。

四、昆虫蛋白的提取

目前昆虫蛋白传统的提取方法主要包括碱提法、盐提法、酶提法和三羟甲基氨基甲烷盐酸盐（Tris-HCl）法四大类。为了获取高质量昆虫蛋白，干式分馏和碱法提取与超声、超高压联用等新型提取方法也被用于提取不同高质量昆虫蛋白。

（一）前处理

昆虫蛋白一般以鲜虫或去脂干虫为原料进行提取。无论用哪种原料，在提取前，均需要对原料进行前处理，以保证获得高质量的昆虫蛋白。如以鲜虫为原料，需要对鲜虫进行清洗、晾晒；如以去脂干虫为原料，需要对鲜虫进行排空、清洗、烘干、粉碎、脱脂处理。目前的研究多以去脂干虫为蛋白质提取对象。

（二）昆虫蛋白提取

昆虫蛋白的提取与分离是对昆虫蛋白功能性与理化特性进一步开发应用的前提与基础。与动物蛋白、植物蛋白相比，昆虫蛋白的提取工艺体系尚不完整。目前，昆虫蛋白的提取工艺包括两个方面：一方面是总蛋白质的提取，包括碱提法、盐提法、酶提法及Tris-HCl法；另一方面是不同溶解性蛋白质的提取，根据不同种类蛋白质溶解性的差异依次采用去离子水、盐溶液、醇溶液、碱溶液提取出清蛋白、球蛋白、醇溶蛋白及谷蛋白。目前大部分对昆虫蛋白的研究以总蛋白质的提取为主。

1. 碱提法

碱提法是指利用碱液对去脂干虫进行处理，通过调节溶液碱性，利用昆虫蛋白在不同pH下溶解度的不同，进行昆虫蛋白的提取。当溶液pH在昆虫蛋白等电点时，蛋白质发生凝聚沉淀；当溶液碱性偏离等电点时，昆虫蛋白溶于溶液中。碱提法提取昆虫蛋白的提取率受到碱液浓度、料液比、提取温度、提取时间等因素影响。碱提法具有操作简单、方便低廉、提取效率高等优点；但大量碱的使用，使得昆虫蛋白损失较多，所提蛋白质颜色较深。同时，在提取过程中大量使用强碱，对设备要求较高，且后处理麻烦。

碱提法提取昆虫蛋白生产工艺：

脱脂蛹粉→碱液浸提→离心得上清液→调 pH 至等电点→离心→含盐蛋白质→透析出盐→烘干→昆虫蛋白

2. 盐提法

盐提法是指利用不同浓度的盐，主要是氯化钠，作用于去脂干虫，利用昆虫蛋白在不同浓度盐溶液中的溶解度不同，实现昆虫蛋白的提取。当盐浓度较低时，昆虫蛋白溶于其中；当盐浓度较高时，昆虫蛋白发生盐析作用。盐提法提取昆虫蛋白的提取效率受到盐浓度、料液比、提取温度、提取时间等因素影响。盐提法成本低，提取操作简单便捷，对设备要求不高，对昆虫蛋白破坏性较小；但是盐提法的提取效率较低，不适用于工业化提取。

盐提法提取昆虫蛋白生产工艺：

脱脂蛹粉→盐溶液浸提→离心得上清液→调 pH 至等电点→离心→含盐蛋白→透析出盐→烘干→昆虫蛋白

3. 酶提法

酶提法是指利用蛋白酶作用于去脂干虫，实现昆虫蛋白的提取。常用的蛋白酶包括：中性蛋白酶、碱性蛋白酶、木瓜蛋白酶、胰蛋白酶和胃蛋白酶等。蛋白酶作用于细胞膜，使其消化溶解，从而将昆虫蛋白释放出来。因此，待提取的细胞结构和组成决定了选择何种类型的蛋白酶。酶提法提取昆虫蛋白的效率受到酶的种类、加酶量、料液比、酶解温度、酶解时间、pH等因素的影响。酶法条件温和，提取时间短，能最大程度地保留蛋白质的营养价值，对环境污染小，但酶提法对工艺要求较高，使用酶制剂成本较高，易产生苦味，且不适用于未脱脂的样品。

酶提法提取昆虫蛋白生产工艺：

脱脂蛹粉→加蒸馏水→搅拌后调至适宜的温度、pH→加蛋白酶→反应→灭酶→冷却→收集上清液→烘干→昆虫蛋白

4. Tris-HCl 法

Tris-HCl法是指利用Tris-HCl缓冲溶液进行昆虫蛋白提取的方法。昆虫蛋白在Tris-HCl缓冲溶液中具有较大的溶解度，且蛋白质活性能得以较好地保留。该方法易于去除蛋白质中的杂质，可用于与脂质结合较为紧密的昆虫蛋白的提取。Tris-HCl法对蛋白质破坏性小，不发生蛋白质变性，蛋白质提取率较高；但该方法操作繁琐，且成本较高，不适用于工业化提取。

五、昆虫蛋白的安全性

昆虫因其营养丰富、蛋白质含量高、味道鲜美而成为人们喜爱的食物。但同时，食用昆虫的安全性也需要慎重考虑。并不是所有的昆虫都可以安全食用，有些昆虫不能食用或食用后会引起过敏反应。对于在野外或农场收获的昆虫都需要适当处理和储存，以防止污染和腐败，确保食品安全。表5-13所示为可食用的昆虫及其食用部位。对于蟋蟀、螽斯、蝉、负子蝽主要食用其成虫；对于蝗虫、龙虱、蜻蜓主要食用其成虫和幼虫；对于家蚕、柞蝉和蛾类主要食用其蛹。

表 5-13　部分可食用昆虫及其食用部位

昆虫种类	食用部位	昆虫种类	食用部位
蝗虫	成虫、幼虫	白蚁	成虫、卵
蟋蟀	成虫	蚂蚁	成虫、幼虫、蛹、卵
螽斯	成虫	蝉	成虫
家蚕、柞蝉	蛹	蜻蜓	成虫、幼虫
蜂类	成虫、幼虫、蛹	负子蝽	成虫
蝶类	蝶蛹、幼虫	石蚕	幼虫
蛾类	蛹	天牛	幼虫
龙虱	成虫、幼虫	螳螂	成虫、幼虫、卵

六、昆虫蛋白的典型应用

（一）昆虫蛋白在食品中的应用

昆虫作为自然界物种最为丰富、数量最大的可再生生物资源，具有蛋白质含量高、氨基酸种类齐全，必需氨基酸的组成平衡合理的特点，含有大量的生物活性肽、不饱和脂肪酸以及矿质元素，使其成为最具研发潜力的新食品蛋白资源之一，对其进行充分开发和利用，可创造出丰富多样的食用昆虫蛋白产品。目前昆虫蛋白在食品工业中的应用主要是以昆虫蛋白为主要原料，利用昆虫丰富的营养成分开发研制功能饮料和保健食品。例如，以蚕蛾为原料生产的药酒，可用于辅助类风湿病的治疗；将蚂蚁蛋白的酶解产物添加到酸乳中，具有促进益生菌生长、增强消化与吸收功能等作用；昆虫蛋白的酶解产物可用于生产蛋白饮料和氨基酸口服液，具有氨基酸含量高、组成合理、易吸收的特点，适用于疾病患者、孕妇、儿童及老年人；将蚕丝、黄粉虫蛹添加至各种面食中，可增加面食中的蛋白质含量，提高面食感官品质，还具有降血脂、保护肝脏的作用。

此外，具有重要生物活性的昆虫功能蛋白可作为添加剂和防腐剂在食品工业中使用。例如，将昆虫抗冻蛋白作为添加剂用于冷冻食品中，可起到改善冷冻食品的品质、提高食品质量、防止营养成分损失的作用；昆虫抗菌肽具有抗菌谱广、活性强、热稳定性好等优点，可用作食品保藏剂防止食品腐败。

（二）昆虫蛋白在医药中的应用

昆虫功能蛋白，如抗菌肽、防御素、免疫蛋白、凝集素等物质，具有抗病毒、抑菌、抗肿瘤等作用，可以促进细胞活性，增强人体免疫力，改善人体内环境，因此，可应用于药品开发。例如，从斑蝥中提取的斑蝥素，可用于肿瘤的治疗；蜂毒素具有活血作用，在临床上用于治疗风湿性关节炎等；从蝇蛆中提取的抗菌肽，可用于治疗流行性脑脊髓膜炎和幽门螺杆菌感染等。

第三节　藻类蛋白

人们食用海带、发菜、裙带菜等藻类已经有上千年的时间。藻类中富含的氨基酸如精氨酸、半胱氨酸等超过WHO的推荐值，是健康绿色的食品。藻类绿色食品的市场在全世界的规模正在快速增长，具有均匀且丰富蛋白质的螺旋藻被FAO认定为“21世纪的理想绿色食品”。藻类富含蛋白质、糖类，是理想的饲料来源，被广泛应用于饲料行业[21]。目前全球藻类产量的30%用于饲料合成以及饲料添加剂。此外，藻类也被用于合成高质量蛋白质的原料。

藻类是一类优质的蛋白质来源，但不同藻类的蛋白质含量与质量有着较大的差异，藻类的生长环境也会影响藻类蛋白的质量。有些藻类中的蛋白质质量与含量超过了大豆、谷物、鸡鸭等人们常用的蛋白质来源。基于生物特性和独特性能，藻类及其产生的蛋白质已广泛应用于食品与饲料、医疗保健、化妆品、染料、荧光指示剂及光电材料等领域（图5-1）。

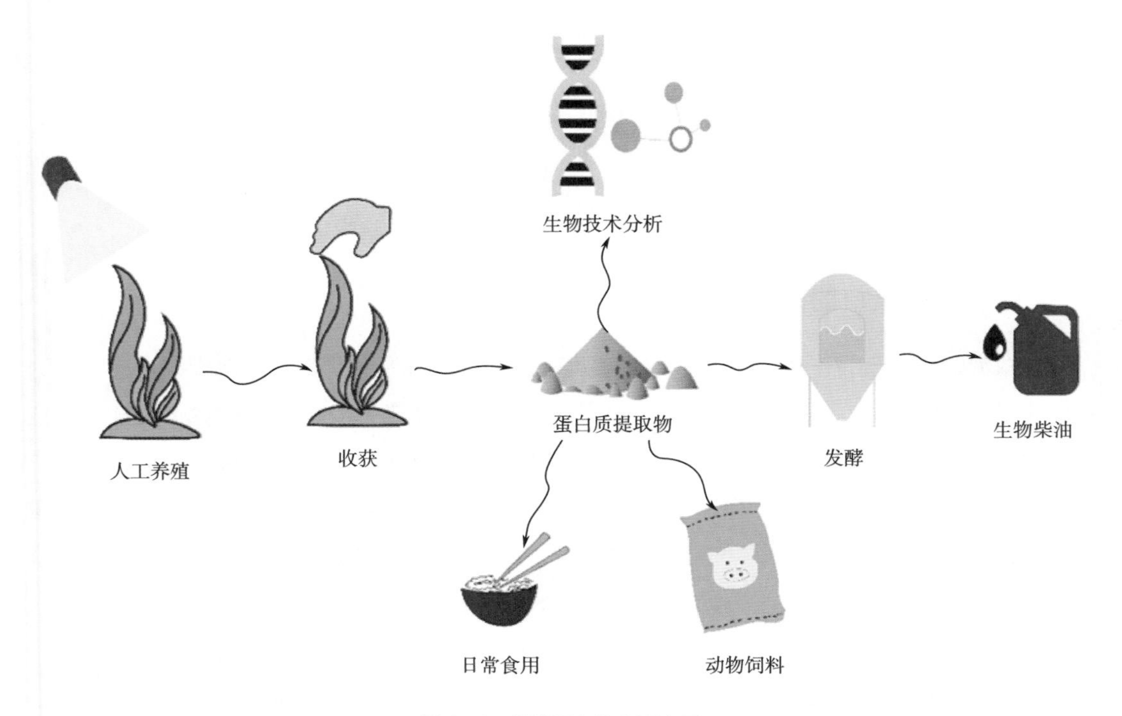

图 5-1　藻类蛋白的主要应用

一、概述

（一）藻类以及藻类蛋白

藻类（Algae）是生长在海洋中具有叶绿素等辅助色素可以进行光合自养反应的低等生物，植物体一般构造简单，大部分个体较小，多为真核生物（也包括蓝藻属的部分原核生物），具有很强的环境适应能力，藻类植物广泛分布于高盐、光照缺乏、营养匮乏和极端温度的地区，大多数藻类分布在海水和淡水中，也有少部分藻类生长在土壤、岩石、树木上。藻类含有丰富的蛋白质，有些藻类中的蛋白质品质优于常规富含蛋白质的食物，如大豆、谷物、鸡蛋、鱼等。由于种类和季节的不同，藻类中的蛋白质含量也有所差异，如蓝藻中的蛋白质含量较高，螺旋藻、绿藻和红藻次之，褐藻中的蛋白质含量较低。

（二）藻类中蛋白质含量

蓝藻门是藻类中最富含蛋白质的一类，属于蓝藻门的螺旋藻其蛋白质干基含量能达到700g/kg以上，超过了常规大豆的蛋白质含量，而来自褐藻门的掌状海带、墨角藻等蛋白质干基的平均含量只能达到100g/kg左右。藻类中蛋白质的含量也受周边环境如季节因素的影响，据相关研究报道，一年中藻类蛋白质含量最高的时节在冬末春初的过渡阶段，而蛋白质含量最低的时节是夏季[22]。这表明要充分高效地利用藻类中的蛋白质，获得最高产量和质量的蛋白质，除了需要选择合适的藻类外也要注意环境因素对藻类蛋白含量的影响，即在合适的时间收获也会提高藻类蛋白的含量。

二、藻类蛋白的主要来源与生理功能

（一）藻类蛋白的主要来源

目前海洋中已发现的能供人类食用的藻类有70多种，如紫菜、发菜、海带等。藻类作为海洋中的一个大家族，形态多种多样，根据藻体内色素沉淀的情况可大致将藻类分为：红藻、褐藻、绿藻和蓝藻。红藻中的紫菜，蓝藻中念珠藻，褐藻中的海带、螺旋藻以及绿藻中的小球藻是目前应用最广的几种藻类，这些藻类含有丰富的藻类蛋白和钾、钙、镁、磷等微量元素，含有很少量的胆固醇，是提取高质量功能性藻类蛋白的理想目标，是可以应用于食品、饲料、医疗保健等领域的高质量藻类。

紫菜（*Porphyra*）是红藻门-红藻纲-红毛菜亚纲-红毛菜科的一类生长在潮间的藻类，广泛分布在世界各地，能够适应多种气候环境，在寒带、温带、亚热带等地区都能够生长，也是世界上产量最高、人工栽培量最高的海藻之一。我国是紫菜生产大国，紫菜的年产量超过14万吨，创造产值超100亿元，是我国东南沿海的支柱海洋农业之一。紫菜含有丰富的蛋白质、糖类、微量元素，紫菜中的藻类蛋白占紫菜干重的25%～50%，蛋白质含量高于一般的蔬菜，约是鲜蘑菇的9倍。紫菜含有丰富的氨基酸如丙氨酸、谷氨酸、天冬氨酸、甘氨酸等，氨基酸含量均匀，可以满足人体9种必需氨基酸。紫菜作为蛋白质含量最丰富的海藻之一，含有丰富的藻胆蛋白，最高可达干重的4%左右。紫菜本身的颜色就是由藻胆蛋白中的天然色素蛋白——藻红蛋白形成的，紫菜来源的高质量藻胆蛋白可以用于生产和实验研究。

普通念珠藻（*Nostoc commune*）是蓝藻门–蓝藻纲–念珠藻目–念珠藻科–念珠藻属的一类固氮蓝藻，俗称地木耳、地软，能够耐干旱、耐极端环境，也是一种分布十分广泛的陆生蓝藻。普通念珠藻有着悠久的食用和药用历史，是一种绿色健康的补充蛋白质的副食品。普通念珠藻的蛋白质含量可达干重的27%，超越了鸡蛋、木耳等食品，氨基酸含量接近发菜，是理想的蛋白质及氨基酸来源。除去食用、药用价值外，普通念珠藻内的糖蛋白提取物可以促进农作物的发芽，提高发芽率，普通念珠藻还可以通过固氮改善土壤结构，促进农作物生长，这些特性让地木耳在农业领域有着广泛的应用前景。在普通念珠藻体内提取到的含铁超氧化物歧化酶可以高效地清除紫外线照射产生的自由基进而保护细胞，这也让普通念珠藻成为抗辐射研究领域的一个重点。

螺旋藻（*Spirulina*）是蓝藻门–颤藻科–螺旋藻属的一类藻类，又称蓝绿藻，是一种十分古老的低等原核生物，已经在地球上存在35亿年，能够适应高温、高碱等多种环境，在海水、淡水中均有生长。目前发现的螺旋藻种类已经超越了35种，但只有钝顶螺旋藻（*Spirulina platensis*）和极大螺旋藻（*Spirulina maxima*）两种用于大规模工业化生产。螺旋藻的营养成分十分丰富，是名副其实的“微型营养库”，具有高蛋白质、低脂肪、低糖等特点，蛋白质含量高达干重的60%～70%，是大豆的2倍，肉类的3倍，鸡蛋的4倍，所有人体必需氨基酸的含量也均达到了FAO的标准。螺旋藻是藻类蛋白含量最高的藻类，也是目前发现的最优质的蛋白质来源之一。螺旋藻具有抗氧化、抗癌变、降血脂、降血压、抗辐射、增强免疫力等多种生物特性，被FAO认证为21世纪最理想的营养品。螺旋藻含有的丰富藻胆蛋白，也是藻蓝蛋白的主要来源，藻蓝蛋白作为纯天然的具有荧光信号的可使用色素蛋白质，在多个领域中有着广阔的应用前景。螺旋藻的光合作用效率是普通陆地农作物的3倍，生长繁殖十分迅速，这让它成为最适合大规模培养的藻类之一。

除了上文提到的3种藻类外，来自褐藻门的海带（*Laminaria*）也是一种含有大量蛋白质的藻类，海带是一种多年生大型食用藻类，主要生长在海中，分布于北太平洋与大西洋沿海地区，我国的东南沿海地区大量种植海带，全中国海带产量居世界第一。海带是最常见的食用藻类之一，营养丰富，含有较多的蛋白质和多种多糖、微量元素和人体必需的9种氨基酸，所以海带具有很高的食用价值。海带也主要应用在食品工业和饲料工业领域，作为可使用的绿色藻类补充人体所需的营养物质。来自海带的藻类蛋白等营养物质也具有降低胆固醇等功效。

（二）藻类蛋白的生理功能

藻类作为利用光合作用生长的自养生物，繁殖速率快，周期短，能够通过高效的光合作用、能量的产生与转化、生物合成等代谢活动来进行生命活动。正是由于藻类蛋白这种独特的性质，藻类才有着不同于陆地植物的光合作用代谢途径和极强的光合作用代谢能力，其光能利用率和光合效率是一般陆地农作物的2倍左右[23]。藻类蛋白也具有许多独特的生理活性如抗氧化活性、增殖抑制活性、抗凝血活性、抗菌活性、免疫刺激活性、降压活性等多种抗性，这些不同生理功能的藻类蛋白分布在不同的藻类中（表5-14）。

表 5-14 藻类蛋白的生理功能及对应的藻类来源

生理功能	来源
捕光活性	红藻、蓝藻、隐藻、甲藻
免疫刺激活性	巨大鞘丝藻、螺旋藻
抗氧化活性	红藻、铁钉菜、小球藻、铜藻、鼠尾藻
增殖抑制活性	螺旋藻、麒麟菜、小球藻
抗凝血活性	褐藻、刺松藻、绿藻、铜藻
抗菌活性	红藻、螺旋藻、铁钉菜、羊栖菜
降压活性	螺旋藻、小球藻

1. 捕光活性

藻胆蛋白是藻类的捕光色素蛋白质，是藻类蛋白的主要成分，也是参与藻类光合作用代谢的重要蛋白质。目前发现的藻胆蛋白主要有藻红蛋白、藻蓝蛋白、别藻蓝蛋白3类，这些蛋白质均具有一定的荧光特性，并分别具有红色、蓝色、紫红色荧光，在藻类体内多种藻胆蛋白与核膜连接蛋白结合生成捕光色素复合体，即藻胆体，蓝藻和红藻中的藻胆体是目前发现的最大的捕光蛋白复合物，在光合作用中发挥捕光作用。捕光蛋白复合物在膜表面吸收光能并将其以极高的效率传递给光合反应中心行使捕光功能。藻胆蛋白由藻胆素和脱辅基蛋白结合而成，每个脱辅基蛋白结合1～3个藻胆素，不同藻胆蛋白具有不同的颜色和荧光性质，主要原因在于藻胆素不同，藻胆素是一种不同于叶绿素的四吡咯结构的化合物。藻类先分别合成藻胆素和脱辅基蛋白，然后在裂合酶的催化下藻胆素和脱辅基蛋白共价结合组装成完整的藻胆蛋白[23]。在一些藻类中，藻胆蛋白也能作为生物的储藏能源，在外界环境资源匮乏的情况下，作为氮源维持细胞的生命活动。

2. 免疫刺激活性

近年来，随着研究的不断深入，人们发现来自海洋藻类的一些蛋白质、肽以及肽类衍生物可以通过诱导和刺激人体免疫系统来影响人体的健康。从巨大鞘丝藻中提取出来的一种结构独特的脂肽具有一定的免疫刺激活性。螺旋藻的蛋白质提取物经过一定程度消化后注入小鼠体内，可以提高小鼠体内与免疫相关的细胞因子的水平，进而提高小鼠的免疫水平。

3. 抗氧化活性

海藻主要生长在高氧环境的海洋中，氧化环境和光照强度会随着季节的变化而变化，藻类通过在细胞中形成活性氧来适应环境，藻类蛋白的水解产物都呈现出了抗氧化能力（如过氧化氢消除能力），小球藻中的某些藻类蛋白也表现出抑制活性氧自由基产生的能力，这些抗氧化剂可以与自由基碰撞并中和自由基，保护细胞不受自由基的影响。研究发现，铁钉菜、鼠尾藻、铜藻、红藻中碱性蛋白酶、复合风味蛋白酶等蛋白酶的水解产物具有抗氧化活性，可以在促进代谢的同时保护生物体。

4. 增殖抑制活性

目前在藻类中发现了对癌细胞具有抑制作用的藻类蛋白，如在麒麟菜中发现的凝集素。研究人员发现使用一定浓度藻蓝蛋白处理癌细胞可以促进癌细胞的凋亡。某些藻类蛋白具有抗癌细胞、抗肿瘤的生物活性，在抗癌药物、临床医学领域具有巨大的开发潜力。

5. 抗凝血活性

近来的研究发现了一些分离自褐藻的藻类蛋白能够抑制人血小板的凝集，具有一定的抗凝血作用，这些蛋白质多与糖形成糖蛋白共同发挥抗凝血作用。来自刺松藻、铜藻的两种高分子质量的多糖蛋白具有出色的抗凝血作用，糖蛋白中的硫酸多糖和蛋白多糖是抗凝血活性的主要来源。这些具有抗凝血作用的藻类蛋白为凝血抑制剂等药物的开发提供了新的思路。

6. 抗菌活性

研究发现，藻类所具有的一些蛋白质、多肽以及衍生物已通过实验证实具有一定的抑菌作用。从羊栖菜、铁钉菜等的蛋白质提取物中发现了对链霉菌的抑制活性，这些藻类蛋白会影响霉菌孢子的萌发和生长，而来自螺旋藻的一种抗菌多肽经过研究发现对枯草芽孢杆菌、大肠杆菌、金黄色葡萄球菌都呈现出较强的抑菌能力。

7. 降压活性

研究人员从富含硒的螺旋藻中提取到的含硒蛋白质经过处理后，表现出对血管紧张素转化酶的抑制作用，目前为止研究人员已经从螺旋藻、小球藻中分离出来了几种藻类多肽，这些多肽可以抑制血管紧张素转化酶的活性进而缓解心血管疾病，治疗高血压，这些蛋白质多肽具有较好的热稳定性和抗逆性，在生产降压药等领域具有较高的应用价值。

三、影响藻类蛋白合成的主要因素及合成生物学技术在藻类蛋白研究中的应用

以紫菜、海带等藻类来源开发的藻类食品蓬勃发展，市场规模也日益扩大。藻类的养殖面积逐年扩大，为了提高藻类蛋白的产量和品质，近年来藻类育种和培养愈发受到重视。作为原生生物界的一类能进行光合作用的生物，在养殖过程中除了与微生物培养时相似的环境因素会影响藻类蛋白积累，光照对于藻类生长和蛋白质合成也至关重要。研究者将一些合成生物学技术（如蛋白质组学及基因工程等）应用到藻类研究中，希望能对藻类进行差异性鉴定与生理机制研究，以获得产量更高、品质更好的藻类。

（一）影响藻类蛋白合成的因素

藻类作为水域生态系统中的初级生产者，它能够产生多种多样的次生代谢产物。当周围环境发生改变时，活细胞会启动传感机制，去适应这种环境变化，产生一种新的稳态，以保障其更好地生存。不同的环境变化对藻类蛋白的合成影响不同，影响藻类蛋白合成的有环境因素（光强和光质、温度与盐度、水体pH等）、营养条件（矿物营养、碳源、氮源），以及大规模培养技术中的光照、细胞浓度、光程等因素。

1. 环境因素

藻类在培养时极易受到环境变化的影响，昼夜循环和季节循环带来光照、温度等因素的变化与循环。藻类作为一种光合自养生物，它的许多自适应环境的过程都与光合作用有关，部分含有叶绿体的藻类光合作用过程如图5-2所示，所有光合有机体都含有捕获光能的有机色素（叶绿素、类胡萝卜素、藻胆素）。藻类能通过不同的机制来感知和适应周遭环境的变化，进而影响光合作用中的光反应和卡尔文循环。

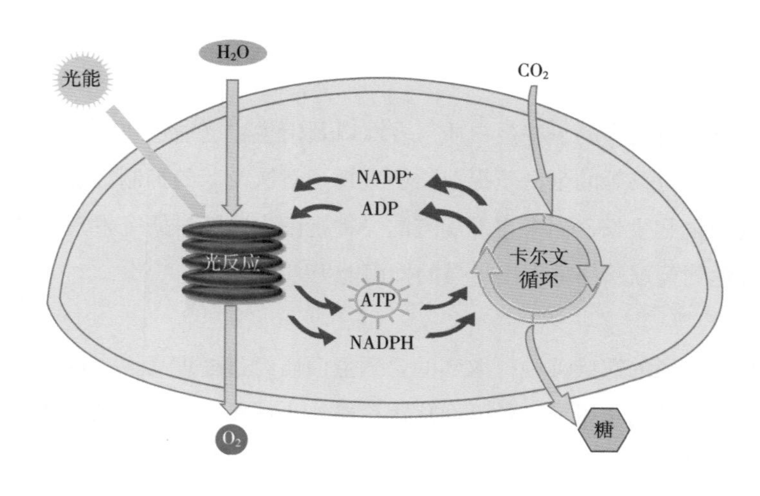

图 5-2 含叶绿体的藻类光合作用示意图

NADH：还原型辅酶Ⅰ；NADP+：烟酰胺腺嘌呤二核苷酸磷酸（氧化态）；ATP：三磷酸腺苷；ADP：二磷酸腺苷。

光强是影响光合作用的重要因素之一。藻类的光合作用可分为光限制、光饱和以及光抑制。光限制区的光强和光合作用速率为线性关系，继续增加辐射强度，光合作用变为光饱和状态，光合作用速率达到最大且随光强增长维持不变。继续增加辐射强度，某些藻类就会出现光抑制效应。低温下，光抑制效应非常明显，但在高密度培养藻类时并不明显。部分藻类［如钝顶螺旋藻（*Spirulina platensis*）等］具有间歇光照效应，进行光合作用需要黑暗、光照间歇曝光，以促使蛋白质的积累。藻类生长环境的光强改变导致细胞内光能捕获相关复合体的形成与降解，引起光适应能力的显著变化，维持胞内代谢平衡。条斑紫菜（*Porphyra yezoensis*）胞内与光能捕获相关的藻胆蛋白随光照强度的增加具有先增加后下降的趋势，且在低光照强度下藻胆蛋白以及相关光合色素的含量更高，有利于藻体捕获光能进行光合作用。

光质（光的波长）通过影响藻类的气孔运动、叶绿体结构、光合色素等影响光合作用。叶绿素和类胡萝卜素是藻类进行光能转化的主要色素，叶绿素吸收红光、类胡萝卜素吸收蓝紫光，红光和蓝紫光促进气孔开启加快CO_2进入，绿光促进气孔闭合降低CO_2利用速率。一些研究发现蓝光能促进叶绿体发育，红光有利于藻类生长和蛋白质积累。

温度与盐度是对藻类生长影响排名靠前的两个因素。温度是藻类生长发育的重要影响因素，它通过影响酶活力影响藻类光合作用与呼吸作用强度，影响藻类蛋白合成。盐度与培养基中渗透压、浮力等密切相关，它会影响藻类的光合速率、叶绿素含量和一些代谢活动。过高或过低的盐度都不利于藻类的生长，高盐胁迫会导致细胞发生质壁分离、低盐胁迫会导致细胞吸水破裂。

水体pH与藻类生长密切相关，受限于光合作用过程中相关酶活性及中间产物的稳定性，藻类适合在碱性环境下进行光合作用。藻类偏好在碱性环境下生存，各种藻类生长都有其适宜的pH范围，pH会影响藻类的生长繁殖速率。在一定的范围内，pH越高，CO_2的利用率也越高，因而较高的生产力往往出现在碱性水体中。CO_2可以作为藻类自养生长的普通碳源，当培养基pH较低时，CO_2可以以HCO_3^-形式存在于溶液中，以供藻类进行光合作用。因此在藻类培养时控制pH可以选择利用CO_2，随着HCO_3^-的消耗pH会不断升高，对发酵液的pH也可以起到稳定作用。实际中由于工业废水中含有大量碳酸盐和CO_2，导致许多地区水体酸化，因此很多研究中关于pH与藻类的关系往往集中于酸性条件的培养液。

多种因素对藻类生长影响往往都呈现抛物线型关系，过高或过低的培养条件都不利于藻类蛋白的积累，且多种条件之间往往存在相互影响，比如温度与盐度的互作，温度通过影响酶的活性来调节藻类生长，许多酶类又需要特定离子结合去激活或被抑制，渗透压或某种离子浓度过高或过低都会影响酶和转运载体的活性。因此最适环境因素组合需根据藻类生长特性及实验去具体确定，依据环境保护原则和经济效益选择合适的藻类蛋白生产线。

2. 营养条件

（1）异养碳源　部分藻类在黑暗中可吸收有机碳源进行生命活动，这种异养模式能够解决光合大规模培养时关于光照和CO_2分布和供应技术上的难题，使得高密度、高产量藻类养殖成为一种可能。在无光条件下小球藻可以利用糖或其他有机物为能源异养生长，如葡萄糖、半乳糖、醋酸盐、乙醇、乙醛、丙酮酸等。蛋白核小球藻（*Chlorella pyrenoidosa*）可以以葡萄糖、半乳糖、醋酸盐作为唯一碳源，在避光条件下进行连续培养，实验结果发现葡萄糖是最适合小球藻异养生长的有机碳源。大多数蓝藻（如螺旋藻）在避光条件下是无法利用有机碳源的，但在光照条件下可以利用。

（2）异养氮源　氮源也是藻类进行生物质生产的重要营养物质。常用的氮源包括硝酸盐、氨和尿素。蛋白质的合成直接受到氮源的种类和浓度影响，并且会影响胞内其他含氮有机物含量。藻类氮缺乏会导致叶绿素含量减少，多糖和油脂化合物含量积累。以小球藻（*Chlorella*）为例，蛋白质积累时，以硝酸盐作为氮源的效果优于铵盐。变种小球藻能优先利用硝酸铵作为氮源，吸收消耗能量更低的铵离子。铵盐的利用会导致发酵液pH下降，引起细胞死亡。蛋白核小球藻可以用尿素取代铵盐作为最优氮源，以尿素作为氮源可以减少污染物的产生，并且提高发酵液pH的稳定性。

（3）矿物营养　矿物营养对藻类生命活动和蛋白质合成有着不可忽略的影响，磷元素是代谢必不可少的关键营养物质，作为许多藻类进行生命活动必需的功能性和结构性组分，藻类利用磷元素有两种主要方式：①吸收到胞内以聚磷酸盐的形式储存在体内；②吸附在藻类细胞表面。研究发现，水体叶绿素a与总磷浓度呈显著正相关，藻类生长速率与磷浓度呈显著相关性。藻类进行生命活动时会优先利用水体中磷酸盐，如水体中磷酸盐被消耗或不足，藻类会分泌碱性磷酸酶使水体沉积物生物可利用磷转化为磷酸盐，进而吸收利用。当外界磷被消耗殆尽，藻类才会依次使用吸附磷、吸收磷进行生命活动。

微量元素铁、镍、锰等主要是通过影响代谢活动中蛋白质和多糖物质等的合成进而影响生命活动。不同藻类对同一金属元素具有显著的种间差异性，同一金属元素的不同价态对藻类生长和蛋白质合成也存在较大差异。光合色素（叶绿素、藻蓝素等）是藻类光合作用过程中光吸收的核心物质，微量元素钙、镁是光合色素蛋白的重要组成成分，通过影响光合作用过程直接影响生命活动。光合系统中铁氧还原蛋白具有电子传递的重要作用，微量元素铁对藻类生命活动进行中的酶促反应及电子传递过程有重要影响，包括光合作用、呼吸作用等，缺铁会减弱生命体电子传递效率，阻碍细胞进行光合作用。作为藻类胞内碳酸酐酶和磷酸转移酶的重要组成元素，微量元素锌、锰缺失严重影响生命活动的进行。微量元素对藻类具有适量毒性作用，刺激胞内产生多糖，导致细胞糖代谢过程紊乱，藻类死亡。有研究表明，藻类分泌多糖是一种针对微量元素的防御机制，如月牙藻（*Selenastrum bibraianum*）分泌的多糖物质可结合镉，进而减弱月牙藻对镉的吸收。

一定浓度的稀土元素对藻类蛋白合成也具有一定促进作用。前期研究表明，稀土元素对藻类生长影响都符合“毒物兴奋”的结论，即低浓度稀土元素可以刺激藻类的生长和蛋白质合成，高浓度稀土元素则会抑制藻类的生长。当稀土元素Ce^{3+}（铈）浓度增加，微藻光合作用速率、胞内叶绿素含量、蛋白质含量具有相似的趋势：先增加后减少。稀土元素Ce^{3+}在低含量时能够促进小球藻对氮/磷营养元素的吸收利用，提高叶绿素a含量，提高光合作用速率，蛋白质含量增加。

络合剂是藻类培养时必须添加的组分，其可与微量元素生成络合物，阻止微量元素沉淀。培养基中最常用的络合剂是乙二胺四乙酸（Ethylene Diamine Tetraacetic Acid，EDTA），添加适量EDTA可以维持培养基中微量元素的浓度。除EDTA外，藻类培养还常使用的络合剂有烷基亚硝基盐（Alkyl Nitrite）、次氮基三乙酸（Triglycine，NTA）和乙酰氨基环庚三烯酚酮（Acetamino Phenone）。相较于EDTA，由于烷基亚硝基盐更便宜，在大规模培养时使用更多。

化合物对藻类细胞的生长存在复杂的相互作用，藻类具有较好的环境适应能力，但起始的营养物质不能过量限制细胞生长，Redfield关于营养物质C：N：P的106：16：1的比例①被广泛应用。养分的吸收也取决于各种影响藻类生长的环境因素，如光照、温度、供氧等。实际生产中应综合考虑环境和营养条件，以提高藻类蛋白的产量。

3. 大规模培养中的影响因素

目前微藻工业一般在光生物反应器中进行，使用反应器可以实时监控生长条件，不易污染，可进行连续生产。光生物反应器可分为管式、平板、柱式反应器等。目前使用最多的是管式反应器，它最适用于微藻的商业化大规模培养过程。按照反应器类型，藻类的大规模培养分为开放式光生物反应器系统和封闭式光生物反应器系统。

开放式光生物反应器系统包括建造水平池或天然湖泊系统，使用空气喷射器、螺旋桨或跑道式系统等进行搅拌通气。开放式光生物反应器的培养基不易控制，易污染，培养条件也不能控制，同时还有占地面积较大、下游成本较高等问题。

封闭式光生物反应器系统是光合生物的密闭培养系统，光线能够穿过反应器到达细胞表面，阻断培养液与外界直接的接触，防止污染。根据操作方法可分为3种：管状或扁平状反应器，水平、垂直、倾斜或螺旋光生物反应器，蛇管状光生物反应器。根据操作方法可分为3种：通气或泵混合型光生物反应器、单相反应器（气体交换发生在单一气相界面）、双相反应器（气液相共存）。

一款新型的薄层自流式光生物反应器，是一种很有潜力的微藻大规模培养设备，使用栅藻（*Scenedesmus* sp.）进行中试实验和大规模培养实验，结果表明这种薄层自流式光生物反应器生物质产量和生长速率明显优于跑道池光生物反应器，且耗水量低[24]。

（二）新技术在藻类蛋白合成中的应用

随着技术的进步和对藻类基因组研究的深入，基因工程技术、蛋白质组学技术在藻类蛋白研究中得到了较为广泛的应用。

---

① 注：Reclfield比例即海水中浮游生物体内的碳、氮、磷比例约为106：16：1。

1. 基因工程技术

对于藻类分子水平的研究将有助于更快、更准确地了解各种藻类的特点，得到丰富的基因信息，以便更好地开发性能优异的高产藻类用于工业生产。“藻类植物”作为蛋白质表达平台，藻类表达系统具有极大优势。藻类有着高效的蛋白质表达能力，且其表达系统对于地球经济发展、环境保护具有重要意义。当前世界蛋白质生产主要为植物表达系统。植物表达系统对于土地肥沃程度要求较高且对于土壤中钠离子极为敏感，钠离子引起的渗透压改变会导致植物的生化性质改变。藻类对于高盐度有较强的耐受性，能够在地表众多盐碱地等不适合农作物生长的地区生长。

利用基因工程技术将外源基因引入藻类细胞，可以获得抗性强、生长快的藻类新品种，从而生产特定的蛋白质或其他产物，也可以从藻类中克隆得到具有重要经济价值的目的基因。进行基因工程研究的藻类包括真核藻类（绿藻、硅藻）、原核藻类（蓝藻）、绿藻门、红藻门中的一些藻类。蓝藻是被研究最多的藻类，其优势为：可使用高性价比无机盐培养基、表达产物不易形成包涵体、安全无内毒素。20世纪90年代，研究人员就建立了蓝藻的表达体系，多种外源基因在蓝藻中成功表达，如将固氮酶和氢化酶基因导入蓝藻胞内构建生物产氢系统，以获得大量理想的清洁能源。

藻类蛋白营养丰富，部分具有抗氧化、抗肿瘤、抗病毒活性等，具有很高的应用价值。因此一些重要的藻类蛋白，如藻蓝蛋白、藻红蛋白等基因被克隆并在大肠杆菌、酵母菌中异源表达。

2. 蛋白质组学技术

蛋白质的多样性和蛋白质构象的特殊性质导致蛋白质研究技术相较于核酸水平的研究技术要更为复杂和困难，这些特性参与并直接影响着整个细胞表型和代谢水平。蛋白质组学（Proteomics）是20世纪90年代产生的一种新兴学科，它是生命科学进入后基因组时代的里程碑与核心研究内容之一。蛋白质组学包括蛋白质表达水平的测定与蛋白质互作，它能准确提供基因表达与调控的相关信息，更真实地反映生物体的功能机制。目前，关于蛋白质组学研究的常用方法包括双向电泳（Two-dimensional electrophoresis，2-DE）、质谱技术（MS）、稳定同位素标记方法、非标记定量方法等（表5-15）。

表 5-15 蛋白质组学技术及其标记方式和特点

蛋白质组学技术	标记方式	特点
双向电泳（2-DE）	非标记法	根据胶点灰度值和面积定量蛋白质；低高通量和敏感度低、重复性差
双向荧光差异凝胶电泳（DIGE）	非标记法	引入内标进行校正，定量更准确
细胞培养条件下稳定同位素标记技术（SILAC）	体内标记法	细胞摄入含有同位素的必需氨基酸；标记率可达100%

续表

蛋白质组学技术	标记方式	特点
^{15}N标记（^{15}N hydrazine）	体内标记法	适用于哺乳动物细胞株和原核生物
二甲基标记（Dimethy）	体外标记法	酸性条件下二甲基化反应在肽段*N*末端氨基和*C*末端赖氨酸侧链氨基上速率不同，各同位素有机组合实现肽段样品的多重标记
串联质谱标签（TMT）	体外标记法	通量高，最多可同时分析10组样本
同位素标记相对和绝对定量（iTRAQ）	体外标记法	利用iTRAQ试剂标记多肽*N*末端或赖氨酸侧链基团，可同时比较4种或8种不同样品蛋白质的相对或绝对含量
蛋白质非标记定量技术（Lable free）	非标记法	使用液质联用技术对蛋白质酶解肽段进行分析，比较样品中相应肽段的信号强度进行相对定量

近年来由于高通量技术测序技术的发展和对于藻类基因组和转录组的研究深入，基于高通量技术的非凝胶蛋白质组学技术得到了发展，包括稳定同位素标记技术和蛋白质非标记定量技术。稳定同位素标记技术是蛋白质组学相对定量的经典方法，样品在稳定同位素标记后、质谱分析前混合，一次分析实现差异定量，有效消除了色谱和质谱分析过程中的不稳定性，最大程度减小了定量误差。蛋白质非标记定量组学技术不需要任何昂贵的标记试剂与复杂的样品处理，适合所有类型细胞的翻译后修饰定量。但对纳米液相色谱-串联质谱（Nano-LC-MS/MS）有很大的依赖性，后续数据肽段定量的算法仍有待改进。相比于标记定量技术，非标记定量技术具有更大的优势和前景。

在雷氏衣藻（*Chlamydomonas reinhardtii*）昼夜节律蛋白的研究中，研究人员将雷氏衣藻粗蛋白经亲和层析、2-DE纯化，通过分析2-DE图谱研究蛋白质差异，成功分离受昼夜节律变化影响的蛋白质二硫化物异构酶和三角形四肽重复蛋白，并进行了质谱分析。研究人员通过高通量蛋白质组学研究方法iTRAQ，在螺旋藻中发现了943个与低温胁迫显著相关的蛋白质，这些蛋白质广泛参与胞内光合、碳/氮代谢、转录翻译等生命活动，同时还分析了螺旋藻体内低温胁迫机制，基于蛋白质组学添加锌离子以提高螺旋藻低温胁迫能力。

四、新型藻类蛋白在食品中的应用

目前海洋中可供人类食用的藻类大概有70多种，如紫菜、石花菜、海带等。一般绿藻和红藻的蛋白质含量高于褐藻，大部分用于工业化开发的褐藻的蛋白质含量低于15%（干重），一些绿藻的蛋白质含量为10%～26%（干重）。更高蛋白质含量的藻类为红藻，红藻的有些种类的蛋白质含量可达到47%（干重），高于大豆的蛋白质含量[25]。藻类中含有种类丰富的蛋白质如藻蓝蛋白、别藻蓝蛋白、藻红蛋白等。藻类蛋白既可以作为天然色素用于食品、化妆品、染料等工业，也可制成荧光试剂，用于临床医学诊断和免疫化学及生物工程等研究领域中。另外，还可以制成食品和药品用于医疗保健，应用范围广阔，具有很高的开发、利用价值（图5-3）。以下以藻胆蛋白和螺旋藻为例介绍新型藻类蛋白在食品中的应用。

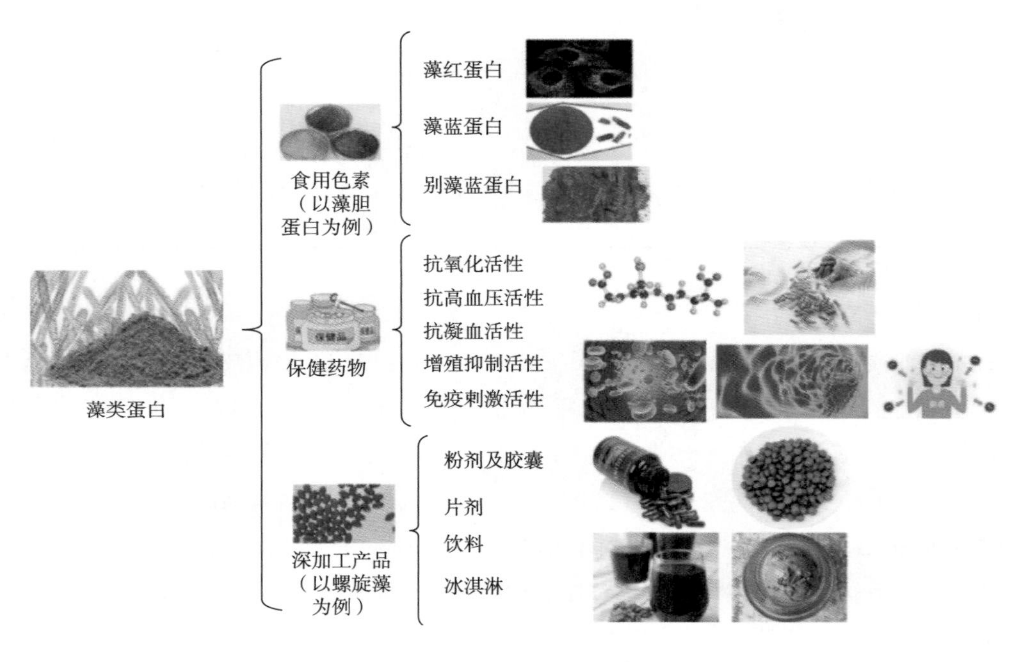

图5-3 新型藻类蛋白在食品中的应用

（一）藻胆蛋白

1. 藻胆蛋白概述

藻胆蛋白（Phycobiliproteins，PBP）是大量出现于红藻、蓝绿藻和隐藻中的捕光色素蛋白，主要包括藻红蛋白（Phycoerythrin，PE）、藻蓝蛋白（Phycocyanin，PC）、别藻蓝蛋白（Allophycocyanin，APC）和藻红蓝蛋白（Phycoerythrocyanin，PEC）4种，藻红蛋白、藻蓝蛋白和别藻蓝蛋白分别呈现红色、蓝色和紫罗兰色的荧光。

藻红蛋白是海藻红色素的主要成分，主要由红藻产生。藻红蛋白占色素蛋白质含量的50%以上，是一种新型荧光标记试剂原料，只出现于红藻和部分蓝藻中，且主要存在于红藻中，如紫球藻、多管藻、珊瑚藻和红毛藻，尤其在多管藻和红毛藻中含量丰富，虽然在这些藻中也有藻蓝蛋白，但是相比藻红蛋白含量比较低。淡水浸泡这些藻即可导致藻体破壁，红色粗蛋白溶液析出。紫菜也可以作为藻红蛋白的提取原藻，采用单细胞藻光生物反应器生产藻红蛋白具有广阔的商业前景。

多数红藻产生的是R型藻红蛋白，R–藻红蛋白是由脱辅基寡聚蛋白与开链的四吡咯发色团共价结合而成，组成寡聚蛋白的亚基有α、β、γ等，通常红藻中的藻红蛋白是以（$\alpha\beta$）$_6\gamma$的形式存在，结合在亚基半胱氨酸残基上的色素分子有藻红胆素（PEB）和藻尿胆素（PUB），由于色素分子的存在，藻红蛋白在可见光区480～570nm波段有较强的吸收，其在498nm和565nm有特征吸收峰，而在540nm有吸收肩或吸收峰，据此把540nm处有吸收肩的称为Ⅰ型，540nm处有吸收峰的称为Ⅱ型。藻蓝蛋白和别藻蓝蛋白是蓝色素的主要成分，主要在蓝藻中存在，尤其是螺旋藻、藻蓝蛋白和别藻蓝蛋白仅有α、β亚基组成，一般认为藻蓝蛋白以（$\alpha\beta$）$_3$和（$\alpha\beta$）$_6$形式存在，而别藻蓝蛋白仅以（$\alpha\beta$）$_6$形式存在。螺旋藻的藻蓝蛋白和别藻蓝蛋白的可见吸收峰分别在620nm和650nm处，室温荧光发射峰分别在646nm和657nm左右。

2. 藻胆蛋白作为食用色素的应用

藻胆蛋白所包含的藻红蛋白、藻蓝蛋白以及别藻蓝蛋白均具有一定的荧光特性，因此藻胆蛋白也是理想的天然色素添加剂。近年来由于合成色素添加剂存在的一些隐患问题，使得寻求天然色素添加剂尤为重要。而藻胆蛋白作为一种蛋白质同时又具有色素特性，深受食品加工业的青睐[26]。藻红蛋白由于有天然的红色，而藻蓝蛋白具有天然的蓝色，别藻蓝蛋白具有天然的紫罗兰色，因此适合作为天然色素添加剂。例如，紫球藻中含有丰富的藻红蛋白，已成为具有较高商业价值的天然色素蛋白，它有很好的着色能力且无毒，在食品软饮料和化妆品中广泛应用。同时，藻蓝蛋白有较高的营养价值，别藻蓝蛋白含有9种人体必需的氨基酸，可以作为食品营养添加剂。因此，对藻胆蛋白在食品和食品添加剂方面的应用研究比较多[25]。日本油墨公司开发了名为Lina BlueA的钝顶螺旋藻（*Spirulina platensis*）藻蓝蛋白产品作为食物色素和化妆品，已在美国和日本广泛销售。

（二）螺旋藻

螺旋藻是一种古老的低等植物，属蓝藻门，外观呈青绿色，显微镜下呈螺旋状，易在25～36℃，pH 9～11环境中生长。它富含优质的蛋白质和人体必需的氨基酸，是目前发现的蛋白质含量较高且品质较好的理想食物资源。它被WHO确定为21世纪人类最佳保健品。目前国内外生产的供人类食用的螺旋藻只有两个种：钝顶螺旋藻（*Spirulina platensis*）和极大螺旋藻（*Spirulina maxima*）。

1. 螺旋藻的营养组成

螺旋藻是一种碱性营养食品，富含人体必需的营养成分，且成分组成比较均衡，尤以蛋白质含量最高。蛋白质中氨基酸的种类齐全，有18种之多[26]，其中必需氨基酸的含量与人类需求含量（FAO）十分接近。表5–16所示为螺旋藻的部分营养成分含量，表5–17所示为螺旋藻蛋白的氨基酸组成。

表 5-16　螺旋藻的营养成分含量　　单位：g/kg 干粉

水分	粗蛋白	粗脂肪	粗纤维	碳水化合物	灰分
50	600	42	41	159	38

表 5-17　螺旋藻氨基酸组成及含量　　单位：g/kg 干粉

氨基酸	含量	氨基酸	含量
赖氨酸	41.7	丙氨酸	51.4
组氨酸	13.8	半胱氨酸	微量
精氨酸	55.0	缬氨酸	42.4
天门冬氨酸	64.5	甲硫氨酸	13.3
苏氨酸	33.7	异亮氨酸	36.8
丝氨酸	33.0	亮氨酸	61.3
谷氨酸	103.0	酪氨酸	25.8
脯氨酸	28.3	苯丙氨酸	29.8
甘氨酸	37.5	色氨酸	6.1

2. 螺旋藻蛋白的典型应用

（1）螺旋藻蛋白在医药中的应用　癌症是发达国家人口死亡的首要原因，发展中国家人口死亡的第二大原因。提高对致癌因素的研究及实施早期诊断治疗有利于预防癌症。来源于螺旋藻蛋白的C-藻蓝蛋白在抑制细胞增殖活性上有重要作用。

C-藻蓝蛋白是从螺旋藻中分离出的高纯度胆素蛋白质。对它进行人类慢性骨髓细胞性白血病细胞株（K562）生长和繁殖测试，结果显示经过50 μmol/L C-藻蓝蛋白处理 48 h后，K562细胞增殖显著减少（减少了49%），将K562细胞在25～50 μmol/L的C-藻蓝蛋白中处理48h，流式细胞仪分析相中显示14.1%～20.93%的K562细胞处于在G0/G1期。另一项研究中，用从螺旋藻中分离出来的C-藻蓝蛋白处理人类肝癌细胞株（HepG2细胞），显示出抗性蛋白-1（MDR-1）多药耐药性的表达下调。体外实验研究表明，C-藻蓝蛋白和B-藻红蛋白具有防扩散和抗肿瘤活性的作用[27]。

（2）螺旋藻在食品领域的应用　螺旋藻被FAO誉为人类未来最理想的食品，现已开发的螺旋藻食品约有50种，如螺旋藻粉剂、胶囊、片剂、速溶冲剂，以及添加螺旋藻的饮料、冰淇淋、糖果、巧克力、饼干、面包等[28]。

螺旋藻虽然富含营养，但有特殊的藻腥味，因而由螺旋藻直接制成的保健食品难以被消费者接受，在生产螺旋藻饮料时，往往添加适量香精或其他成分来掩盖藻腥味，但效果不太理想。经分析，形成藻腥味的主要成分为吡啶类物质、胺类物质和萜类物质。现有的脱除方法有超临界萃取法、真空吸脱法、利用大分子包容法及发酵法。与小球藻相比，虽然螺旋藻易被消化吸收，但其细胞壁的特殊结构仍使人体对其充分消化吸收有一定的困难，在一定程度上降低了螺旋藻的营养价值。另外，螺旋藻饮料在杀菌和储藏过程中容易产生由螺旋藻蛋白引起的沉淀和分层现象，严重影响产品的外观和内在品质，对此可用木瓜蛋白酶来适度降解螺旋藻蛋白质，也可添加稳定剂如琼胶、卡拉胶、羧甲基纤维素钠、海藻酸钠等（其中琼脂的作用最好），使溶液趋于优质稳定。同时采用高压均质法完成破壁，在25.3MPa下均质，绝大部分螺旋藻细胞结构被破坏；在30.4MPa下均质，螺旋藻的细胞结构则完全被破坏。因此，采用25.3～30.4MPa的压力，保证产品的透明度好，无腥味，无沉淀[29，30]。

1. 螺旋藻粉剂及胶囊

螺旋藻收获后，经干燥、杀菌等工艺可制成粉剂[31~33]，此干粉主要以添加剂的形式作为众多食品如汤、酱、面团、快餐和速溶饮料的配料，墨西哥、日本等国将其添加到饼干、面包、酱品中，以提高食品的营养价值。其生产工艺为：

藻种→培养→采收→洗涤→真空过滤→藻浆→加水混合→藻泥→喷雾干燥→藻粉

困扰螺旋藻产业的最大问题是成品藻粉的微生物指标较高[34，35]，从对加工环节的分析可知，微生物污染主要来自洗涤后的步骤。洗涤至加水混合是生产工艺中的关键控制点，洗涤水应达到生活用水标准。同时车间的卫生情况也直接影响到藻粉中的细菌数量。此外，在各个工序的停留时间越长，被污染的可能性就越大，因此要尽量减少在各个工序的停留时间。

2. 螺旋藻片剂

为方便人们食用，螺旋藻常被加工成片剂。药片所需用料为糖、淀粉、填充物、动物组织、防腐剂、安定剂、色素[36~39]，只需极少量的植物型成形剂和天然抗氧化剂。制片时先将颗粒干燥，过10～20目筛，最后压成片。所用成形剂为MgO、$MgSO_4$、$CaCO_3$、$Al(OH)_3$、$CaSO_4$、$CaHPO_4$及它们的混合物；所用的天然抗氧化剂是五味子浸膏、20～70g/kg没食子酸丙酯、二羟基甲苯、*l*–抗坏血酸、植酸溶液或其混合物。制片方法操作简单，适合工业化生产。螺旋藻片剂保留了螺旋藻原有的营养成分和生物活性物质，在越南被用来改善乳汁分泌缺乏或产后乳汁分泌不足；法国、德国将之用于减肥；在美国则被广泛用于补充营养和辅助防治疾病[40]。

3. 螺旋藻饮料

螺旋藻经离心分离、洗涤后，与甜味剂、酸味剂、抗氧化剂和稳定剂等配料混合，制成可口的饮料，其组成成分为螺旋藻5～50g/L，甜味剂10～100g/L，酸味剂0.5～10g/L，植物提取物0.1～50g/L，其余为水[41，42]。甜味剂为蜂蜜、白砂糖、甜味菊；酸味剂为维生素C、柠檬酸；植物提取物为多香果、决明子、陈皮、乌梅。

其生产工艺为：

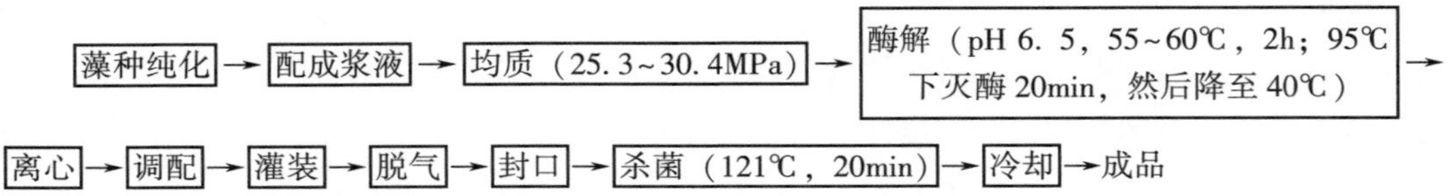

藻种纯化→配成浆液→均质（25.3~30.4MPa）→酶解（pH 6.5，55~60℃，2h；95℃下灭酶20min，然后降至40℃）→离心→调配→灌装→脱气→封口→杀菌（121℃，20min）→冷却→成品

4. 螺旋藻乳酸菌冰淇淋

螺旋藻与乳酸菌结合制成的冰淇淋口感润滑、细腻、营养丰富。其生产工艺为：

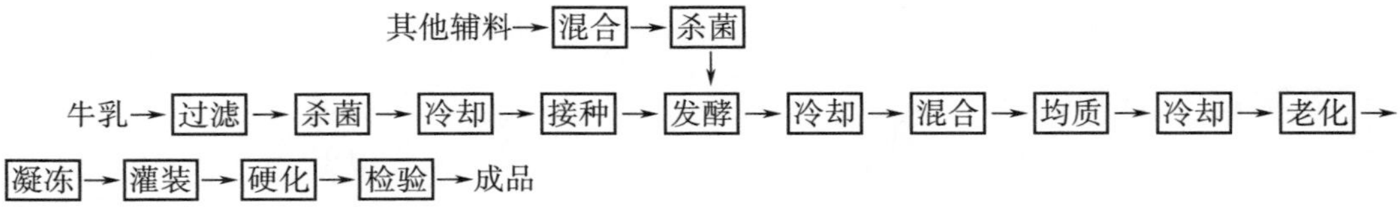

其他辅料→混合→杀菌↓

牛乳→过滤→杀菌→冷却→接种→发酵→冷却→混合→均质→冷却→老化→凝冻→灌装→硬化→检验→成品

第四节 酵母蛋白

分子生物学及基因工程等技术的发展为外源基因在不同细胞中的表达提供了广阔的前景，加速了的合成生物学的发展进程，因此，一系列用于生产重组蛋白的原核和真核底盘被构建起来。在医疗行业中，由于酵母细胞中与人类细胞蛋白中的糖基化过程高度相似，酵母作为一种人源蛋白生产的最佳选择，已经被用作各类蛋白药物的产业化生产。

一、酵母蛋白发展现状

酵母蛋白即从酵母细胞中提取获得的蛋白质。它可以作为补充蛋白质资源进行食用。基于如今迅速发展起来的基因工程、蛋白质工程、微生物发酵工程等新技术，利用微生物发酵实现蛋白质的产业化生产，是工业化大规模生产蛋白质和蛋白质市场的广泛需求，其作为新食品资源有着多样化的应用，如图5-4所示。随着食品安全监管部门对新型食品蛋白质的认可和批准，消费者对新型食品蛋白质的接纳度也得到了大幅提升，促进了新型食品蛋白质行业的飞速发展。

2000年，工业用酶行业的总市场已达到20亿美元。工业用酶行业的主导酶是蛋白酶，约占市场份额的57%，其余工业用酶还包括淀粉酶、糖化酶、木糖异构酶、乳糖酶、脂肪酶、纤维素酶、支链淀粉酶和木聚糖酶。早在20世纪90年代中期，洗涤剂、食品和淀粉加工工业中使用的酶就有超过60%是重组产品。食品和饲料行业是工业用酶的最大客户。超过一半的工业用酶是由酵母和霉菌制成的，除此之外，细菌产生的约占30%，动物和植物产生的分别占8%和4%。酶在催化制备抗生素和其他次生代谢物的微生物形成的反应中也起着关键作用。常见的酵母生产菌株为酿酒酵母和毕赤酵母，此外，研究人员在其他非常规酵母中开发出了异源蛋白表达的“人源化”菌株，对其的研究也越来越多。

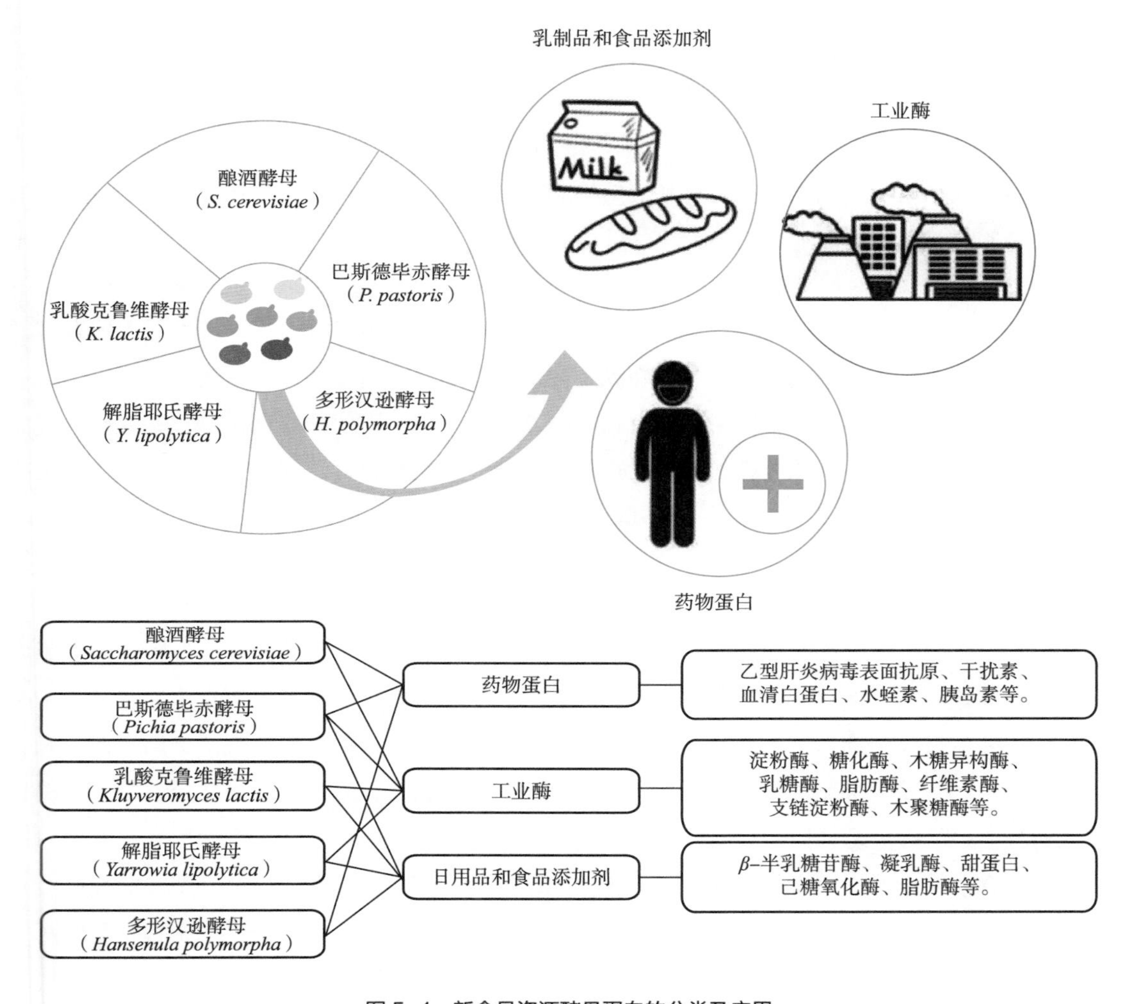

图 5-4　新食品资源酵母蛋白的分类及应用

二、新型食品蛋白质表达系统的构建规范和要求

利用基因重组技术在微生物中表达异源蛋白是现代生物技术开发和利用的热点。取代了昂贵的提取过程，人们可以从廉价的培养基中生产特定的生物活性蛋白，同时也简化了分离纯化等下游工程，用更低的成本生产更高价值的特定蛋白质。用于表达异源基因的宿主细胞系统通常是原核或真核系统，两者都有固有的优点和缺点。只有考虑到目的蛋白的产率、生物活性、生产目的和理化特性，以及系统本身的成本、便利性和安全性，才能选择出最佳的表达系统。

来自食品级表达系统的蛋白质同时也被广泛应用于食品以及食品相关产品。基因工程菌在工业方面的应用正在不断进步和发展，但是这些工程菌株在食品相关产业中的应用还存在一些问题，例如，大肠杆菌蛋白表达一般需要用异丙基-β-d-硫代半乳糖苷（Isopropyl-β-D-thiogalactopyranoside，IPTG）作为诱导物，来实现关键蛋白基因的诱导表达，然而IPTG是一种致畸致突变的化学物质，在大规模的工业生产过程中，大剂量添加IPTG无疑存在巨大的安全隐患。工业酵母菌中使用的G418标记等抗生素抗性标记，都存在抗生素造成的微生物耐药性问题。由此，食品级基因工程表达系统的概念被定义为一套包括宿主和表达载体在内的安全、完整的表达系统，这个表达系统涉及材料、技术和菌株（食品级的微生物CRAS）。

达到食品级安全标准的新型食品蛋白质需要一个安全的生产过程，对生产系统也有严格的规范和要求：①宿主微生物必须是没有耐药性标记的食品安全型菌株，不产生对人体有害的毒素，作为一种持续的遗传工具可以在人体内保持稳定；②宿主菌株及其表达载体仅包含来自食品安全微生物的材料，同时严格把控异源基因的使用，不使用非食品安全基因；③对于重组蛋白表达过程，外源营养物和诱导剂的添加也应该是符合食品安全要求的材料；④用于食品和医学领域的重组蛋白需要食品级的表达系统，包括具备食品级安全性的宿主、载体、分泌和纯化过程。

自从规范的食品级表达系统要求被提出后，近年来关于食品级基因工程表达系统的研究日益增多。大分子质量的蛋白质通常在真核系统中表达，而小分子质量的蛋白质则适合在原核系统中表达。对于便宜、简单、快速的蛋白质生产往往可以选择大肠杆菌作为表达宿主。而对于需要糖基化修饰，蛋白质折叠精确度高及结构复杂的蛋白质生产，适合选用真菌、哺乳动物细胞或杆状病毒系统。此外，对于富含硫的蛋白质和需要翻译后修饰的蛋白质，相比于大肠杆菌，酵母更适合作为首选。

酵母在众多表达系统中脱颖而出是因为它的优异特质。低廉的营养要求、菌体的快速生长、高产量、大规模高密度的发酵水平、成熟的工艺均有利于工业化的生产。目前最常用的两种酵母分别是酿酒酵母和毕赤酵母。酵母表达系统除了具有许多优于其他蛋白表达系统所不具备的特质，也存在一些固有缺陷，如一些人源的蛋白质分子、细胞因子往往在酵母中表达量很低，且表达产物容易形成多聚体或被蛋白酶降解，产生的过度糖基化修饰会导致免疫原性等。除了酿酒酵母，另一些非常规酵母表达系统的开发和研究也受到研究人员的关注，其中包括两种甲醇营养型酵母（毕赤酵母和多形汉逊酵母）、芽殖酵母属的乳酸克鲁维酵母、裂殖酵母属的粟酒裂殖酵母和两个二相型酵母（*Arxula adeninivorans*和解脂耶氏酵母），通过挖掘这些非常规酵母各自的优势和劣势，可以生产不同类别的食品蛋白质。

三、酵母蛋白表达宿主

具有生物功能的异源蛋白的有效生产得益于选择合适的表达宿主，一个优秀的外源蛋白表达系统的构建需要注意以下几点关键因素：①异源表达宿主菌需要具有一定的折叠和翻译后修饰功能；②合适的载体（游离型或整合型）、适合强度的启动子（组成型、诱导型或阻遏型）和选择性标记（非耐药性标记）；③异源基因需要根据宿主菌进行密码子优化；④蛋白质标签的添加用于有效的蛋白质表达检测；⑤信号肽的选择是引导蛋白质靶向性分泌的重要因素；⑥宿主自身的蛋白酶是引起重组蛋白降解的主要原因；⑦优化的发酵条件（培养基、温度、pH和通气量等）[43]。

目前常见的蛋白质表达系统有原核表达系统和真核表达系统。前者主要包括大肠杆菌表达系统和枯草杆菌表达系统，后者一般包括酵母表达系统、昆虫/杆状病毒表达系统、哺乳动物细胞表达系统以及新兴的转基因植物表达系统等。大肠杆菌作为一种成熟的原核表达系统，虽然遗传背景清晰、操作简便，但缺乏翻译后的修饰和加工，生产效率很低，且产物容易形成包涵体，为后续的分离和纯化增加了难度，往往不适合用于来源于高等生物的复杂蛋白的生产。与原核生物的分泌途径相比，真核生物细胞中存在更为高级的细胞器，蛋白质分泌过程也更为复杂。真核系统中蛋白质分泌的途径主要为内质网–高尔基途径，此过程需要蛋白质在信号肽的引导下通过内质网膜转运来实现。植物和哺乳动物细胞表达系统存在操作复杂、成本高、耗时长及外源基因不能持久、稳定地表达的问题。真核系统中，酵母表达系统既有原核生物操作简单、成本低廉的优势，又具有真核生物加工复杂蛋白的能力。此外，酵母菌还具有广泛的底物范围，稳定的基因整合能力，无内毒素、致癌物和病毒等诸多优势。作为生物合成和平台中异源蛋白合成的强有力工具，酵母拥有各种载体、启动子和选择性标记以供选择，这给予了酵母表达各种外源蛋白的实验操作性和工业可行性。

随着基因工程技术的进步和工业发酵技术的发展，根据生产需求和目标产物的特性，可以对酵母表达系统进行合理改造，有望设计出更符合成本效益的表达系统，以满足日益增长的工业化需求。此外，基于质粒的系统需要选择性标记和培养基，对于工业应用来说过于昂贵，因此，基因组整合通常是确保群体中通路稳定性和同质表达最好的方法。表5-18所示为常见的三种酵母蛋白表达宿主：酿酒酵母表达系统、毕赤酵母表达系统乳酸克鲁维酵母系统。

表 5-18 酵母蛋白表达宿主的特点及概况

菌种	菌株特点	生产的蛋白质及其特点
酿酒酵母（*S. cerevisiae*）	①公认安全的（GRAS）生物； ②适用于经典遗传学又适用于现代重组DNA技术通用载体系统； ③通用载体系统（附加的、整合的、拷贝数调节的）可用； ④广泛的突变菌株； ⑤成熟的发酵和下游加工； ⑥具有α-1,3-甘露糖基的高甘露糖基化	生产一些适合人源化糖基化的治疗蛋白［如胰岛素、乙型肝炎表面抗原、粒细胞巨噬细胞集落刺激因子（GM-CSF）］

续表

菌种	菌株特点	生产的蛋白质及其特点
毕赤酵母（*P. pastoris*）	①公认安全的（GRAS）生物； ②严格调控的甲醇诱导型AOX启动子； ③允许高稀释率和高生物量产量； ④整合载体的开发有助于重组元件的遗传稳定性； ⑤在廉价培养基上以高细胞密度（高达150g/L DCW）快速生长； ⑥成熟的商业载体系统和宿主菌株； ⑦与酿酒酵母相比，高糖基化程度较低； ⑧没有末端α-1,3-甘露糖基	生产一些糖基化程度低的医药蛋白和工业用酶（如人血清白蛋白、血小板源生长因子、脂肪酶）
乳酸克鲁维酵母（*K. lactis*）	①公认安全的（GRAS）生物； ②允许发酵过程中的高稀释率和高生物量产量； ③非常高的细胞密度（>100g/L DCW）； ④整合型和附加型表达载体； ⑤易于使用的乳酸链球菌蛋白表达试剂盒； ⑥无甘露糖磷酸酯	生产一些乳制品相关的蛋白质，用作食品级蛋白酶和食品添加剂［如乳糖酶（β-半乳糖苷酶）、牛凝乳酶、甜蛋白］

（一）酿酒酵母（*Saccharomyces cerevisiae*）

自1981年酿酒酵母首次表达人干扰素获得成功后，酿酒酵母被用于多种原核和真核蛋白的表达。作为一种研究最透彻的模式真核微生物，酿酒酵母是首个全基因组测序的真核微生物，具有许多遗传、表型与生化数据库，以及许多菌株和突变体。酿酒酵母属于食品级安全微生物。近些年，发展起来了很多基于酿酒酵母表达系统的途径组装工具、代谢途径调控手段、基因编辑技术等，进一步促进了酿酒酵母作为合成生物学研究理想底盘生物的应用。

由于酿酒酵母GRAS生物体的地位、遗传易处理性和遗传工程工具的可用性，作为一种工业微生物，酿酒酵母已经成为商业规模生产生物分子的优良生物体。基于酿酒酵母兼具好氧和厌氧生长，拥有与高等真核生物共同的分子、遗传和生化特征，以及可同化多种碳源、鲁棒性强等特点，研究人员已经开发出一系列适合大规模工业发酵（>100m^3）的成熟发酵设施，用于开发各类商业化产物，比如能源化工、酿造、医疗和食品等方面的产品，证实了酵母表达系统的商业潜力。

酿酒酵母的蛋白质表达水平较高，可以生产分子质量大于50ku的蛋白质。市售的来源于酿酒酵母的产品包括胰岛素、乙型肝炎表面抗原、尿酸氧化酶、胰高血糖素、粒细胞巨噬细胞集落刺激因子（GM-CSF）和血小板源生长因子[44, 45]。

酿酒酵母生产食品蛋白质的优势：①安全无毒；②在酿造和食品发酵中的应用历史悠

久；③清晰的遗传背景和分子生物学背景；④低成本的培养工艺；⑤较高的生长速率和产物积累水平；⑥拥有类似于许多哺乳动物蛋白的正确翻译和修饰能力。

酿酒酵母生产食品蛋白质的劣势：①难以高密度培养；②游离表达质粒不稳定；③自身蛋白糖基化程度高，容易导致表达的外源蛋白过度糖基化；④缺乏强有力的启动子，外源蛋白分泌效率低等缺点限制了其商业化应用，阻碍其产品上市数量的提升。

前人对酿酒酵母的优化已经做了大量的工作。研究人员找到了一系列酿酒酵母表达系统的启动子，常见的如组成型启动子TEF1和TDH3，诱导型启动子GAL1和GAL10。诱导型启动子通常受半乳糖诱导，而半乳糖作为一种价格较高的碳源被酵母利用，会影响基因诱导表达的效果，因此难以实现大规模工业生产。因此，寻找更多有效的启动子是促进系统表达效率提升的关键。此外，由人工合成的*α*-交配因子的前导肽有着与酵母自身的前导肽类似的活性，适用于大多数异源蛋白的分泌表达。随后，目的蛋白从内质网运输到高尔基体，再转运到囊泡中，在此过程中Sly1P、Sec1P是在促进蛋白正确分泌中起到重要作用的关键蛋白质。总之，酿酒酵母底盘的改造不仅涉及一系列关键基因的改造，还涉及启动子、信号肽和分泌过程相关基因的共同协调来提高异源蛋白的表达。

（二）毕赤酵母（*Pichia pastoris*）

毕赤酵母是过去几年生物生产领域中不可或缺的一部分，在未来生物合成领域的发展中具有重要意义。毕赤酵母在氧气充足时能快速生长，通过连续培养可形成很高的细胞密度，其分泌的蛋白质更接近天然蛋白质的构象和活性。作为一种甲醇营养型酵母，毕赤酵母具有强调控表达能力和一定的蛋白修饰等特点，为重组蛋白在毕赤酵母中的表达提供了更容易和更快速生产大量蛋白质的可能性。毕赤酵母发酵成本低，分离纯化过程简单，适合应用于大规模工业化发酵生产。作为一个较为理想的蛋白质表达系统，目前已有500多种外源蛋白在毕赤酵母中获得表达，主要用于药物和工业用酶的生产[46]。

毕赤酵母生产食品蛋白质的优势：①可以在含有甲醇的培养基上快速生长，具有强有力的醇氧化酶基因（*AOX*）启动子。相对于酿酒酵母，毕赤酵母不以糖类为主要碳源，而是以更廉价的甲醇为碳源，高密度培养过程中不会受到乙醇的反馈抑制；②可进行胞内分泌表达外源蛋白，倾向于将蛋白质分泌出体外，包括一些高分子质量的蛋白质，而酿酒酵母则偏向于将蛋白质留在外周胞质中；③糖基化程度比酿酒酵母更低。毕赤酵母中*N*-高甘露糖寡糖的链长通常为20个残基，而在酿酒酵母中为50～150个，毕赤酵母不产生*α*-1,3-甘露糖基，抗原性低，更适合临床应用。

毕赤酵母生产食品蛋白质的劣势：AOX1是毕赤酵母中最常用的诱导型启动子，能够严格调控外源基因的表达。但是AOX1启动子依赖于甲醇诱导，甲醇有毒且易燃易挥发，不适用于食品生产，因此在工业生产中具有安全隐患。

在医药蛋白领域，已有胰岛素、乙肝表面抗原、人血清白蛋白、表皮生长因子等多种蛋白质使用毕赤酵母表达，并实现商品化制备。在工业用酶制剂领域，也有许多酶制剂包括植酸酶、脂肪酶、甘露聚糖酶、木聚糖酶等也可以利用毕赤酵母实现产业化规模的生产。

对毕赤酵母表达系统的优化集中在减少对底物甲醇的依赖上，大量的研究已经对毕赤酵母进行了启动子改造，使其在缓慢利用甲醇或不利用甲醇诱导的启动子严格诱导的条件下，仍然能够获得高转录效率和蛋白质生产效率。已经优化后的菌株包括在含有甲醇的培养基上生长迅速的Mut^+、甲醇利用缓慢型Mut^S和不利用甲醇的Mut^-，还有一些避免分泌型表达的外源蛋白降解的蛋白酶缺失型菌株等。常用的启动子为需要甲醇诱导的AOX1启动子和不需要甲醇诱导的GAP启动子。酿酒酵母的α-交配因子信号肽（α-MF）、蔗糖酶信号肽（SUC2）和酸性磷酸酶信号肽（PHO1）等也可以作为毕赤酵母常用的信号肽。

（三）乳酸克鲁维酵母（*Kluyveromyces lactis*）

乳酸克鲁维酵母是少数可以利用乳糖作为碳和能量的唯一来源的酵母物种之一，可以从乳制品中分离出来，已经完成了基因组测序，主要用于乳制品生产。自1950年开始，乳酸克鲁维酵母就已被用于在食品工业中生产乳糖酶（β-半乳糖苷酶）和异源表达牛凝乳酶，并被FDA确定为是安全的，同时我国原卫生部也在1998年将其列入GB 2760《食品安全国家标准 食品添加剂使用标准》中。主要用于生产β-半乳糖苷酶、葡糖淀粉酶、木聚糖酶等食品酶类，其中β-半乳糖苷酶已经实现了商业化生产。

乳酸克鲁维酵母生产食品蛋白质的优势：乳酸克鲁维酵母具有广泛的底物利用范围，如葡萄糖、乳糖或乳清、淀粉等，能够以安全无毒的乳糖作为底物和诱导剂，能有效地诱导LAC4强启动子驱动异源基因的调控，从而进行高分子质量蛋白质的分泌和表达。与酿酒酵母不同，乳酸克鲁维酵母的己糖通过戊糖-磷酸途径代谢，而酿酒酵母主要依靠糖酵解。乳酸克鲁维酵母的蛋白质翻译后修饰较酿酒酵母的糖基化程度低。与毕赤酵母类似，乳酸克鲁维酵母允许发酵过程中的高稀释率和高生物量产量。

乳酸克鲁维酵母生产食品蛋白质的劣势：①目前乳酸克鲁维酵母可使用的启动子不足；②乳酸克鲁维酵母中常见的外源基因整合方式以基因组整合为主，如最常见的pKD1等，其游离型表达载体的应用较少，这是因为游离型质粒容易丢失，稳定性差，不适用于工业化生产。常用的整合位点包括营养缺陷型基因位点、rDNA重复序列和LAC4启动子区域等基因组整合。

对乳酸克鲁维酵母的优化逐渐增多，虽然对乳酸克鲁维酵母系统背景的研究不如酿酒酵母清晰，但是作为一种非传统酵母，乳酸克鲁维酵母在乳制品生产上有着独特的优势，已经受到越来越多的关注。目前，市面上已经有了基于pKLAC质粒的商业化蛋白表达试剂盒，同时在最新的报道中，也有了基于乳酸克鲁维酵母的基因编辑技术，说明了这种酵母作为蛋白质表达底盘的巨大潜力。

（四）其他酵母蛋白表达宿主

1. 解脂耶氏酵母（*Yarrowia lipolytica*）

解脂耶氏酵母具有大规模分泌高分子质量蛋白质的能力，可以通过类似于高等真核生物的共翻译转运途径分泌蛋白质，可用于生产α-淀粉酶，脂肪酶、蛋白酶、淀粉酶、甘露聚糖酶和漆酶。

2. 粟酒裂殖酵母（*Schizosaccharomyces pombe*）

粟酒裂殖酵母具有和高等真核生物相似的特性，如可以调控细胞周期、转录起始RNA剪接和RNA干扰（RNAi）途径。它的高尔基体结构在形态学方面界限清楚，糖蛋白可以被半糖基化，控制糖蛋白折叠机制的能力比酿酒酵母更接近于人类。基于这些原因，粟酒裂殖酵母目前被认为是表达哺乳动物蛋白最具潜力的表达系统。

3. *Arxula adeninivorans*

*Arxula adeninivorans*最高耐受温度为48℃，菌丝体时期能获得比出芽生殖期更高浓度的蛋白质。它是单倍体，无致病性，可以利用多种复杂的化合物作为其碳源和能源，包括正烷烃和淀粉，具有耐热性和耐盐性，可以生产RNA酶、蛋白酶和各种葡糖苷酶，如葡糖淀粉酶、β-葡糖苷酶、以及果胶酶、木糖苷酶、酸性磷酸酶、海藻糖、纤维二糖、蔗糖酶和植酸酶等。

四、酵母蛋白高效表达策略

（一）蛋白质在酵母中的分泌表达途经

酵母中的蛋白质翻译存在两条典型途径：共翻译转运途径和后翻译转运途径。

1. 共翻译转运途径

蛋白质向内质网的转运可以发生在共翻译时（核糖体偶联）。当核糖体上蛋白质的合成仍在进行时，蛋白质*N*端的信号序列刚一合成就被信号识别颗粒（SRP）识别形成核糖体-蛋白质-SRP复合物，此时蛋白质的翻译暂时停止，复合物与内质网膜上的SRP受体结合，并通过翻译后跨内质网膜转运所必需的Sec转运复合物（Sec运转复合物由Sec61、Sbh1、Sss1、Sec62、Sec63、Sec71和Sec72组成）的水溶性通道将新生蛋白质拖入内质网膜，分泌蛋白的信号肽被Sec62-63复合体中的Sec62p识别，再与Sec61p结合，在Kar2p等内质网伴侣的帮助下进入内质网中。此过程由信号肽酶复合物（SPC）特异性切割蛋白质内*N*端的信号肽[40]。

2. 后翻译转运途径

转运可以发生在翻译后（核糖体非偶联）。蛋白质在核糖体中的翻译首先在细胞质中完成，再由信号肽引导新生蛋白质通过Sec转运复合物以同样的方式进入内质网膜中。但是新生蛋白质不一定都有正确的活性，因此一系列细胞质伴侣和内质网腔内伴侣蛋白通过稳定未折叠的多肽链来帮助这一过程。

蛋白质的正确构象是影响蛋白质分泌的关键因素。一些未能形成正确构象的多聚体蛋白质由于疏水作用形成大分子聚集体，不能在信号肽的引导下进入转运复合物通道，此过程中细胞质分子伴侣（如Ssa1和Ydj1）能够帮助蛋白质正确地进入内质网，否则这些蛋白质将不能形成正确的转移状态，滞留在细胞质中随后被降解。而进入内质网后的蛋白质也需要一些内质网伴侣来协助蛋白质形成具有活性的构象。一方面未正确折叠的蛋白质可以在内质网伴侣（如PDI和Kar2，Lhs1和Sil1）的帮助下重新形成正确构象，然后顺利完成内质网分泌；另一方面，错误折叠的蛋白质的积累会导致内质网的未折叠蛋白质反应（UPR），合成的目的蛋白进入内质网相关蛋白质降解途径（ERAD），经过细胞质泛素化后经蛋白酶体处理并降解。酵母蛋白分泌途径如图5-5所示。

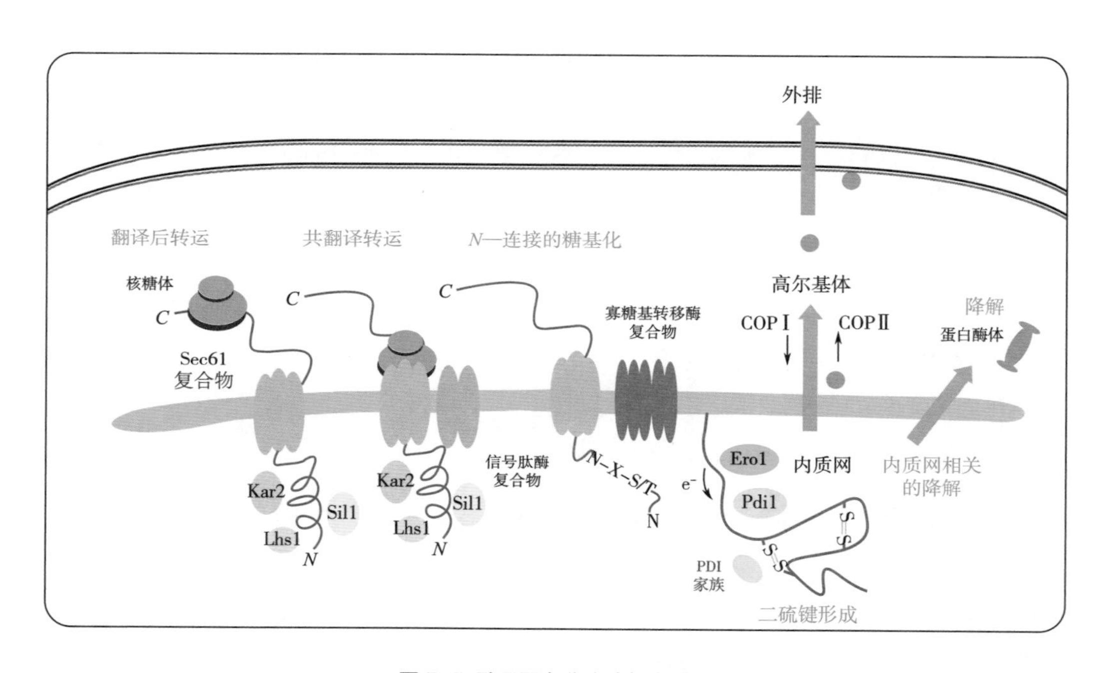

图 5-5 酵母蛋白分泌途径内质网

1. 信号肽的识别

在翻译过程中，信号肽与信号识别蛋白的结合能力是影响翻译途径的重要因素。信号肽是引导异源蛋白转运的第一步，当信号肽与信号识别蛋白结合能力较强时，信号肽能够引导核糖体-蛋白质-SRP复合物的内质网转运，进入翻译共转录途径；当信号肽与信号识别蛋白的结合能力较弱时，允许蛋白质在核糖体中翻译完成后再进入内质网，进入翻译后翻录途径。酵母表达系统中最常使用的α-交配因子（α-factor）就是适合翻译后转录途径的信号肽，对信号肽要求不高的翻译后转录途径更适用于异源蛋白的表达。通过比较毕赤酵母中分泌蛋白使用的α−交配因子与其他6种信号肽对巴西甜蛋白（Brazzein）分泌表达的影响，发现鸡溶菌酶信号肽能获得最高的Brazzein产量[43]。在解脂耶氏酵母中使用preproLIP2分泌信号表达的重组木聚糖酶拥有最高的活性，达到180U/mL[44]。

2. 糖基化作用

在酵母细胞中，多肽链在转运过程中除了正确的信号肽切割，还会经历*N*−糖基化或*O*−糖基化。在*N*−糖基化过程中，信号肽被切割之后，寡聚糖基转移酶（OST）催化14个糖的核心寡聚糖与多肽上的Asn−X−Ser/Thr（X代表任何一种氨基酸）位点连接形成新生糖蛋白。在*O*−糖基化过程中，甘露糖残基通过蛋白质*O*−甘露糖基转移酶（Pmts）连接到在多肽的丝氨酸/苏氨酸氨基酸上，例如酿酒酵母中就存在一系列Pmts，因此其异源蛋白的分泌常常具有高度的糖基化。蛋白质糖基化的修饰也是影响蛋白质构象的重要因素，并且影响着蛋白质的分泌量与表达量。与大肠杆菌相比，毕赤酵母中存在的*N*−连接的糖基化使得产物免疫反应性更高。研究人员通过定点诱变创建了6个去除糖基化位点的L−ASNase突变体，发现三重突变L−ASNase（3M）能够将L−ASNase生物活性恢复到显著水平并在酵母周质空间中积累，在人血清中表现出更高的稳定性[45]。

3. 聚糖修饰途径

最初的14−残基*N*−连接的核心寡糖前体（$Glc_3Man_9GlcNAc_2$）被整体连接到新生多肽上，然后被葡糖苷酶Ⅰ（Gls1/Cwh41）和葡糖苷酶Ⅱ（Gls2/Rot2）酶快速处理，以去除3个末端葡萄糖残基并生成$Man_9GlcNAc_2$；然后两种内质网定位的甘露糖苷酶（Mns1和Htm1），去除$Man_9GlcNAc_2$寡糖连接的结构中的末端甘露糖残基，以处理末端错误折叠的蛋白质。

4. 蛋白质的折叠和二硫键的形成

Ire1、*Hac1*和*Rlg1*是内质网压力条件下未折叠蛋白质反应（UPR）的必要基因。*Hac1*是一种UPR靶基因的有效转录激活因子，而*Ire1*和*Rlg1*能促进成熟的*Hac1*蛋白质的编码和表达。目前的模型表明*Ire1*内腔结构域与*Kar2*和未折叠的蛋白质相互作用来感知蛋白质折叠状态，以处理末端错误折叠的蛋白质。除了*Kar2*，还已知UPR诱导的其他内质网折叠成分，包括*Pdi1*和*Eug1*等。此外，还有*Jem1*、*Lhs1*、*Scj1*和*Ero1*等参与内质网蛋白质折叠的基因被鉴定为UPR靶标。

蛋白质的二硫键形成是在内质网腔中形成的。在新生肽转移到内质网腔后，含有硫氧还蛋白样结构域的二硫键异构酶家族能够催化二硫键的形成、还原和异构化，以促进蛋白质的正确折叠[46]。大肠杆菌可能会产生错误折叠的构象复杂的蛋白质，这些蛋白质通常无活性或以包涵体蛋白的形式存在，而酵母有利于蛋白质二硫键的形成和适当的糖基化。在酿酒酵母中，外源蛋白的过表达往往加重内质网的负担，而浓度相对较低的分子伴侣如*PDI*和*Kar2*等难以满足大量的异源蛋白正确折叠的需求，从而导致外源蛋白在酵母体内的积累和降解，最终导致表达和分泌水平降低。

蛋白质二硫键异构酶（PDI）是真核细胞中普遍存在的一种二硫键异构酶，利用其氧化还原状态，既有帮助新生肽折叠形成二硫键的功能，同时也有调整错误二硫键异构的功能。另外，蛋白质分子的糖基化也有助于蛋白质分子的正确折叠。酵母中的PDI，在必要的巯基氧化酶Ero1存在下，通过Ero1、PDI和底物蛋白质之间的电子转移，促进底物蛋白质中二硫键的形成[47]。在重组无细胞反应中，在FAD的帮助下，Ero1可以利用分子氧作为电子受体，驱动PDI和底物蛋白质氧化。除了PDI，酵母的内质网中还存在其他4种非必需蛋白质二硫键异构酶同源物：Mpd1、Mpd2、Eug1和Ep1。Mpd1有Eug1突变形式的过度表达可以部分补偿Pdi1的损失。此外，有报道表明，Pdi1能与钙联接蛋白（Cne1）和伴侣蛋白重链结合蛋白Kar2，以及甘露糖苷酶（Htm1）等内质网折叠相关原件相互作用，从而引导蛋白质分子进入折叠形式或进入降解途径。在毕赤酵母共表达PDI使ApV1（大肠杆菌中AppA植酸酶一个热稳定变体）的产量增加了约12倍，干扰素β-人血清白蛋白（IFNβ-HSA）融合蛋白表达量提高了60%[48]。

5. 蛋白质的降解

内质网是异源蛋白折叠和糖基化的场所，也是蛋白质质量控制的主要场所。酵母中未折叠蛋白响应（UPR）通过内质网中未折叠蛋白质水平的增加而被激活。错误折叠和未组装蛋白质的内质网相关降解（ERAD）过程通过一系列途径进行，这些途径将靶向蛋白质从内质网中移除，用于细胞质中泛素和蛋白酶体依赖性降解，ERAD过程被认为在内质网稳态和细胞生理学中起关键作用。Kar2在ERAD过程中也发挥着重要作用[49]。

6. 内质网的分泌

异源蛋白经过一系列折叠和修饰之后，通过囊泡介导的运输方式进入分泌途径，穿过细胞质，并与下游细胞器融合。内质网衍生的囊泡是由COPⅡ外壳蛋白复合物产生的，其外壳承担着从平面供体膜产生球形运输囊泡和用合适的分泌蛋白填充新生囊泡的双重任务。当COPⅡ囊泡从内质网膜释放后被引导至高尔基受体膜，完成内质网-高尔基体的转运[50]。

（二）动态调控在酵母蛋白生产中的应用

动态调控系统主要分为两类：人工诱导的动态调控和细胞自主诱导的动态调控。人工诱导的动态调控是指在人工控制的物理或化学信号刺激下，利用响应该信号的启动子等元件调控代谢途径下游基因的表达。主要的诱导方式有光诱导、温度诱导、化学诱导剂诱导。

细胞自主诱导调控系统是指细胞内代谢物水平或者细胞密度改变时产生的特殊信号，诱导细胞自主地实现基因持续动态调控，以适应体内外代谢环境的变化。主要的诱导方式有胞内代谢物响应系统和群体感应系统。利用响应代谢物浓度来设计和或者响应细胞密度的识别元件构建群体感应系统，可以实现目标基因的动态表达。在酿酒酵母中有一种高种群密度下自主触发基因表达的动态调控回路，并与RNA干扰（RNAi）模块连接以实现目标基因沉默[51]。通过改变细胞中α-信息素的浓度调整正反馈状态下的群体感应，通过对RNA干扰（RNAi）系统的诱导，降低了丙酮酸激酶的表达，最终提高了对羟基苯甲酸（PHBA）的产量。

（三）高通量筛选在酵母蛋白生产中的应用

高通量筛选技术被用于大规模细胞的筛选，常见的高通量筛选方法基于不同的筛选方式分为：①基于颜色或荧光的高通量筛选。适用于带有颜色或有荧光代谢产物的菌株的筛选，通过直观的颜色辨认即可实现筛选。②基于细胞生长的高通量筛选。适用于细胞生长密度与代谢产物浓度具有偶联关系的菌株的筛选，可以直接通过菌株生长密度来反映产物产量。③基于生物传感器的高通量筛选。适用于细胞中存在具有响应能力的小分子物质，经过传感器的精确设计，将其转换成易于检测的生物信号，从而通过信号强度来筛选菌株。④基于液滴微流控平台的高通量筛选。适用于在独立的微环境中检测单个细胞生产产物的能力，结合显微镜捕捉细胞表型与荧光信号，是一种高通量、高精度、低成本的细胞筛选平台[52]。

应用在酿酒酵母中的丙二酰辅酶A传感器使用经过改造后的细菌转录因子FapR及其相应的操纵子fapO来测量细胞内丙二酰辅酶A水平，通过将该传感器与全基因组过表达文库相结合，确定了两个可提高细胞内丙二酰-CoA浓度的新基因靶标，进一步利用得到的重组酵母菌株从丙二酰-CoA中生产有价值的化合物3-羟基丙酸，其产量提高了120%[53]。

目前，随着各种基于生物合成平台而发展起来的工程技术的交叉互联，偶联利用各种生物技术减轻了人力资源的使用，加快了工业微生物底盘构建的速度，提高了生物合成平台的发展进程（图5-6）。

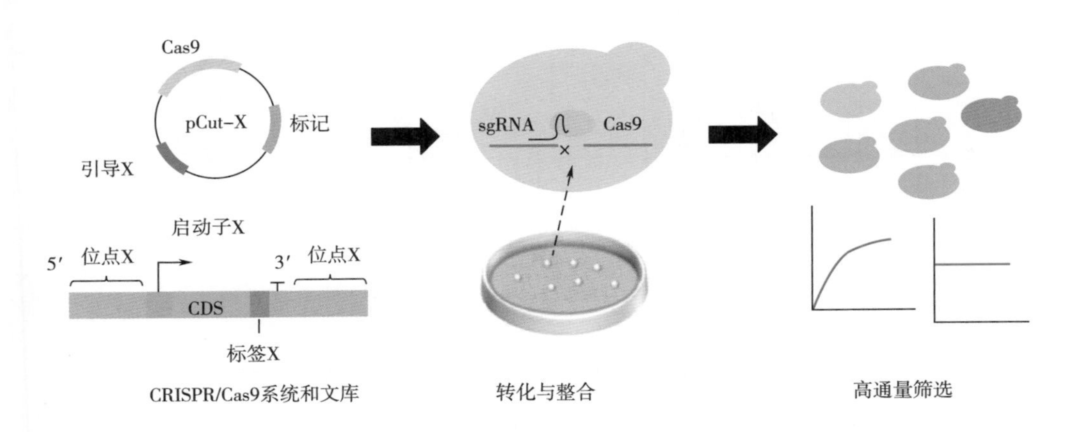

图5-6 基因编辑与高通量技术结合实例图

pCut-X：编辑质粒X；CDS：基因编码序列。

五、新型食品级酵母蛋白

（一）甜蛋白

近些年来，随着人们生活质量和消费观念的提高，对热量更低、更健康的食品的需求越来越大。传统的甜味剂主要是蔗糖一类高热量的糖类，但是糖类带来的肥胖、龋齿和高血糖相关疾病使得开发替代甜味剂越来越受到人们的关注。已开发的非糖类甜味剂主要有糖醇类、人工合成甜味剂和甜蛋白等。

甜蛋白是一类具有甜味的蛋白质，并且天然的甜蛋白在自然界中很早就被人发现了。甜蛋白主要存在植物的果实和种子中，目前有已知的甜蛋白有奇异果甜蛋白（Thaumatin）、喜茵果甜蛋白（Monellin）、马槟榔甜蛋白（Mabinlin）等7种甜蛋白。大量的研究被用于甜蛋白的纯化、表征以及生物合成。特别是奇异果甜蛋白，早在1983年就被英国监管机构批准为安全的食品成分，并且实现了商业化，被应用到饲料、食品和医药行业中。从天然提取到生物合成，重组甜蛋白的发展模型可以作为一个很好的例子来阐释生物合成技术对食品蛋白质的合成重要作用[54]。

从天然植物中提取奇异果甜蛋白需要经过复杂的提取工艺，并且要耗费大量的能源和人力，但是通过微生物合成的方式，在工业微生物中表达奇异果甜蛋白基因能够以低成本来获得高产量。自从奇异果甜蛋白被分离纯化并解析了基因序列以后，被先后用于大肠杆菌、酿酒酵母和毕赤酵母中进行异源表达。从天然植物提取到微生物生产重组奇异果甜蛋白的发展过程如图5-7所示。

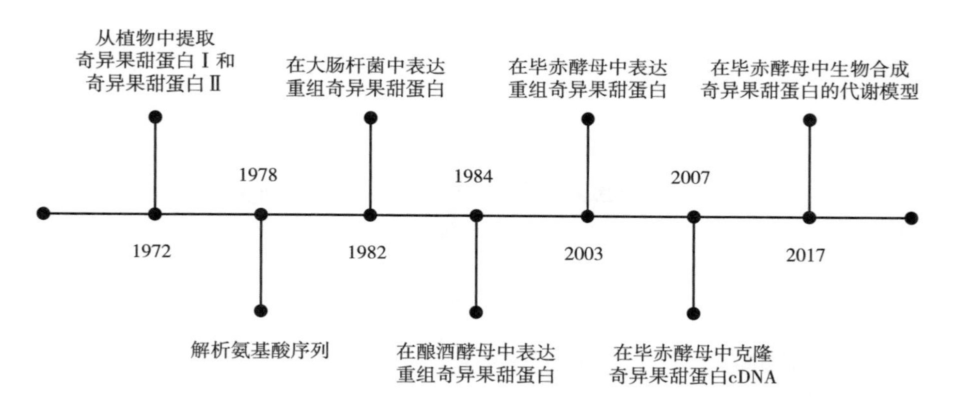

图 5-7　从天然植物提取到微生物生产重组奇异果甜蛋白的发展过程图

目前已发现的奇异果甜蛋白有5种，以奇异果甜蛋白Ⅰ和奇异果甜蛋白Ⅱ为主。这些变体的差异可归因于等电点。奇异果甜蛋白Ⅰ与奇异果甜蛋白Ⅱ在四个位置（N46K、S63R、K67R和R76Q）不同。奇异果甜蛋白Ⅱ可以比奇异果甜蛋白Ⅰ更有效地生产，并且相对于甜蛋白具有更好的风味特征，包括更少的异味。奇异果甜蛋白由三个结构域组成，核心结构域是一个平滑的β-折叠桶，与这个核心结构域相连的是两个较小的“手指域”，每个“手指域”由几个环状结构组成。这些小的环状结构靠二硫键相连，形成稳定的网状结构，分子内的16个半胱氨酸残基形成8个链内二硫键。

基于奇异果甜蛋白的分子结构特点，正确的蛋白质折叠和二硫键的形成是影响其活性的关键因素，因此，相比于大肠杆菌等原核细胞，酵母作为真核生物酵母具有产生伴侣蛋白的能力，伴侣蛋白可以帮助蛋白质折叠，并可以处理富含二硫键的蛋白质，更有利于生产奇异果甜蛋白。

（二）乳清蛋白

乳清蛋白是从牛乳中提取的一种蛋白质，具有营养价值高、易消化吸收、含多种活性成分等特点。主要成分为β-乳球蛋白、α-乳白蛋白、血清白蛋白、免疫球蛋白以及乳铁蛋白等。乳清蛋白包含了人体所需的所有必需氨基酸且比例合适，因此可以作为人体的优质蛋白补充剂。美国Clara Foods科技公司通过酵母细胞工厂构建、发酵合成了乳清蛋白，是利用生物合成了技术创制动物蛋白的实例。

参考文献

[1] 杨慧，边媛媛，陈天顺，等. 蛋白新资源潜在致敏性评价方法的研究进展［J］. 食品安全质量检测学报，2017，8(4)：1115-1118.

[2] Day L. Proteins from land plants-potential resources for human nutrition and food security［J］. Trends in Food Science & Technology，2013，32(1)：25-42.

[3] 吕巧枝. 甘薯叶可溶性蛋白的提取工艺及功能性研究［D］. 北京：中国农业科学院，2007.

[4] 李明. 枸杞叶蛋白提取与应用研究［D］. 武汉：武汉轻工大学，2020.

[5] Rathore M. Leaf protein concentrate as food supplement from arid zone plants［J］. Journal of Dietary Supplements，2010，7(2)：97-103.

[6] 柳青海，张唐伟，李天才. 叶蛋白提取分离及应用研究进展［J］. 食品工业科技，2011，(9)：468-471.

[7] 王震，乔天磊，霍乃蕊，等. 植物叶蛋白提取方法及研究进展［J］. 山西农业科学，2016，44(1)：126-130.

[8] 郑煜焱，曾洁，李晶，等. 米糠蛋白的组成及功能性［J］. 食品科学，2012，33(23)：143-149.

[9] Pleanjai S. Greenhouse gases emission of organic car wax processing from rice bran oil［J］. Science and Technology RMUTT Journal，2018，8(1)：41-48.

[10] 朱磊，汪学德，于新国. 米糠蛋白的综合研究进展［J］. 中国油脂，2013，38(2)：81-83.

[11] 柳春光. 豌豆制品的研究与应用［D］. 无锡：江南大学，2008.

[12] 李颖，杨春福，郝建鹏，等. 豌豆蛋白饼干的研制［J］. 粮食与油脂，2018，31(2)：20-22.

[13] 马宁，魏姜勉. 豌豆蛋白的改性及其开发利用研究进展［J］. 中国市场，2015，(32)：231-233.

[14] 沙金华. 豌豆分离蛋白的制备、性质及应用研究［D］. 无锡：江南大学，2009.

[15] 彭伟伟. 热处理对豌豆蛋白乳化性质及界面吸附行为的影响［D］. 无锡：江南大学，2016.

[16] Lam A C Y，Karaca A C，Tyler R T，et al. Pea protein isolates：Structure，extraction，and functionally［J］. Food Reviews International，2018，34(2)：126-147.

[17] 冯颖，陈晓鸣，赵敏. 中国食用昆虫［M］. 北京：科学出版社，2016.

[18] Rumpold B A，Schlüter O K. Nutritional composition and safety aspects of edible insects［J］. Molecular nutrition & food research，2013，57(5)：802-823.

[19] Belluco S，Losasso C，Maggioletti M，et al. Edible Insects in a Food Safety and Nutritional

Perspective：A Critical Review［J］. Comprehensive Reviews in Food Science and Food Safety，2013，12（3）：296-313.

［20］Ghosh S，Lee SM，Jung C，et al. Nutritional composition of five commercial edible insects in South Korea［J］. Journal of Asia -Pacific Entomology，2017，20（2）：686-694.

［21］梁克红.藻蛋白质的研究与应用进展［J］. 食品与生物技术学报，2015，（6）：569-574.

［22］程宇凯，秦可娜，魏亮亮，等. 富营养化湖泊中藻类蛋白特征及其资源化开发［J］. 哈尔滨商业大学学报（自然科学版），2015，（2）：201-205.

［23］Morist A，Montesinos J L，Cusido J A，et al. Recovery and treatment of *Spirulina platensis* cells cultured in a continuous photobioreactor to be used as food［J］. Process Biochemistry，2001，37（5）：535-547.

［24］Milledge J J. Commercial application of microalgae other than as biofuels：a brief review［J］. Reviews in Environmental Science and Bio-Technology，2011，10（1）：31-41.

［25］杨贤庆，黄海潮，潘创，等. 紫菜的营养成分、功能活性及综合利用研究进展［J］. 食品与发酵工业，2020，46（5）：306-313.

［26］Garcia-Vaquero M，Hayes M. Red and green macroalgae for fish and animal feed and human functional food development［J］. Food Reviews International，2016，32（1）：15-45.

［27］潘子康，胡丽莉. 螺旋藻的化学成分、生物学活性和应用范围的研究概述［J］. 生物学教学，2020，（2）：2-3.

［28］马丞博，秦松，李文军，等. 藻胆蛋白生物合成研究进展［J］.科学通报，2019，64（1）：49-59.

［29］姜国庆，闫秋丽，李东，等. 螺旋藻中藻蓝蛋白提取、纯化及稳态化研究进展［J］. 食品安全质量检测学报，2021，12（6）：2332-2338.

［30］陶冉，位正鹏，崔蓉，等. 藻类色素蛋白的资源开发和应用研究［J］. 食品工业科技，2010（4）：377-388.

［31］王韵，蔡智辉，张逸波，等. 富硒螺旋藻蛋白水解多肽的制备及其对ACE活性的抑制作用［J］. 现代食品科技，2013，（7）：1574-1579.

［32］余秋阳. 人工藻类系统对污水中N、P及有机物去除试验研究［D］. 重庆：重庆大学，2014.

［33］Imhoff J F，Sahl H G，Soliman G，et al. The Wadi Natrun：Chemical composition and microbial mass developments in alkaline brines of Eutrophic Desert Lakes［J］. Geomicrobiology Journal，1979，1（3）：219-234.

［34］Sukačová K，Búzová D，Červený J. Biphasic optimization approach for maximization of lipid production by the microalga *Chlorella pyrenoidosa*［J］. Folia Microbiol（Praha），2020，65（5）：901-908.

［35］Paquet N，Lavoie M，Maloney F，et al. Cadmium accumulation and toxicity in the unicellular alga *Pseudokirchneriella subcapitata*：Influence of metal-binding exudates and exposure time［J］. Environmental Toxicology and Chemistry，2015，34（7）：1524-1532.

［36］杨慧丽.稀土元素铈对蛋白核小球藻处理生活污水效能的影响研究［D］. 哈尔滨：哈尔滨工业大学，2020.

［37］陈煜.蓝细菌光敏色素及藻红蛋白的生物合成研究［D］. 武汉：华中科技大学，2012.

［38］李建宏，郃子厚，曾昭琪，等. 极大螺旋藻藻蓝蛋白性质的研究［J］. 南京大学学报：自然科学版，1996（1）：59-63.

［39］陶冉，位正鹏，崔蓉，等. 藻类色素蛋白的资源开发和应用研究［J］. 食品工业科技，2010（4）：377-380.

［40］Guedes A C，Amaro H M，Malcata F X. Microalgae as sources of high added-value compounds-a brief review of recent work［J］. Biotechnol Prog，2011，27（3）：597-613.

［41］李高兰，郝纯彦.对螺旋藻粉生产中微生物污染的分析［J］. 食品科学，1998（10）：42-44.

[42] 王翠燕. 螺旋藻及其制品 [J]. 冷饮与速冻食品工业，2000 (2)：43-45.

[43] Yin J，Li G，Ren X，et al. Select what you need：a comparative evaluation of the advantages and limitations of frequently used expression systems for foreign genes [J]. Journal of Biotechnology，2007，127 (3)：335-347.

[44] Ouephanit C, Boonvitthya N, Theerachat, M, et al. Efficient expression and secretion of endo-1,4-β-xylanase from *Penicillium citrinum* in non-conventional yeast *Yarrowia lipolytica* directed by the native and the preproLIP2 signal peptides [J]. Protein Expres Purif, 2019, 160:1-6.

[45] Lima G M, Effer B, Biasoto H P, et al. Glycosylation of L-asparaginase from *E. coli* through yeast expression and site-directed mutagenesis [J]. Biochemical Engineering Journal, 2020, 156:107516.

[46] Benabdessalem C，Othman H，Ouni R，et al. *N*-glycosylation and homodimeric folding significantly enhance the immunoreactivity of *Mycobacterium tuberculosis* virulence factor CFP32 when produced in the yeast *Pichia pastoris* [J] . Biochemical and Biophysical Research Communications，2019，516 (3)：845-850.

[47] Reider Apel Amanda，d'Espaux Leo，Maren W，et al. A Cas9-based toolkit to program gene expression in *Saccharomyces cerevisiae* [J]. Nucleic Acids Research，2017，45 (1)：268-236.

[48] Schwartz C，Curtis N，Löbs A-K，et al. Multiplexed CRISPR Activation of Cryptic Sugar Metabolism Enables Y*arrowia lipolytica* Growth on Cellobiose [J]. Biotechnology Journal，2018，13 (1)：584-601.

[49] Weninger A，Hatzl A M，Schmid C，et al. Combinatorial optimization of CRISPR/Cas9 expression enables precision genome engineering in the methylotrophic yeast *Pichia pastoris* [J]. Journal of Biotechnology，2016，23 (5)：139-149.

[50] Horwitz A，Walter J，Schubert M，et al. Efficient Multiplexed Integration of Synergistic Alleles and Metabolic Pathways in Yeasts via CRISPR-Cas [J]. Cell Systems，2015，1 (1)：88-96.

[51] Williams T C，Nielsen L K，Vickers C E. Engineered Quorum Sensing Using Pheromone-Mediated Cell-to-Cell Communication in *Saccharomyces cerevisiae* [J]. ACS Synthetic Biology，2013，2 (3)：136-149.

[52] Sjostrom S L，Bai Y，Huang M，et al. High-throughput screening for industrial enzyme production hosts by droplet microfluidics [J]. Lab on A Chip，2014，14 (1)：588-607.

[53] Sijin，Li，Tong，et al. Development of a Synthetic Malonyl-CoA Sensor in *Saccharomyces cerevisiae* for Intracellular Metabolite Monitoring and Genetic Screening [J]. ACS Synthetic Biology，2015，4 (12)：1308-1315.

[54] 陈坚. 中国食品科技：从2020到2035 [J]. 中国食品学报，2019，19 (12)：7-11.

第六章

婴幼儿配方乳粉中活性组分的生物制造

婴幼儿配方乳粉是指根据婴幼儿生长阶段的需求添加各种所需活性组分的配方乳粉，包括婴儿配方乳粉、较大婴儿配方乳粉和幼儿配方乳粉。1867年，德国开发出第一款商业婴儿配方乳粉；1913年，戈斯滕伯格博士成功研制出第一款现代配方乳粉——SMA（Synthetic Mick Adapter），标志着现代婴幼儿配方乳粉的诞生，奠定了婴儿配方乳粉的研究基础[1]。我国婴幼儿乳粉的相关研究起步较晚，在20世纪80年代初开发出第一款专为婴幼儿设计的配方乳粉，近年来，伴随着我国乳品行业和婴幼儿食品行业的快速发展，我国婴幼儿配方乳粉市场发展迅速[2]。GB 10765—2021《食品安全国家标准　婴儿配方食品》中将乳基（豆基）婴幼儿配方食品定义为以乳类及乳蛋白（大豆及大豆蛋白）制品为主要蛋白来源，加入适量的维生素、矿物质和（或）其他原料，仅用物理方法生产加工制成的产品。蛋白质、脂肪、碳水化合物、维生素和矿物质是婴幼儿配方乳粉必不可少的五大类营养素（图6-1）。国家标准对不同阶段的婴幼儿配方食品的必需成分、可选择性成分、食品添加剂和营养强化剂等做出了详细的规定。

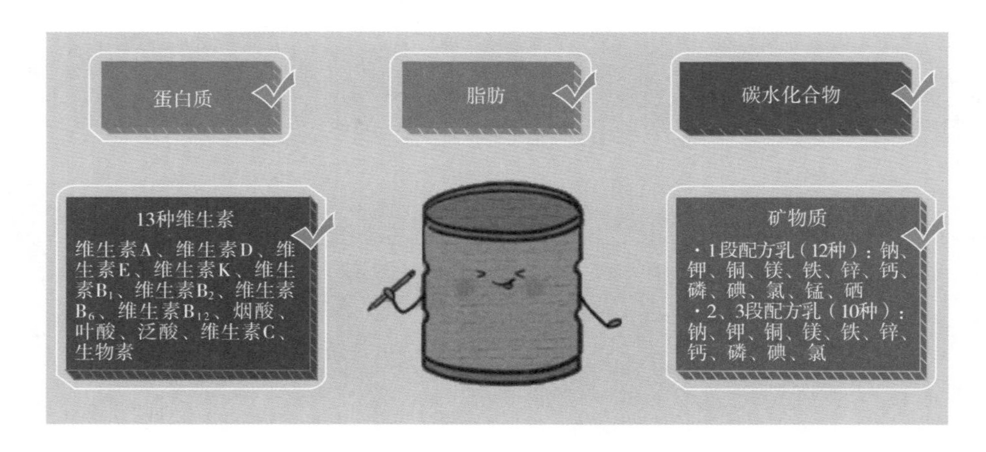

图6-1　婴幼儿配方乳粉中五大类营养素

第一节　母乳中的活性组分

母乳是婴幼儿最理想的天然食品，除了为婴儿的健康生长发育提供能量和营养外，母乳中还含有包括激素、生长因子、低聚糖、免疫球蛋白、黏蛋白、糖脂等在内的数千种生物活性物质[3, 4]。有研究指出，较短时期的母乳喂养或完全的非母乳喂养使婴幼儿容易受到更多传染性疾病的威胁，比如胃肠炎、急性中耳炎、免疫介导性疾病，并且可能出现智力发育迟缓，在晚年可能表现出更高的肥胖和Ⅱ型糖尿病风险[5~7]。因此，以母乳为黄金标准的婴幼儿配方乳粉成为了母乳的最佳替代品。

一、母乳蛋白质

作为生命的物质基础，蛋白质具有构成和修复组织、调节生理功能和供给能量三大基础功能。母乳蛋白质除了在婴儿体内氧化提供能量外，还参与多种代谢过程，以实现基本的身体组织生长和功能完善[8]。例如，乳铁蛋白、免疫球蛋白和溶菌酶等均具有抗菌性，可以增强婴儿的免疫功能。母乳中的主要生物活性蛋白质如表6-1所示。乳铁蛋白（Lactoferrin，LF）是一个分子质量为80ku的铁结合糖蛋白，属于转铁蛋白家族。乳铁蛋白是母乳中的主要蛋白质，约占总蛋白质含量的15%~20%[9]。乳铁蛋白不仅参与铁的转运，而且具有广谱抗菌、抗氧化、抗癌、调节免疫系统等强大生物功能，是母乳中的核心免疫蛋白，能帮助婴幼儿抵抗细菌、病毒等有害微生物，预防病毒引起的呼吸道感染及腹泻等婴儿常见疾病，还可以促进婴幼儿的生长发育和增强造血功能，为婴幼儿构筑健康成长的第一道防线。

表6-1　母乳中的主要生物活性蛋白质

蛋白质	生物活性
乳铁蛋白	抑菌活性、杀菌活性、免疫调节、细胞增殖与分化
α-乳清蛋白	益生元，抗菌剂，免疫激活，提高铁、锌的吸收
分泌型免疫球蛋白A	母婴免疫转移、抗细菌和病毒的抗体
溶菌酶	抗菌活性、降解细菌细胞壁聚糖
胆盐激活脂肪酶	降解甘油三酯、促进脂肪的吸收
骨桥蛋白	调节免疫活动、调节大脑功能及肠道发育
α_1-抗胰蛋白酶	限制/减缓蛋白质降解
β-酪蛋白	促进钙的吸收
κ-酪蛋白	抗菌活性
乳脂球膜蛋白	抗菌及抗病毒活性
酪蛋白磷酸肽	促进小肠、骨骼、牙齿对钙的吸收和利用

二、母乳糖类

母乳中最主要的糖是乳糖[10]，乳糖和脂类是婴儿从母乳中获取的主要营养源。除此之外，母乳中还富含母乳寡糖（Human milk oligosaccharides，HMOs）、糖蛋白和糖脂，它们在肠道健康和菌群调节方面起着重要作用。据估计，母乳中超过70%的蛋白质都是糖基化的，含有*N*-多糖和*O*-多糖[11]。母乳寡糖连同许多糖蛋白和糖脂组成了母乳中的糖复合物。这些糖类物质不仅能预防传染病，也可以作为益生元调节肠道微生态，确保肠道微环境的成熟。

母乳寡糖是一种存在于人乳中的复杂混合低聚糖，是母乳中仅次于乳糖和脂类的第三大固体成分。母乳寡糖通过刺激肠道中的有益菌群（双歧杆菌和乳杆菌）的生长，间接抑制有害菌群生长，维持肠道微生态平衡；也能直接充当有害菌的抗黏附剂，减少婴幼儿被有害菌群感染的可能[12]。此外，母乳寡糖可以间接调节婴幼儿的免疫系统功能，并有助于促进婴儿大脑发育[13]。随着美国和欧盟相继批准在婴幼儿配方乳粉中添加母乳寡糖，如何高效、安全地生产母乳寡糖越来越受到人们的关注。

三、母乳脂肪酸

母乳中含有30～50g/kg脂肪，这部分脂肪常被称为人乳脂，主要由甘油三酯（98%）、磷脂（0.8%）和胆固醇（0.5%）等成分构成，能为婴幼儿生长发育提供45%～50%的能量，并参与多种细胞功能的调节，对婴幼儿的生长发育有着重要作用[14]。脂肪是由甘油和脂肪酸组成的甘油三酯，其中甘油的分子比较简单，而脂肪酸的种类和长短不相同。脂肪酸是脂肪的组成部分，脂肪在脂肪酶的作用下分解，产生甘油和脂肪酸，脂肪酸是脂肪水解的产物。脂肪酸根据不饱和双键的数目可分为饱和脂肪酸（Saturated fatty acid，SFA）、单不饱和脂肪酸（Mono-unsaturated fatty acid，MUFA）和多不饱和脂肪酸（Poly-unsaturated fatty acid，PUFA）。其中，SFA主要影响母乳的性状并提供能量，而PUFA是母乳中发挥生理功能的主要脂肪酸。亚油酸（Linoleic acid，LA）和亚麻酸（α- linoleic acid，ALA）是两种重要的必需脂肪酸，在体内可以竞争性地通过去饱和酶和延长酶的作用转化成重要的长链不饱和脂肪酸[15]。对于人乳脂肪酸的空间结构，其中70%以上的棕榈酸在*sn*-2位上，而不饱和脂肪酸，如油酸和亚油酸位于*sn*-1,3位[16]。因此，甘油三酯在人乳脂中的存在形式主要是USU（即不饱和-饱和-不饱和）型，如1,3-二油酸-2-棕榈酸甘油三酯（OPO）和1-油酸-2-棕榈酸-3-亚油酸甘油三酯（OPL）[17]。这种独特的结构可促进婴幼儿对脂肪和钙吸收，并对脂代谢有着显著的影响。随着研究的深入，母乳脂肪酸对婴幼儿的重要性正在被进一步揭示，在婴幼儿配方乳粉中添加相应的脂肪酸也成了各大婴幼儿配方乳粉生产厂商的关注重点。

四、母乳中的维生素

维生素是人和动物为维持正常生理功能而必须从食物中获得的一类微量有机物质，在人体生长、代谢、发育过程中发挥着重要作用。母乳中的维生素主要包括维生素A、维生素B、维生素D、维生素K等（表6-2）。其中，维生素A在维持上皮完整、视觉发育、免疫、生殖功能、生长发育、脑发育等方面均有重要作用[18]。母乳中正常的维生素A组成成分包括维生素A前体和类胡萝卜素。维生素D是人体所必需的脂溶性维生素，主要作用于靶器官（肠、肾、骨）而发挥其抗佝偻病的生理作用。研究表明，维生素D缺乏会严重影响婴幼儿的骨骼发育[19]。维生素E包括4种生育酚和4种生育三烯酚，是一种强抗氧化剂可以抵抗自由基的侵害。充足的维生素K可以预防骨质疏松症、心血管钙化和帕金森病。

表 6-2　母乳中的维生素及其生理功能

维生素	生理功能
维生素A	人体必需的营养素，维持视觉，促进生长，维持上皮组织完整，增强免疫力
维生素D	对于骨骼和软骨的形成具有重要作用，对神经系统也很重要，并对炎症有抑制作用
维生素E	抵抗自由基的侵害，预防癌症和心肌梗死，参与抗体的形成，促进男性产生有活力的精子
维生素K	预防维生素K缺乏引起的出血症状，如梗阻性黄疸、胆瘘、慢性腹泻等导致的出血
维生素B_1（硫胺素）	增进食欲，维持神经系统正常活动
维生素B_2（核黄素）	人体缺乏维生素B_2易患口腔炎、皮炎、微血管增生症等
维生素B_6	抑制呕吐，促进发育
维生素B_{12}	人体造血不可或缺的物质，缺乏时会产生恶性贫血
维生素C（抗坏血酸）	帮助人体完成氧化还原反应，提高人体灭菌和解毒能力
维生素B_3（烟酸）	烟酸在人体内转化为烟酰胺，烟酰胺是辅酶Ⅰ和辅酶Ⅱ的组成部分，参与体内脂质代谢、组织呼吸的氧化和糖类无氧呼吸的过程
叶酸	在婴幼儿食品中添加叶酸有助于促进其脑细胞的生长，并有提高智力的作用
维生素B_5（泛素）	制造及再生身体组织，帮助伤口愈合，抵抗疾病，防止疲劳
维生素H（生物素）	帮助脂肪、肝糖原和氨基酸在体内正常转化和代谢

第二节　母乳寡糖的生物制造

母乳寡糖（Human milk oligosaccharides，HMOs）在母乳中含量为5～15g/L。HMOs主要由5种单糖组成，分别是*d*-葡萄糖、*d*-半乳糖、*N*-乙酰葡萄糖胺、*l*-岩藻糖和*N*-乙酰神经氨酸（图6-2），这5种单糖按不同比例结合后可以构成上千种HMOs，目前已被鉴定出具体结构的HMOs有200余种。

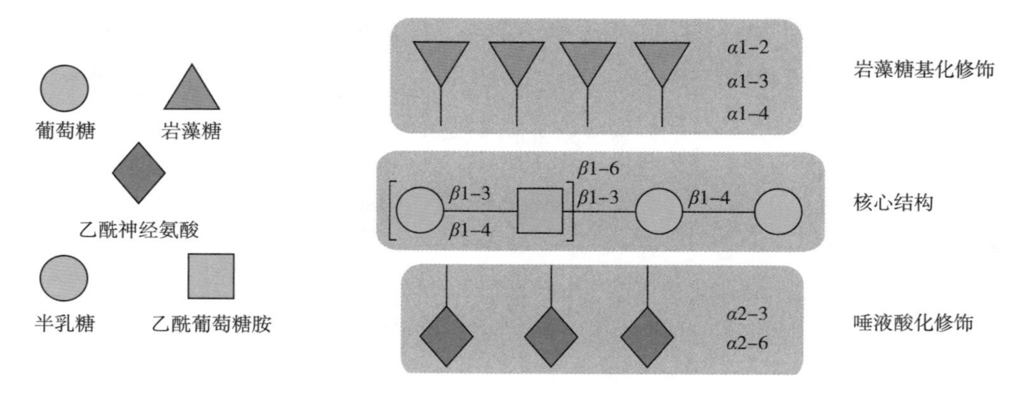

图 6-2 HMOs 结构示意图

一、母乳寡糖的结构

HMOs的还原端为一个乳糖结构，并在此基础上进行糖基侧链的延伸，形成了结构多样的HMOs。HMOs依据连接的单体主要可以分为三大类：岩藻糖基化的中性HMOs、唾液酸化的酸性HMOs、非岩藻糖基化的中性HMOs。其中，岩藻糖基化的中性HMOs中的2′-岩藻糖基乳糖（2′-fucosyllactose，2′-FL）与3′-岩藻糖基乳糖（3′-fucosyllactose，3′-FL）的含量分别占到HMOs总量的31%与5%左右，其余种类的HMOs，例如乳酸-*N*-新四糖（Lacto-*N*-neotetraose，LNnT）与乳糖-*N*-四糖（Lacto-*N*-tetraose，LNT）在HMOs中的占比均在6%左右[20]。

二、母乳寡糖的功能

HMOs可以通过与致病菌结合影响肠道防护屏障的功能，进而调节人体局部或全局的免疫系统。人体肠道内的HMOs可以通过增加双歧杆菌等益生菌的菌落优势，来调控肠道菌落的比例[21]。进一步体外实验证明，双歧杆菌利用HMOs的能力取决于HMOs的种类与结构，细菌吸收利用HMOs后会代谢合成短链脂肪酸等其他有益的化合物，这些代谢物为肠道防护屏障和免疫系统提供了营养保障[22]。

三、母乳寡糖的制备

（一）传统制备方法

传统的HMOs制备方法是从人乳中提取纯化，这种方法可以应用于小规模的结构鉴定研究领域，却无法满足大规模工业化生产的需求。2005—2012年，Glycom公司通过化学合成规模化生产了2′-FL与LNnT，并将其用于临床研究，且该公司的化学合成方法生产HMOs于2015年获得了美国FDA的GRAS认证[23]。然而，化学合成HMOs反应步骤繁琐，限制了其大规模市场化。相比于提取纯化与化学法合成，酶法合成HMOs具有更好的市场接纳性。酶法合成HMOs是指选择合适的糖基转移酶进行重组表达，并催化对应的添加底物，最终生成各种不同结构的HMOs。2018年，GeneChem公司利用酶法生产3′-FL的工艺也通过了美国FDA的GRAS认证。然而遗憾的是，酶法合成HMOs也只能小规模生产，且需要添加的底物，如鸟苷二磷酸（GDP）-*l*-岩藻糖等，成本较高，导致HMOs的价格高昂，极大限制了HMOs的市场推广[23]。

（二）母乳寡糖的生物合成

随着合成生物学的迅速发展，利用代谢工程技术对微生物细胞进行理性改造，实现目标化合物的代谢合成为了当前的研究热点。微生物细胞不仅是表征酶功能的理想模型，也是用于发酵生产生物制品的理想工厂，且随着越来越多的化合物代谢合成途径得到阐明，研究者可以借助合成生物学在微生物细胞内构建调控功能性食品的代谢途径，从而在工业规模上实现其高效合成。2015年11月，Jennewein公司利用大肠杆菌（*Escherichia coli*）BL21发酵生产的2′-FL率先通过了美国FDA的GRAS认证；之后，Glycom公司利用*E. coli* K12发酵生产的2′-FL、LNnT、二岩藻糖乳糖混合物（Difucosyllactose，DFL）、LNT也相继通过了美国FDA与欧盟的认证[23]。这些认证授权促进了2′-FL、3′-FL和LNnT等HMOs在世界范围内的商业化与推广使用，这些HMOs主要作为膳食补充剂和婴儿配方食品的营养添加剂。

（三）2′-岩藻糖基乳糖的结构、功能及其制备

1. 结构与功能

2′-岩藻糖基乳糖（2′-FL），分子式$C_{18}H_{32}O_{15}$，是一种由三个单糖分子组成的寡糖，其分子结构式如图6-3所示。其含量在总HMOs中约占31%[24]。

2′-FL作为益生元可选择性刺激肠道部位有益细菌的生长。体外实验表明，婴幼儿肠道内的标志性菌株——长双歧杆菌JCM7007和长双歧杆菌ATCC15697可以吸收利用2′-FL并代谢合成短链脂肪酸与乳酸等物质；同时，长双歧杆菌代谢2′-FL所造成的弱酸性环境会抑制大肠杆菌与产气荚膜梭菌的生长与毒素合成，从而预防由毒素引起的分泌性腹泻[25]。除了具备益生元活性，2′-FL还具有抗菌抗黏附、免疫调节和促进脑部发育等生理作

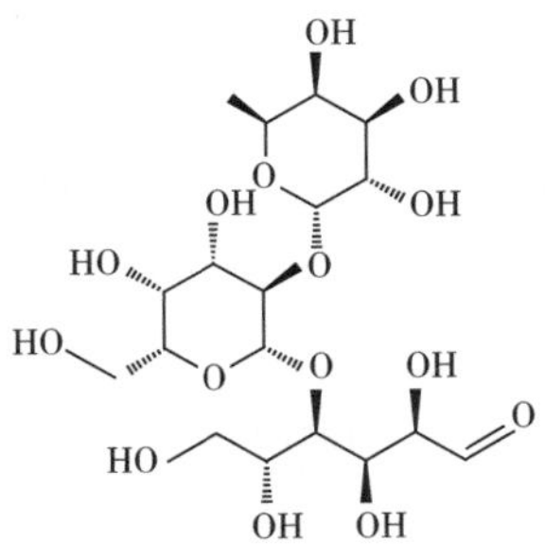

图6-3　2′-FL的分子结构式

用[26]，例如，Vazquez等通过给啮齿动物喂服2′–FL，发现其可以促进大脑发育，改善学习记忆能力[27]。

2. 传统制备方法

早期化学合成工艺是以苄基化底物进行反应合成2′–FL，之后Agoston等以*l*–岩藻糖为底物进行四步反应得到岩藻糖基供体，进一步与乳糖受体底物通过糖基化等反应实现2′–FL的高纯度合成[28]。但是这些底物价格昂贵且具有一定毒性，因而食品领域对上述方法合成2′–FL的接受性较差。酶催化法目前主要利用*α*–1,2–岩藻糖基转移酶（*α*–1,2–fucosyltransferase，*α*–1,2–FucT）或*α*–*l*–岩藻糖苷酶（*α*–*l*–fucosidases）生产2′–FL[29]。*α*–*l*–岩藻糖苷酶以木葡聚糖和乳糖为底物合成2′–FL，转化率为14%[30]。相比于*α*–*l*–岩藻糖苷酶，FucT催化效率更高且选择特异性更佳，能够以GDP–*l*–岩藻糖、乳糖为底物进行岩藻糖基化反应获取2′–FL，转化率可达65%，该酶催化的关键是底物GDP–*l*–岩藻糖的制备，GDP–*l*–岩藻糖是以GDP–甘露糖和NADPH为底物，通过GDP–甘露糖–4,6–脱水酶（GDP–mannose–4,6–dehydratase，Gmd）与GDP–岩藻糖合成酶（GDP–fucose synthetase，WcaG）催化获取[31]。

3. 2′– 岩藻基乳糖的生物合成

目前2′–FL的微生物制备技术已经成功在酿酒酵母、大肠杆菌及枯草芽孢杆菌内实现（表6–3）。相比于酶催化法，这种基于微生物细胞工厂内代谢机制实现前体GDP–*l*–岩藻糖、2′–FL制备的方法可以有效提高底物的利用率，且生产过程简单。目前尚未发现胞内存在完整2′–FL合成途径的野生型微生物，因此目前的微生物细胞工厂均需异源表达FucT以实现2′–FL合成。根据前体GDP–*l*–岩藻糖的代谢合成方式，可以将2′–FL代谢合成途径分为从头合成途径与回补途径。其中，从头合成途径以葡萄糖、甘油等廉价碳源为底物，经过磷酸转移酶系统（Phosphotransferase system，PTS）或磷酸戊糖途径获得葡萄糖–6–磷酸（Glucose–6–phosphate，Glc–6–P）后，通过磷酸葡萄糖异构酶（Phosphoglucose isomerase，Pgi）催化得葡萄糖–1–磷酸（Glucose–1–phosphate，Glc–1–P），然后在甘露糖–6–磷酸异构酶ManA催化下得到甘露糖–6–磷酸（Mannose–6–phosphate，Man–1–P），Man–1–P在磷酸甘露糖变异酶ManB的催化下得到甘露糖–1–磷酸（Mannose–1–phosphate，Man–1–P），Man–1–P在甘露糖–1–磷酸鸟苷酸转移酶ManC的催化下得到鸟苷二磷酸甘露糖（Guanosine–5′–diphosphate–D–mannose，GDP–Man），GDP–甘露糖在Gmd的催化下得到鸟苷二磷酸–4–脱氢–6–脱氧甘露糖（GDP–4–keto–6–deoxymannose，GDP–KDM），GDP–KDM在WcaG的催化下得到和催化获得鸟苷二磷酸岩藻糖（GDP–*l*–岩藻糖）；回补途径则以*l*–岩藻糖为底物，经过双功能酶*l*–岩藻糖激酶（GDP–fucose synthetase，FKP）的催化得到GDP–*l*–岩藻糖。经从头合成途径或回补途径代谢合成的GDP–*l*–岩藻糖之后与乳糖经FucT糖基化，最终生成2′–FL[32]。

表6-3 微生物发酵生产2′-FL

宿主	报道时间	合成途径	底物	产量/（g/L）
大肠杆菌JM109	2012	从头合成	乳糖	1.23
大肠杆菌BL21	2015	从头合成	甘油、乳糖	6.4
大肠杆菌BL21	2016	回补途径	甘油、乳糖、岩藻糖	23.1
大肠杆菌BL21	2017	从头合成	甘油、乳糖	15.4
大肠杆菌BL21	2019	回补途径	甘油、乳糖、岩藻糖	47.0
大肠杆菌BL21	2020	从头合成	蔗糖	64.0
大肠杆菌C41	2020	从头合成	甘油、乳糖	66.8
枯草芽孢杆菌168	2019	回补途径	甘油、乳糖、岩藻糖	5.01
枯草芽孢杆菌168	2020	回补途径	甘油、乳糖、岩藻糖	6.12
酿酒酵母	2018	回补途径	葡萄糖、乳糖、岩藻糖	0.503
酿酒酵母	2019	从头合成	葡萄糖、乳糖	15.0
酿酒酵母	2020	从头合成	木糖、乳糖	25.5
解脂耶氏酵母	2019	从头合成	葡萄糖、乳糖	24.0

（1）大肠杆菌代谢合成2′-岩藻糖基乳糖　大肠杆菌因操作简便、遗传背景清晰且存在内源性GDP-*l*-岩藻糖代谢合成途径使其成为发酵生产2′-FL较为理想的细胞工厂之一。2012年，Lee等以*E. coli* JM109为出发菌株，过表达*manB*、*manC*、*gmd*和*wcaG*基因以增加内源性GDP-*l*-岩藻糖的代谢通量，之后异源表达来源于幽门螺杆菌的FucT，在仅添加14.5g/L乳糖的情况下可生成1.23g/L 2′-FL[33]。GTP是代谢合成GDP-*l*-岩藻糖的重要辅因子，因此，Seo等通过对鸟苷肌苷激酶（Guanosine-inosine kinase，Gsk）的过表达，成功提高了胞内GDP-*l*-岩藻糖的浓度[34]。此外，底物乳糖的高得率是提高2′-FL发酵产量的重要条件，因此，大多数研究者选择乳糖操纵子缺失的*E. coli* JM菌株作为出发菌株，但该菌株由于含有转移性质粒，可能会导致过量生物膜的形成，从而不利于后续中试放大发酵与纯化提取。基于此，Chin等以*E. coli* BL21为出发菌株，经改造后使其无法利用乳糖作为碳源，之后在FucT *N*端添加3个天冬氨酸序列以增加FucT的胞内可溶性，最终2′-FL的发酵产量达到6.4g/L，乳糖转化率为22.5%（质量分数）[35]。由于对FucT的改造能够有效提高2′-FL的发酵产量，因此，Chin等对比了来源于11种物种的FucT的催化活性，发现其中来自脆弱拟杆菌（*B. fragilis*）的FucT的催化活性最佳，在75L发酵罐上2′-FL的发酵产量可达15.4g/L，乳糖转化率高达85.8%（质量分数），生产速率为0.530g/（L·h）[36]。

2016年，Chin等异源表达来源于脆弱拟杆菌的FKP与FucT，成功在*E. coli* BL21内构建回补合成途径，同时，为了提高底物*l*–岩藻糖的得率，敲除内源性*l*–岩藻糖代谢消耗途径中的*l*–岩藻糖异构酶（*l*–fucose isomerase，FucI）基因与*l*–岩藻糖激酶（*l*–fuculose kinase，FucK）基因，最终2′–FL的发酵产量达到23.1g/L，生产速率为0.39 g/（L·h），对岩藻糖得率为36%（摩尔分数）[37]；2019年，Jung等在之前构建回补途径的基础上，敲除阿拉伯糖异构酶（Arabinose isomerase，araA）基因和鼠李糖异构酶（Rhamnose isomerase，RhaA）基因，使得2′–FL的发酵产量达47.0g/L，对岩藻糖得率提升至52%（摩尔分数）[38]。相比于从头合成途径，回补途径由于代谢过程短，底物得率与产物发酵产量均具有明显优势，但*l*–岩藻糖昂贵的使用成本仍是2′–FL工业化进程的关键限制因素。

2020年，Parschat等在*E. coli* BL 21菌株内重构乳糖代谢合成途径，使得改造后的菌株能够利用蔗糖发酵生产2′–FL[39]。通过筛选发现，来源于多杀性巴氏杆菌的半乳糖基转移酶（GalT）催化效果最佳，并在*E. coli* BL 21内异源表达GalT重构乳糖供给途径，强化了葡萄糖转运系统，提高了乳糖的代谢合成效率，最终2′–FL的发酵产量高达64g/L。值得注意的是，为了降低副产物3′–FL的含量，在*E. coli* BL 21表达了岩藻糖苷酶（afcB），使得副产物分解为乳糖与*l*–岩藻糖，降解后的*l*–岩藻糖等化合物又最大化地重新流向2′–FL的代谢合成途径。

（2）枯草芽孢杆菌代谢合成2′–岩藻糖基乳糖　作为典型的革兰阳性菌，枯草芽孢杆菌（*Bacillus subtilis*）已被广泛用于食品级生物制品的合成与制造。与*E. coli*相比，*B.subtilis*是更加安全的微生物底盘细胞。此外，清晰的遗传背景、具有成熟的基因操作工具也使其成为工业化生产2′–FL的潜力菌株。

Deng等以*B. subtilis* 168为出发菌株重构回补合成途径。首先，异源表达来源于脆弱拟杆菌（*Bacteroides fragilis*）的FKP，构建具有GDP–*l*–岩藻糖回补途径的重组菌株，胞内GDP–*l*–岩藻糖胞内浓度为4.0mg/L；其次，在能够合成GDP–*l*–岩藻糖的重组菌株基础上，从8种不同来源的FucT中筛选出催化活性最高的FucT；之后，为了提高底物*l*–岩藻糖与乳糖运输效率，强化表达内源性的单糖运输蛋白GlcP与来源于乳酸克鲁维酵母（*Kluyveromyces lactis*）的乳糖渗透酶LAC12，2′–FL的发酵产量可达737mg/L。如前文所述，辅因子GTP是GDP–*l*–岩藻糖代谢合成的重要辅因子，因此Deng等通过调节GTP生物合成和再生模块成功促进了胞内GDP–*l*–岩藻糖的代谢合成，3L发酵罐上2′–FL的发酵产量达5.01g/L[40]。

（3）酿酒酵母代谢合成2′–岩藻糖基乳糖　GDP–甘露糖是GDP–*l*–岩藻糖的关键前体，而GDP–*l*–岩藻糖则是合成2′–FL的直接前体，充足的GDP–甘露糖代谢池为2′–FL的高产提供了有利的条件。由于具有充足的内源性GDP–甘露糖代谢池，酿酒酵母（*Saccharomyces cerevisiae*）也被认为是工业化生产2′–FL的潜力细胞工厂[41]。2018年，Yu等首次以*S. cerevisiae*为出发菌株，从3种不同来源的FKP中筛选出最佳的催化酶，同时，为了解决*S.*

*cerevisiae*自身无法转运乳糖的缺陷，异源表达LAC12酶，发酵120h后2′–FL的发酵产量仅为503mg/L[42]。为了缩小*S. cerevisiae*发酵生产2′–FL水平与其他菌株的差距，Lee等在*S. cerevisiae*内重构木糖代谢合成途径以实现木糖代替葡萄糖作为碳源进行发酵，这样可以避免以葡萄糖为碳源发酵时较多的代谢通量（代谢通量是指单位时间通过一个或多个催化步骤处理的代谢产物的量）流入乙醇代谢合成途径，结合对2′–FL回补途径表达水平的优化，最终2′–FL的发酵产量达到25.5g/L，生产速率为0.35g/（L・h）[43]。

（4）微生物发酵制备2′–岩藻糖基乳酸的展望　虽然目前许多研究者对微生物发酵制备2′–FL的方法进行不断改善优化，但距离大规模工业化生产仍有一定距离，有以下几方面问题亟待解决。

①缺少FucT的高效改造策略：FucT是代谢合成2′–FL的关键作用酶，已有的研究报道主要集中在比较不同来源的FucT在不同宿主内的催化活性，或是通过*N*端标签促进其可溶性从而提高催化活性。这些策略虽能在一定程度上提高2′–FL的发酵产量，但改造效率较低，无法从根本上解决FucT低催化活性的性质，难以实现突破性的产量增长。定向进化是改造获得具有目标性质催化酶的有效关键策略之一。定向进化策略成功与否的关键是是否具有合适高效的筛选技术，合适高效的筛选技术将显著提高从大型诱变文库中获得具有所需特性的突变体的概率，极大地减少了实验成本。Tan等利用细胞膜表面的半乳糖透酶（LacY）对底物及糖基化产物通透性的差异，建立了可以利用流式细胞仪在单细胞层面对FucT进行活性检测的流式细胞荧光分选（FACS）筛选体系，并对来源于幽门螺杆菌（*Helicobacter pylori*）的α–1,3–岩藻糖基转移酶（*α*–1,3–fucosyltransferase，FutA）进行定向进化，成功获得了目前已有报道中催化效率最高的突变体[44]。但该筛选体系需要昂贵的具有荧光基团的底物，该类化合物需定制合成，阻碍了其普适性的推广应用。Enam等则基于来源于双歧杆菌的岩藻糖激酶（1,2–*α*–*l*–fucosidase，AfcA）构建了响应2′–FL浓度的全细胞生物传感器[45]。2′–FL在AfcA的作用下分解为岩藻糖与乳糖，分解后的乳糖诱导乳糖启动子表达，并能够通过绿色荧光蛋白进行表征。虽然该筛选体系构建简单，但是需进行细胞洗涤以去除原培养基内未消耗完的乳糖，操作繁琐，无法应用于流式细胞分选技术。综上所述，FucT的反应难以用常规实验方法进行高通量筛选，如能建立简单高效便捷的筛选体系对FucT进行定向进化改造，提高其催化效率，则可能实现2′–FL产量突破性的提升。

②未完全揭示的底物与2′–FL转运代谢系统：提高底物转化率，促进产物分泌至胞外是微生物发酵生产2′–FL技术实现工业化进程中不可忽视的问题。以底物乳糖为例，已有的研究报道中为了提高其转化率，均是采用敲除半乳糖苷酶基因阻止乳糖分解为半乳糖与葡萄糖。但该途径的缺失并未使得乳糖的转化率接近于理论值，说明微生物体内仍存在着未知的乳糖代谢途径。同样地，底物岩藻糖的代谢途径在微生物体内也仍未完全揭示。不仅是代谢途径的未知，在枯草芽孢杆菌等微生物体内，*l*–岩藻糖、乳糖和2′–FL的转运系统也未被鉴定，底物大量的残留将极大地增加后续产物的提纯成本，同时胞内2′–FL的浓度过高亦会抑

制2′-FL的代谢合成。这些未知的转运代谢途径使得代谢工程策略改造提高2′-FL产量处于被动局面。机器学习、全细胞数字模型等策略的交叉应用则有望成为完全揭示未知转运代谢途径的有效手段。

③合成模块代谢通量竞争：当前针对发酵制备2′-FL的代谢工程策略主要集中于传统的静态调控，容易引起代谢失衡、有毒中间代谢物积累及细胞生长受损等问题，从而无法实现产量最大化。动态调控是近年来新兴的一种微生物代谢工程改造策略，相比于静态调控，动态调控能够响应细胞内外环境变化，可以在提高产物合成能力的同时，动态协调相关代谢网络的流量分布，从而避免传统静态调控存在的问题。例如，细胞生长与产物合成之间的代谢通量在不同时期需求量均有差异，可以利用动态调控策略使得在发酵前期代谢通量大量流入细胞生长模块所需途径，待发酵中后期后，细胞自发调控将代谢通量最大化流入目标代谢途径。Deng等在枯草芽孢杆菌中开发了基于核酸适配体的基因表达调节系统以精细调控基因的表达，并将其成功应用于2′-FL的生物合成途径中，效果显著[46]。可以预见，如果能更加模块化、自主化、精细化地平衡调控2′-FL的代谢合成，2′-FL将会实现高产量、高转化率与高生产速率的统一。

（四）乳酰-*N*-新四糖的结构、功能及其制备

1. 结构与功能

乳酰-*N*-新四糖（Lacto-*N*-neotetraose，LNnT），分子式为$C_{26}H_{45}NO_{21}$，属于非岩藻糖基化的中性HMOs。LNnT是由*d*-半乳糖、*N*-乙酰氨基葡萄糖、*d*-半乳糖和*d*-葡萄糖以β-1,4、β-1,3和β-1,4糖苷键连接组成的线性四糖（Galβ1-4GlcNAcβ1-3Galβ1-4Glc），其分子结构式如图6-4所示。它不仅对肠道病原微生物起到抗感染的作用，还能维持肠道微生态的平衡。

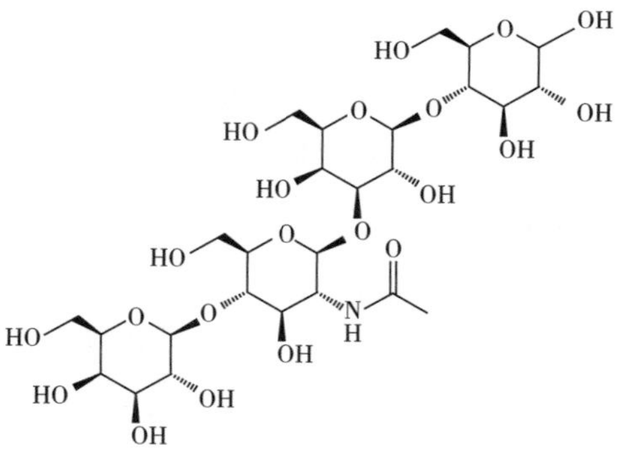

图6-4 LNnT的分子结构式

2. 传统制备方法

早期Aly等采用“2+2”双糖构建模块首次实现LNnT的化学合成[47]，之后Miermont等省去中间体纯化步骤，采用“一锅法”合成岩藻糖化修饰的LNnT[48]。然而化学合成LNnT需要进行繁琐的脱保护操作，收率较低且反应试剂具有毒性。因此，化学合成并不适合用于LNnT的工业化生产。

Johnson等以乳糖和尿苷二磷酸乙酰氨基葡萄糖（UDP-*N*-acetylglucosamine，UDP-GlcNAc）为底物，通过在大肠杆菌中异源表达β-1,3-*N*-乙酰氨基葡萄糖氨基转移酶（LgtA）进行催化反应，实现了乳酸-*N*-三糖Ⅱ（Lacto-*N*-triose，LNTⅡ）的合成；然后以LNTⅡ和尿苷二磷酸半乳糖（UDP-galactose，UDP-Gal）为底物，在异源表达的β-1,4-半乳糖基转移酶（LgtB）的催化下得到LNnT[49]。Blixt等将来自脑膜炎奈瑟菌的LgtB与来自嗜热链球菌的*galE*基因进行融合获得融合蛋白，并同时使用LgtA催化反应制备LNnT，转化率达到82%[50]。2015年，Chen等采用“一锅法”合成LNnT及其岩藻糖化和唾液酸化的LNnT，在保证回收率的同时极大地降低了生产成本[51]。然而，酶法合成也存在一定的局限性，比如酶的来源有限且性质不稳定，催化底物大部分是核苷活化的糖，难以广泛应用。

3. LNnT的生物合成

LNnT的合成途径存在于某些天然微生物体内，目前已在脑膜炎奈瑟菌（*N.menin gitidis*）内发现其具有内源性的LNnT代谢合成途径，但是由于该菌具有致病性，无法用于LNnT的发酵生产制备[52]。

2002年，Priem等以*E. coli* JM107为出发菌株，敲除其*lacZ*基因并过表达*lgtA*，在以甘油为碳源的2L发酵罐上生产约6g/L的LNnT前体三糖LNTⅡ；进一步过表达*lgtB*，以葡萄糖为碳源发酵生产LNnT及其衍生物，产量约5g/L[53]。Dumon等在*E. coli*中异源表达LgtA和LgtB合成LNnT，最终能够获得大约3g/L的岩藻糖基化LNnT[54]。Glycom A/S公司以*E. coli* K12 DH1为出发菌株，通过异源表达来源于幽门螺杆菌的β-1,4-半乳糖基转移酶（GalT）实现了LNnT的发酵制备。微生物发酵法直接以廉价的甘油、葡萄糖为原料，在胞内可再生的鸟苷三磷酸（Uridine triphosphate，UTP）的参与下，通过胞内多种自身表达酶的催化作用生成UDP-GlcNAc和UDP-Gal，因而，微生物发酵法具有生产成本低、生产方式污染小等优势。考虑到LNnT是一种应用于食品领域的添加剂，尤其是作为婴幼儿营养补充成分，Dong等以GRAS认证菌株*B. subtilis* 168为出发菌株，异源表达*lacY*、*lgtA*和*lgtB*基因，首次实现了LNnT在GRAS认证菌株内的代谢合成：首先，在*B. subtilis* 168内异源重构LNnT代谢合成途径；之后，采用模块化策略对UDP-GlcNAc合成模块和UDP-Gal合成模块分别进行优化与组装，LNnT的发酵产量可达4.52g/L；为了进一步提高其发酵产量，基于CRISPRi系统对关键竞争分支途径基因表达进行阻遏下调，敲除基因组上编码UDP-葡萄糖-脱氢酶的*tuaD*基因，最终LNnT产量高达5.41g/L[55, 56]。

与2′-FL类似，LNnT的转运系统当前也未被完全揭示，由于LNnT对于*B. subtilis*等菌株而言是异源化合物，胞内的LNnT若不及时被运输至胞外，则会产生反馈阻遏的效应从而影响LNnT的最终产量。因此，研究揭示该类化合物的转运机制刻不容缓。

（五）其他母乳寡糖的结构、功能及其制备

1. 3′- 岩藻糖基乳糖

3′-岩藻糖基乳糖（3′-fucosyllactose，3′-FL）是岩藻糖基化的中性HMOs，在总HMOs中约占5%。3-FL的代谢合成原理与2′-FL较为相似，只是GDP-*l*-岩藻糖与乳糖是由FutA催化，*l*-岩藻糖与葡萄糖单元的C3位链接（图6-5）。

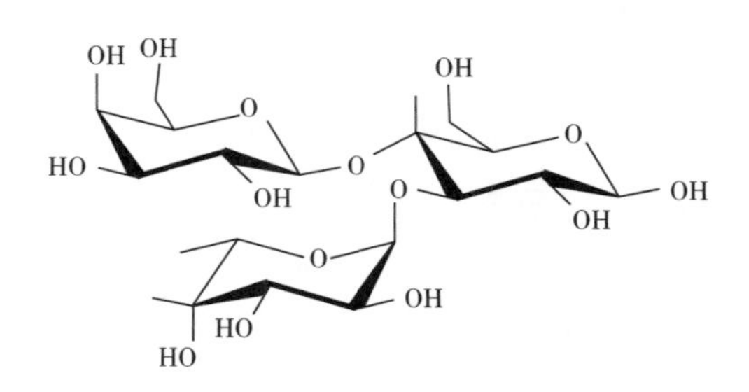

图 6-5 3′-FL 分子结构式

2004年，Dumon等在*E. coli* JM107中异源表达FutA，3′-FL的发酵产量为0.5g/L[57]。2017年，Huang等以*E. coli* BL21为出发菌株，分别比较了不同来源的FutA并筛选得到催化活性较好的来源于幽门螺杆菌的FutA，3′-FL发酵产量高达12.43g/L[58]。2019年Tan等对FutA进行了定向进化，成功筛选得到了催化活性提高14倍的正向突变体并对其催化机制的改变进行了分析，这也是首次将定向进化策略用于岩藻糖基转移酶的改造[44]。虽然目前针对3′-FL的研究较少，但是由于代谢合成原理与2′-FL较为类似，应用于2′-FL产量提高的代谢工程策略可以很好地被借鉴至3′-FL产量的优化，并且FutA正向突变体的成功筛选将会使得3′-FL的产量具有突破性的提高。

2. 3′- 唾液酸乳糖与 6′- 唾液酸乳糖

3′-唾液酸乳糖（3′-sialyllactose，3′-SL）与6′-唾液酸乳糖（6′-sialyllactose，6′-SL）是唾液酸化的HMOs，在总HMOs中的占比分别为2%和6%。6′-SL的代谢合成需要唾液酸和乳糖作为前体物质，首先胞苷单磷酸-*N*-乙酰神经氨酸合成酶将*N*-乙酰神经氨酸催化为胞苷5′-磷酸（CMP）-*N*-乙酰神经氨酸，之后CMP-*N*-乙酰神经氨酸和乳糖在*α*-2,3唾液酸转移酶（*α*-2,3-PST）或*α*-2,6唾液酸转移酶（*α*-2,6-PST）的催化下生成3′-SL或6′-SL[59]。

2008年，Fierfort等以*E.coli* K12为出发菌株，异源表达来源于空肠弯曲杆菌（*Campylopacter jejuni*）的*N*-乙酰葡萄糖胺异构酶（NeuC）、乙酰神经氨酸合成酶（NeuB）、CMP-乙酰神经氨酸合成酶（NeuA）和来源于脑膜炎奈瑟菌的*α*-2,3-PST，以乳糖为发酵原料，3′-SL的

发酵产量可达25g/L[60]。基于3′-SL的代谢工程策略，Drouillard等将6′-SL的发酵产量提高至33g/L[61]。

四、小结

合成生物学的快速发展使得大量的食品原料在微生物体内实现了从“0”到“1”的生产突破，在安全、健康、环保、成本等方面都具有显著优势，开展现代食品原料生物制造的研究是未来食品行业发展的必然趋势。HMOs作为益生元对婴幼儿成长具有显著的生理活性作用，其营养价值与市场前景不容忽视。当前微生物发酵制备HMOs水平仍不能满足工业化生产需求，如何提高底物转运利用效率、筛选高催化活性酶、平衡细胞生长与产物合成代谢需求是当前亟待解决的关键科学问题，也是决定微生物发酵制备HMOs能否成功工业化的重要因素。

第三节　唾液酸的生物制造

唾液酸（Sialic acid）是九碳单糖的衍生物，是一种能使唾液产生光滑感觉的负电荷离子，在母乳中天然存在。它不仅具有“诱导”入侵病菌的作用，也是神经节苷脂的传递递质，并且是大脑的组成部分。*N*-乙酰神经氨酸是人类唾液酸的主要存在形式。它在调节生物识别、细胞免疫和疾病方面具有重要作用，并且是唾液酸化人乳寡糖（或唾液酸乳糖）的最重要单体之一，母乳寡糖有10%~30%被唾液酸化，对改善婴儿发育至关重要[62, 63]。通过饮食可以补充外源性唾液酸以增加脑部唾液酸的含量。在婴幼儿配方乳粉中添加唾液酸，能有效地促进婴幼儿神经系统和大脑的发育，并影响他们在生长发育早期的智力发育。

一、唾液酸的结构

唾液酸作为一个九碳氨基糖家族，在2，4，5，7，8和9位有不同官能团的替换，提高了其多样性，目前已经发现有40多种唾液酸的不同衍生结构[64~66]。其中，最常见的唾液酸分子是*N*-乙酰神经氨酸，其是5号位为带有*N*-乙酰基的九碳单糖[67]，相对分子质量为309.26。

二、*N*-乙酰神经氨酸的功能

N-乙酰神经氨酸已于2017年在欧盟获得食品原料认证，美国FDA和原中国食品药品监督管理局也已批准将*N*-乙酰神经氨酸用作新食品原料[68]。*N*-乙酰神经氨酸还可以增强肠道对矿物质和维生素的吸收，并促进骨骼发育[69]。此外，*N*-乙酰神经氨酸抗黏连、抗病毒和

抗癌的作用在医学领域也显示出巨大的应用价值。N–乙酰神经氨酸可以黏附在红细胞表面以保护其稳定性，可以帮助人类精子更好地进入卵母细胞的透明带以完成受精过程。此外，细胞表面的N–乙酰神经氨酸可以有效防止白细胞过度聚集，可用于治疗类风湿关节炎。作为唾液酸转移酶的强抑制剂，N–乙酰神经氨酸的尿苷和次黄嘌呤衍生物可抑制癌细胞转移。N–乙酰神经氨酸也是抗病毒药物扎那米韦和奥司他韦的中间体，它们被广泛用于治疗甲型和乙型流感[70~72]。N–乙酰神经氨酸及其类似物也可用于修饰药物载体以更好地到达靶位点。因此，N–乙酰神经氨酸在食品添加剂和药物领域具有巨大应用潜力[73~74]。

三、N–乙酰神经氨酸的制备

N–乙酰神经氨酸传统上是从自然资源提取和化学合成中制备[75]。在燕窝、酪蛋白、牛乳和鸡蛋中，N–乙酰神经氨酸的浓度相对高于其他的动物中的浓度[76，77]。N–乙酰神经氨酸也可以在酸性醇溶液中铟的催化下，以N–乙酰甘露糖胺和α–（溴甲基）丙烯酸为底物，或以N–乙酰神经氨酸甲酯为底物进行化学合成[78]。但是，天然产物中N–乙酰神经氨酸的含量极低，而且N–乙酰神经氨酸的提取需要酸水解、中和、色谱分析和浓缩，导致N–乙酰神经氨酸的生产成本较高。N–乙酰神经氨酸的化学合成需要严格的反应条件，并且需要昂贵且有毒的金属作为催化剂，这导致其生产成本高昂的同时还有可能带来环境污染。与提取和化学合成相比，N–乙酰神经氨酸的生物合成包括全细胞催化和从头合成，其具有诸多优势，例如，条件温和以及较低的成本[79，80]。因此生物合成的全细胞催化法和从头合成逐渐成了N–乙酰神经氨酸生产的主流策略[81，82]。

（一）全细胞催化法生产N–乙酰神经氨酸

全细胞催化法是一种基于细胞工程的生物合成策略，可通过表达关键酶作为生物催化剂，利用活细胞高效生产目的产物，这对于需要昂贵辅因子的多酶反应特别有效[83]。N–乙酰神经氨酸的全细胞催化过程是利用典型的N–乙酰氨基葡萄糖2–异构酶和N–神经氨酸醛缩酶（或N–乙酰神经氨酸合酶）双酶催化的过程，它可以分为三种：①多细胞偶联转化法；②直接前体单细胞转化法；③间接前体单细胞转化法。

1. 多细胞偶联转化法

多细胞偶联转化法是通过多个细胞偶联多个化学反应发生合成目标产物的方法。研究人员最初将两个表达N–乙酰氨基葡萄糖，2–异构酶和N–乙酰神经氨酸合酶基因的大肠杆菌菌株，与提供磷酸烯醇式丙酮酸的产氨棒杆菌一起进行发酵，并使用表面活性剂Nymeen S–215处理提高细胞通透性，N–乙酰神经氨酸产量、N–乙酰氨基葡萄糖转化率和N–乙酰神经氨酸生产速率分别为12.3g/L、4.9%和0.56g/（L·h）[84]。高活性酶是全细胞转化的关键，而来源于项圈藻（*Anabaena* sp.）CH1的高活性N–乙酰氨基葡萄糖胺–2–异构酶可以显著增加N–乙酰神经氨酸的产量，N–乙酰神经氨酸产量、N–乙酰氨基葡萄糖转化率和N–乙酰神经氨酸生产速率分别达到122.3g/L、33.3%和10.2g/（L·h）[85]。N–神经氨酸醛缩酶在枯草芽孢杆菌WB600中将N–乙酰甘露糖胺催化成N–乙酰神经氨酸，其中通过碱性差向异构化制备N–乙酰甘露糖胺，N–乙酰神经氨酸产量、N–乙酰氨基葡萄糖转化率和N–乙酰神经氨酸生产速率分别为53.9g/L、17.4%和4.9g/（L·h）。此外，研究人员已经开发了多种多细胞偶联转化法的优化策略，例如，用廉价的乳酸为底物替换丙酮酸和温度控制的表达系统等[86~88]。

2. 直接前体单细胞转化法

N–乙酰氨基甘露糖是N–乙酰神经氨酸的直接前体，直接前体转化法是以N–乙酰氨基甘露糖为底物合成N–乙酰神经氨酸。受到多细胞偶联系统的限制，实现多种酶蛋白的最佳活性需要改变多种菌株的比例。此外，多细胞系统会降低基质传输速率，复杂的控制过程不利于工业化，因此单细胞催化系统已成为研究趋势。过表达N–乙酰氨基葡萄糖胺–2–异构酶和N–神经氨酸醛缩酶，同时阻断N–乙酰氨基葡萄糖转运蛋白基因，使得N–乙酰神经氨酸产量、N–乙酰氨基葡萄糖转化率和N–乙酰神经氨酸生产速率分别达到59.0g/L、38.2%和1.63g/（L·h）[89]。在此基础上，强化和平衡N–乙酰氨基葡萄糖胺–2–异构酶和N–神经氨酸醛缩酶的表达，使得N–乙酰神经氨酸产量、N–乙酰氨基葡萄糖转化率和N–乙酰神经氨酸生产速率分别达到112.8g/L、45.6%和4.7g/（L·h）[90]。通过增加基因拷贝数来增加N–神经氨酸醛缩酶的表达量，将N–乙酰神经氨酸产量、N–乙酰氨基葡萄糖转化率和N–乙酰神经氨酸生产速率提高到127.6g/L、34.4%和15.9g/（L·h）[91]。另一项研究分析了N–乙酰氨基葡萄糖胺–2–异构酶和N–神经氨酸醛缩酶的酶结构，并通过饱和突变筛选了高效酶，从而将N–乙酰神经氨酸产量、N–乙酰氨基葡萄糖转化率和N–乙酰神经氨酸生产速率提高到108.8g/L、58.6%和9.07g/（L·h）[81]。N–乙酰神经氨酸醛缩酶催化的合成反应需要过量的丙酮酸以增加N–乙酰神经氨酸的合成，但是丙酮酸通常在全细胞催化中通过细胞自身代谢过程损耗超过50%，从而导致N–乙酰神经氨酸的合成成本较高。

3. 间接前体单细胞转化法

N–乙酰氨基葡萄糖是N–乙酰神经氨酸的间接前体，间接前体单细胞转化法是以N–乙酰氨基葡萄糖为底物的单细胞转化法合成N–乙酰神经氨酸。基于以磷酸烯醇式丙酮酸和N–乙酰甘露糖胺为底物的N–乙酰神经氨酸合酶催化的间接前体单细胞催化体系，为全细胞催化提供了新的思路和策略。葡萄糖代谢过程中磷酸烯醇式丙酮酸的积累可用于解决由于丙酮酸导致的高成本问题，从而使用便宜的底物降低全细胞催化成本。以N–乙酰氨基葡萄糖和葡萄糖为底物，在大肠杆菌中过表达N–乙酰氨基葡萄糖2–异构酶和N–乙酰神经氨酸合酶基因，使得N–乙酰神经氨酸产量、N–乙酰氨基葡萄糖转化率和N–乙酰神经氨酸生产速率分别达到53g/L，31.8%和2.41g/（L·h）[92]。

由于不需要添加昂贵的辅因子，全细胞催化法明显优于提取法和化学合成法[93]。但是，全细胞催化法在N-乙酰神经氨酸的生物合成中仍然存在诸多不足。首先，N-乙酰氨基葡萄糖的转化率普遍低于60%，这不仅增加了N-乙酰氨基葡萄糖的回收成本，更为重要的是不利于N-乙酰神经氨酸的纯化。其次，全细胞催化需要多种过程，例如细胞培养、细胞收集、重悬浮和生物转化，增加了操作步骤和生产成本。因此，基于微生物发酵法的从头合成生产N-乙酰神经氨酸可能是一种更有效的策略。

（二）基于微生物发酵法的从头合成生产 N- 乙酰神经氨酸

大肠杆菌K1（*Escherichia coli* K1）、脑膜炎奈瑟菌（*Neisseria meningitidis*）和空肠弯曲杆菌（*Campylobacter jejuni*）可以天然合成N-乙酰神经氨酸。以葡萄糖作为底物，UDP-N-乙酰氨基葡萄糖为直接前体，其中UDP-N-乙酰氨基葡萄糖差向异构酶（UDP-N-乙酰氨基葡萄糖差向异构酶）将UDP-N-乙酰氨基葡萄糖异构化为N-乙酰甘露糖胺，而N-神经氨酸醛缩酶（或N-乙酰神经氨酸合酶）进一步将N-乙酰甘露糖胺和丙酮酸（或磷酸烯醇式丙酮酸）催化生成N-乙酰神经氨酸[82, 94]。因此，通过过表达脑膜炎奈瑟菌来源的UDP-N-乙酰氨基葡萄糖差向异构酶和N-乙酰神经氨酸合酶基因，增强谷氨酰胺-果糖-6-磷酸转氨酶基因表达，敲除N-乙酰神经氨酸转运蛋白基因*nanT*和可逆途径N-神经氨酸醛缩酶基因，实现了N-乙酰神经氨酸的从头合成，N-乙酰神经氨酸产量为1.70g/L[65]。大肠杆菌N-乙酰神经氨酸途径的合理途径工程设计可以强化N-乙酰神经氨酸醛缩酶途径，同时阻断N-乙酰神经氨酸降解途径，并消除乙酸盐和乳酸副产物的产生，将N-乙酰神经氨酸产量提高到7.85g/L[95]。为了构建食品级N-乙酰神经氨酸合成的工程菌株，研究人员对枯草芽孢杆菌进行了模块化设计，以增强N-乙酰神经氨酸合酶途径，并平衡关键前体N-乙酰氨基葡萄糖和磷酸烯醇式丙酮酸的供应，摇瓶中N-乙酰神经氨酸产量为2.18g/L[96~98]。随后，利用N端编码序列对合成关键酶的表达进行调控，摇瓶中N-乙酰神经氨酸产量为2.75g/L[99]。利用基于遗传密码扩展的正交翻译系统对生长和合成进行平衡，3L发酵罐中N-乙酰神经氨酸产量达到9.71g/L[100]。

（三）用于改善唾液酸生产的合成生物学工具

尽管已经开发了诸多改善N-乙酰神经氨酸合成的代谢工程策略，但N-乙酰神经氨酸生产的高成本仍然限制其工业化和市场应用。N-乙酰神经氨酸的从头合成和全细胞催化的成本分别为121.9美元/kg和140.0美元/kg，目前的市场价格约为774.2美元/kg，对于商业生产是可行的。从头合成的产量为8.3g/L，全细胞催化的产量为127.6g/L。从头合成法较低的产量会导致其较高的成本，例如，发酵液浓缩、存储和人工成本都会因产量低而上升。对于全细胞催化法，较低的转化率、较高的底物成本以及去除残留的N-乙酰氨基葡萄糖是其高成本的主要原因。

代谢物响应的生物传感器是重要的合成生物学工具，可用于高效的实验室适应性进化和高通量筛选具有改良细胞性状的突变体[101~103]。为提高N–乙酰神经氨酸的产量，一种基于体内响应N–乙酰神经氨酸的适体酶的生物传感器被研究并应用，其中N–乙酰神经氨酸可以与适体酶中的核酸适配体结合，导致构象变化，引起适体酶中核酶的自切割，从而降低下游基因的表达。这种生物传感器具有高特异性和亲和力，可应用于N–乙酰神经氨酸途径优化和关键酶进化[104]。基于响应N–乙酰神经氨酸的适体酶的生物传感器与核糖体结合位点（RBS）文库相结合，可用于对N–乙酰神经氨酸合成相关的途径酶基因进行代谢精细调控。接下来，通过容易出错的聚合酶链式反应构建N–乙酰神经氨酸代谢途径关键酶突变体库，用该适体酶（从寡核苷酸随机序列中筛选获得的针对各种效应分子的一种新的人工合成酶。它具有适体的特异性和核酶的催化活性）来指导N–乙酰神经氨酸代谢途径关键酶的进化。通过上述两种策略，在摇瓶中N–乙酰神经氨酸浓度从1.58g/L增加到2.61g/L[105]。目前，通过基于上述N–乙酰神经氨酸响应元件的代谢工程进化和调控策略，并结合在复合培养基中培养细胞，在基本培养基中添加底物葡萄糖作为目标产物N–乙酰神经氨酸的两阶段合成发酵策略，分别将N–乙酰神经氨酸产量提高到8.31g/L和14.32g/L[105，106]。除了使用合酶作为生物传感器构建的代谢物结合和调节元件之外，一系列天然可用的转录因子被应用于生物传感器构建和动态调节[107，108]。在大肠杆菌中，当N–乙酰神经氨酸不存在时，分解代谢N–乙酰神经氨酸的操纵子的转录被转录因子NanR阻遏，N–乙酰神经氨酸的存在可使NanR去阻遏。目前转录因子NanR及其结合位点序列均被鉴定[109]，且一系列NanR响应启动子已经被用于N–乙酰神经氨酸生物传感器构建。

四、小结

目前N–乙酰神经氨酸（NeuAc）主要通过全细胞催化法生产，然而其较昂贵的底物丙酮酸和N–乙酰氨基葡萄糖（GlcNAc）导致其成本较高，限制了其应用前景。在代谢工程、蛋白质工程和合成生物学工具和策略的推动下，N–乙酰神经氨酸的生物生产取得了重大进展。然而，生物合成N–乙酰神经氨酸仍然效率低下，需要进一步研究，例如，关键N–乙酰神经氨酸前体转运途径的确定、合成途径中动力学和热力学瓶颈的去除以及细胞生长和生产的动态平衡。

第四节　乳铁蛋白的生物制造

乳铁蛋白（Lactoferrin，LF）是乳汁中一种重要的非血红素铁结合糖蛋白，广泛分布于哺乳动物乳汁和其他多种组织及其分泌液（包括泪液、精液、胆汁、滑膜液等内、外分泌液）中[110]。如表6–4所示，乳铁蛋白最丰富的来源是人乳和牛乳，乳铁蛋白的浓度与泌乳阶段和物种密切相关，例如，牛初乳中乳铁蛋白的含量约为0.8g/L，而牛乳仅含乳铁蛋白

0.03～0.49g/L。人初乳中的乳铁蛋白平均含量高于5g/L，而成熟母乳中则为2～3g/L[111]。初乳中的乳铁蛋白含量较高，可以为母乳喂养的婴儿提供保护，使其免受细菌感染和炎症的伤害。

表 6-4　乳铁蛋白的主要来源和含量

生物液	产量/（g/L）	生物液	产量/（g/L）
人初乳	5.80 ± 4.30	母乳	2.00 ± 0.30
牛初乳	0.82 ± 0.54	牛乳	3.00 ± 0.49

乳铁蛋白在人体内不仅发挥转运铁离子的作用，同时还具有广泛的生物学活性，包括广谱抗菌作用、消炎、抑制肿瘤细胞生长及调节机体免疫反应等，从而具有调节细胞生长，清除有害的自由基并抑制几种有毒化合物形成的功能[112]。因此，乳铁蛋白被认为是一种新型抗菌、抗癌的药物。目前，乳铁蛋白已被添加到许多商业产品中，包括婴幼儿配方乳粉、热疗饮料、发酵乳、化妆品和牙膏等。

一、乳铁蛋白的结构

乳铁蛋白是一种包含大约703个氨基酸的单链蛋白质，分子质量约为78ku。人和牛的乳铁蛋白分别有691和696个氨基酸，其中谷氨酸（Glu）、天冬氨酸（Asp）、亮氨酸（Leu）和丙氨酸（Ala）含量较高，除含少量半胱氨酸（Cys）外，几乎不含其他含硫氨基酸[113]。来自哺乳动物的乳铁蛋白具有相似的氨基酸序列，人和牛来源的乳铁蛋白大约有70%的序列同一性（两条氨基酸序列在同一位点上的氨基酸相同），而人和黑猩猩的乳铁蛋白有97%的序列同一性[114]。乳铁蛋白在各种哺乳动物物种的一级结构中具有明显的相似性，表明它在不同物种中很可能具有相同的生物学功能[115]。乳铁蛋白的二级结构以α-螺旋和β-折叠结构为主，包括33%～34%的α-螺旋和17%～18%的β-折叠[116]。通过红外光谱研究发现，不同金属离子对乳铁蛋白的二级结构具有明显的影响，Ca^{2+}可导致牛乳铁蛋白α-螺旋结构减少46%，同时β-折叠结构增加233%，Na^+和K^+则仅造成α-螺旋和β-折叠结构的轻微变化，而Fe^{3+}对蛋白质二级结构几乎没有影响[117]。乳铁蛋白的三级结构为多肽链在二级结构基础上折叠形成的两个极相似的、对称的球状叶，即*N*叶和*C*叶，中间由一段对蛋白酶敏感的α-螺旋连接（图6-6），*N*叶和*C*叶可以进一步分为两个大小相似的子域：*N*1和*N*2、*C*1和*C*2。在牛乳铁蛋白中，*N*1由1～90位和251～333位氨基酸残基组成，*N*2由91～250位氨基酸残基组成，*C*1由345～431和593～676位氨基酸残基组成，*C*2由432～592位氨基酸残基组成。其中，334～344位氨基酸残基形成一个3圈小螺旋，连接*N*叶和*C*叶[118]。

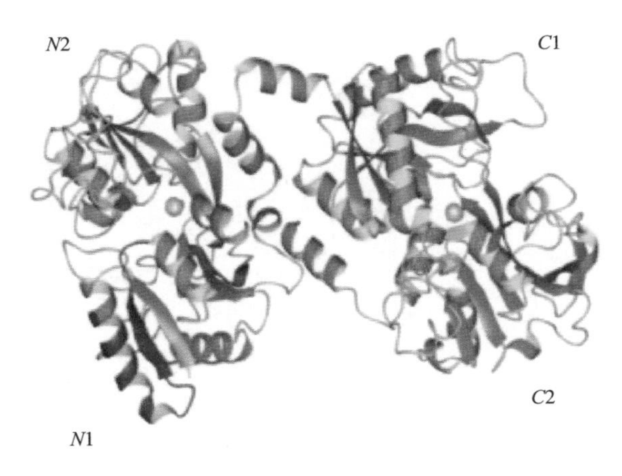

图 6-6　乳铁蛋白的结构

糖基化修饰是蛋白质翻译后最常见和最复杂的形式之一，超过50%的真核蛋白质需要糖基化修饰，并且糖基化修饰在蛋白质的生物学功能中起重要作用[119]。迄今为止，鉴定的所有乳铁蛋白都经过了糖基化修饰，糖基侧链以*N*–糖苷键共价的方式在天冬酰胺–X–苏氨酸 / 丝氨酸（Asn–X–Thr / Ser，X为任意氨基酸，脯氨酸除外）排列中的天冬酰胺残基上结合，形成2～4条碳水化合物侧链，根据物种的不同，糖基化位点的数量也存在相应变化[118]。在人乳铁蛋白中仅有138位天冬酰胺和479位天冬酰胺残基被糖基化，牛乳铁蛋白有四个糖基化位点，分别是233，368，476和545位天冬酰胺残基[120]。

糖基侧链主要由*N*–乙酰葡萄糖胺、唾液酸、甘露糖、岩藻糖以及半乳糖构成，单糖在糖基转移酶的作用下进行伸长，不同的糖基转移酶决定了分支化程度和连接类型。糖基侧链的组装一般在内质网中完成[121]。糖基侧链的核心区是由两个*N*–乙酰葡萄糖胺和三个甘露糖组成的五糖结构，根据唾液酸和乳糖的个数和支链，可以将糖基侧链分为：高甘露糖侧链、杂合侧链和复合侧链（图6–7）。高甘露糖侧链是指在核心区上仅连接甘露糖残基作为侧链；杂合侧链包括仅有甘露糖组成的残基连接到甘露糖1,6糖苷键上；复合侧链是以核心区*N*–乙酰葡萄糖胺作为出发点连接的两条糖链构成[123]。糖基侧链的功能因聚糖组成和附着部位不同而产生差异，这种糖基侧链的多样性与蛋白质的功能活性有关。

尽管乳铁蛋白的氨基酸序列具有高度的同源性，但不同哺乳动物细胞乳铁蛋白的糖基侧链是完全不同的[124]。人、牛和山羊分别有16，18和6个独特的聚糖结构。此外，*N*–乙醇基神经氨酸存在于反刍动物包括山羊和牛乳铁蛋白的*N*–糖基侧链中，但在人乳铁蛋白中是不存在，人乳铁蛋白中岩藻糖基化的含量高于山羊和牛乳铁蛋白[125]。这些差异可能表明不同生物的乳铁蛋白具有不同的生物学功能。此外，还有研究表明不同结构的糖基侧链会影响免疫原性从而引起人的过敏反应。这些不同哺乳动物乳铁蛋白之间的差异表明对乳铁蛋白翻译后的修饰强烈依赖于物种，并表明产生的乳铁蛋白可能由于具有独特的糖基侧链而具有不同的生物学作用[126]。

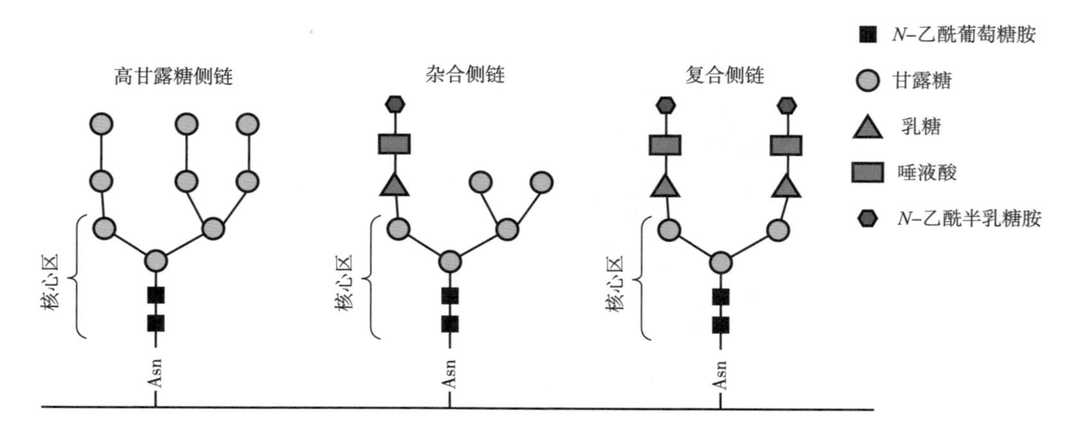

图 6-7 乳铁蛋白糖基侧链的三种类型

二、乳铁蛋白的功能

乳铁蛋白独特的结构特征为其带来了特殊的功能，因为乳铁蛋白能够对各种生理和环境变化做出反应并为宿主提供了第一道防线，因此，乳铁蛋白提供了多种营养功能和药用价值。在营养功能方面，乳铁蛋白能够转运铁，并消除生物体内的自由基。由于缺铁是世界上最常见的营养缺乏症之一，乳铁蛋白越来越被认为是一种安全有效的成分，可以为缺铁的人提供铁[127]。在药用价值方面，乳铁蛋白具有广谱抗菌的作用，对细菌、真菌（酵母菌）、病毒以及寄生虫具有强大的抗菌活性，同时具有消炎和抗癌的功能。乳铁蛋白的营养功能、药用价值及其应用如图6-8所示。

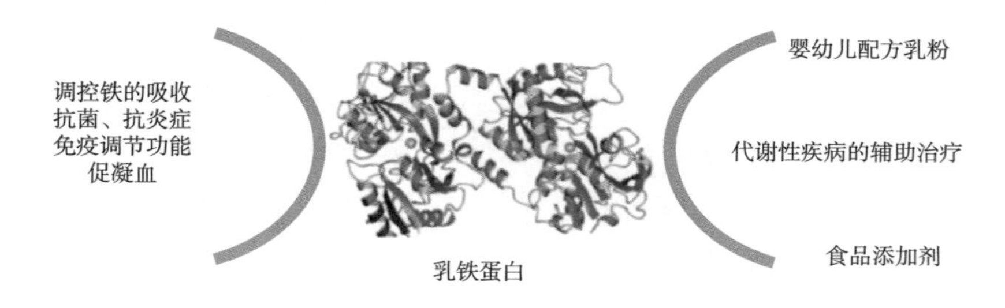

图 6-8 乳铁蛋白的营养功能药用价值及其应用

（一）乳铁蛋白对铁离子的转运

铁是生物体内许多生物学过程所必需的金属元素，这些生物学过程包括电子传递，氧的运输、储存等，铁离子同样也是多种酶类必需的辅因子。在生物体内乳铁蛋白参与铁的代谢，能够提高肠细胞对铁的生物利用率，并稳定还原态的铁离子，减少铁离子对肠胃的刺激[128]。人体内的铁离子过量时，铁离子会引发脂质过氧化反应，导致组织炎症、多器官损伤、造血受到抑制；而人体长期缺少铁元素，则难以产生血红蛋白，造成血色素降低，甚至发生缺铁性贫血，此时血液供氧能力降低，导致肤色苍白，人体感到疲乏无力。人体所需的大部分铁可以从循环代谢中获得，因此，吸收1～2mg铁就足以平衡铁循环[129]。乳铁蛋白能够根据机体对铁的需求，通过调节肠黏膜细胞对铁的吸收，保持体内铁离子的平衡[130]。

乳铁蛋白可以转运铁离子并清除生物体中的自由基，因此人们将乳铁蛋白视为细胞转送铁元素的安全有效成分。临床研究表明，口服牛乳铁蛋白可以增加人体对铁离子的吸收。人体对铁的吸收取决于被吸收铁的数量、化学形式和胃肠系统等。乳铁蛋白通过结合Fe^{3+}，改变铁离子的化学形式，从而促进铁的吸收[127]。通过乳铁蛋白和硫酸亚铁中的铁吸收率实验证明，乳铁蛋白比无机铁离子更容易被吸收[131]。乳铁蛋白促进Fe^{3+}的吸收，主要与其结合铁离子之后的高溶解性和肠绒毛细胞对乳铁蛋白铁离子复合物的特殊吸收机制有关。首先，乳铁蛋白通过*N*叶和*C*叶两个铁结合位点高亲和且可逆地结合Fe^{3+}，提高铁离子的溶解性并维持铁离子在比较广的酸碱范围内在小肠内完成铁离子的吸收和利用[132]；然后，通过乳铁蛋白与小肠黏膜细胞表面的特异性蛋白受体进行结合，增加铁的吸收率，即当铁离子进入小肠后，识别并特异地结合细胞表面的乳铁蛋白受体，进入细胞后释放铁离子。肠黏膜细胞通过乳铁蛋白受体实现对铁的吸收这一过程存在负反馈调节机制，当细胞内缺铁时，肠道细胞表面的乳铁蛋白受体增多，增加乳铁蛋白与受体结合的机会，促进铁离子的吸收；相反，如果细胞内的铁含量较高，肠绒毛细胞表面的受体蛋白就减少，降低肠道对铁离子的吸收与摄取[133]。乳铁蛋白通过可逆地结合铁离子，并在人体肠道特定细胞释放铁离子，从而增强铁的实际吸收量和生物利用率，有效降低铁的摄取量，减少铁离子对机体造成的不利影响。

（二）乳铁蛋白的抗微生物、消炎和抗癌等活性

乳铁蛋白具有抗微生物、消炎和抗癌等活性，其抗微生物作用适用于多种微生物，包括革兰阳性和革兰阴性需氧菌、厌氧菌、病毒、寄生虫和真菌等[134, 135]。乳铁蛋白的抗菌活性已在体外和体内对革兰阳性菌和革兰阴性菌以及一些耐酸细菌中得到广泛证明，尤其是常见的耐药菌，例如，金黄色葡萄球菌、单核细胞增生李斯特氏菌（*Listeria monocytogenes*）和耐甲氧西林肺炎克雷伯菌（*Klebsiella pneumoniae*）。乳铁蛋白还被证明可以吸附在宿主细胞上，对流感嗜血杆菌（*Haemophilus influenzae*）[136]和变形链球菌（*Streptococcus mutans*）[137]产生有效的抑制。乳铁蛋白的抑菌功能主要是由于能够吸收Fe^{3+}，限制了细菌使用这种营养物质，从而抑制了这些细菌的生长[138]。乳铁蛋白的杀菌功能归因于其能够与细菌表面直接相互作用，乳铁蛋白可以通过与脂多糖（LPS）相互作用，破坏革兰阴性菌的外膜。乳铁蛋白带正电荷的*N*端能够阻止LPS与阳离子（Ca^{2+}和Mg^{2+}）之间的相互作用，最终导致LPS从细胞壁释放，增加了细胞膜的渗透性，从而对细菌造成

损害[139]。乳铁蛋白和LPS的相互作用还增强了天然抗菌剂（如溶菌酶）的作用，乳铁蛋白对革兰阳性菌的溶菌酶增强作用机制归因于其所带的净正电荷与细菌表面的带阴离子的分子（如脂磷壁酸）结合，从而减少细胞壁上的负电荷，有利于溶菌酶发挥酶促作用。进一步的体外和体内实验表明，乳铁蛋白还具有防止某些细菌附着在宿主细胞上的能力，原因可能是乳铁蛋白的糖基侧链能够与细菌结合，阻止它们与宿主细胞受体相互作用。

乳铁蛋白对能够感染人类和动物的多种RNA和DNA病毒具有很强的抗病毒活性，同时乳铁蛋白还可以限制无包膜病毒，如腺病毒和肠道病毒的感染[140]。乳铁蛋白抑制病毒的机制可以分为两类，一类是阻断病毒进入宿主细胞，另一类是抑制病毒的复制。对于第一类机制的病毒，乳铁蛋白能够直接附着在病毒颗粒上或阻断细胞上的病毒受体，阻断病毒与宿主细胞结合，从而抑制病毒颗粒进入宿主细胞[141，142]。这类病毒包括单纯疱疹病毒、人乳头病毒、人类免疫缺陷病毒等[143]。最广泛的假设是乳铁蛋白能够结合并阻断糖胺聚糖病毒受体，如硫酸乙酰肝素（HSPG），即乳铁蛋白和HSPG的结合能够阻止病毒与宿主细胞的第一次接触，从而防止了感染[144]。对于其他病毒，例如，丙型肝炎病毒和轮状病毒，乳铁蛋白并不是阻止其进入宿主细胞，而是抑制了宿主中病毒的复制。

乳铁蛋白属于人体先天性非特异性免疫系统的成分，具有调节先天免疫的能力，构成了最初的免疫防御系统[145]。研究发现，乳铁蛋白的正电荷使其能够与免疫系统各种细胞表面的带负电荷的分子结合，并认为这种结合可以触发信号通路，导致细胞反应，如激活、分化和增殖[146]。乳铁蛋白除了诱导免疫外，还能够通过抑制促炎症细胞因子［如干扰素-γ、肿瘤坏死因子-α和白细胞介素（IL-1、IL-2和IL-6）］显示出消炎活性[147]。

三、乳铁蛋白的异源表达

由于乳铁蛋白是人体非特异性免疫系统的组成成分，具有很多重要的生理学功能，为了能广泛地应用乳铁蛋白，如何获得大量的乳铁蛋白越来越引起人们的关注。利用基因工程技术大量生产乳铁蛋白，成为乳铁蛋白研究的热点和发展趋势。在过去的十几年中，研究者以细菌、真菌、植物和动物细胞作为宿主进行了乳铁蛋白的异源表达。表6-5所示为部分宿主中乳铁蛋白的异源表达。

表 6-5 部分宿主中乳铁蛋白的异源表达

宿主	乳铁蛋白来源	表达系统	产量/（mg/L）	乳铁蛋白分子质量/ku
大肠杆菌	牛	pET-32a	10	80
红球菌	牛	pTip LCH1.2	3.6	38

续表

宿主	乳铁蛋白来源	表达系统	产量/（mg/L）	乳铁蛋白分子质量/ku
毕赤酵母	人	pPIC3.5K	115	80
	山羊	pGAPZalphaC	2	80
	猪	PGAP	12	—
	马	pPIC9K	40	80
酿酒酵母	人	—	2	—
泡盛曲霉	人	融合糖苷酶	2000	80
米曲霉	人	淀粉酶启动子	25	78

利用原核生物大肠杆菌作为表达宿主生产外源蛋白的技术已经相当成熟。Tian等利用质粒pET-32a表达了不同分子质量的乳铁蛋白，并通过表达硫氧还原蛋白，增加乳铁蛋白的表达水平，使乳铁蛋白的产量达到10mg/L，得到的乳铁蛋白对金黄色葡萄球菌具有明显的抑制作用[148]。由于，乳铁蛋白对大肠杆菌的生长具有明显的抑制作用，Kim等将富含赖氨酸和精氨酸的短肽与乳铁蛋白进行融合，获得酸性肽-乳铁蛋白融合蛋白，其能够有效地降低乳铁蛋白对宿主的抑制能力，最后融合肽经过酶切和分离获得乳铁蛋白，经过发酵培养，乳铁蛋白的产量达到60mg/L，获得的乳铁蛋白同样显示出抗菌活性并能够破坏细胞膜通透性[149]。但大肠杆菌合成的外源蛋白大多以包涵体的形式存在于细胞内，且不能对外源蛋白进行糖基化等翻译后修饰，因此，难以获得具有糖基化修饰的乳铁蛋白。

真菌表达系统不仅具有原核生物生长快、操作简单的特点，还具有各哺乳动物细胞的翻译后修饰功能，是真核基因外源表达的理想宿主。酵母和丝状真菌是目前用于表达真核蛋白常用的表达系统。毕赤酵母是一种能以甲醇为唯一碳源的真核生物，能高效分泌表达外源蛋白，并对其进行翻译后修饰，同时还有具有高密度生长的特点，目前已成为最常用的真核表达系统，被广泛用于多种异源蛋白的表达，如人血清白蛋白、人白介素-2、乙肝表面抗原、人重组干扰素等[150]。

实现乳铁蛋白在毕赤酵母中的分泌表达的第一步是构建真核细胞表达载体。目前，酵母的表达质粒为pPIC9K，信号肽为α-因子信号肽、启动子为甲醇氧化酶Ⅰ基因启动子。毕赤酵母细胞在合成蛋白质的过程中，Glu-Lys-Arg-Glu-Ala-Glu-Ala是细胞对信号肽α-因子进行正确加工的位点，首先，Kex2蛋白酶切断Arg-Glu肽键，然后通过Stel3肽酶进一步水解Glu-Ala重复序列，得到正确的*N*端氨基酸序列的蛋白质产物。Paramasivam等利用质粒pPIC9K在毕赤酵母中生产重组马乳铁蛋白（ELF）。重组蛋白通过肝素-琼脂糖柱一步亲和层析纯化，纯化的蛋白质分子质量约为80ku，异源表达ELF的*N*端序列与天然ELF的*N*端序列一致。纯化之后蛋白质能够与铁离子进行结合，以及利用圆二色性研究表明它已正确折叠。这是ELF的首次异源表达，产量达到40mg/L，也是使用毕赤酵母系统表达完整乳铁蛋白的首次报道[151]。Jiang等同样使用载体pPIC9K表达人乳铁蛋白（HLF），在高细胞密度发酵的诱导阶段，以4：1的甲醇-甘油混合培养，能够显著提高重组HLF的表达水平[152]。质粒pPIC3.5K同样被用于表达外源蛋白，不同于表达质粒pPIC9K，其不含有信号肽，所以外源蛋白储存在胞内。应等将HLF克隆至质粒pPIC3.5K并转化宿主KM71菌株，经过双层滤膜法筛选高表达菌株。发酵9d之后，重组HLF最高产量为115mg/L[153]。很多研究通过使用不同的表达元件来进行乳铁蛋白的异源表达，例如更换启动子。Wang等利用3-磷酸甘油醛脱氢酶的启动子在毕赤酵母中组成型表达猪乳铁蛋白（PLF）。将摇瓶培养基的初始pH从6.0增加到7.0或向培养基中添加Fe^{3+}，可显著改善毕赤酵母的PLF表达[154]。虽然毕赤酵母是一个较好的真核表达系统，但是由于天然乳铁蛋白的复杂性和多态性、乳铁蛋白基因与酵母基因组重组与表达调控的某些不可预知性，乳铁蛋白的高效分泌表达并不理想，尚有多优化条件需要继续探索。

丝状真菌可以大量分泌各种外源蛋白，对合成的蛋白质也能进行正确的肽链剪切和糖基修饰，最重要的是蛋白质糖基修饰模式与高等真核生物非常相似，从而成为一种理想的表达重组蛋白的宿主[155]。目前，用于表达乳铁蛋白的丝状真菌主要有曲霉属，并已经在构巢曲霉、米曲霉和泡盛曲霉中成功表达了乳铁蛋白。Ward等将HLF的DNA序列与泡盛曲霉中葡萄糖糖化酶基因进行融合，同时两个基因之间增加蛋白酶Kex2切割位点，使宿主细胞能够正确表达乳铁蛋白，形成与天然HLF相同的重组蛋白。然后利用突变技术使乳铁蛋白的合成大幅提升，乳铁蛋白的表达量达到2g/L，是迄今为止所有宿主中表达乳铁蛋白量最高的菌株[155]。

由于乳铁蛋白的抗菌作用，表达产物会影响一些细菌、酵母菌等宿主的正常生长，使这些微生物不能达到较高的细胞浓度，难以实现乳铁蛋白的高密度发酵。因此，如何筛选对乳铁蛋白不敏感的宿主细胞显得尤为重要。随着合成生物学的发展，挖掘有效的蛋白质表达元件、筛选高效表达菌株是未来乳铁蛋白生产发展的趋势。

第五节 脂肪酸与结构脂质的生物制造

母乳的能量为272～293kJ/L，与母乳中的脂肪含量密切相关[155]。婴儿出生后的前6个月所需的能量大约50%来自母乳中的脂肪，在6个月以后这一比例虽然有所下降，但仍然占30%～40%。除此之外，脂肪中的主要成分脂肪酸还是许多重要代谢化合物（如前列环素、前列腺素、血栓烷和白三烯）的前体，为婴幼儿的大脑、神经与视网膜的生长发育提供必不可少的物质[156~159]。

一、母乳中的脂肪酸组成

母乳脂肪是一类以复杂的天然脂质为主的混合物，包含200多种脂肪酸（Fatty acids，FAs）和400多种甘油三酯（Triacylglycerols，TAGs）。母乳脂肪以甘油三酯（98%～99%）为主，还包括磷脂（0.26%～0.80%）、固醇（0.25%～0.34%）、各种次要微量成分［单酰基甘油（MAG）、二酰基甘油（DAG）、非酯化脂肪酸（NEFA）］和其他物质[160，161]。甘油三酯是由1个甘油分子和3个脂肪酸分子组成的酯类有机化合物，而磷脂则含有被两个脂肪酸酯化的磷酸酯基（胆碱、乙醇胺、丝氨酸）。

母乳脂肪酸分为饱和脂肪酸（Saturated fatty acids，SFA）、单不饱和脂肪酸[162~164]（Monounsaturated fatty acids，MUFA）和多不饱和脂肪酸（Polyunsaturated fatty acids，PUFA）（图6-9）。

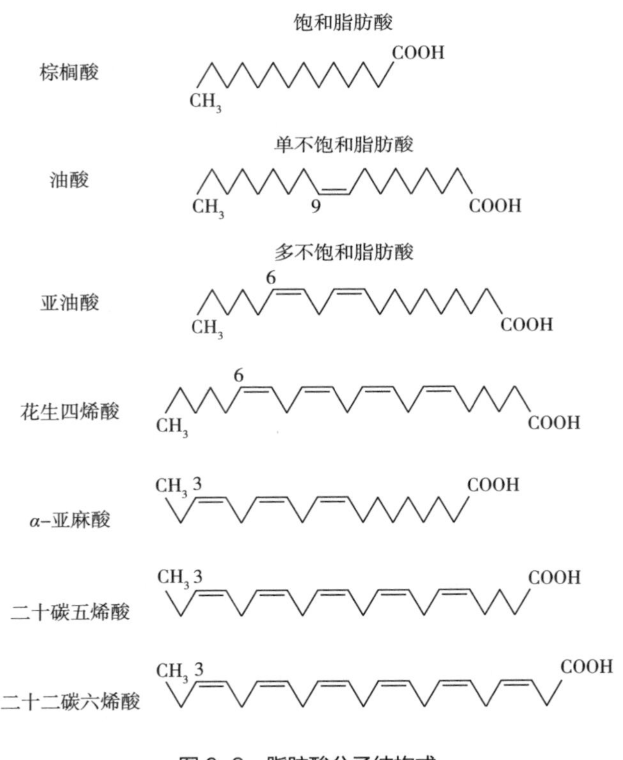

图6-9　脂肪酸分子结构式

饱和脂肪酸通常是母乳中含量最为丰富的脂肪酸，占总脂肪酸含量的37%～56%，其中软脂酸（16：0）是含量最多的饱和脂肪酸，其次是肉豆蔻酸（14：0）和硬脂酸（18：0）。软脂酸占足月胎儿体内脂肪的45%～50%，母乳中的软脂酸提供婴儿每日所需能量的10%～12%。母乳中最短的饱和脂肪酸是6：0脂肪酸，占比为0.09%～0.1%，此外在人乳中还存在着天然油脂中并不常见的奇数链脂肪酸（15：0脂肪酸和17：0脂肪酸）。

单不饱和脂肪酸是指分子结构中仅存在一个双键的脂肪酸，油酸（OA，18∶1，*n*–9）是最具有代表性的单不饱和脂肪酸，能够降低甘油三酯的熔点，提升脂肪球的流动性。油酸是母乳中含量最为丰富的脂肪酸，占总脂肪酸含量的21%～36%，占母乳中单不饱和脂肪酸含量的90%左右。棕榈油酸（16∶1，*n*–7）是母乳中另一种含量丰富的单不饱和脂肪酸，占总脂肪酸含量的2%～4%。

多不饱和脂肪酸是指分子结构中存在两个或两个以上双键的脂肪酸，占母乳总脂肪酸含量的10%～20%，对于婴幼儿健康发育有着至关重要的作用。多不饱和脂肪酸分为*n*–6和*n*–3多不饱和脂肪酸，在母乳中*n*–6多不饱和脂肪酸的含量高于*n*–3多不饱和脂肪酸。亚油酸（LA，18∶2，*n*–6）是母乳中最主要的*n*–6多不饱和脂肪酸，不同国家母乳中的多不饱和脂肪酸占总脂肪酸含量的比例是不同的（8%～29%）。*n*–3多不饱和脂肪酸中含量最高的是*α*–亚油酸（ALA，18∶3，*n*–3）。此外，花生四烯酸（AA，20∶4，*n*–6）、二十碳五烯酸（EPA，20∶5，*n*–3）和二十二碳六烯酸（DHA，22∶6，*n*–3）等是重要的多不饱和脂肪酸，花生四烯酸、二十碳五烯酸和二十二碳六烯酸占母乳脂肪酸总量约1%。这些脂肪酸均已被证实有利于婴儿的视觉和认知发育。饮食中*n*–6和*n*–3多不饱和脂肪酸的比例异常会导致许多慢性疾病。

母乳中的甘油三酯是利用乳腺上皮细胞中从头合成的脂肪酸或者是由外源摄入的脂肪酸在内质网中生成的，母乳脂肪中的甘油三酯具有独特性，其主要的3种脂肪酸的含量和位置分布是显著不同于牛乳或某些典型的植物油的。脂肪酸在甘油三酯上的分布不是随机的，大多数饱和脂肪酸附着在*sn*–2位，有70%的棕榈酸位于sn–2位。人乳脂肪中的主要甘油三酯是1,3–二油酸–2–棕榈酸甘油三酯（OPO，18∶1–16∶0–18∶1）、1–油酸–2–棕榈酸–3–亚油酸甘油三酯（OPL，18∶1–16∶0–18∶2）、1,2–二棕榈酸–3–油酸甘油三酯（PPO，16∶0–16∶0–18∶1）、1–月桂酸–2–棕榈酸–3–油酸甘油三酯（LaPO，12∶0–16∶0–18∶1）、1,2–十四酸–3–油酸甘油三酯（MMO，14∶0–14∶0–18∶1）和1–硬脂酸–2–棕榈酸–3–油酸甘油三酯（SPO，18∶0–16∶0–18∶1）。OPO和OPL是两个主要的甘油三酯，占母乳甘油三酯总量的20%～40%。母乳脂肪中几乎不存在AAA类型（三个相同的FAs与甘油骨架相连）的甘油三酯。有报道指出，OPO是人乳脂肪中含量最丰富的甘油三酯，但是在中国妈妈的母乳中OPL的含量更为丰富[161，165]，这可能是由于不同的居住地以及饮食习惯之间的差异造成的母乳中甘油三酯组成发生变化[161]。不同国家成熟母乳中甘油三酯的脂肪酸组成如表6–6所示。

表 6–6　不同国家成熟母乳中甘油三酯的脂肪酸组成　　单位：%

脂肪酸	中国	日本	德国	英国	加拿大	美国
6∶0	0.06	—	—	—	—	—
8∶0	0.2	0.22	—	0.16	0.17	0.16

续表

脂肪酸	中国	日本	德国	英国	加拿大	美国
10：0	1.35	2.00	1.83	1.5	1.66	1.5
11：0	0.14	—	—	—	—	—
12：0	5.49	5.86	6.62	4.4	5.25	4.4
13：0	0.15	0.03	—	0.02	0.04	0.02
14：0	5.06	6.11	7.27	4.91	5.84	4.91
15：0	0.2	0.29	—	0.2	0.33	0.29
16：0	18.05	20.20	23.26	19.26	18.67	19.26
17：0	0.31	0.32	—	0.32	0.32	0.32
18：0	6.19	6.14	8.05	6.21	5.83	6.21
20：0	0.22	0.2	0.24	0.19	0.2	0.19
22：0	0.16	0.09	0.14	0.09	0.1	0.09
24：0	0.06	0.05	0.1	0.06	0.06	0.06
14：1，*n*-5	0.16	0.2	—	0.22	0.25	0.22
16：1，*n*-9	—	0.36	—	0.44	0.23	0.44
16：1，*n*-7	1.6	2.56	2.5	2.65	2.76	2.64
16：1，*n*-5	—	0.09	—	0.1	0.1	0.1
16：1，*n*-3	—	0.12	—	0.11	0.12	0.22
17：1，*n*-7	0.19	0.25	—	0.26	0.28	0.26
18：1，*n*-9	31.6	31.43	29.91	32.77	35.18	32.77
18：1，*n*-7	—	2.32	1.48	2.88	2.85	2.88
18：1，*n*-5	—	0.18	—	0.3	0.26	0.3
20：1，*n*-11	—	0.27	—	0.21	0.2	0.21
20：1，*n*-9	0.6	0.52	0.39	0.39	—	—
22：1，*n*-9	0.17	0.13	0.08	0.08	0.52	0.39
24：1，*n*-9	0.14	—	0.08	—	0.11	0.08
14：2，*n*-6	—	0.1	—	0.09	0.1	0.09
16：2，*n*-6	—	0.2	—	0.2	0.22	0.2
18：2，*n*-6	20.43	12.66	11.01	14.78	11.48	14.78

续表

脂肪酸	中国	日本	德国	英国	加拿大	美国
18：3，*n*-6	0.13	0.13	0.16	0.17	0.16	0.17
20：2，*n*-6	0.69	0.25	0.24	0.27	0.21	0.27
20：3，*n*-6	0.52	0.25	0.31	0.35	0.27	0.35
20：4，*n*-6	0.74	0.4	0.48	0.45	0.37	0.45
22：2，*n*-6	0.16	0.02	—	0.06	0.02	0.06
22：4，*n*-6	0.16	0.08	0.11	0.11	0.04	0.11
22：5，*n*-6	0.25	0.05	—	0.06	0.04	0.06
18：3，*n*-3	1.3	1.33	0.75	1.05	1.22	1.05
18：4，*n*-3	—	0.06	—	0.01	0.02	0.01
20：3，*n*-3	—	0.05	0.05	0.04	0.04	0.04
20：4，*n*-3	—	0.12	—	0.08	0.08	0.08
20：5，*n*-3	0.14	0.26	0.07	0.07	0.08	0.07
22：5，*n*-3	—	0.29	0.18	0.14	0.16	0.14
22：6，*n*-3	0.44	0.99	0.23	0.17	0.17	0.17
总SFA①	37.6	41.51	48.62	37.41	38.47	37.41
总MUFA②	34.62	38.43	35.97	40.4	42.89	40.51
总PUFA③	25.11	17.52	13.82	18.75	15.19	18.75

注：①SFA指饱和脂肪酸。

②MUFA指单不饱和脂肪酸。

③PUFA指多不饱和脂肪酸。

二、脂肪酸与结构脂质的生物合成

由于生活模式、工作压力以及个人体质等各个方面的原因，我国6个月内的婴儿纯母乳喂养率仅为20.8%[166]。因而，使用与母乳具有相同或相似生理功能的婴幼儿配方乳粉成为替代母乳的最佳选择。在模拟母乳脂肪的研究中，脂肪酸一直是研究的热点，国内外的研究者不仅要研究不同脂肪酸含量及其成分对于婴幼儿的影响，同时也要关注脂肪酸在甘油三酯中的位置分布对于婴幼儿的影响，下文介绍两种具有重要功能的脂肪酸的生物合成以及结构脂质的生物合成。

（一）花生四烯酸（AA）的生物合成

花生四烯酸（Arachidonic acid，AA），属于*n*-6系列多不饱和脂肪酸，其结构式为全顺式-5,8,11,14-二十碳四烯酸，其化学式为$C_{20}H_{32}O_2$，相对分子质量为304.46。

花生四烯酸作为人类成长的必需脂肪酸之一，对于人体健康具有重要作用，尤其是对婴幼儿的生长发育具有特殊意义。婴幼儿若在哺乳期缺乏花生四烯酸会对其组织器官的发育产生重大影响，尤其会导致大脑、神经系统及视力严重发育不良。因此，世界卫生组织（WHO）和联合国粮食及农业组织（FAO）在1995年发布的《脂肪、油脂与人类营养》的联合专家报告中，对花生四烯酸的摄入量做出正式推荐。我国原卫生部在1999年将花生四烯酸列为允许使用的营养强化剂，正式批准了花生四烯酸在婴幼儿配方乳粉中的应用。目前，全世界已有70多个国家和地区批准在婴幼儿配方食品中添加花生四烯酸。

早期的花生四烯酸一般是从动物肝脏或蛋黄中提取的，但是其提取率低、产物得率低，且富集成本高，因而一直无法满足市场的需求[167]。花生四烯酸是由16：0脂肪酸经过一系列脱氢和延长反应得到的（图6-10）。目前，花生四烯酸的主要来源途径有两种：一种是利用微生物进行发酵生产，另一种是通过大规模培养微藻进行生产。

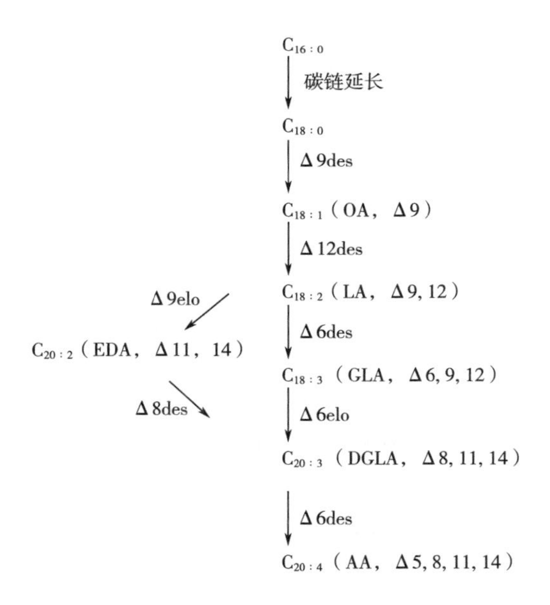

图6-10 花生四烯酸生物合成途径

des：去饱和酶；elo：延长酶；OA：油酸；LA：亚油酸；EDA：二十碳二烯酸；GLA：γ-亚麻酸；DGLA：二高-γ-亚麻酸；AA：花生四烯酸。

微生物发酵法目前主要采用被孢霉（*Mortierella*）进行发酵生产。20世纪90年代，美国与日本公司开始利用高山被孢霉生产花生四烯酸，经过诱变选育的菌株其花生四烯酸的积累超过菌体干重的40%。近年来，关于花生四烯酸发酵的相关研究多集中于高产稳定菌株的获得及发酵工艺的优化等方面，包括菌种诱变、发酵前体添加、合成代谢通路调控等。比如，研究人员使用离子束诱变筛选到高产诱变菌株，在50t和200t发酵罐中进行发酵实验，其花生四烯酸产量可达5.11g/L和8.97g/L[168，169]。表6-7所示为高山被孢霉部分菌株发酵生产花生四烯酸的发酵情况。

表 6-7　高山被孢霉部分菌株生产花生四烯酸的发酵情况

菌株	AA产量/（g/L）	AA生产速率/［g/（L·d）］	发酵规模
Mortierella alpine M6	7.74	0.97	500mL摇瓶
Mortierella alpine ME-1	19.8	1.80	5L发酵罐
Mortierella alpine ME-1	19.02	1.59	5L发酵罐
Mortierella alpine ME-1	15.9	1.99	5L发酵罐
Mortierella alpine LPM 301	10	1.43	250mL摇瓶

对于微藻培养法生产花生四烯酸，截至2022年12月，只报道了两种微藻含有丰富的花生四烯酸，一种是红藻门的紫球藻（*Porphyridium purpureum*），其花生四烯酸占总脂肪酸含量的40%；另一种是缺刻缘绿藻（*Parietochloris incisa*），在氮饥饿的条件下，花生四烯酸含量可以占总脂肪酸含量的60%。微藻由于具有生长较快、繁殖周期短的特性，且具有较强的耐盐性、抗菌性被用于花生四烯酸的生产。例如，厦门大学林鹿团队通过对紫球藻培养条件（光照、培养温度）的调控，在200 L发酵罐中花生四烯酸的得率为11.53mg/g[170]。

（二）二十二碳六烯酸的生物合成

二十二碳六烯酸（Docosahexaenoic acid，DHA），化学式为$C_{22}H_{32}O_2$，相对分子质量为328.49，是目前发现的碳链最长、不饱和度最高的*n*-3长链多不饱和脂肪酸，俗称“脑黄金”。

早在1994年，世界卫生组织就规定在婴幼儿配方乳粉中必须添加二十二碳六烯酸，中国营养学会推荐孕妇/乳母二十二碳六烯酸的适宜摄入量为0.2g/d，婴幼儿二十二碳六烯酸适宜摄入量为0.1g/d，按照婴儿每日750mL的母乳摄入来算，母乳中二十二碳六烯酸的含量应达到0.125g/kg。

传统的二十二碳六烯酸主要来源于鱼油，但是鱼的种类、季节、地理位置等因素的差异造成了鱼油含量和油中的不饱和脂肪酸含量不稳定，并且鱼油提取后还会含有大量的其他脂肪酸，导致二十二碳六烯酸初始含量低，需要对鱼油中的二十二碳六烯酸进行纯化。近年来，鱼油来源日渐紧缺，且伴随着重金属污染日益严重等问题，仅从鱼油中获取二十二碳六烯酸难以满足其在食品和医药行业的应用。为了解决这一问题，研究者尝试利用海洋微生物发酵生产二十二碳六烯酸，常用的海洋微生物包括寇氏隐甲藻（*Crypttheconidium cohnii*）、裂殖壶菌（*Schizochytrium* sp.）、破囊壶菌（*Thraustochytrium*）、吾肯氏壶藻（*Ulkenia amoeboida*）等。美国FDA授予寇氏隐甲藻（*Crypthecodinium cohnii*）（2002年）、裂殖壶菌（2004年）和吾肯氏壶藻（*Ulkenia amoeboida*）（2004年）“一般认为安全”（GRAS）状态。2010年，我国原卫生部批准裂殖壶菌、吾肯氏壶藻和寇氏隐甲藻用于二十二碳六烯酸藻油的生产。2014年，欧盟批准裂殖壶菌生产的微藻油脂可以作为新型食品配料投放市场。

寇氏隐甲藻是具有鞭毛的异养型海生甲藻，形态多样，且作为单细胞真核微生物，既可以进行无性繁殖，也可以进行有性繁殖。寇氏隐甲藻具有较高的二十二碳六烯酸生产能力，在其产生的脂质中，其他多不饱和脂肪酸的相对含量极低，不足1%，这一特点也使得它成为众多二十二碳六烯酸生产藻中的优势藻株[171]。虽然寇氏隐甲藻具有上述优势，但是其二十二碳六烯酸合成途径尚未明确。目前，国内针对二十二碳六烯酸生产的研究主要是集中于菌株诱变和发酵条件优化等方面，例如，任路静等利用流加策略实现了寇氏隐甲藻生产二十二碳六烯酸的高密度发酵，研究发现，当培养基中葡萄糖浓度为4g/L左右时，补料流加碳氮比（C/N）为30：1的培养基对寇氏隐甲藻的生长和脂肪酸积累最有利，二十二碳六烯酸产量达到4.08g/L[172]。王澍等通过对寇氏隐甲藻突变株生产二十二碳六烯酸的发酵培养基进行优化，最终在50L发酵罐中的产量为5.65g/L，随后又探究了不同补糖时间和补糖量对二十二碳六烯酸合成的影响，使二十二碳六烯酸的产量达到11.94g/L[173，174]。

由于寇氏隐甲藻发酵生产二十二碳六烯酸周期长，产率不高，且相关生产技术和应用被美国公司垄断，限制了国内二十二碳六烯酸的发展与使用，研究者纷纷将目光转向海洋真菌——裂殖壶菌。国内外研究人员在不同海域分离得到了具有二十二碳六烯酸生产能力的裂殖壶菌，如日本的NAKAHARA等分离的*Schizochytrium* sp. SR21，我国南京工业大学分离的*Schizochytrium* sp. HX-308和中国海洋大学分离的*Schizochytrium* sp. OUC88等。Fu等利用低能离子束诱变结合苏丹黑染色的方法进行筛选，使得裂殖壶菌生产二十二碳六烯酸的产量提高了60%[175]。Sun等开发了不同环境刺激的裂殖壶菌驯化技术，利用高供氧（搅拌转速为230r/min）连续驯化菌种的方法，迫使细胞长期处于氧化损伤状态，改变了裂殖壶菌的氧适应性，在高供氧下也能保证高二十二碳六烯酸产量，同时产物中角鲨烯产量降低了63%[176]。藻体高密度发酵、油脂含量提升以及二十二碳六烯酸占总脂质比例的提升是提高二十二碳六烯酸产量的关键。Ren等通过在发酵过程中添加苹果酸和乙酸钠提高裂殖壶菌的NADPH和乙酰辅酶A供应，使得二十二碳六烯酸产量提高至60%；通过添加抗坏血酸钠缓解发酵过程中的氧化损伤，胞内ROS降低了35%，二十二碳六烯酸产量提高了44%[177，178]。

传统的二十二碳六烯酸合成是通过线粒体或内质网的脂肪酸延长酶和脂肪酸去饱和酶进行碳链延伸和双键引入的［图6-11（1）］。Metz等在裂殖壶菌细胞中发现了二十二碳六烯酸合成的另一条途径，称为聚酮合酶（Polyketide synthases，PKS）途径［图6-11（2）］[179]。近年来，已鉴定的所有多不饱和脂肪酸合成酶都是分子结构极大的多功能酶复合物，由3～4

个亚基组成，此类利用聚酮合酶合成的脂肪酸被定义为次级脂质，此类基因簇称为脂肪酸聚酮合酶（FAS/PKS）基因簇[180]。脂肪酸聚酮合酶包括β–酮酰合成酶（KS）、β–酮酰–酰基载体蛋白还原酶（KR）、烯酰还原酶（ER）、脱水酶/异构酶（DH/I）、酰基转移酶（AT）和酰基载体蛋白（ACP）等功能模块。类似于经典的脂肪酸合成酶催化过程，该酶以乙酰ACP为起始单元，以丙酰ACP为延伸单元，通过KS、KR、DH、ER功能域的循环延伸碳链，但脂肪酸聚酮合酶会选择性的缺失最后一步酰基还原步骤而在脂肪酸链中引入双键。虽然目前已经知道裂殖壶菌是由PKS途径合成二十二碳六烯酸的，但是对于该酶作用机制的认识仍然不够清晰[181]。

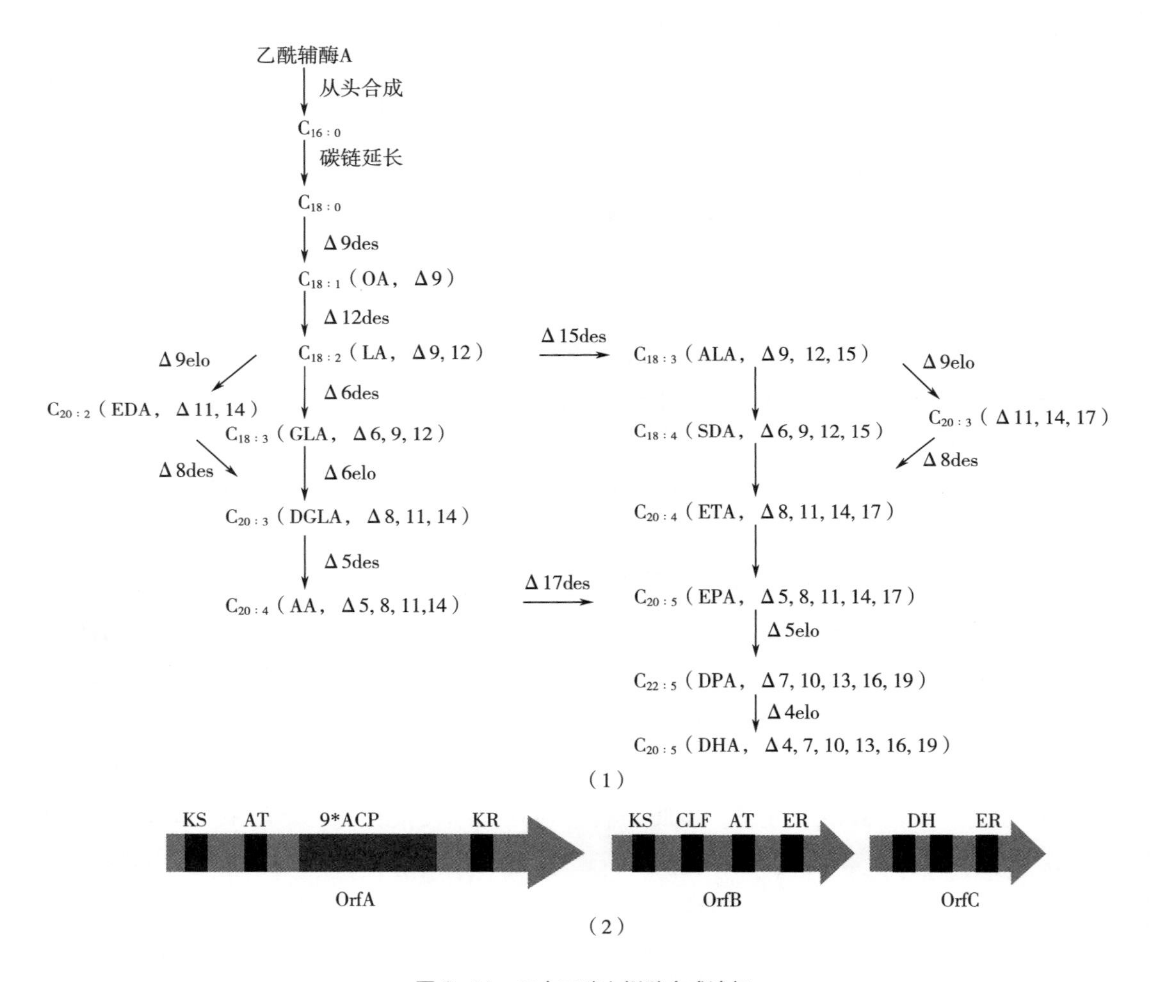

图 6-11　二十二碳六烯酸合成途径

（1）二十二碳六烯酸生物合成途径　（2）聚酮合酶合成途径

des：去饱和酶；elo：延长酶；OA：油酸；LA：亚油酸；ALA：α–亚油酸；GLA：γ–亚麻酸；SDA：十八碳四烯酸；DGLA：二高–γ–亚麻酸；ETA：二十碳四烯酸；EPA：二十碳五烯酸；DPA：二十二碳五烯酸；DHA：二十二碳六烯酸；AA：花生四烯酸；EDA：二十碳二烯酸；KS：酮合酶；AT：酰基转移酶；ACP：酰基载体蛋白；KR：酮还原酶；CLF：链长因子；ER：烯基还原酶；DH：脱水酶；OrfA：开放阅读框A；OrfB：开放阅读框B；OrfC：开放阅读框C。

（三）结构脂质的生物合成

母乳脂肪酸的结构密切影响婴幼儿自身对其的吸收。虽然母乳脂肪酸的组成与含量会由于遗传、饮食、地理位置乃至于心理等因素的影响而发生改变，但其结构仍然很重要，即以USU（U为不饱和脂肪酸，S为饱和脂肪酸）结构存在时才可以被婴幼儿更好地吸收，母乳的甘油三酯在婴幼儿的成长过程中发挥着独特而宝贵的功能[182]。甘油三酯的消化主要发生在胃和小肠中，被脂肪酶水解。由于胃和胰脂肪酶是*sn*-1,3区域选择性的，因而甘油三酯的水解导致*sn*-2单甘酯（MAG）和游离脂肪酸（FFA）的形成。[183]婴幼儿配方乳粉中的脂质通常来自植物油混合物或牛乳脂肪，其中棕榈酸和其他饱和脂肪酸主要在*sn*-1,3位被酯化。在某些条件下，通过胰脂肪酶水解时，未酯化的饱和脂肪酸与婴幼儿小肠中的钙等矿物质形成不溶性皂苷。不溶性皂苷通过粪便排泄，这会导致硬便的形成以及能量和钙的损失。因此，婴幼儿配方乳粉中脂肪甘油三酯结构的修饰（通过添加*sn*-2棕榈酸酯）可以提高脂肪酸吸收效率，并减轻由棕榈酸钙引起的症状。

脂肪酶（EC 3.1.1.3，甘油三酯水解酶）是脂质修饰中最常用的生物催化剂之一，油脂是脂肪酶的天然底物，使用特定的脂肪酶，可以产生具有特定分子结构的脂质，大多数脂肪酶对甘油主链的*sn*-1和*sn*-3位置具有区域选择性，因此被称为*sn*-1,3-特异性脂肪酶[182]。虽然越来越多的区域选择性脂肪酶已经在实验室中被用作生物催化剂，但是只有有限的区域选择性脂肪酶被用作商业开发（表6-8）。目前使用酶法合成OPO主要存在三种反应方案：酸解、酯交换以及醇解和酯化。其中，酸解反应是最常见的方法，其次是酯交换反应。

表6-8　常用的商品化*sn*-1,3 区域选择性脂肪酶

脂肪酶商品名	来源	固定材料	公司
Lipozyme TL IM	绵毛嗜热丝孢菌（*Thermomyces lanuginosa*）	硅胶	Novozymes
Lipozyme RM IM	米黑根毛霉（*Rhizomucor miehei*）	离子交换树脂	Novozymes
Lipozyme 435	南极假丝酵母（*Candida antarctica*）	大孔阴离子树脂	Novozymes
NS40086	米曲霉（*Aspergillus oryzae*）	大孔丙烯酸树脂	Novozymes
Lipase DF-15	米根霉（*Rhizopus oryzae*）	—	Amano

酸解反应通常是通过*sn*−2位富含棕榈酸的甘油三酯与游离脂肪酸或游离脂肪酸的混合物在*sn*−1,3区域选择性脂肪酶的作用下进行的。游离脂肪酸来源通常为油酸、亚油酸、*γ*−亚麻酸（GLA）或植物油（如大豆油、菜籽油、葵花籽油、棕榈仁油、椰子油、榛子油等）的游离脂肪酸混合物油或富含多不饱和脂肪酸的单细胞油。

酯交换反应是使用*sn*−1,3区域选择性脂肪酶，使游离脂肪酸与在*sn*−2位上富含棕榈酸的甘油三酯进行酯交换反应。酯交换反应所选用的材料价格便宜且分布广泛，使其在结构脂质的工业化生产中颇受欢迎[184~187]。

基因工程的快速发展使得鉴定、分离、修饰和异源表达与特定脂质生产相关的基因成为可能，从而以更灵活的方式实现特定结构脂质的合成。Erp等通过在拟南芥（*Arabidopsis thaliana*）中异源表达甘蓝型油菜（*Brassica napus* L.）*LPAT1*基因，并将其定位到内质网中，同时抑制了内源性*LAPT*基因活性，敲除竞争途径基因，使*sn*−2位上的$C_{16:0}$含量提升了20倍，最终通过迭代产生了*sn*−2位$C_{16:0}$含量与母乳接近的甘油三酯[188]。

虽然目前在微生物中已经可以有效合成结构脂质，但目前人们对于转基因产品可食用性的怀疑以及没有明确的法规阻碍了其大规模应用。在不久的将来，随着科学技术的进步以及立法支持，使用微生物发酵生产结构脂质将有可能走入我们的日常生活。首先，使用基因工程技术改造微生物生产目标产物已经成为一种较为成熟的技术，许多重要的天然产物及其关键前体化合物的细胞工厂已经被开发应用并实现产业化[189, 190]，此外，来源于微生物的脂肪酸也已经被批准用于婴幼儿配方乳粉的生产[191]。因此，随着科学技术的进步和人们对于转基因产品接受度的提高，微生物发酵生产的结构脂质可能会被应用于婴幼儿配方乳粉，使婴幼儿配方乳粉的组成更加接近于母乳成分，助力婴幼儿生长发育。

第六节　维生素的生物制造

维生素是人体中的一类必需营养素，其对人类健康起着重要作用。母乳中含有所有的水溶性维生素和脂溶性维生素[192]，但其维生素的含量会受到饮食、环境等因素的影响，进而影响到婴幼儿的维生素摄入量。维生素虽然不产生能量，但是能调节生物的代谢。婴幼儿如果缺乏维生素会导致严重的健康问题，因此，婴幼儿配方乳粉中维生素是必不可少的营养素。

一、母乳中维生素的种类及其功能

母乳中的维生素对支持婴儿的正常生长发育是必不可少的[193]。表6−9所示为我国国家标准对婴幼儿配方乳粉中维生素含量的要求。

表 6-9　我国国家标准对婴幼儿配方乳粉中维生素含量的要求

营养素	指标				检测方法
	每100kJ		每100kcal		
	最小值	最大值	最小值	最大值	
维生素A/μg RE①	14	36	60	150	GB 5009.82
维生素D/μg②	0.48	1.20	2.0	5.0	GB 5009.82
维生素E/mg *α*-TE③	0.12	1.20	0.5	5.0	GB 5009.82
维生素K_1/μg	0.96	6.45	4.0	27.0	GB 5009.158
维生素B_1/μg	14	72	60	300	GB 5009.84
维生素B_2/μg	19	120	80	500	GB 5009.85
维生素B_6/μg	8.4	41.8	35	175	GB 5009.154
维生素B_{12}/μg	0.024	0.359	0.10	1.50	GB 5413.14
烟酸(烟酰胺)④/μg	96	359	400	1500	GB 5009.89
叶酸/μg	2.9	12.0	12	50	GB 5009.211
泛酸/μg	96	478	400	2000	GB 5009.210
维生素C/mg	2.4	16.7	10	70	GB 5413.18
生物素/μg	0.36	2.39	1.5	10.0	GB 5009.259
胆碱/mg	4.8	23.9	20	100	GB 5413.20

注：①RE为视黄醇当量。1μg RE=1μg全反式视黄醇(维生素A)=3.33IU维生素A。维生素A只包括预先形成的视黄醇，在计算和声称维生素A活性时不包括任何类胡萝卜素组分。

②钙化醇，1μg维生素D=40IU维生素D。

③1mg *d*-*α*-生育酚=1mg *α*-TE(*α*-生育酚当量)；1mg *d*-*α*-生育酚=0.74mg *α*-TE(*α*-生育酚当量)。

④烟酸不包括前体形式。

（一）维生素 A

维生素A是由具有双键的异戊二烯单元交替组成的，其本身并不存在于植物中。但它的前体——类胡萝卜素存在于植物中，类胡萝卜素可以被动物肠壁中的一种特定酶转化为真正的维生素A[194]。维生素A常以不同的异构体形式存在（图6-12），全反式维生素A是哺乳动物组织中最常见的，顺式维生素A可以由反式维生素A通过光、热和催化剂等产生，但是该过程会导致维生素A的功能活性的显著丧失[195]。

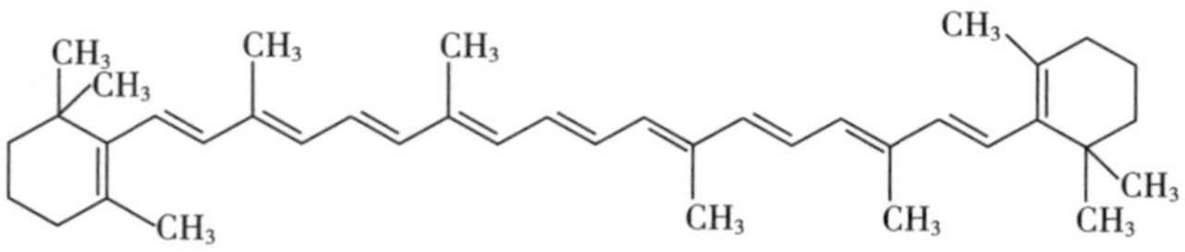

β-胡萝卜素

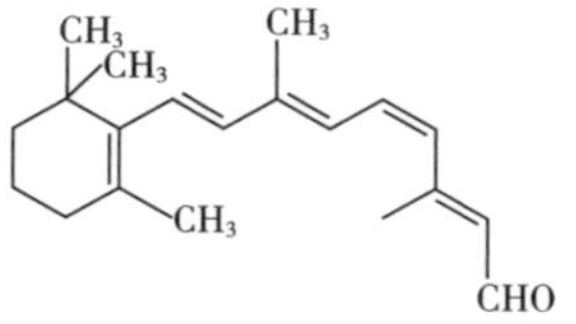

11-顺-视黄醛

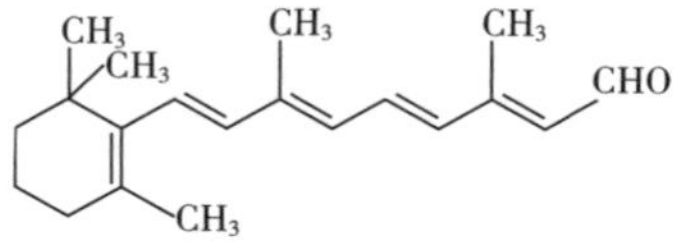

全反式视黄醛

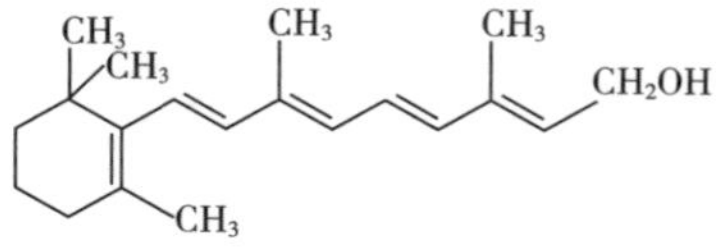

全反式视黄醇

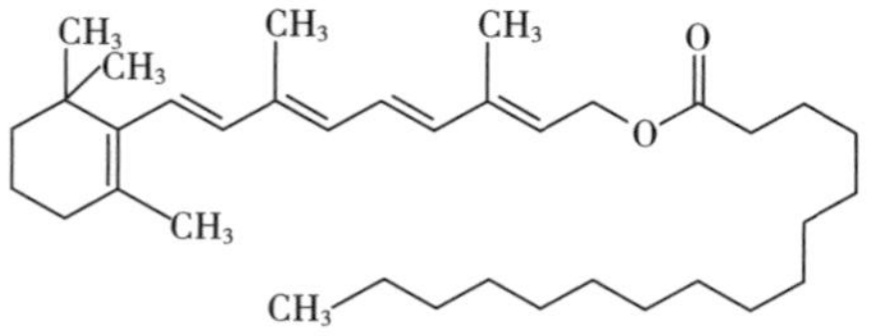

棕榈酸视黄酯

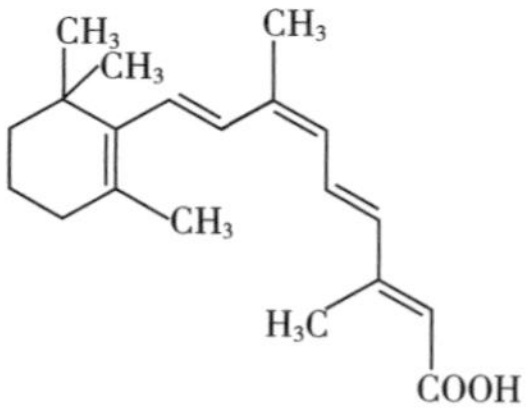

9-顺-视黄酸

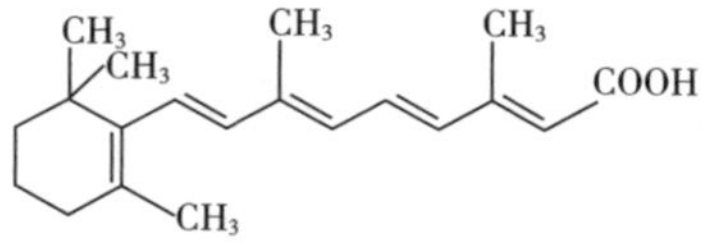

全反式视黄酸

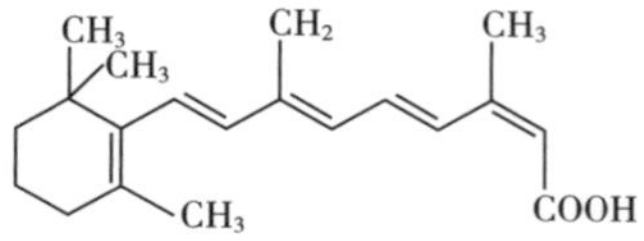

13-顺-视黄酸

图 6-12 维生素 A 异构体的分子结构式

维生素A是支持高等动物生长和健康所必需的，在人类营养学中，维生素A是为数不多的缺乏和过量都会严重危害健康的维生素之一。维生素A缺乏症在许多发展中国家普遍存在，被认为是全世界幼儿失明的最常见原因[196]。维生素A缺乏被证明是干眼症和某些形式的夜盲症的罪魁祸首，它的缺乏还与一系列婴儿临床疾病有关。研究表明，母乳中存在维生素A的活性化合物，包括视黄酸酯、视黄醇和β-胡萝卜素。当母亲营养状况良好时，母乳可提供充足的维生素A。虽然随着哺乳期的进行，母乳中的维生素A含量会下降，但母乳的摄入量会增加，因此婴儿会继续获得充足的维生素A[197]。母亲的营养状况不良会导致母乳中维生素A含量较低，这可能会使婴儿处于危险之中。

（二）维生素 D

维生素D以无色针状晶体的形式存在，不溶于水，易溶于酒精和其他有机溶剂，略溶于植物油。维生素D的两个主要形式是维生素D_3（胆钙化醇，主要存在于动物中）和维生素D_2（麦角钙化醇，主要存在于植物中）。这两种形式都可以转化为生物活性维生素D，但它们的营养价值不同，与维生素D_2相比，维生素D_3在提高和维持人体血清25-羟基维生素D［25（OH）D］水平方面的效力高出87%[198]。维生素D_3是由皮肤内的7-脱氢胆固醇通过户外紫外线（UVB）辐射合成的。7-脱氢胆固醇经过紫外线照射，B-环在C9和C10位之间打开，C10和C19之间形成双键便形成了维生素D。维生素D_2和维生素D_3结构不同之处在于其侧链，维生素D_2的22和23位碳之间是双键，而且在24位碳上多了一个甲基。进入血液循环的维生素D在肝脏中被代谢为25-羟基维生素D，然后25-羟基维生素D被转运到肾脏，进一步被代谢成为1,25-二羟基维生素D，其通过与体内的维生素D受体结合调节多种代谢反应[199]。人体内维生素D_3的摄取与代谢如图6-13所示。

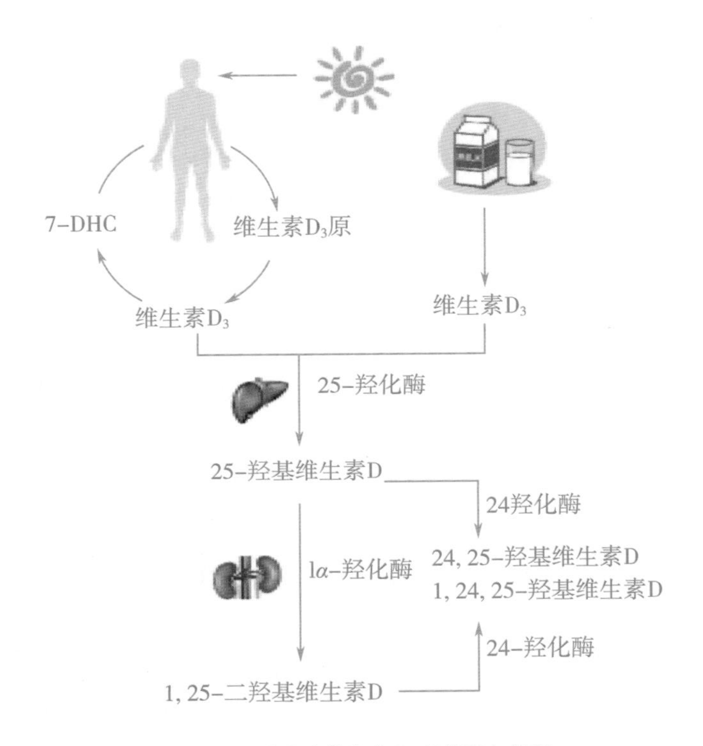

图 6-13　人体内维生素 D_3 的摄取与代谢

维生素D是一种在人类生长和发育维持生命过程中不可或缺的脂溶性维生素，在骨骼代谢中起着至关重要的作用，且助于免疫系统的调节。维生素D不光在细胞增殖和分化、钙稳态、骨骼新陈代谢和神经保护中起重要作用，它还可能改变神经传递和突触可塑性。婴儿暴露在阳光下可以在表皮内源性合成维生素D，也可以通过饮食摄入获得维生素D[200]。血清中维生素D的活性代谢物25-羟基维生素D的浓度通常用来衡量体内维生素D的状况。膳食中的麦角钙化醇（维生素D_2）和胆钙化醇（维生素D_3）在体内转化为活性代谢物25-羟基维生素

D。母乳中的25-羟基维生素D水平较低，与母体血清25-羟基维生素D水平和母体膳食维生素D摄入量相对应，也受种族、季节和纬度的影响[201]。纯母乳喂养的婴儿其维生素D摄入量低于最低推荐摄入量，而且远远低于推荐的膳食摄入量，因此存在维生素D缺乏引起的功能障碍的风险，例如骨骼矿化不足和软骨病等，特别是在冬季，阳光不足时。并且婴儿体内正常的维生素D储存会在出生后8周内耗尽。因此，婴幼儿配方乳粉中通常需要添加一定量的维生素D，以便维持婴幼儿血清中正常的维生素D代谢物浓度。欧洲和美国已经建议母乳喂养的婴儿通过婴幼儿配方乳粉进行维生素D的补充[202]。

（三）维生素 E

维生素E是一种呈无色至浅黄色的脂溶性化合物。它是一种两亲性分子，由莽草酸途径来源的极性芳香族头部和亲脂性类异戊二烯侧链组成。根据其侧链及芳香环上甲基数目和位置的不同，维生素E可以分为α、β、γ、δ-生育三烯酚和α、β、γ、δ-生育酚（图6-14），其中α-生育酚的生物活性最高[203]。

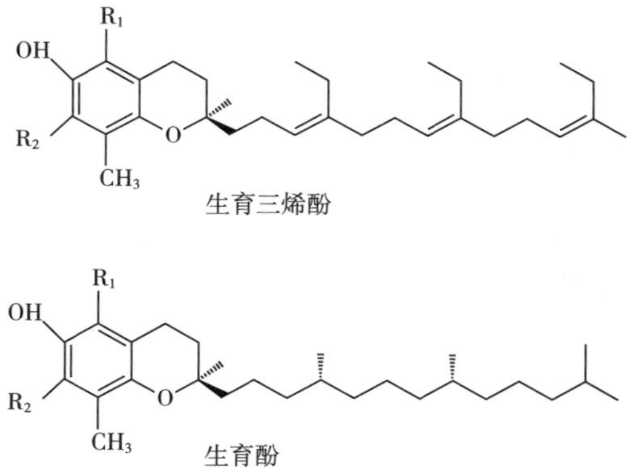

	α	β	γ	δ
R_1	CH_3	CH_3	H	H
R_2	CH_3	H	CH_3	H

图 6-14　生育三烯酚和生育酚的分子结构式

维生素E是一种抗氧化剂，起到自由基清除剂的作用，并可以防止细胞膜中的多不饱和脂肪酸过氧化[204]。目前，维生素E已被证明对防止自由基损伤、增强免疫反应以及在预防癌症、心脏病、白内障、帕金森病和其他一些疾病方面起着重要作用。通过胎盘转运维生素E是有限的，因此新生儿组织中维生素E的水平较低。婴儿出生后需要通过饮食来补充维生素E。母乳中的维生素E含量对足月的婴儿来说是足够的，但对于出生时维生素E水平较低的早产儿来说就不够了。新生儿缺乏维生素E可导致溶血性贫血。溶血性贫血在婴儿中特别是早产儿中较为常见[205]。因此，非母乳喂养的早产儿有必要服用富含维生素E的婴幼儿配方乳粉。

（四）维生素 K

维生素K是一种具有生物活性的2-甲基-1, 4-萘醌类衍生物的总称，在自然界，维生素K

主要以两种形式存在，即维生素K_1（叶绿醌）和维生素K_2（甲基萘醌类）。其中，维生素K_1是从绿色植物中提取出来的，维生素K_2是由肠道细菌合成的。这两种维生素都是脂溶性维生素。维生素K_1为单一化合物，其侧链上只包含一个异戊烯结构单元，维生素K_2则含有1个或多个异戊烯结构单元，维生素K-*n*则代表C3位侧链带有*n*个异戊烯结构单元。目前人工合成的维生素K还包括维生素K_3、维生素K_4、维生素K_5及维生素K_7，维生素K对热环境、氧气和水分等因素都很稳定，但是对紫外线、氧化剂等因素比较敏感，随着存放时间的延长，维生素K的残留量会越来越少[207]。

在人体内，维生素K_1主要是参与血液凝固和骨质新陈代谢，一些血浆蛋白和器官已被证明依赖于维生素K。维生素K的摄入还对心脑血管疾病有很重要的预防作用，可以降低冠心病的发生[206]。维生素K在胎盘间的转移非常有限，并且已经证明，母乳中的维生素K水平不足以满足婴幼儿的需求。维生素K_1缺乏现象在新生儿中普遍存在，缺乏维生素K_1会导致婴幼儿出现出血病[208]。维生素K_1是婴幼儿配方乳粉中的必需营养指标之一，我国对婴幼儿配方食品中维生素K_1的含量有明确要求（GB 10765—2021《食品安全国家标准　婴儿配方食品》），要求维生素K_1的含量必须达到10 ~ 65ng/kJ，相当于213.5 ~ 1387.8μg/kg。

（五）维生素 B_1

维生素B_1是由一个含氮基嘧啶和一个含硫噻唑环组成的化合物，分子中含有硫和胺，所以也被称为硫胺素［图6-15（1）］。在体内，维生素B_1是一种羧化辅酶，同样也是B族维生素中最不稳定的。在碱性溶液中易分解变质，遇到光后浓度也会极速下降。由于维生素B_1对多种因素不稳定，所以要求婴幼儿配方乳粉的生产过程中避免热处理，与此同时，婴幼儿配乳粉在储存过程中，储存时间和储存温度也是要严格控制的。维生素B_1在人体中的活性型为焦磷酸硫胺素［图6-15（2）］，以辅酶的形式参加糖的分解代谢，并能够促进肠道蠕动，增加食欲，还可以保护神经系统。研究发现，如果母亲体内本身就缺乏维生素B_1，可导致通过母乳喂养的婴幼儿缺乏维生素B_1[209]。

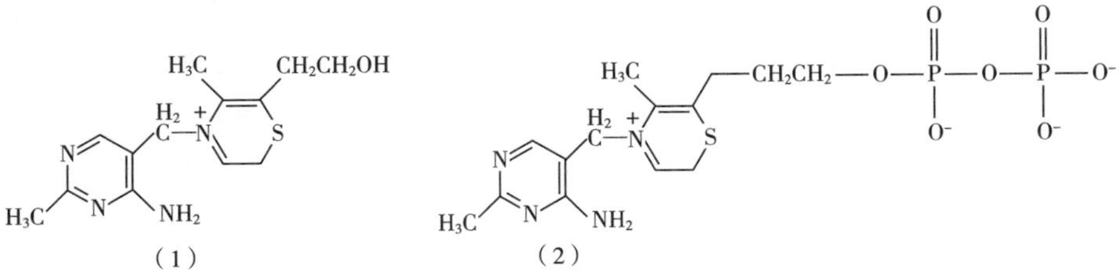

（1）　（2）

图 6-15　维生素 B_1 及其活性形式的分子结构式

（1）硫胺素　（2）焦磷酸硫胺素

（六）维生素 B_2

维生素B_2即核黄素，是一种水溶性维生素，味苦，微臭。在生物体内，维生素B_2主要以黄素腺嘌呤二核苷酸（FAD）和黄素单核苷酸（FMN）的形式存在，并作为黄素酶类的辅酶参与有机体氧化还原反应及呼吸链的电子传递，是生命活动中必不可少的维生素[210]。有研究表明，维生素B_2的缺乏会导致铁的摄入量降低，并引起贫血。维生素B_2具有抗氧化的作用，还具有降血脂，抑制血小板凝集的作用。维生素B_2还能够促进动物的生长激素、胰岛素和甲状腺激素等的分泌[211]。当婴幼儿以母乳喂养为主时，如果母亲摄入较低量的维生素B_2，母乳中的维生素B_2浓度便较低，母亲补充适量的维生素B_2（2mg/d）可以有效地提高母乳中的维生素B_2水平[212]。维生素B_2是一种重要的天然营养素添加剂，无论中国国家标准还是欧盟标准，对婴幼儿配方乳粉中维生素B_2的添加都有明确要求。

（七）生物素

生物素（维生素H）是一种水溶性维生素，也属于B族维生素，常温下为无色晶体，具有骈环，并且带有戊酸侧链，在常温下很稳定，但是在高温和碱性条件下不稳定。生物素可以作为羧化、脱羧和脱氢反应酶系的辅因子。生物素是糖原异生，脂肪酸的综合利用以及某些氨基酸的代谢过程中的一个关键调控元件。生物素能够维护皮肤和毛发的生长，参与其他B族维生素的代谢，调高人体免疫功能，是不可缺少的重要食品营养与功能成分[213]。据报道，人乳中生物素的浓度为5 ~ 12mg/L，母亲补充生物素可使乳汁中的生物素水平升高[214]。

（八）维生素 B_6

维生素B_6是一种以磷酸吡哆醇、磷酸吡哆醛或磷酸吡哆胺形式存在的水溶性B族维生素（图6-16）。维生素B_6在自然界分布最广泛的形式为磷酸吡哆醇，在体内常以磷酸化的形式存在，同时也是人体内辅酶的组成成分，参与脱羧、转氨反应以及一些脂肪酸和氨基酸的代谢[215]。当母亲的维生素B_6摄入量达到推荐每日摄入量2.5mg/d左右时，母乳中维生素B_6含量约为210μg/L。维生素B_6在人体中无法合成，因此，维生素B_6摄入量较低的孕妇母乳中维生素B_6含量可低至120μg/L。婴幼儿缺乏维生素B_6多会诱发急性疾病，例如脑型脚气病、冲心型脚气病、水肿型脚气病，需要使用添加维生素B_6的婴幼儿配方乳粉对婴幼儿进行营养强化[216]。

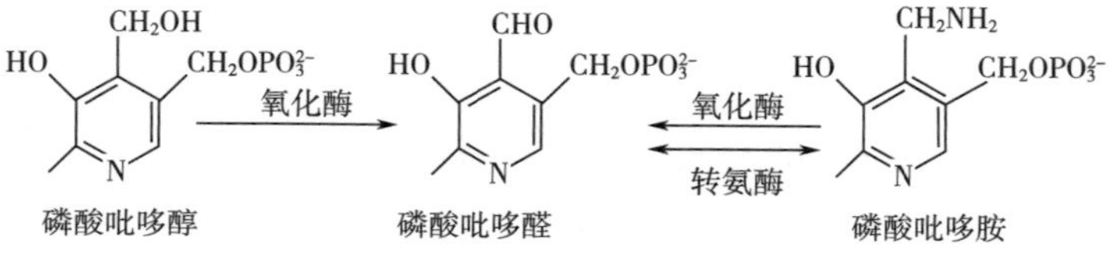

图 6-16 酸化的维生素 B_6 在人体内的形式

（九）维生素 B_{12}

维生素B_{12}与其他B族维生素不同，它在自然界中只能由微生物合成。维生素B_{12}类似一个卟啉结构，有四个相互直接耦合的吡咯核组成，每个吡咯的内部氮原子与一个钴原子配位。维生素B_{12}是几种酶系统的重要组成部分，这些酶系统执行许多非常基本的新陈代谢功能。维生素B_{12}的功能包括：①嘌呤和嘧啶的合成；②甲基的转移；③氨基酸形成蛋白质；④碳水化合物和脂肪代谢。维生素B_{12}的一般功能是促进红细胞合成和保持神经系统的完整性，这些功能在维生素B_{12}缺乏状态下受到明显影响[217]。孕妇摄入维生素B_{12}较少，会导致母乳中的维生素B_{12}浓度较低。但要扭转孕妇长期缺乏的维生素B_{12}状态需要时间。营养良好的妇女补充额外的维生素B_{12}并不能增加其在乳汁中的浓度。由于维生素B_{12}是一种蛋白质结合的维生素，一些女性的乳汁中维生素B_{12}的含量可能很低[218]，母乳喂养的婴幼儿也可能出现维生素B_{12}缺乏的情况。因此，婴幼儿需要通过婴幼儿配方乳粉进行补充以防止维生素B_{12}缺乏症。

（十）维生素 C

维生素C作为重要的营养强化物质被添加到婴幼儿配方乳粉中，其结构中含有2,3–烯二醇与内酯环羰基共轭而具有酸性和还原性，所以维生素C能为一系列的生化反应提供还原力。它还是一种抗氧化剂，能清除血浆中的自由基[219]。婴幼儿配方乳粉提供的维生素C在1～6个月婴儿的膳食组成中所占比例较高，达到57%～62%，是婴儿获得维生素C的重要来源。维生素C的缺乏会引起婴幼儿出现坏血症[210]。维生素C还有助于乳制品保鲜，添加维生素C能抑制乳制品中异味的发展，延长保藏时间。但也不能盲目的增加维生素C的量，因为维生素C的降解产物会促进美拉德反应发生，使一些蛋白质难以消化，对乳制品的品质产生不良的影响[221]。

（十一）烟酸

烟酸是第三种被确定的B族维生素，也是结构最简单的维生素之一，在人体内存在的形式有两种，分别为烟酸和烟酰胺，这两种物质都有吡啶结构。它们都是白色无味的结晶固体，对热、光以及氧化剂具有较好的稳定性，但是在碱性溶液中容易形成羧酸盐。烟酸和烟酰胺具有相同的维生素活性。烟酸在细胞呼吸酶系统中发挥主要生理作用，烟酰胺是两种辅酶——烟酰胺腺嘌呤二核苷酸（NAD）和烟酰胺腺嘌呤二核苷酸磷酸（NADP）的组成成分，它们能为新陈代谢提供能量，并对代谢中大多数的H^+的转移起重要作用[222]。人体中烟酸主要来源是肉类（尤其是肝脏、鱼和家禽）、乳和绿色蔬菜。母乳中烟酸的平均浓度为1.8mg/L，烟酸的缺乏会导致人的青光眼、皮肤病和痴呆等[213]。因为烟酸可以由色氨酸中合成，许多时候，并不存在单一的烟酸缺乏，但是当烟酸和色氨酸摄取量不足时，便需要及时在食品中补充烟酸[224]。

（十二）维生素 B_5

维生素B_5，又称为泛酸是一种由α, γ-二羟基-β, β′-二甲基丁酸和β-丙氨酸连接而成的酰胺。维生素B_5可以由植物和微生物合成，但是动物不能合成。维生素B_5为人体必需的维生素之一，是辅酶A的前体。辅酶A在许多基础反应中起核心作用，如脂肪酸氧化、氨基酸分解代谢、乙酰胆碱合成等[225]。在人类的正常饮食中，维生素B_5大量存在于食品中，因此，维生素B_5的不足在成人中是极其罕见的，但是会影响到饮食不足的母亲及其母乳喂养的婴儿。母乳中维生素B_5水平受母亲维生素B_5摄入量的影响，乳汁中维生素B_5浓度与母亲过去24h的维生素B_5摄入量呈正相关[226]。缺乏维生素B_5会导致皮肤炎、头疼、恶心和食欲丧失等疾病[227]，因此维生素B_5对婴幼儿的生长发育有着不容忽视的作用[228]。有研究表明，婴幼儿每日需摄入维生素B_5不低于17mg，其摄入的维生素B_5绝大部分来源于婴幼儿配方乳粉，乳粉中的维生素B_5含量不低于15mg/kg才能满足婴幼儿的生长发育[229]。我国国家相关标准中规定维生素B_5在婴幼儿配方乳粉中的含量应大于700ng/kJ[230]。

二、脂溶性维生素的生物合成

婴幼儿配方乳粉中的维生素也可以用合成生物学技术生产[231]。

（一）维生素 E 的生物合成

自然界中，几乎所有的光合生物中都有维生素E的存在，在植物中合成维生素E的途径已经得到解析。目前主要是利用酿酒酵母为研究平台，克隆来源于植物合成维生素E的关键途径基因，结合酿酒酵母内的甲羟戊酸途径（MVA）和莽草酸途径，构建异源合成生育三烯酚的代谢途径[232]。

以光合植物的cDNA为模板，经过密码子优化，克隆出合成途径中的6个关键基因，分别为拟南芥来源的4-羟苯丙酮酸二加氧酶（HPPD）、2-甲基-6-植基苯醌甲基转移酶（MPBQMT）、生育酚环化酶（TC）、γ-生育酚甲基转移酶（γ-TMT），来源于集胞藻的尿黑酸植基转移酶（syHPT）和来源于烟草的香叶基香叶基二磷酸还原酶（NiGGH）。并将其中5个定位在叶绿体内膜上的酶的定位序列切除，将获得的6个基因连接于基因组整合载体上，通过整合到酿酒酵母染色体上获得重组菌株。为了进一步提高生育三烯酚的产量，过表达了合成途径中的限速酶syHPT，过表达不受酪氨酸反馈抑制的突变体Aro4K229L和Aro7G141S，并引入运动发酵单胞菌的预苯酸脱氢酶（TyrC），以解除莽草酸途径中酪氨酸的反馈抑制[233]。之后，过表达上游限速酶TKL1增加前体E4P的积累，敲除旁路途径基因*Aro10*[234]。在上述基础上，对MVA途径进行改造，过表达tHMG1和香叶基香叶基焦磷酸合酶（CrtE），敲除*YPL062W*，并过表达突变CrtE03M，进一步强化前体香叶基香叶基焦磷酸

（GGPP）的供应，再过表达*S*-腺苷-*l*-甲硫氨酸合酶（SAM2）增加内源SAM的供应，最终总的生育三烯酚的产量达到2.09mg/g[235]。

（二）维生素 D 的生物合成

维生素D包括维生素D_2和维生素D_3，就对人体的功效来说，维生素D_3要优于维生素D_2，所以在此主要阐述维生素D_3的生物合成方法。合成维生素D_3的前体物质为7-脱氢胆固醇（7-DHC），酵母中存在类固醇类物质的合成途径，并且酿酒酵母不仅基因操作方法成熟，而且还便于培养和工业发酵，因此利用酿酒酵母具有工业应用价值。

以酿酒酵母为出发菌株，为了使7-DHC的合成与细胞生长解偶联，使用了诱导型GAL启动子来控制7-DHC的合成，过表达截短的HMG-CoA还原酶（tHMG1）来解除抑制，并过表达酿酒酵母MVA路径中的*ERG10*、*ERG13*、*ERG12*、*ERG8*、*ERG19*、*IDI1*、*ERG20*基因来增加前体供应。通过表达最优来源的C24还原酶（DHCR24），进一步通过敲除*ERG5*和*ERG6*基因，来抑制分支路径，使7-DHC的产量在摇瓶中达到250.8mg/L[236]。

三、水溶性维生素的生物合成

水溶性维生素中具有代表性的为B族维生素。B族维生素中维生素B_{12}是一种重要且比较特别的维生素，是唯一含有金属元素钴的维生素，已被广泛应用于食品行业。维生素B_{12}的生物合成仅限于少数的细菌和古菌。随着合成生物学的发展，许多微生物细胞工厂已经得到了有效构建。下文阐述利用合成生物学的方法生产维生素B_2和维生素B_{12}。

（一）维生素 B_2 的生物合成

目前维生素B_2的工业化生产完全由微生物发酵完成，不涉及化学合成。维生素B_2的工业化生产菌株主要是细菌枯草芽孢杆菌、大肠杆菌和真菌棉阿舒囊霉，维生素B_2的产量能达到26 ~ 30g/L[237]。工业化的维生素B_2生产菌通常是通过诱变和基因工程相结合的方式培育出来的。在枯草芽孢杆菌中，*rib*操纵子被称为维生素B_2操纵子，是由基因*ribG*、*ribB*、*ribA*、*ribH*、*ribTD*组成的。*ribA*基因编码GTP三磷酸鸟苷环水解酶Ⅱ和3,4-二羟基磷酸丁酮（DHPB）合成酶，是主要的限速酶，通过增加*ribA*基因拷贝数后，维生素B_2产量较出发菌株提高了25%[238]。在枯草芽孢杆菌中异源表达蜡状芽孢杆菌的*rib*操纵子，可使维生素B_2的产量较未表达操纵子的产量提高27%，达到4.3g/L[239]。在棉阿舒囊霉中，过表达*rib*操纵子可提高维生素B_2的产量，达到523mg/L[240]。利用高拷贝数质粒p20c-EC10在野生型大肠杆菌MG1655中表达维生素B_2合成途径中的基因，摇瓶发酵产量可达229mg/L[241]。

（二）维生素 B_{12} 的生物合成

大规模工业化生产维生素B_{12}是通过微生物发酵实现的，这些微生物主要包括脱氮假单胞菌（*Pseudomonas denitrificans*）、费氏丙酸杆菌（*Propionibacterium freudenreichii*）[242, 243]。然而，这些菌株存在发酵周期长、培养基要求复杂昂贵、缺乏基因编辑工具等缺点。

近年来，研究人员将注意力转移到了利用大肠杆菌作为平台合成维生素B_{12}上。在构建路径之前，首先确定了钴摄取转运蛋白是钴螯合的必要参与者。在大肠杆菌中异源表达荚膜杆菌（*Clostridium perfringens*）、紫花苜蓿布鲁氏菌（*Brucella sativa*）、苜蓿中华根瘤菌（*Sinorhizobium meliloti*）、鼠伤寒沙门氏菌（*Salmonella typhimurium*）和沼泽红假单胞菌（*Rhodopseudomonas palustris*）的28个基因后，实现了从头合成维生素B_{12}。整个从头合成路径被分为6个模块：模块1的酶将尿卟啉原Ⅲ转化为氢比林酸；模块2将氢比林酸转化为Co（Ⅱ）吡啶酸a，c–联胺。四种钴转运蛋白CbiM、N、Q、O组成模块3，保证大肠杆菌能从环境中吸收钴；模块4以Co（Ⅱ）吡啶酸a,c–联胺和*l*–苏氨酸为底物合成腺苷联苯酰胺–磷酸；模块5是由来源于大肠杆菌合成维生素B_{12}的途径合成酶CobS、CobT、CobC、CobU，将腺苷联苯酰胺–磷酸转化为维生素B_{12}；模块6使用包括HemO、HemB、HemM、HemD合成酶达到增加前体尿卟啉原Ⅲ的目的。通过将每个模块整合到基因组中，并对发酵条件进行优化，维生素B_{12}的产量为307.00μg/g DCW[244]。

参考文献

[1] Mosca F，Gianni M L. Human milk：composition and health benefits［J］. La Pediatria Medica e Chirurgica，2017，39（2）：155.

[2] 李诗元，周娇锐，刘曼，等. 母乳糖复合物对新生儿肠道菌群的影响［J］. 中国微生态学杂志，2018，30（5）：603–612.

[3] Agostoni C，Braegger C，Decsi T，et al. Breast–feeding：A commentary by the ESPGHAN committee on nutrition［J］. Journal of Pediatric Gastroenterology and Nutrition，2009，49（1）：112–125.

[4] Victora C G，Bahl R，Barros A J D，et al. Breastfeeding in the 21st century: epidemiology，mechanisms，and lifelong effect［J］. Lancet，2016a，387（10017）：475–490.

[5] Bowatte G，Tham R，Allen K J，et al. Breastfeeding and childhood acute otitis media：a systematic review and meta–analysis［J］. Acta Paediatrica，2015，104（467）：85–95.

[6] 秦书云. EPA在婴幼儿奶粉中的应用技术专利分析［J］. 广东化工，2020，47：261–263.

[7] 高杨. 中国婴幼儿奶粉行业的发展状况分析及研究——基于食品安全视角分析［J］. 现代营销（学苑版），2013，4：182.

[8] Kalhan S C，Bier D M. Protein and amino acid metabolism in the human newborn［J］. Annual Review of Nutrition，2008，28：381–389.

[9] Salamah A A，Alobaidi A S. Effect of aome physical and chemical factors on the bactericidal activity of human lactoferrin and transferrin against *Yersinia pseudotuberculosis*［J］. Microbiologica，1995，18（3）：275–281.

[10] Ballard O，Morrow A L. Human milk composition：nutrients and bioactive factors［J］. Pediatric Clinics

of North America，2013，60（1）：49–74.
[11] Apweiler R，Hermjakob H，Sharon N. On the frequency of protein glycosylation，as deduced from analysis of the SWISS–PROT database [J]. Biochimica et Biophysica Acta，1999，1473（1）：4–8.
[12] Newburg D S，Ruiz–Palacios G M，Morrow A L. Human milk glycans protect infants against enteric pathogens [J]. Annual Review of Nutrition，2005，25：37–58.
[13] Wang B. Sialic acid is an essential nutrient for brain development and cognition [J]. Annual Review of Nutrition，2009，29（1）：177–222.
[14] Victora C G，Bahl R，Barros A J，et al. Breastfeeding in the 21st century：epidemiology，mechanisms，and lifelong effect [J]. Lancet，2016，387（10017）：475–490.
[15] Smink W，Gerrits W J J，Gloaguen M，et al. Linoleic and alpha–linolenic acid as precursor and inhibitor for the synthesis of long–chain polyunsaturated fatty acids in liver and brain of growing pigs [J]. Animal，2012，6（2）：262–270.
[16] Sun C，Wei W，Su H，et al. Evaluation of *sn*–2 fatty acid composition in commercial infant formulas on the Chinese market：A comparative study based on fat source and stage [J]. Food Chemistry，2018，242：29–36.
[17] Wei W，Jin Q Z，Wang X G. Human milk fat substitutes：Past achievements and current trends [J]. Progress in Lipid Research，2019，74：69–86.
[18] 邓晶，李廷玉. 母乳中维生素A的研究进展 [J]. 中国儿童保健杂志，2019，27：1204–1207，1259.
[19] McAree T，Jacobs B，Manickavasagar T，et al. Vitamin D deficiency in pregnancy–still a public health issue [J]. Maternal and Child Nutrition，2013，9（1）：23–30.
[20] Bode L. Human milk oligosaccharides：every baby needs a sugar mama [J]. Glycobiology，2012，22（9）：1147–1162.
[21] Gibson G R，Probert H M，Van Loo J，et al. Dietary modulation of the human colonic microbiota：updating the concept of prebiotics [J]. Nutrition Research Reviews，2004，17（2）：259–275.
[22] Triantis V，Bode L，Van Neerven R J. Immunological effects of human milk oligosaccharides [J]. Frontiers in Pediatrics，2018，6：190.
[23] Bych K，Mikš M H，Johanson T，et al. Production of HMOs using microbial hosts–from cell engineering to large scale production [J]. Current Opinion in Biotechnology，2019，56：130–137.
[24] Thurl S，Munzert M，Boehm G，et al. Systematic review of the concentrations of oligosaccharides in human milk [J]. Nutrition Reviews，2017，75（11）：920–933.
[25] Yu Z T，Chen C，Kling D E，et al. The principal fucosylated oligosaccharides of human milk exhibit prebiotic properties on cultured infant microbiota [J]. Glycobiology，2013，23（2）：169–177.
[26] Zhu Y，Wan L，Li W，et al. Recent advances on 2′–fucosyllactose：physiological properties，applications，and production approaches [J]. Critical Reviews in Food Science and Nutrition，2020，1（1）：1–10.
[27] Vázquez E，Barranco A，Ramírez M，et al. Effects of a human milk oligosaccharide，2′–fucosyllactose，on hippocampal long–term potentiation and learning capabilities in rodents [J]. The Journal of Nutritional Biochemistry，2015，26（5）：455–465.
[28] Agoston K，Hederos M J，Bajza I，et al. Kilogram scale chemical synthesis of 2′–fucosyllactose [J]. Carbohydrate Research，2019，476：71–77.
[29] 史然，江正强. 2′–岩藻糖基乳糖的酶法合成研究进展和展望 [J]. 合成生物学，2020，1（4）：481.
[30] Zeuner B，Muschiol J，Holck J，et al. Substrate specificity and transfucosylation activity of GH29 *α–l*–fucosidases for enzymatic production of human milk oligosaccharides [J]. New Biotechnology，

2018，41（1）：34–45.

[31] Albermann C，Piepersberg W，Wehmeier U F. Synthesis of the milk oligosaccharide 2′–fucosyllactose using recombinant bacterial enzymes [J]. Carbohydrate Research，2001，334（2）：97–103.

[32] 陈坚，邓洁莹，李江华，等. 母乳寡糖的生物合成研究进展 [J]. 中国食品学报，2016，16（11）：1–8.

[33] Lee W H，Pathanibul P，Quarterman J，et al. Whole cell biosynthesis of a functional oligosaccharide，2′–fucosyllactose，using engineered *Escherichia coli* [J]. Microbial Cell Factories，2012，11（1）：1–9.

[34] Petschacher B，Nidetzky B. Biotechnological production of fucosylated human milk oligosaccharides：Prokaryotic fucosyltransferases and their use in biocatalytic cascades or whole cell conversion systems [J]. Journal of Biotechnology，2016，235：61–83.

[35] Chin Y W，Kim J Y，Lee W H，et al. Enhanced production of 2′–fucosyllactose in engineered *Escherichia coli* BL21 star（DE3）by modulation of lactose metabolism and fucosyltransferase [J]. Journal of Biotechnology，2015，210：107–115.

[36] Chin Y W，Kim J Y，Kim J H，et al. Improved production of 2′–fucosyllactose in engineered *Escherichia coli* by expressing putative *α*–1, 2–fucosyltransferase，WcfB from Bacteroides fragilis [J]. Journal of Biotechnology，2017，257：192–198.

[37] Chin Y W，Seo N，Kim J H，et al. Metabolic engineering of *Escherichia coli* to produce 2′–fucosyllactose via salvage pathway of guanosine 5′–diphosphate（GDP）–L–fucose [J]. Biotechnology and Bioengineering，2016，113（11）：2443–2452.

[38] Jung S M，Chin Y W，Lee Y G，et al. Enhanced production of 2′–fucosyllactose from fucose by elimination of rhamnose isomerase and arabinose isomerase in engineered *Escherichia coli* [J]. Biotechnology and Bioengineering，2019，116（9）：2412–2417.

[39] Parschat K，Schreiber S，Wartenberg D，et al. High–titer de novo biosynthesis of the predominant human milk oligosaccharide 2′–fucosyllactose from sucrose in *Escherichia coli* [J]. ACS Synthetic Biology，2020，9（10）：2784–2796.

[40] Deng J，Chen C，Gu Y，et al. Creating an in vivo bifunctional gene expression circuit through an aptamer–based regulatory mechanism for dynamic metabolic engineering in *Bacillus subtilis* [J]. Metabolic Engineering，2019，55：179–190.

[41] Mattila P，Räbinä J，Hortling S，et al. Functional expression of *Escherichia coli* enzymes synthesizing GDP–L–fucose from inherent GDP–D–mannose in *Saccharomyces cerevisiae* [J]. Glycobiology，2000，10（10）：1041–1047.

[42] Yu S，Liu J J，Yun E J，et al. Production of a human milk oligosaccharide 2′–fucosyllactose by metabolically engineered *Saccharomyces cerevisiae* [J]. Microbial Cell Factories，2018，17（1）：1–10.

[43] Lee J W，Kwak S，Liu J J，et al. Enhanced 2′–fucosyllactose production by engineered *Saccharomyces cerevisiae* using xylose as a co–substrate [J]. Metabolic Engineering，2020，62：322–329.

[44] Tan Y，Zhang Y，Han Y，et al. Directed evolution of an *α*–1,3–fucosyltransferase using a single–cell ultrahigh–throughput screening method [J]. Science Advances，2019，5（10）：eaaw8451.

[45] Enam F，Mansell T J. Linkage–specific detection and metabolism of human milk oligosaccharides in *Escherichia coli* [J]. Cell Chemical Biology，2018，25（10）：1292–1303.

[46] Deng J，Gu L，Chen T，et al. Engineering the substrate transport and cofactor regeneration systems for enhancing 2′–fucosyllactose synthesis in *Bacillus subtilis* [J]. ACS Synthetic Biology，2019，8（10）：2418–2427.

[47] Aly M R E，Ibrahim E S I，El Ashry E S H，et al. Synthesis of lacto–*N*–neotetraose and lacto–*N*–

tetraose using the dimethylmaleoyl group as amino protective group [J]. Carbohydrate Research, 1999, 316 (1–4): 121–132.

[48] Miermont A, Zeng Y, Jing Y, et al. Syntheses of LewisX and dimeric LewisX: construction of branched oligosaccharides by a combination of preactivation and reactivity based chemoselective one-pot glycosylations [J]. The Journal of Organic Chemistry, 2007, 72 (23): 8958–8961.

[49] Johnson K F. Synthesis of oligosaccharides by bacterial enzymes [J]. Glycoconjugate Journal, 1999, 16 (2): 141–146.

[50] Blixt O, Brown J, Schur M J, et al. Efficient preparation of natural and synthetic galactosides with a recombinant β–1,4–galactosyltransferase–/UDP–4′–gal epimerase fusion protein [J]. The Journal of Organic Chemistry, 2001, 66 (7): 2442–2448.

[51] Chen C, Zhang Y, Xue M, et al. Sequential one–pot multienzyme (OPME) synthesis of lacto–*N*–neotetraose and its sialyl and fucosyl derivatives [J]. Chemical Communications, 2015, 51 (36): 7689–7692.

[52] Wakarchuk W, Martin A, Jennings M P, et al. Functional relationships of the genetic locus encoding the glycosyltransferase enzymes involved in expression of the lacto–*N*–neotetraose terminal lipopolysaccharide structure in *Neisseria meningitidis* [J]. Journal of Biological Chemistry, 1996, 271 (32): 19166–19173.

[53] Priem B, Gilbert M, Wakarchuk W W, et al. A new fermentation process allows large–scale production of human milk oligosaccharides by metabolically engineered bacteria [J]. Glycobiology, 2002, 12 (4): 235–240.

[54] Dumon C, Priem B, Martin S L, et al. *In vivo* fucosylation of lacto–*N*–neotetraose and lacto–*N*–neohexaose by heterologous expression of Helicobacter pylori α–1, 3–fucosyltransferase in engineered *Escherichia coli* [J]. Glycoconjugate Journal, 2001, 18 (6): 465–474.

[55] Dong X, Li N, Liu Z, et al. CRISPRi–guided multiplexed fine–tuning of metabolic flux for enhanced lacto–*N*–neotetraose production in *Bacillus subtilis* [J]. Journal of Agricultural and Food Chemistry, 2020, 68 (8): 2477–2484.

[56] Dong X, Li N, Liu Z, et al. Modular pathway engineering of key precursor supply pathways for lacto–*N*–neotetraose production in *Bacillus subtilis* [J]. Biotechnology for Biofuels, 2019, 12 (1): 1–11.

[57] Dumon C, Samain E, Priem B. Assessment of the two *Helicobacter pylori* α–1,3–fucosyltransferase ortholog genes for the large–scale synthesis of LewisX human milk oligosaccharides by metabolically engineered *Escherichia coli* [J]. Biotechnology Progress, 2004, 20 (2): 412–419.

[58] Huang D, Yang K, Liu J, et al. Metabolic engineering of *Escherichia coli* for the production of 2′–fucosyllactose and 3–fucosyllactose through modular pathway enhancement [J]. Metabolic Engineering, 2017, 41: 23–38.

[59] Zhang X, Liu Y, Liu L, Li J, et al. Microbial production of sialic acid and sialylated human milk oligosaccharides: Advances and perspectives [J]. Biotechnology Advances. 2019, 37 (5): 787–800.

[60] Fierfort N, Samain E. Genetic engineering of *Escherichia coli* for the economical production of sialylated oligosaccharides [J]. Journal of Biotechnology, 2008, 134 (3–4): 261–265.

[61] Drouillard S, Mine T, Kajiwara H, et al. Efficient synthesis of 6′–sialyllactose, 6, 6′–disialyllactose, and 6′–KDO–lactose by metabolically engineered *E. coli* expressing a multifunctional sialyltransferase from the *Photobacterium* sp. [J]. JT–ISH–224 Carbohydrate Research, 2010, 345 (10): 1394–1399.

[62] Angata T, Varki A. Chemical diversity in the sialic acids and related α–keto acids: An evolutionary perspective [J]. Chemical reviews, 2002, 102 (2): 439–470.

[63] Lundgren B R，Boddy C N. Sialic acid and *N*-acyl sialic acid analog production by fermentation of metabolically and genetically engineered *Escherichia coli* [J]. Organic & biomolecular chemistry，2007，5 (12)：1903-1909.

[64] Boehm G，Moro G. Structural and functional aspects of prebiotics used in infant nutrition [J]. The Journal of nutrition，2008，138 (9)：1818S-1828S.

[65] Kim D，Gurung R B，Seo W，et al. Toxicological evaluation of 3′-sialyllactose sodium salt [J]. Regulatory Toxicology and Pharmacology，2018，94：83-90.

[66] Cheng J，Zhuang W，Tang C，et al. Efficient immobilization of AGE and NAL enzymes onto functional amino resin as recyclable and high-performance biocatalyst [J]. Bioprocess and biosystems engineering，2017，40 (3)：331-340.

[67] Schauer R. Achievements and challenges of sialic acid research [J]. Glycoconjugate journal，2000，17 (7-9)：485-499.

[68] Turck D，Jean-Louis Bresson, Burlingame B，et al. Safety of synthetic *N*-acetyl-*d*-neuraminic acid as a novel food pursuant to Regulation (EC) No 258/97 [J]. EFSA Journal，2017，15 (7)：e04918.

[69] Chen X，Varki A. Advances in the biology and chemistry of sialic acids [J]. ACS chemical biology，2010，5 (2)：163-176.

[70] Itzstein M von，Wu W Y，Kok G B，et al. Rational design of potent sialidase-based inhibitors of influenza virus replication [J]. Nature，1993，363 (6428)：418-423.

[71] Magano J. Synthetic approaches to the neuraminidase inhibitors zanamivir (Relenza) and oseltamivir phosphate (Tamiflu) for the treatment of influenza [J]. Chemical reviews，2009，109 (9)：4398-4438.

[72] Salcedo J，Barbera R，Matencio E，et al. Gangliosides and sialic acid effects upon newborn pathogenic bacteria adhesion：An in vitro study [J]. Food chemistry，2013，136 (2)：726-734.

[73] Van Karnebeek C D M，Bonafé L，Wen X Y，et al. NANS-mediated synthesis of sialic acid is required for brain and skeletal development [J]. Nature genetics，2016，48 (7)：777.

[74] Kijima-Suda I，Miyamoto Y，Toyoshima S，et al. Inhibition of experimental pulmonary metastasis of mouse colon adenocarcinoma 26 sublines by a sialic acid：Nucleoside conjugate having sialyltransferase inhibiting activity [J]. Cancer research，1986，46 (2)：858-862.

[75] Traving C，Schauer R. Structure，function and metabolism of sialic acids [J]. Cellular and Molecular Life Sciences CMLS，1998，54 (12)：1330-1349.

[76] Boddy C N，Lundgren B R. Metabolically engineered *Escherichia coli* for enhanced production of sialic acid：MX2009003212A [P]. 2014.

[77] Sun W，Ji W，Li N，et al. Construction and expression of a polycistronic plasmid encoding *N*-acetylglucosamine 2-epimerase and *N*-acetylneuraminic acid lyase simultaneously for production of *N*-acetylneuraminic acid [J]. Bioresource technology，2013，130：23-29.

[78] Chan T H，Lee M C. Indium-Mediated Coupling of. alpha- (Bromomethyl) acrylic Acid with Carbonyl Compounds in Aqueous Media. Concise Syntheses of (+) -3-Deoxy-D-glycero-D-galacto-nonulosonic Acid and *N*-Acetylneuraminic Acid [J]. The Journal of Organic Chemistry，1995，60 (13)：4228-4232.

[79] Comb D G，Roseman S. The sialic acids I. The structure and enzymatic synthesis of *N*-acetylneuraminic acid [J]. Journal of Biological Chemistry，1960，235 (9)：2529-2537.

[80] Gao C，Xu X，Zhang X，et al. Chemoenzymatic synthesis of *N*-acetyl-D-neuraminic acid from *N*-acetyl-D-glucosamine by using the spore surface-displayed *N*-acetyl-D-neuraminic acid aldolase [J]. Appl Environ Microbiol，2011，77 (19)：7080-7083.

[81] Chen X，Zhou J，Zhang L，et al. Development of an *Escherichia coli*-based biocatalytic system for

the efficient synthesis of *N*-acetyl-D-neuraminic acid [J]. Metabolic engineering, 2018, 47: 374-382.

[82] Peters G, Paepe B de, Wannemaeker L de, et al. Development of *N*-acetylneuraminic acid responsive biosensors based on the transcriptional regulator NanR [J]. Biotechnology and bioengineering, 2018, 115 (7): 1855-1865.

[83] Both P, Busch H, Kelly P P, et al. Whole-Cell Biocatalysts for Stereoselective C—H Amination Reactions [J]. Angewandte Chemie International Edition, 2016, 55 (4): 1511-1513.

[84] Tabata K, Koizumi S, Endo T, et al. Production of *N*-acetyl-D-neuraminic acid by coupling bacteria expressing *N*-acetyl-D-glucosamine 2-epimerase and *N*-acetyl-D-neuraminic acid synthetase [J]. Enzyme and Microbial Technology, 2002, 30 (3): 327-333.

[85] Lee Y C, Chien H C R, Hsu W H. Production of *N*-acetyl-D-neuraminic acid by recombinant whole cells expressing *Anabaena* sp. CH1 *N*-acetyl-D-glucosamine 2-epimerase and *Escherichia coli* *N*-acetyl-D-neuraminic acid lyase [J]. Journal of biotechnology, 2007, 129 (3): 453-460.

[86] Xu P, Qiu J H, Zhang Y N, et al. Efficient Whole-Cell Biocatalytic Synthesis of *N*-Acetyl-D-neuraminic Acid [J]. Advanced Synthesis & Catalysis, 2007, 349 (10): 1614-1618.

[87] Zhang Y, Tao F, Du M, et al. An efficient method for *N*-acetyl-D-neuraminic acid production using coupled bacterial cells with a safe temperature-induced system [J]. Applied microbiology and biotechnology, 2010, 86 (2): 481-489.

[88] Zhou J, Chen X, Lu L, et al. Enhanced production of *N*-acetyl-D-neuraminic acid by whole-cell bio-catalysis of *Escherichia coli* [J]. Journal of Molecular Catalysis B: Enzymatic, 2016, 125: 42-48.

[89] Tao F, Zhang Y, Ma C, et al. One-pot biosynthesis: *N*-acetyl-D-neuraminic acid production by a powerful engineered whole-cell catalyst [J]. Scientific reports, 2011, 1: 142.

[90] Wang Z, Zhuang W, Cheng J, et al. In vivo multienzyme complex coconstruction of *N*-acetylneuraminic acid lyase and *N*-acetylglucosamine-2-epimerase for biosynthesis of *N*-acetylneuraminic acid [J]. Journal of agricultural and food chemistry, 2017, 65 (34): 7467-7475.

[91] Kao C H, Chen Y Y, Wang L R, et al. Production of *N*-acetyl-D-neuraminic Acid by Recombinant Single Whole Cells Co-expressing *N*-acetyl-d-glucosamine-2-epimerase and *N*-acetyl-D-neuraminic Acid Aldolase [J]. Molecular biotechnology, 2018, 60 (6): 427-434.

[92] Ishikawa M, Koizumi S. Microbial production of *N*-acetylneuraminic acid by genetically engineered *Escherichia coli* [J]. Carbohydrate research, 2010, 345 (18): 2605-2609.

[93] Fukuda H, Hama S, Tamalampudi S, et al. Whole-cell biocatalysts for biodiesel fuel production [J]. Trends in biotechnology, 2008, 26 (12): 668-673.

[94] Severi E, Hood D W, Thomas G H. Sialic acid utilization by bacterial pathogens [J]. Microbiology, 2007, 153 (9): 2817-2822.

[95] Kang J, Gu P, Wang Y, et al. Engineering of an *N*-acetylneuraminic acid synthetic pathway in *Escherichia coli* [J]. Metabolic engineering, 2012, 14 (6): 623-629.

[96] Liu Y, Liu L, Shin H D, et al. Pathway engineering of *Bacillus subtilis* for microbial production of *N*-acetylglucosamine [J]. Metabolic engineering, 2013, 19: 107-115.

[97] Liu Y, Link H, Liu L, et al. A dynamic pathway analysis approach reveals a limiting futile cycle in *N*-acetylglucosamine overproducing *Bacillus subtilis* [J]. Nature communications, 2016, 7: 11933.

[98] Zhang X, Liu Y, Liu L, et al. Modular pathway engineering of key carbon-precursor supply-pathways for improved *N*-acetylneuraminic acid production in *Bacillus subtilis* [J]. Biotechnology and bioengineering, 2018, 115 (9): 2217-2231.

[99] Tian R, Liu Y, Chen J, et al. Synthetic *N*–terminal coding sequences for fine–tuning gene expression and metabolic engineering in *Bacillus subtilis* [J]. Metab Eng, 2019, 55: 131–141.
[100] Tian R, Liu Y, Cao Y, et al. Titrating bacterial growth and chemical biosynthesis for efficient *N*–acetylglucosamine and *N*–acetylneuraminic acid bioproduction [J]. Nat Commun. 2020, 611 (1): 5078.
[101] Eggeling L, Bott M, Marienhagen J. Novel screening methods–biosensors [J]. Curr Opin Biotechnol. 2015, 35: 30–36.
[102] Johnson A O, Gonzalez–Villanueva M, Wong L, et al. Design and application of genetically–encoded malonyl–CoA biosensors for metabolic engineering of microbial cell factories [J]. Metab Eng, 2017, 44: 253–264.
[103] Lin J L, Wagner J M, Alper H S. Enabling tools for high–throughput detection of metabolites: Metabolic engineering and directed evolution applications [J]. Biotechnol Adv, 2017, 35 (8): 950–970.
[104] Cho S, Lee B R, Cho B K, et al. *In vitro* selection of sialic acid specific RNA aptamer and its application to the rapid sensing of sialic acid modified sugars [J]. Biotechnol Bioeng, 2013, 110 (3): 905–913.
[105] Yang P, Wang J, Pang Q, et al. Pathway optimization and key enzyme evolution of *N*–acetylneuraminate biosynthesis using an *in vivo* aptazyme–based biosensor [J]. Metab Eng, 2017, 43: 21–28.
[106] Pang Q, Han H, Liu X, et al. *In vivo* evolutionary engineering of riboswitch with high–threshold for N–acetylneuraminic acid production [J]. Metab Eng, 2020, 59: 36–43.
[107] Rogers J K, Taylor N D, Church G M. Biosensor–based engineering of biosynthetic pathways [J]. Curr Opin Biotechnol, 2016, 42: 84–91.
[108] Schallmey M, Frunzke J, Eggeling L, et al. Looking for the pick of the bunch: high–throughput screening of producing microorganisms with biosensors [J]. Curr Opin Biotechnol, 2014, 26: 148–54.
[109] Kalivoda K A, Steenbergen S M, Vimr E R, et al. Regulation of sialic acid catabolism by the DNA binding protein NanR in *Escherichia coli* [J]. J Bacteriol. 2003, 185 (16): 4806–4815.
[110] Cheng J B, Wang J Q, Bu D P, et al. Factors affecting the lactoferrin concentration in bovine milk [J]. Journal of Dairy Science, 2008, 91 (3): 970–976.
[111] Artym J, and Zimecki M. The role of lactoferrin in the proper development of new borns [J]. Advances in Hygiene and Experimental Medicine, 2005, 59: 421–432.
[112] Baveye S, Elass E, Mazurier J, et al. Lactoferrin: A multifunctional glycoprotein involved in the modulation of the inflammatory process [J]. Clinical Chemistry and Laboratory Medicine, 1999, 37 (3): 281–286.
[113] Baker H M, Baker C J, Smith C A, et al. Metal substitution in transferrins: specific binding of cerium (Ⅳ) revealed by the crystal structure of cerium–substituted human lactoferrin [J]. Journal of Biological Inorganic Chemistry, 2000, 5 (6): 692–698.
[114] Yount N Y, Andres M T, Fierro J F, et al. The g–core motif correlates with antimicrobial activity in cysteine–containing kaliocin1 originating from transferrins [J]. Biochimica et Biophysica Acta, 2007, 1768 (11): 2862–2872.
[115] 徐跃. 乳铁传递蛋白 (lactoferrin) ——一种具有广泛生物学功能的食品蛋白质 [J]. 生物工程进展, 2000, 20: 34 – 42.
[116] Wang B, Timilsena YP, Blanch E, et al. Lactoferrin: Structure, function, denaturation and digestion [J]. Critical Reviews in Food Science and Nutrition, 2019, 59 (4): 580–596.

[117] Van der BWA, Belijaars L, Molema G, et al. Antiviral activities of lactoferrin [J]. Antiviral Research, 2001, 52 (3): 225-239.

[118] Baker E N, Baker H M. A structural framework for understanding the multifunctional character of lactoferrin [J]. Biochimie, 2009, 91 (1): 3-10.

[119] Eichler J. Protein glycosylation [J]. Current Biology, 2019, 29 (7): 229-231.

[120] Haridas M, Anderson B, Baker E. Structure of human diferric lactoferrin refined at 22 Å resolution [J]. Acta Crystallogr Sect D Biol Crystallogr, 1995, 51 (pt5): 629-646.

[121] Ruddock LW, Molinari M. *N*-glycan processing in ER quality control [J]. Journal of Cell Science, 2006, 119 (pt21): 4373-4380.

[122] Karav S, German JB, Rouquié C, et al. Studying Lactoferrin *N*-glycosylation [J]. International Journal of Molecular Sciences, 2017, 18 (4): 870.

[123] Coddeville B, Strecker G, Wieruszeski J-M, et al. Heterogeneity of bovine lactotransferrin glycans Characterization of alpha-D-Galp- (1-3) -beta-D-Gal- and alpha-NeuAc- (2-6) -beta-D-GalpNAc- (1-4) -beta-D-GlcNAc-substituted *N*-linked glycans [J]. Carbohydrate Research, 1992, 236: 145-164.

[124] Chung, M. Structure and function of transferrin [J]. Biochemical Education, 1984, 12 (4): 146-154.

[125] Parc AL, Karav S, Rouquié C, et al. Characterization of recombinant human lactoferrin *N*-glycans expressed in the milk of transgenic cows [J]. PLoS One, 2017, 12 (2): e0171477.

[126] Figueroa-Lozano S, Valk-Weeber RL, van Leeuwen SS, et al. Dietary *N*-glycans from Bovine Lactoferrin and TLR Modulation [J]. Molecular Nutrition & Food Research. 2018, 62 (2): 372-389.

[127] Gupta P M, Perrine C G, Mei Z, et al. Iron, anemia, and iron deficiency anemia among young children in the United States [J]. Nutrients, 2016, 8 (6): 330-343.

[128] Rosa L, Cutone A, Lepanto MS, et al. Lactoferrin: A Natural Glycoprotein Involved in Iron and Inflammatory Homeostasis [J]. International Journal of Molecular Sciences, 2017, 18 (9): 1985.

[129] Camaschella, C. IroN-deficiency anemia [J]. New England Journal of Medicine, 2015, 372 (19): 1832-1843.

[130] Schulz-Lell G, Dörner K, Oldigs H D, et al. Iron availability from an infant formula supplemented with bovine lactoferrin [J]. Acta Pædiatrica, 1991, 80 (2): 155-158.

[131] Hao L, Shan Q, Wei J, et al. Lactoferrin: Major Physiological Functions and Applications [J]. Current Protein & Peptide Science, 2019, 20 (2): 139-144.

[132] Rastogi N, Singh A, Singh P K, et al. Structure of iron saturated globe of bovine lactoferrin at pH 6.8 indicates a weakening of iron coordination [J]. Proteins, 2016, 84 (5): 591-599.

[133] Suzuki YA, Lopez V, Lönnerdal B. Mammalian lactoferrin receptors: structure and function [J]. Cellular and Molecular Life Sciences, 2005, 62 (22): 2560-2575.

[134] Lee H Y, Park J H, Seok S H, et al. Pocction with *Listeria monocytogenes* in mice [J]. Journal of Medical Microbiology, 2005, 54 (pt11): 1049-1054.

[135] Ostan N K, Yu R H, Ng D, et al. Lactoferrin binding protein bifunctional bacterial receptor protein [J]. PLoS Pathogens, 2017, 13 (3): e1006244.

[136] Qiu J, Hendrixson D R, Baker E N, et al. Human milk lactoferrin inactivates two putative colonization factors expressed by Haemophilus influenzae [J]. Proceedings of the National Academy of Sciences of the United States of America, 1998, 95 (21): 12641-12646.

[137] Berlutti F, Ajello M, Bosso P, et al. Both lactoferrin and iron influence aggregation and biofilm formation in *Streptococcus mutans* [J]. Biometals, 2004, 17 (3): 271-278.

[138] Reyes RE，Manjarrez HA，Drago ME. El hierro and la virulencia bacteriana [J]. Enfermedades Infecciosasy Microbiología，2005，25 (1)：104–107.
[139] Ellison R T，Giehl T J，Laforce F M. Damage of the membrane of enteric Gram–negative bacteria by lactoferrin and transferrin [J]. Infection and Immunity，1988，56 (11)：2774–2781.
[140] Wang Y，Wang P，Wang H，et al. Lactoferrin for the treatment of COVID–19 (Review) [J]. Experimental and Therapeutic Medicine，2020，20 (6)：272.
[141] Marchetti M，Superti F，Ammendolia MG，et al. Inhibition of poliovirus type 1 infection by iron–，manganese–，and zinc–saturated lactoferrin [J]. Medical Microbiology and Immunology，1999，187 (4)：199–204.
[142] Hasegawa K，Motsuchi W，Tanaka S，et al. Inhibition with lactoferrin of *in vitro* infection with human herpes virus [J]. Japanese Journal of Medical Science and Biology，1994，47 (2)：73–85.
[143] Beljaars L，van der Strate BW，Bakker HI. Inhibition of cytomegalovirus infection by lactoferrin *in vitro* and *in vivo* [J]. Antiviral Research，2004，63 (3)：197–208.
[144] Ikedai M，Nozaki A，Sugiyama K，et al. Characterization of antiviral activity of lactoferrin against hepatitis C virus infection in human cultured cells [J]. Virus Research，2000，66 (1)：51–63.
[145] Legrand D，Elass E，Carpentier M，et al. Interaction of lactoferrin with cells involved in immune function [J]. Biochemistry and Cell Biology，2006，84 (3)：282–290.
[146] Baker E N，Baker H M. Lactoferrin molecular structure，binding properties and dynamics of lactoferrin [J]. Cellular and Molecular Life Sciences，2005，62 (22)：2531–2539.
[147] Crouch SPM，Slater K J，Fletcher J. Regulation of cytokine release from mononuclear cells by the iron–binding protein lactoferrin [J]. Blood，1992，80 (1)：235–240.
[148] Tian Z G，Teng D，Yang Y L，et al. Multimerization and fusion expression of bovine lactoferricin derivative LFcinB15–W4，10 in *Escherichia coli* [J]. Applied Microbiology and Biotechnology，2007，75 (1)：117–24.
[149] Kim H，Chun D，Kim J，et al. Expression of the cationic antimicrobial peptide lactoferricin fused with the anionic peptide in *Escherichia coli* [J]. Applied Microbiology and Biotechnology，2006，72 (3)：330–338.
[150] Ahmad M，Hirz M，Pichler H，et al. Protein expression in *Pichia pastoris*：recent achievements and perspectives for heterologous protein production [J]. Applied Microbiology and Biotechnology，2014，98 (12)：5301–5317.
[151] Paramasivam M，Saravanan K，Uma K，et al. Expression，purification，and characterization of equine lactoferrin in *Pichia pastoris* [J]. Protein Expression and Purification，2002，26 (1)：28–34.
[152] Jiang T，Chen L，Jia S，et al. High–level expression and production of human lactoferrin in *Pichia pastoris* [J]. Dairy Science & Technology，2008，88 (1)：173–181.
[153] Ying G，Wu S H，Wang J，et al. Producing human lactoferrin by high–density fermentation recombinant *Pichia pastoris* [J]. Chinese Journal of Experimental and Clinical Virology，2004，18 (2)：181–185.
[154] Wang S H，Yang T S，Lin S M. Expression，characterization，and purification of recombinant porcine lactoferrin in *Pichia pastoris* [J]. Protein Expression and Purification，2002，25 (1)：41–49.
[155] Ward P P，Lo J Y，Duke M，et al. Production of biologically active recombinant human lactoferrin in *Aspergillus oryzae* [J]. Biotechnology (NY)，1992，10 (7)：784–789.
[156] Koletzko B，Rodriguez–Palmero M，Demmelmair H，et al. Physiological aspects of human milk lipids [J]. Early Human Development，2001，65 (1)：3–18.

[157] Tully D B，Jones F，Tully M R. Donor milk：what's in it and what's not [J]. Journal of Human Lactation：Official Journal of International Lactation Consultant Association，2001，17 (2)：152-155.
[158] Auestad N，Scott D T，Janowsky J S，et al. Visual，cognitive，and language assessments at 39 months：A follow-up study of children fed formulas containing long-chain polyunsaturated fatty acids to 1 year of age [J]. Pediatrics，2003，112(3)：177-183.
[159] Jensen C L，Voigt R G，Prager T C，et al. Effects of maternal docosahexaenoic acid intake on visual function and neurodevelopment in breastfed term infants [J]. American Journal Of Clinical Nutrition，2005，82 (1)：125-132.
[160] Lind MV，Larnkjær A，Mølgaard C，et al. Breastfeeding，Breast Milk Composition，and Growth Outcomes [J]. Nestle Nutr Inst Workshop Ser，2018，89：63-77.
[161] Kallio H，Nylund M，Bostrom P，et al. Triacylglycerol regioisomers in human milk resolved with an algorithmic novel electrospray ionization tandem mass spectrometry method [J]. Food Chemistry，2017，233 (1)：351-360.
[162] Ce Q，Jin S，Yuan X，et al. Fatty acid profile and the *sn*-2 position distribution in triacylglycerols of breast milk during different lactation stages [J]. Journal of Agricultural and Food Chemistry，2018，66 (12)：3118-3126.
[163] Yuhas R，Pramuk K，Lien E L. Human milk fatty acid composition from nine countries varies most in DHA [J]. Lipids，2006，41 (9)：851-858.
[164] Zou X Q，Huang J，Jin Q Z，et al. Model for human milk fat substitute evaluation based on triacylglycerol composition profile [J]. Journal of Agricultural and Food Chemistry，2013，61 (1)：167-175.
[165] Tu A Q T，Ma Q，Bai H，et al. A comparative study of triacylglycerol composition in Chinese human milk within different lactation stages and imported infant formula by SFC coupled with Q-TOF-MS [J]. Food Chemistry，2017，221：555-567.
[166] 常继乐，王宇. 中国居民营养与健康状况监测：2010—2013年综合报告 [M] // 北京：北京大学医学出版社，2016：51-53.
[167] 陆姝欢，余超，李翔宇，等. 花生四烯酸发酵生产技术的发展现状和趋势 [J]. 食品研究与开发，2014，35：142-147.
[168] Yuan C L，Wang J，Shang Y，et al. Production of arachidonic acid by *Mortierella alpina* I-49-*N*-18 [J]. Food Technology and Biotechnology，2002，40 (1)：311-315.
[169] 余增亮，王纪，袁成凌，等. 微生物油脂花生四烯酸产生菌离子束诱变和发酵调控 [J]. 科学通报，2012，57 (1)：883-890.
[170] 常静宇. 扩大培养紫球藻生产花生四烯酸及其分离纯化 [D]. 厦门：厦门大学，2017.
[171] 李兴锐. 利用代谢组学研究隐甲藻葡萄糖耐受及DHA生物合成机制 [D]. 天津：天津大学，2017.
[172] 任路静，金明杰，纪晓俊，等. 利用*Crypthecodinium cohnii*高密度发酵生产DHA的流加策略研究 [J]. 食品与发酵工业，2007，33 (1)：25-27.
[173] 王澍，尹佳，曹维，等. 寇氏隐甲藻突变株发酵罐补糖发酵的研究 [J]. 中国油脂，2016，41 (1)：41-44.
[174] 王澍，赵树林，张静雯，等. 响应面法优化寇氏隐甲藻突变株的发酵培养基 [J]. 中国粮油学报，2015，30：79-83.
[175] Fu J，Chen T，Lu H，et al. Enhancement of docosahexaenoic acid production by low-energy ion implantation coupled with screening method based on Sudan black B staining in *Schizochytrium* sp. [J]. Bioresource Technology，2016，221：405-411.

[176] Sun C，Wei W，Su H，et al. Evaluation of *sn*-2 fatty acid composition in commercial infant formulas on the Chinese market：A comparative study based on fat source and stage [J]. Food Chemistry，2018，242：29-36.

[177] Ren L J，Sun X M，Ji X J，et al. Enhancement of docosahexaenoic acid synthesis by manipulation of antioxidant capacity and prevention of oxidative damage in *Schizochytrium* sp. [J]. Bioresource Technology，2017，223：141-148.

[178] Ren L J，Huang H，Xiao A H，et al. Enhanced docosahexaenoic acid production by reinforcing acetyl-CoA and NADPH supply in *Schizochytrium* sp. HX-308 [J]. Bioprocess and Biosystems Engineering，2009，32（6）：837-843.

[179] Metz J G，Roessler P，Facciotti D，et al. Production of polyunsaturated fatty acids by polyketide synthases in both prokaryotes and eukaryotes [J]. Science，2001，293（5528）：290-293.

[180] Gemperlein K，Rachid S，Garcia R O，et al. Polyunsaturated fatty acid biosynthesis in myxobacteria：different PUFA synthases and their product diversity [J]. Chemical Science，2014，5（5）：1733-1741.

[181] 胡学超，任路静，胡耀池，等. 裂殖壶菌制备二十二碳六烯酸油脂的研究历程及发展前景 [J]. 食品与发酵工业，2018，44：307-312.

[182] Wei W，Sun C，Wang X，et al. Lipase-catalyzed synthesis of *sn*-2 palmitate：A review-ScienceDirect [J]. Engineering，2020，6（4）：406-414.

[183] Mu H L，Hoy C E. The digestion of dietary triacylglycerols [J]. Progress in Lipid Research，2004，43（2）：105-133.

[184] Esteban L，Jimenez M J，Hita E，et al. Production of structured triacylglycerols rich in palmitic acid at *sn*-2 position and oleic acid at *sn*-1,3 positions as human milk fat substitutes by enzymatic acidolysis [J]. Biochemical Engineering Journal，2011，54（1）：62-69.

[185] Zou X Q，Jin Q Z，Zheng G，et al. Preparation of human milk fat substitutes from basa catfish oil：combination of enzymatic acidolysis and modeled blending [J]. European Journal of Lipid Science and Technology，2016，118（11）：1702-1711.

[186] Zou X，Huang J，Jin Q，et al. Lipid composition analysis of milk fats from different mammalian species：potential for use as human milk fat substitutes [J]. Journal of Agricultural and Food Chemistry，2013，61（29）：7070-7080.

[187] Schmid U，Bornscheuer U T，Soumanou M M，et al. Optimization of the reaction conditions in the lipase-catalyzed synthesis of structured triglycerides [J]. Journal of the American Oil Chemists Society，1998，75（1）：1527-1531.

[188] Erp H v，Bryant F M，Martin-Moreno J，et al. Engineering the stereoisomeric structure of seed oil to mimic human milk fat [J]. Proceedings of the National Academy of Sciences of the United States of America，2019，116：20947-20952.

[189] Ro D K，Paradise E M，Ouellet M，et al. Production of the antimalarial drug precursor artemisinic acid in engineered yeast [J]. Nature，2006，440（1）：940-943.

[190] Li J，Mutanda I，Wang K，et al. Chloroplastic metabolic engineering coupled with isoprenoid pool enhancement for committed taxanes biosynthesis in *Nicotiana benthamiana* [J]. Nature Communications，2019，10（1）：4850.

[191] Katrin O，Claudia G，Timo S，et al. Production strategies and applications of microbial single cell oils [J]. Frontiers in Microbiology，2016，7：1539.

[192] Gezry P R，Secretan M K，Göns F. Adapted substitutes for human milk in the feeding of young infants [J]. Voprosy Pitaniia，1996，5：77-81.

[193] Emmett P M，Rogers I S. Properties of human milk and their relationship with maternal nutrition [J].

Early Human Development, 1997, 49: S7–S8.

[194] Liden M, Eriksson U. Understanding retinol metabolism: Structure and function of retinol dehydrogenases [J]. Journal of Biological Chemistry, 2006, 281 (19): 13001–13004.

[195] Kurlandsky S B, Xiao J H, Duell E A, et al. Biological activity of all–trans retinol requires metabolic conversion to all–trans retinoic acid and is mediated through activation of nuclear retinoid receptors in human keratinocytes [J]. Journal of Biological Chemistry, 1994, 269 (52): 32821–32827.

[196] Engle–Stone R, Haskell M J, Nankap M, et al. Breast milk retinol and plasma retinol–binding protein concentrations provide similar estimates of vitamin A deficiency prevalence and identify similar risk groups among women in cameroon but breast milk retinol underestimates the prevalence of deficiency [J]. Journal of Nutrition, 2014, 144 (2): 209.

[197] Bahl R, Bhandari N. Vitamin A supplementation of women postpartum and of their infants at immunization alters breast milk retinol and infant vitamin A status [J]. Journal of Nutrition, 2002, 132 (11): 3243–3248.

[198] Armas L A, Hollis B W, Heaney R P. Vitamin D_2 is much less effective than vitamin D_3 in humans [J]. The Journal of Clinical Endocrinology & Metabolism, 2004, 89 (11): 5387–5391.

[199] Lips P. Vitamin D physiology [J]. Progress in Biophysics & Molecular Biology, 2006, 92 (1): 4–8.

[200] Charoenngam N, Holick M F. Immunologic effects of vitamin D on human health and disease [J]. Nutrients, 2020, 12 (7): 2097.

[201] Kunz C, Niesen M, Von L H, et al. Vitamin D, 25–hydroxy–vitamin D and 1, 25–dihydroxy–vitamin D in cow's milk, infant formulas and breast milk during different stages of lactation [J]. International Journal for Vitamin & Nutrition Research, 1984, 54 (2–3): 141–148.

[202] Ahrens K A, Rossen L M, Simon A E. Adherence to vitamin D recommendations among US infants aged 0 to 11 months, NHANES, 2009 to 2012 [J]. Clinical Pediatrics, 2016, 55 (6): 555–556.

[203] Herrerac E, Barbas C. Vitamin E: action, metabolism and perspectives [J]. Journal of Physiology & Biochemistry, 2001, 57 (1): 43–56.

[204] Losano JDA, Angrimani DSR, Dalmazzo A, et al. Effect of Vitamin E and Polyunsaturated Fatty Acids on Cryopreserved Sperm Quality in Bos taurus Bulls Under Testicular Heat Stress [J]. Animal Biotechnology, 2018, 29 (2): 100–109.

[205] Urowska M Z, Zagierski† M. Concentrations of alpha–and gamma–tocopherols in human breast milk during the first months of lactation and in infant formulas [J]. Maternal & Child Nutrition, 2013, 9 (4): 473–482.

[206] Booth S L, Rajabi A A. Determinants of vitamin K status in humans [J]. Vitamins & Hormones, 2008, 78: 1–22.

[207] Shearer, Martin, J, et al. Metabolism and cell biology of vitamin K [J]. Thrombosis and Haemostasis, 2008, 99: 530–547.

[208] Lane P A, Hathaway W E, et al. Vitamin K in infancy [J]. The Journal of Pediatrics, 1985, 106 (3): 351–359.

[209] Butterworth R F. Maternal thiamine deficiency: still a problem in some world communities [J]. American Journal of Clinical Nutrition, 2001, 74 (6): 712.

[210] Massey V. The chemical and biological versatility of riboflavin [J]. Biochemical Society Transactions, 2000, 28 (4): 283–296.

[211] Powers H J. Riboflavin (vitamin B_2) and health [J]. American Journal of Clinical Nutrition, 2003, 6: 1352.

[212] Ortega R M, Quintas M E, Martínez R, et al. Riboflavin levels in maternal milk: the influence of vitamin B_2 status during the third trimester of pregnancy [J]. Journal of the American College of

Nutrition，1999，18（4）：324-329.
［213］Zempleni J，Mock D. Biotin biochemistry and human requirements［J］. Journal of Nutritional Biochemistry，1999，10（3）：128.
［214］Mock D M，Mock N I，Stratton S L. Concentrations of biotin metabolites in human milk［J］. Journal of Pedatrics，1997，131（3）：456.
［215］Wilson M P，Plecko B，Mills P B，et al. Disorders affecting vitamin B_6 metabolism［J］. Journal of Inherited Metabolic Disease，2019，42（4）：629-646.
［216］Boylan L M，Hart S，Porter K B，et al. Vitamin B_6 content of breast milk and neonatal behavioral functioning［J］. Journal of the American Dietetic Association，2002，102（10）：1433-1438.
［217］O'leary F，Samman S. Vitamin B_{12} in health and disease［J］. Nutrients，2010，2（3）：299-316.
［218］Eva G，Ebba N，Alan B J. Forms and amounts of vitamin B_{12} in infant formula：A pilot study［J］. PLoS One，2016，11（11）：e0165458.
［219］Schlueter A K，Johnston C S. Vitamin C：overview and update［J］. Journal of Evidence-Based Complementary & Alternative Medicine，2011，16（2）：49-57.
［220］Hoppu U，Rinne M，Salo-Väänänen P，et al. Vitamin C in breast milk may reduce the risk of atopy in the infant［J］. European Journal of Clinical Nutrition，2005，59（1）：123-128.
［221］Akobundu U O，Cohen N L，Laus M J，et al. Vitamins A and C，calcium，fruit，and dairy products are limited in food pantries［J］. Journal of the American Dietetic Association，2004，104（5）：811-813.
［222］Kamanna V S，Kashyap M L. Mechanism of ation of niacin［J］. The American Journal of Cardiology，2008，101（8A）：S20-S26.
［223］Murphy S P，Allen L H. Nutritional importance of animal source foods［J］. Journal of Nutrition，2003，133：3932S-3935S.
［224］Knopp R H. Evaluating niacin in its various forms［J］. American Journal of Cardiology，2000，86（12A）：51-56.
［225］Tahiliani A G，Beinlich C J. Pantothenic acid in health and disease［J］. Vitamins & Hormones，1991，46：165.
［226］Bo L. Effects of maternal dietary intake on human milk composition［J］. Journal of Nutrition，1986，116（4）：499-513.
［227］Kelly G S. Pantothenic acid［J］. Monograph. Alternative Medicine Review，2011，16（3）：263-275.
［228］Shibata K，Fukuwatari T，Higashiyama S，et al. Pantothenic acid refeeding diminishes the liver，perinephrical fats，and plasma fats accumulated by pantothenic acid deficiency and/or ethanol consumption［J］. Nutrition，2013，29（5）：796-801.
［229］杜彦山，张志国，贾云虹，等. 高效液相色谱法测定乳粉中泛酸［J］. 食品研究与开发，2007，28（1）：121-124.
［230］张艳，霍胜楠，胡明燕，等. 婴幼儿乳粉中泛酸测定的不确定度研究［J］. 食品研究与开发，2014，18（1）：92-95.
［231］Heinemann M，Panke，Sven. Synthetic biology—putting engineering into biology［J］. Bioinformatics，2006，22（22）：2790-2799.
［232］Sun H，Yang J，Lin X，et al. De novo high-titer production of delta-tocotrienol in recombinant *Saccharomyces cerevisiae*［J］. Journal of Agricultural and Food Chemistry，2020，22，68（29）：7710-7717.
［233］Rippert P. Engineering plant shikimate pathway for production of tocotrienol and improving herbicide resistance［J］. Plant Physiology，2004，134（1）：92-100.

［234］Gold N D，Gowen C M. Metabolic engineering of a tyrosine-overproducing yeast platform using targeted metabolomics［J］. Microbial Cell Factories，2015，14：73.

［235］沈斌. 酿酒酵母中异源合成维生素E（生育三烯酚）的研究［D］. 杭州：浙江大学，2019.

［236］Guo X J，Xiao W H，Wang Y，et al. Metabolic engineering of *Saccharomyces cerevisiae* for 7-dehydrocholesterol overproduction［J］. Biotechnol Biofuels，2018，11：192.

［237］Kato T，Park E Y. Riboflavin production by *Ashbya gossypii*［J］. Biotechnology Letters，2012，34（4）：611-618.

［238］Hümbelin M，Griesser V，Keller T，et al. GTP cyclohydrolase Ⅱ and 3, 4-dihydroxy-2-butanone 4-phosphate synthase are rate-limiting enzymes in riboflavin synthesis of an industrial *Bacillus subtilis* strain used for riboflavin production［J］. Journal of Industrial Microbiology and Biotechnology，1999，22（1）：1-7.

［239］Duan YX，Chen T，Chen X，et al. Enhanced riboflavin production by expressing heterologous riboflavin operon from *B. cereus* ATCC14579 in *Bacillus subtilis*［J］. Chinese Journal of Chemical Engineering，2010，18（1）：129-136.

［240］Mateos L，Jiménez A，Revuelta J L，et al. Purine bosynthesis，riboflavin production，and trophic-phase span are controlled by a myb-related transcription factor in the fungus *Ashbya gossypii*［J］. Applied and Environmental Microbiology，2006，72（7）：5052-5060.

［241］Liu S，Hu W，Wang Z，et al. Production of riboflavin and related cofactors by biotechnological processes［J］. Microbial Cell Factories，2020，19（1）：1-16.

［242］Martens J H，Barg H，Warren M，et al. Microbial production of vitamin B_{12}［J］. Applied Microbiology and Biotechnology，2002，58（3）：275-285.

［243］Murooka Y，Piao Y，Kiatpapan P，et al. Production of tetrapyrrole compounds and vitamin B_{12} using genetically engineering of *Propionibacterium freudenreichii*［J］. Dairy Science & Technology，2005，85（1-2）：9-12.

［244］Fang H，Dong L，Jie K，et al. Metabolic engineering of *Escherichia coli* for de novo biosynthesis of vitamin B_{12}［J］. Nature Communications，2018，9（1）：4917.

第七章

黄酮类化合物的生物制造

第一节 概述

黄酮类化合物结构多样，在植物抵抗各种生物和非生物危害、吸引昆虫帮助传粉和被子植物种子的休眠中发挥关键作用。目前经明确鉴定功能的黄酮类化合物有4000多种。这些化合物很多都有着非常复杂的手性结构和相应的活性基团，很难用化学法进行合成得到此类化合物。为了使黄酮类化合物获得更为广泛的应用，开发出一种安全性高、生产成本低、来源限制较少和低污染排放的方法尤为重要。合成生物学技术因其具有绿色、低碳和可持续的特征成为黄酮类化合物生产制造最有希望的发展方向。

一、黄酮类化合物的结构及分类

黄酮类化合物具有多个苯环和酚羟基结构，苯环为疏水基团，酚羟基为亲水基团。采用分子轨道近似方法进行量子化学计算的结果表明：黄酮类物质在水溶液中最佳构象是苯并吡喃环（A环和C环）位于一个平面上，而另一个苯酚环（B环）与这一平面垂直。其中A 环多为间苯三酚型结构，构成直键型聚合物，单元间连接键较不稳定而易于断裂，A环的C6/C8为亲核反应中心，8位的亲核活性高于6位，B 环常含有邻位酚羟基结构，酚羟基是活泼的H供体，C环为吡喃环，杂环上C2、C3原子是手性碳原子，可形成4个立体异构体。黄酮及黄酮醇类化合物C4位上有一个羰基，羰基可强烈地减少A环的亲核性质。以六元的C环氧化状况和B环所连接的位置不同为依据可以将黄酮类化合物分为：黄酮及黄酮醇类，如芹菜素、槲皮素；双黄酮类，如银杏素；二氢黄酮及二氢黄酮醇类，如橙皮苷；查耳酮类，如红花苷；黄烷醇类，如儿茶素；花色素类，如飞燕草素；异黄酮类，如葛根素；其他黄酮类，如异芒果素[1~3]。

黄酮化合物有着多种调节人体生理功能的特性[4]，如防治高血压[5]、降低血压[6]、预防动脉硬化[7]，保护人体心血管系统[8~10]，缓解人体肝脏毒性作用[11, 12]，抗炎，治疗尿急、肝硬化和慢性肝炎，减轻人体更年期症状，减少冠心病，预防中老年骨质疏松症，抗氧化、抗病毒、抗菌[13]，可以减少人体癌症突发概率[14]。因为黄酮化合物有如此多的调节生理功能的附加值，目前黄酮化合物已经成为高端营养健康品的代表性物质，其产品利润、市场空间也远高于一般的食品或健康食品。

二、黄酮类化合物的代谢途径

植物主要通过苯丙烷合成途径生成黄酮类化合物。以苯丙氨酸为底物，在苯丙氨酸解氨酶（PAL）的催化下形成肉桂酸，然后在肉桂酸-4-羟化酶（C4H）作用下生成对香豆酸。而以酪氨酸底物，在酪氨酸解氨酶（TAL）的作用下，可直接生成化合物对香豆酸。以上两种途径中的PAL和TAL为同工酶。4-香豆酰辅酶A连接酶（4CL）对香豆酸和肉桂酸为底物的合成途径进行催化，能得到对香豆酰辅酶A和肉桂酰辅酶A。对香豆酰辅酶A和肉桂酰辅酶A在查尔酮合成酶（CHS）和查尔酮异构酶（CHI）的依次作用下，转化为柚皮素和生松素[15]。

生松素和柚皮素是合成其他黄酮类物质的重要前体，在不同修饰酶的作用下能得到不同的其他黄酮类化合物：①在黄酮合酶（FNS）的作用下，可以生成白杨素、芹黄素、毛地黄黄酮等其他黄酮化合物；②在异黄酮合酶（IFS）作用下，将芳基进行2位至3位的转变，从而得到大豆黄酮、染料木素、大豆苷元等异黄酮类化合物；③在黄烷酮3-羟化酶（F3H）作用下，生成二氢山柰酚、二氢槲皮素和短叶松素等二氢黄酮醇化合物；④二氢黄酮醇等化合物在二氢黄酮醇-4-还原酶（DFR）作用下生成无色花色素。除此之外，多种黄酮类化合物可以在糖基转移酶和甲基等作用下，得到其他多种糖苷和甲基化衍生物[16]。

三、黄酮类化合物生产方式

黄酮类化合物具有多种生物学活性，可以调节多项身体功能和治疗人类多种疾病。然而由于缺乏一种有效的生成方式，目前黄酮类化合物并没有在医药行业和营养行业得到广泛的应用，主要是作为添加剂应用到各个领域。随着越来越多的研究团队认识到黄酮类化合物广阔的应用前景，人们开发出了多种方法来制备黄酮类化合物。

（一）化学法合成

很多研究团队证实了通过化学法合成多类黄酮类化合物的可行性，然而在化学法合成过程中会涉及使用剧毒化学品和激烈的反应条件，这些都使得化学法合成只能用于小批量的生产[17]。更重要的是，化学法合成得到的黄酮类化合物为多种异构体的混合物，这是一个非常致命的缺陷，因为研究证明只有（2*S*）-黄酮类物质才具有生物学活性。

（二）植物提取法

目前植物提取法是生产黄酮类物质的主要方法，然而在植物提取过程中往往得到的是多种同类型黄酮化合物的混合物，从多种类似特性的化合物里面提取出一种单一化合物显然难度非常大，需要使用非常多繁琐的纯化步骤，这也无形中增加了生产经济成本；另外，随着全球土地资源越来越匮乏，植被严重不足，大规模的植物提取显然会增加过多的环境成本[18~21]。

（三）传统微生物法合成

1. 合成途径的解析

国外很早就有研究团队尝试利用大肠杆菌异源合成黄酮类化合物。然而直到2003年才第一次成功用大肠杆菌合成出黄酮类化合物，这主要是因为大肠杆菌很难表达出有活性的C4H。人们发现较低的苯丙氨酸解氨酶/酪氨酸解氨酶活性限制了黄酮类化合物的产量，因此此后的研究主要以肉桂酸和香豆酸为底物，通过4CL、CHS、CHI来合成黄酮类化合物[22，23]。

2. 二步法发酵方式的出现

黄酮类化合物产量的第一次突破是有研究发现采用二步法发酵可以显著提高胞内目标产物的产量，即菌株首先在Luria肉汤（Luria broth，LB）培养基中生长至OD_{600}为0.6时，加入异丙基-*β*-*d*-硫代半乳糖苷（IPTG）诱导5h，然而离心收集细胞重悬到M9培养基中进行二次发酵[24]。后来陆续有研究者将这种方法进行进一步的优化，包括更换LB培养基为TB培养基、延长第一次发酵的时间、提高二次发酵的细胞浓度等[22，23，25]，使得目标产物产量得到更大程度的提高。

3. 限制性辅因子丙二酰辅酶 A 的发现

黄酮类化合物产量的第二次突破是研究者发现微生物细胞内较低的丙二酰辅酶A含量限制了黄酮类化合物产量的提高，因此将来自谷氨酸棒状杆菌（*Corynebacterium glutamicum*）中的乙酰辅酶A羧化酶（ACC）置于另一个质粒上，并将它们导入重组大肠杆菌中，结果发现这两个基因的协同表达使得产量提高到了60mg/L[25]。

4. 传统微生物法合成的缺陷及其原因

尽管这些研究克服了很多问题，如部分合成途径已经解析清楚，然而目前黄酮类化合物的传统微生物法生产仅局限于实验室内的摇瓶生产，离大规模的工业化生产更有着很长一段距离。这主要因为目前传统微生物法合成有着以下两个重要的缺陷：①过度依赖于前体物质芳香族氨基酸（*l*-酪氨酸/*l*-苯丙氨酸）或苯丙素（香豆酸/肉桂酸）的添加[26]，特别是苯丙素（香豆酸/肉桂酸），因其价格的昂贵性、非食品级来源等性质极大地限制了黄酮类化合物的微生物法合成；②目前的发酵法都采用的是二步法发酵，即菌株首先在营养丰富的培养基中生长，在达到一定菌浓的时候，通过离心等方法收集所有的菌体置于基本培养基中发酵[27]。

目前，利用代谢工程改造微生物生产黄酮类化合物效率较低。导致这一结果的原因主要有：①黄酮类化合物复杂的结构导致目前并没有天然存在的代谢途径使其能从廉价、可再生底物合成得来；②黄酮类化合物的从头合成代谢途径复杂，涉及众多前体合成和修饰相关基因，基因之间的协同表达缺乏一种理性的调控方式；③利用微生物合成此类化合物，在菌体生长前期会涉及多个基因以及质粒在菌体内的表达，给菌体带来较大的代谢负担，缺乏一种有效的减轻代谢负担的方法；④黄酮合成途径中涉及的酶以及途径中的产物相对于宿主菌而言都是异源的，都会对宿主菌产生一定的抑制，缺乏一种理性方法重构细胞的代谢网络使得胞内资源最大程度流向目标途径[28，29]。

（四）合成生物学技术在微生物法合成黄酮类化合物中的应用及展望

合成生物技术的迅速发展使得我们可以优化甚至重新构建一个细胞工厂来有效地生产人类需要的任何物质，创新性的基因组装工具可以使得研究者更有效地组装复杂的代谢途径甚至细菌全基因组[30，31]。近年来基因组学、转录组学、蛋白质组学、代谢组学等组学技术的兴起，使得遗传学数据、基因组数据和酶学数据极大丰富，研究者们可以从不同物种中获取所需酶的信息，并通过DNA合成技术合成得到所需要的酶[32~35]。

基于代谢流平衡分析的计算机模拟软件也在途径预测中发挥着越来越重要的作用[36~40]。国外研究团队使用计算机模拟技术构建出代谢网络模型并通过实验方法证明了敲除基因*sdhA*（编码琥珀酸脱氢酶黄素蛋白亚基）、*adhE*（编码乙醇脱氢酶）、*citE*（编码柠檬酸裂解酶β亚基）、*brnQ*（编码支链氨基酸转运蛋白），同时过量表达基因*bpl*（编码生物素连接酶）和黄酮化合物合成途径（4CL、CHS、CHI）后，得到了215mg/L柚皮素[41]。此外，也有研究团队使用OptForce模型预测并通过实验验证，发现敲除基因*sucC*（编码琥珀酰辅酶A合酶β亚基）和*fumC*（编码延胡索酸酶C），过量表达基因*acc*（编码内源性乙酰辅酶A羧化酶）、*pgk*（编码磷酸激酶）、*pdh*（编码丙酮酸脱氢酶）和黄酮途径（4CL、CHS、CHI），可得到474mg/L柚皮素[42]。此外，人们构建途径时，在没有合适酶的情况下，还可以通过基于蛋白质理性设计、定向进化、基因改组和高通量筛选的蛋白质工程手段改变已有酶的活性和特性来满足研究者的需要[43~46]，这些技术和方法的日渐成熟极大方便了研究者们定制设计自然界中并不存在的合成途径。

第二节　关键黄酮类化合物合成基因的挖掘

近年来合成生物学技术的发展，给研究者提供了很多种方法来系统性探寻细胞基因组综合改造或遗传上的重新编码对于微生物发酵或者生产能力的影响，特别是通过合成生物学技术来阐释细胞内各个代谢途径跟目标途径的联系，通过合成生物学工具来创建新的代谢途径乃至于新的细胞，将会极大程度地改善目前微生物发酵生产黄酮类化合物的窘境。

一、利用合成生物学技术解析水飞蓟宾合成基因

（一）水飞蓟宾概述

黄酮木脂素类化合物是一类重要的植物次生代谢产物，其含有的主要活性成分为黄酮木脂素类化合物。在许多国家，含有黄酮木脂素类化合物的草药用于治疗多种疾病，如用于治疗肝病的水飞蓟宾和异水飞蓟宾，用于治疗痢疾、风湿和皮肤病的次大风子素和次大风子素D，

抗肿瘤、抗炎症的韦氏大风子亭，用于治疗风湿、痛风和皮肤病的Salcolin金属氧化剂以单电子氧化的形式将松柏醇氧化为激发态，激发态的松柏醇与反应体系中的黄杉素加成为一种不稳定的中间态，在氧化剂的进一步氧化后，转化为水飞蓟宾或异水飞蓟宾[47]。该反应没有选择性。这一理论很好的解释了水飞蓟宾仿生合成反应，及过氧化物酶在反应中可能发挥的作用。

（二）组学技术驱动的水飞蓟宾原生合成途径的解析

1. 不同植物组织中水飞蓟宾及其前体含量差异性分析

图7-1所示为水飞蓟组织器官样本。采集新鲜的水飞蓟组织器官用于测定其中的水飞蓟宾及其潜在前体黄杉素和松柏醇的含量。研究表明，黄杉素和水飞蓟宾的含量具有组织差异性，而松柏醇则分布于整个植株（表7-1）。黄杉素分布于花、种皮和胚乳中，而水飞蓟宾则分布于种皮和胚乳中。其中，黄杉素和水飞蓟宾均在种皮中的分布最多。因此，水飞蓟宾随着种皮的发育在种皮中积累，而黄杉素是水飞蓟宾合成过程中不可缺少的限制性因素[48]。

图 7-1　水飞蓟组织器官样本

（1）花芽时期的植株　（2）a开花前2d的花头横切面　（2）b开花前2d的解剖图　（3）a开花期的花头横切面　（3）b开花期的解剖图　（4）a开花后5d的花头横切面　（4）b开花后5d的解剖图　（5）a开花后10d的花头横切面　（5）b开花后10d的解剖图

用于水飞蓟宾及其潜在前体含量分析、RNA测序和蛋白质提取的样本中，根、茎和叶为花芽（1）时期，花为开花（3）时期，种皮和胚乳为开花后（5）时期。

表 7-1　水飞蓟宾及其潜在前体在水飞蓟不同组织器官中的分布

组织器官	松柏醇含量/（mg/g干重）	黄杉素含量/（mg/g干重）	水飞蓟宾含量/（mg/g干重）
根	0.138 ± 0.02	ND	ND
茎	0.215 ± 0.08	ND	ND
叶	0.11 ± 0.07	ND	ND
花	0.045 ± 0.01	0.386 ± 0.004	ND
种皮	0.007 ± 0.00	1.807 ± 0.365	0.729 ± 0.075
胚乳	0.01 ± 0.00	①	①

注：ND，未检测到含量。

①在胚乳中可以检测到黄杉素和水飞蓟宾，但由于其浓度太低，不能进行定量分析。

所有数值为3个平行实验的平均值±标准差。

2. 水飞蓟宾合成过程的转录组学分析差异基因

由于水飞蓟宾积累的组织差异性，研究者们对水飞蓟不同组织器官进行转录组测序，以揭示水飞蓟宾合成途径基因在不同组织器官中表达的差异性。结果表明，黄杉素和松柏醇使用部分共同的合成途径，即由苯丙氨酸到对香豆酰辅酶A。此后，对香豆酰辅酶A被分别用于合成黄杉素和松柏醇。黄杉素可由两条不同的途径合成，即柚皮素途径和咖啡酰辅酶A途径。基因表达水平表明，前者是花中黄杉素合成的主要途径，而后者在种皮和其他组织器官中被用于松柏醇的合成。

（三）水飞蓟宾的全合成途径解析

水飞蓟宾的合成途径解析有过氧化物酶活性分析、转录组数据分析和水飞蓟宾原生合成途径解析。

1. 过氧化物酶活性分析

过氧化物酶和漆酶均可将单体木素醇（如松柏醇、香豆醇和芥子醇）氧化为相应的激发态，并进一步聚合为木质素[46]。水飞蓟宾的仿生合成研究表明，水飞蓟宾的合成过程也涉及松柏醇的氧化激发[47]。过氧化物酶参与了水飞蓟宾的原生合成，且过氧化物酶和水飞蓟宾合成能力正相关，该反应不能在缺少酶或电子受体的情况下自发进行。

2. 转录组数据分析

Horton等通过功能分析（与过氧化物酶数据库进行比对）、表达水平分析和亚细胞定位分析（定位于细胞内），在水飞蓟中找到了可能参与水飞蓟宾合成的过氧化物酶[48]。Lepiniec等通过途径注释，在水飞蓟中找到了完整的黄杉素和松柏醇合成途径，二者分别通过典型黄酮类化合物合成途径和苯丙素类化合物合成途径合成[49]。因此，松柏醇和黄杉素的氧化偶合为为水飞蓟宾合成途径中的关键未知节点。并且正常情况下，黄酮类化合物由位于内质网上细胞质面的多酶复合体催化合成，并在液泡中储存[49]。最终，研究人员发现了其中一种抗坏血酸过氧化物酶APX1锚定于细胞内膜上，催化活性中心位于膜外，而这里正是黄酮类化合物合成的地方。

3. 水飞蓟宾的原生合成途径解析

松柏醇是组成双子叶植物木质素的主要单体木素醇之一[50]。Lin等在水飞蓟种皮中解析了典型单体木素醇合成途径。根据基因表达特征，松柏醇通过对香豆酰辅酶A和咖啡酰辅酶A途径合成[46, 51]。松柏醇能够被转运至胞间层和/或次生细胞壁，在这里被分泌过氧化物酶聚合为木质素[52]。位于种皮细胞内膜的APX1则能够催化松柏醇和黄杉素合成水飞蓟宾。已有报道表明，水飞蓟宾的合成与种皮中木质素的积累相关[53]。黄杉素主要在种皮和花中积累，且在种皮中的含量约是花中的4倍。然而黄杉素合成基因的表达水平主要在花中上调，而在种皮中并未上调。一个合理的解释是黄杉素主要在花中合成并被转运至种皮中。已有研究观察到，黄杉素能够进行跨器官的长距离共质体运输[54, 55]。由于黄杉素合成相关基因转录依赖于光，而水飞蓟种子被苞叶包裹导致这些基因转录下调[56]。途径解析表明，花中的黄杉素通过典型的黄酮类化合物合成途径合成，且黄杉素合成途径与松柏醇途径部分重叠。

松柏醇和黄杉素合成途径以水飞蓟宾为交叉点。抗坏血酸过氧化物酶通常被认为是清除胞内过氧化物的脱毒剂。水飞蓟抗坏血酸过氧化物酶在植物次生代谢产物合成中发挥作用。APX1中严格保守的脯氨酸残基负责芳香类化合物的结合，而38位精氨酸则是抗坏血酸过氧化物酶与黄酮类化合物互相作用的关键残基[57, 58]。目前已观察到许多植物都在种皮或果皮中积累黄酮类化合物，虽然其背后的机制尚不清楚[49, 59, 60]。通过过氧化物酶活性分析、转录组数据分析、基因异源表达及水飞蓟宾合成能力分析，解析水飞蓟宾的原生合成途径及前体的运输机制，最终有望利用合成生物学技术实现水飞蓟宾的全合成。

二、利用合成生物技术异位重构黄酮类骨架物质合成途径

（一）黄酮类骨架物质合成途径

生松素和柚皮素是黄酮类骨架物质。由芳香族氨基酸生成黄酮类骨架物质通常需要四个步骤，首先*l*–苯丙氨酸或*l*–酪氨酸在同工酶*l*–苯丙氨酸解氨酶（PAL）或*l*–酪氨酸脱氨酶

（TAL）作用下变为肉桂酸或对香豆酸后（PAL和TAL为同一种酶），在4-香豆酰辅酶A连接酶（4CL）作用下活化为4-肉桂酰辅酶A或4-对香豆酰辅酶A。查尔酮合成酶（CHS）将3分子丙二酰辅酶A和1分子4-肉桂酰辅酶A或4-对香豆辅酶A转化为生松素查尔酮或柚皮素查尔酮，最后在查尔酮异构酶（CHI）作用下，获得生松素或柚皮素。

（二）微生物合成黄酮类骨架物质传统方法

黄酮类骨架物质无法通过天然代谢途径由可再生底物来合成得到，目前利用微生物合成黄酮类骨架物质几乎都需要添加昂贵的前体物质，如芳香族氨基酸（*l*-苯丙氨酸/*l*-酪氨酸）[22, 25]或苯丙素（肉桂酸/香豆酸）[24, 61]。这增加了微生物法生产的成本，限制了微生物法在黄酮类骨架物质生产中的广泛应用，因此得到一株能从头合成黄酮类骨架物质的基因工程菌显得尤为重要。

（三）构建黄酮类骨架物质从头合成途径

1. 基于定点突变技术的途径基因挖掘

构建从头合成黄酮类骨架物质基因工程菌的关键是运用合成生物学策略和工具构建非天然合成途径，从而生成目标产物。为了实现黄酮类骨架物质的从头合成，首先需要构建一株能由葡萄糖过量合成前体物质*l*-苯丙氨酸和*l*-酪氨酸的菌株。通过定点突变，定向进化等方式创建出新功能基因酶如抗反馈抑制的3-脱氧-*d*-阿拉伯庚酮糖酸-7-磷酸合成酶、分支酸变位酶、预苯酸脱水酶、预苯酸脱氢酶，从而得到能过量表达芳香族氨基酸的大肠杆菌基因工程菌。

2. 基于生物信息学分析的途径基因挖掘

选择合适物种来源的酶来组装合成途径一直是研究人员面临的很大难题，主要是因为异源酶在非天然宿主中的表达和活性发挥具有不可预测性。为了增加功能性途径组装的可能性，研究人员通过数据库比对、文献查阅等方式选择已经被用于类似研究的酶来进行途径组装。研究人员可以通过计算机模拟、数据库比对等方式筛选最优的黄酮类骨架物质合成途径基因[62~64]。来自香芹菜的4-香桂酸：辅酶A连接酶（4-coumarate：CoA ligase，4CL）、矮牵牛的查尔酮合成酶（Chalcone synthase，CHS）和紫苜蓿的查尔酮异构酶（Chalcone isomerase，CHI）被选为黄酮途径的三个酶，选择这三个酶的基因组成黄酮主途径主要因为有研究证实用此三个酶可以得到很高产量的黄酮骨架物质[22, 23]。

3. 基于四质粒共表达体系的合成途径构建

黄酮类骨架物质的从头合成途径较长，涉及的基因较多，如果将整个合成途径置于同一个质粒上进行表达会产生大质粒的一些通病，如较低的转化率，容易发生同源重组，难以鉴定出途径的瓶颈步骤。为了避免这些通病，并有利于后续的模块化改造，研究人员选择将途径基因置于四个能共存的质粒之中，通过多质粒表达系统进行途径的组装。四种质粒分别为pETDuet-1、pCDFDuet-1、pACYCDuet-1、pRSFDuet-1。以这四种质粒为出发载体，分别引入两个关键酶基因获得质粒pRSF-aroF-pheA、pRSF-tyrA^{fbr}-aroG^{fbr}、pET-TAL-4CL和pCDF-CHS-CHI。通过质粒pRSF-aroF-pheA或pRSF-tyrA^{fbr}-aroG^{fbr}表达黄酮前体物质*l*-苯丙氨酸或者*l*-酪氨酸；通过过质粒pET-TAL-4CL和pCDF-CHS-CHI来表达黄酮主途径的基因。

由于黄酮类骨架物质合成途径较长，涉及的途径基因及相应的表达质粒都使得细胞有着很大的代谢负担，使得微生物在通用的基本培养基中生长缓慢甚至容易自溶。目前国内外研究中最常采用的发酵方式为二步法。很明显，这种发酵方式操作繁琐，不利于黄酮的大规模工业化生产。

将质粒pET-PAL-4CL和pCDF-CHS-CHI导入苯丙氨酸过量表达菌株和酪氨酸过量表达菌株，可以得到生产黄酮类骨架物质的基因工程菌。首先采用常用发酵方式进行操作：将收集的细胞重悬到培养基中，最终检测到0.6mg/L生松素和1.8mg/L柚皮素。在此基础上，将常用的发酵方式进行初步优化：将MOPS培养基作为单一培养基实现生物量的积累和黄酮的生成。由此得到0.7mg/L生松素和2.1mg/L柚皮素，这也使得黄酮的微生物法合成摆脱了长久以来依赖的二步法培养模式。最后，此方法成功在大肠杆菌内构建出黄酮类骨架物质的从头合成途径，实现了黄酮类骨架物质的从头合成。

第三节　复杂黄酮类化合物从头合成途径的设计与组装

近年来合成生物学技术的迅速发展给人们提供了一个全新的思路来改造生物系统。当得到途径中的酶时，如何有效、低成本、快速地组装这些基因得到复杂的生物装置或功能性合成途径是研究者们亟待解决的问题。依赖于智能设计、以操纵子形式组装多基因片段的传统途径构建方法在复杂、独立的途径构建中受到很大的限制。

合成生物工具的发展，使得研究人员可以精确地、协同一致地组装各种基因片段。研究人员可以通过在宿主细胞内设计和构建分子控制部件或调控线路，使得宿主细胞可以精确地根据环境刺激或胞内中间产物来动态调控胞内的合成途径，避免了合成途径无限制地表达造成胞内资源的浪费，实现复杂黄酮类化合物从头合成途径的设计与组装。

一、基于高效酶级联转化体系的松柏醇全合成途径的构建

（一）传统松柏醇生产方式

由水飞蓟宾合成途径可知，松柏醇为其直接合成底物。松柏醇是一种十分昂贵的化合物，常被用于研究一些植物天然产物的合成机制，如木质素、木酚素和黄酮木脂素类化合物

等[65]。除了基础植物化学研究外，松柏醇还可用于合成许多重要化合物的前体，如水飞蓟宾、松脂素、芝麻素、阿魏酸和香草醛等[66, 67]。这些化合物在其原生植物中的含量较低，且其结构和化学合成方法较复杂，因此，它们的植物提取和化学合成都比较困难[68]。例如，阿魏酸乙酯还原法是化学合成松柏醇最常用的方法，然而该方法需要使用昂贵的底物和催化剂，其反应条件十分苛刻，且转化率不高[69, 70]。

（二）微生物异位重构松柏醇全合成途径

在微生物中异位重构植物天然产物的原生合成途径来合成一些化合物具有很好的前景[71]。然而，松柏醇的原生合成途径涉及至少8种异源基因，且其中包括2种细胞色素cP450酶编码基因，这些基因在原核微生物中很难表达出有活性的蛋白质。尽管对其原生途径进行再设计可以避免细胞色素cP450酶，但是该途径依然比较复杂[72]。莽草酸途径为松柏醇的合成提供前体，然而，在微生物中莽草酸途径受到严格的调控[73]。在此前的研究中，Chen等通过在微生物中重构松柏醇的从头合成途径获得了124.9mg/L松柏醇[68]。然而，这距离能够商业化生产依然遥远。因此，通过微生物异位重构将廉价的底物高效地转化为松柏醇，相对于化学合成和微生物从头合成都具有明显的优势[69]。

1. 香草醇氧化酶和过氧化氢酶组成的酶级联转化

丁香酚是一种廉价的植物天然产物（约5美元/kg），常被用于食品和化妆品工业中[70]。香草醇氧化酶（PsVAO）能够氧化一系列的对位替代酚。PsVAO能够将丁香酚氧化为松柏醇，同时产生等物质的量的副产物过氧化氢（H_2O_2）[图7-2（1）]。尽管大肠杆菌内源的过氧化氢酶和过氧化物酶能够自主清除H_2O_2，然而，H_2O_2的快速积累显然能够超出这种自主清除能力的范围[71]。过量H_2O_2的积累会导致PsVAO活性抑制和对宿主细胞的毒性[72]。而且，H_2O_2是过氧化物酶催化的松柏醇聚合反应中的电子受体，在过量H_2O_2存在的情况下，微生物内源的过氧化物酶能够将松柏醇氧化为木质素[73]。因此，将H_2O_2及时地从反应体系中清除出去，不仅能够保护PsVAO，而且能防止松柏醇的消耗[图7-2（2）]。

PsVAO是黄素腺嘌呤二核苷酸（FAD）蛋白，其活性依赖于FAD。使用全细胞催化能够为PsVAO提供FAD，并实现FAD的再生[78]。

针对松柏醇原生合成途径在微生物中重构可能存在转化率低的问题，采用由PsVAO和过氧化氢酶组成的酶级联转化方法，强化胞内过氧化物酶活性，能够提高反应体系清除H_2O_2的能力，从而保护PsVAO的活性，且防止松柏醇的过度氧化。

2. 不同来源过氧化酶在松柏醇合成反应体系中的应用

尽管H_2O_2分布于几乎所有细胞生物中，然而它的过度积累能产生有害作用，如抑制酶活性等[74]。过量的H_2O_2导致松柏醇的过度氧化，当H_2O_2浓度超过20μmol/L时会导致PsVAO的活性显著下降。尽管多余的H_2O_2通常能够被运输到细胞外，但是其快速生成依然可以导致其在宿主细胞中的积累[75]。

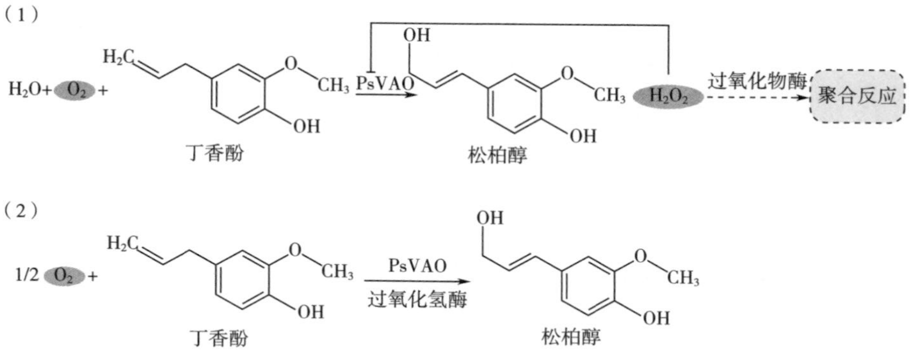

（1）

H_2O+ O_2 + 丁香酚 →(PsVAO) 松柏醇 + H_2O_2 --(过氧化物酶)--> 聚合反应

（2）

1/2 O_2 + 丁香酚 →(PsVAO 过氧化氢酶) 松柏醇

图 7-2 分别由 PsVAO 和 PsVAO- 过氧化氢酶催化的松柏醇合成反应

（1）由PsVAO催化的松柏醇合成反应。PsVAO催化的松柏醇的合成反应产生过量的H_2O_2，导致PsVAO活性抑制和松柏醇的过度氧化。虚线表示在过量H_2O_2存在的情况下过氧化物酶催化松柏醇的聚合反应。（2）由PsVAO-过氧化氢酶催化的松柏醇合成反应。过氧化氢酶将H_2O_2分解为H_2O和O_2，实现O_2的循环利用，且避免了PsVAO活性抑制和松柏醇的过度氧化。

作为依赖于辅因子的蛋白质，PsVAO更适合用来构建全细胞催化。然而，PsVAO产生的副产物H_2O_2能够反馈抑制PsVAO的活性，且对宿主细胞有害。此外，大肠杆菌内源的过氧化物酶能够利用H_2O_2作为电子受体氧化松柏醇。为了防止松柏醇的过度氧化，可以采取两种方法。第一种方法是敲除大肠杆菌内源的过氧化物酶。然而，这会导致大肠杆菌清除胞内活性氧的能力下降，胞内活性氧的积累对于宿主细胞和酶活有害[76]。况且，大肠杆菌含有多拷贝的过氧化物酶基因，要将这些基因全部敲除并不容易[75]。第二种方法是清除反应体系中的H_2O_2。过氧化氢酶能够将H_2O_2降解为H_2O和O_2，从而防止松柏醇的过度氧化和对PsVAO活性的抑制。然而，需要注意的是，一部分微生物过氧化氢酶具有过氧化氢酶和过氧化物酶的双重活性，而过氧化物酶的活性是显然需要避免的。因此，需要筛选没有过氧化物酶活性的过氧化氢酶。

研究人员发现，来源于枯草芽孢杆菌（*Bacillus subtilis*）和酿酒酵母（*Saccharomyces cerevisiae*）的过氧化氢酶（BsCAT和EcCTA）在大肠杆菌中都能够表达，并且没有显著的过氧化氢酶活性。因此将其引入松柏醇合成反应体系中。

3. 反应体系转化率提高及松柏醇发酵体系条件优化

为了保护PsVAO活性及防止松柏醇过度氧化，需要防止反应体系中H_2O_2的过度积累。通过强化反应体系中过氧化氢酶活性可以实现反应体系中H_2O_2的原位消除。通过使用一系列过氧化氢酶可以实现H_2O_2含量调节效果［图7-3（1）］。在没有过氧化氢酶的情况下，反应体系在2h内积累了42.7μmol/L H_2O_2。在胞内H_2O_2含量最低的反应中，松柏醇的产量最高，同时产生的松脂素最少［图7-3（2）］。其中最优菌株strVAOSc（strPsVAO中含有*ScCTA1*）被用于转化条件的优化。

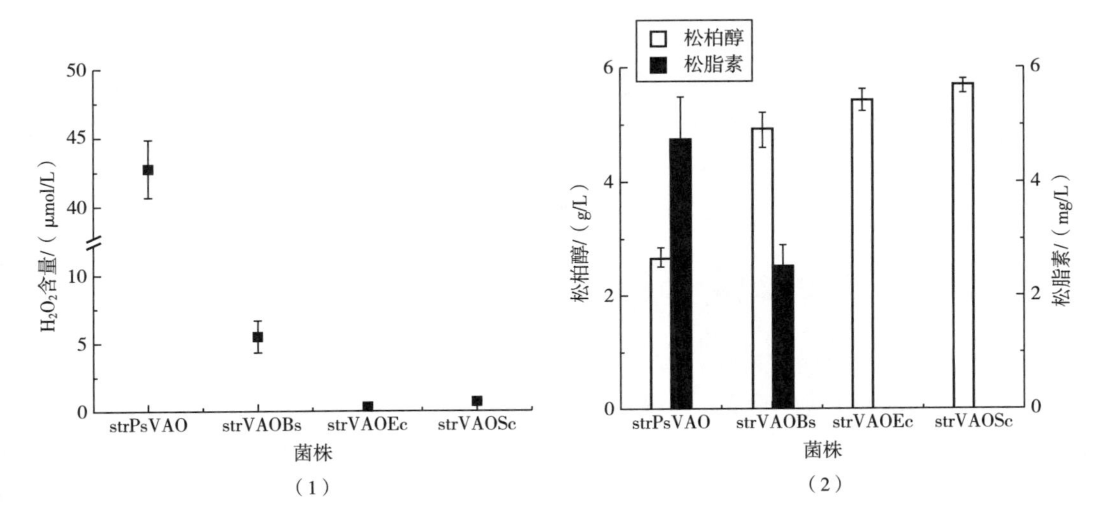

图 7-3 强化反应体系过氧化氢酶活性效果分析

（1）不同重组菌株催化的反应体系中H_2O_2含量 （2）不同菌株的松柏醇和松脂素产量

如图7-4所示，在最优反应条件下，将松柏醇的合成反应在3L发酵罐中进行发酵。在温度为37℃的反应条件下，松柏醇的产量为22.9g/L，转化率和生产速率分别达到了78.7%和0.5g/（L·h）。在转化过程中，能够观察到反应体系中的松柏醇沉淀。经过进一步详细的条件优化，最终在反应体积1.5L，反应温度37℃，每2h补加0.5%（体积分数）或5.3g/L丁香酚的条件下，松柏醇的产量和转化率进一步提高[77]。

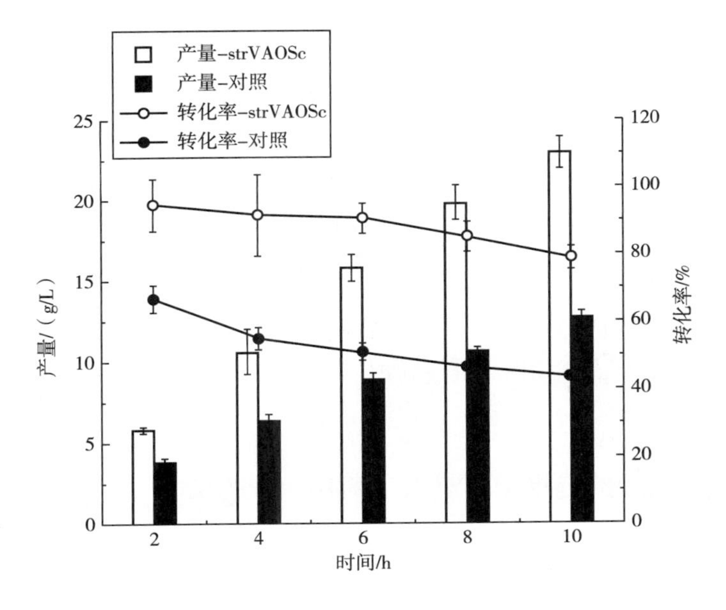

图 7-4 3L 发酵罐中的松柏醇合成反应

PsVAO可以转化一系列的对位取代酚，其中包括将丁香酚转化为松柏醇。然而，该过程中H_2O_2的快速积累导致对PsVAO的反馈抑制和产物的过度氧化。通过强化反应体系中的过氧化氢酶活性能够提高松柏醇的合成效率，而且该方法也可应用于香草醇氧化酶催化的其他反应。

二、高效水飞蓟宾体外合成新途径的构建

松柏醇是一种十分昂贵的化合物，因此限制了水飞蓟宾转化体系的建立。先前的研究建立了以廉价易得的丁香酚为底物的松柏醇转化体系，该过程由香草醇氧化酶（PsVAO）催化［图7-5（1）］[78]。该过程产生等分子的H_2O_2作为副产物，H_2O_2对PsVAO的活性具有反馈抑制作用。而在水飞蓟宾的合成过程中，过氧化物酶以H_2O_2作为电子受体将松柏醇氧化为激发态，同时将H_2O_2还原为H_2O［图7-5（2）］。因此，研究者们提出以PsVAO-过氧化物酶作为酶级联的水飞蓟宾合成体系（图7-6）。该酶级联将丁香酚和黄杉素转化为水飞蓟宾，同时以分子O_2作为电子受体，并将其还原为H_2O，从而使该反应过程不会产生任何有害副产物［图7-5（3）］[76]。

（1） 丁香酚+H_2O+O_2 $\xrightarrow{\text{PsVAO}}$ 松柏醇+H_2O_2

（2） 松柏醇+黄杉素+H_2O_2 $\xrightarrow{\text{过氧化物酶}}$ 水飞蓟宾+2H_2O

（3） 丁香酚+黄杉素+O_2 $\xrightarrow{\text{PsVAO-过氧化物酶}}$ 水飞蓟宾+H_2O

图7-5 水飞蓟宾体外合成化学式

作为胞内活性氧清除等生理活动的重要参与者，过氧化物酶几乎存在于自然界所有细胞生物中[79]。尽管抗坏血酸过氧化物酶1（APX1）被证明具有催化水飞蓟宾合成的功能，然而，在催化水飞蓟宾合成的过程中，过氧化物酶是否具有专一性，以及不同过氧化物酶在合成水飞蓟宾不同同分异构体的过程中是否具有偏好性等，都是需要回答的问题。利用合成生物学技术，研究人员建立了一种以丁香酚和黄杉素为底物的水飞蓟宾体外合成新途径，实现了水飞蓟宾高效合成。

（一）过氧化物酶的选择及其对水飞蓟宾合成的功能

PsVAO催化丁香酚转化为松柏醇具有较高的催化效率。为了实现水飞蓟宾在大肠杆菌中的高效转化，需要高效的过氧化物酶催化松柏醇与黄杉素的氧化偶合。由于植物来源的过氧化物酶较难实现在大肠杆菌中的活性表达，而微生物来源的则较容易实现，因此研究人员对

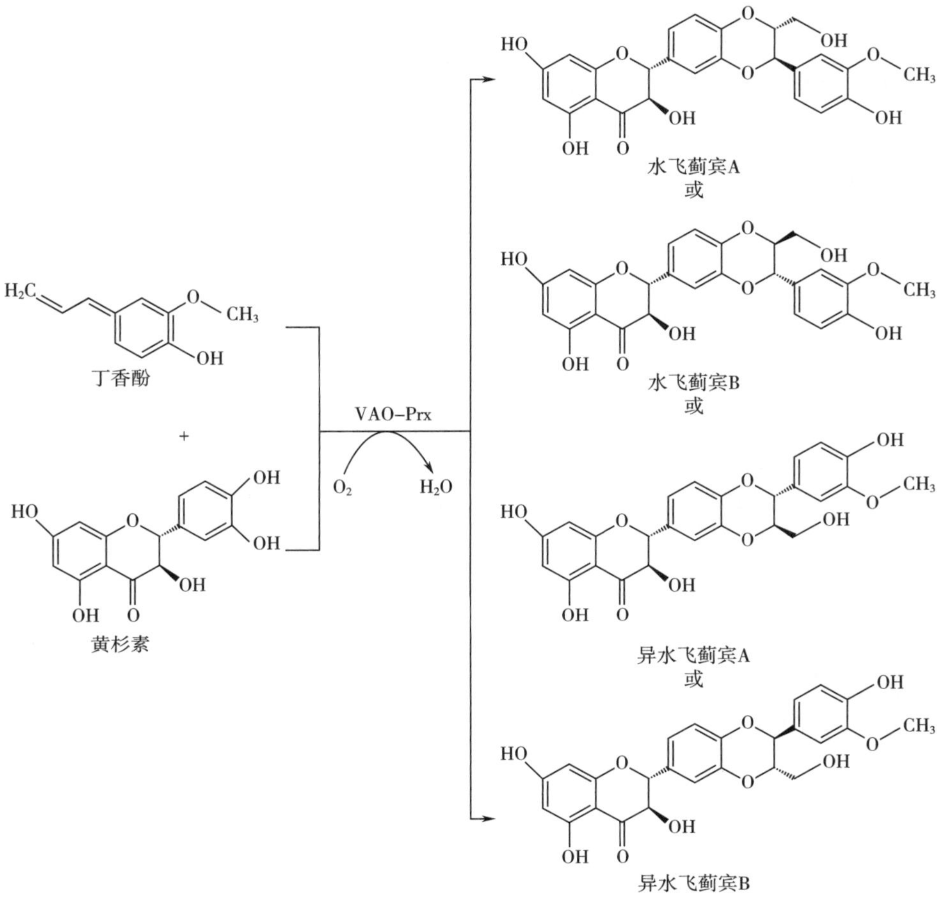

图 7-6　PsVAO- 过氧化物酶酶级联合成水飞蓟宾

大肠杆菌内源的过氧化物酶进行了系统分析[80]，同时表达并分析了来源于酿酒酵母和毕赤酵母的两个过氧化物酶。对不同种类、不同来源过氧化物酶的分析，也有助于发现这些过氧化物酶的水飞蓟宾合成能力的差异及可能存在的特异性。

首先，对大肠杆菌内源的过氧化物酶进行生物信息学分析，共得到8条大肠杆菌BL21（DE3）来源的过氧化物酶序列。将一系列不同来源、不同种类过氧化物酶在大肠杆菌中进行异源表达。研究人员在进行酶活性分析后发现，APX1具有最高的水飞蓟宾催化活性。值得注意的是，虽然几种过氧化物酶分别属于不同的种类和来源，但其催化合成的水飞蓟宾和异水飞蓟宾的比例基本一致。这与Hanan等提出的关于水飞蓟宾合成的机制一致，即松柏醇首先被氧化为激发态，处于激发态的松柏醇与反应体系中的黄杉素偶合为水飞蓟宾A、水飞蓟宾B、异水飞蓟宾A和异水飞蓟宾B。由于激发态松柏醇与黄杉素的偶合为随机事件，因此，水飞蓟宾和异水飞蓟宾4种同分异构体的比例不受过氧化物酶的控制。

（二）酶级联的设计与构建

过氧化物酶催化水飞蓟宾合成的过程中，需要使用过氧化氢作为电子受体。在过氧化氢不足的情况下，水飞蓟宾的合成效率受到限制；在过氧化氢过量的情况下，过氧化物酶的活性受到过氧化氢的抑制。因此，异源添加的过氧化氢需要进行精确的控制。研究人员构建了由PsVAO和APX1构成的胞内酶级联，该酶级联可实现过氧化氢在胞内的自循环，由于该循环过程中产生和消耗的过氧化氢相等，因此不会产生多余的过氧化氢，对酶活性产生抑制，且能维持水飞蓟宾的高效合成。为实现对胞内酶级联的优化，使用e途径积木组装（ePathBrick）分别得到操纵子、假操纵子和单顺反子等6种遗传表达结构，同时，通过融合基因将PsVAO和APX1通过连接肽GGGS表达序列“GGT-GGT-GGT-TCT”连接，以融合基因的形式表达。通过测定水飞蓟宾和异水飞蓟宾的产量确定不同酶级联合成水飞蓟宾的效率。结果表明，ePathBrick组装的6种基因表达结构水飞蓟宾的转化效率相差不大，表达融合基因的2种结构水飞蓟宾转化效率较低，这可能是由于空间阻遏效应导致的蛋白质结构受到影响。

不同表达结构酶级联合成水飞蓟宾和异水飞蓟宾的产量不同。如图7-7所示。OPOprⅠ具有最高的水飞蓟宾合成效率，分别转化了21.47mg/L水飞蓟宾A、27.99mg/L水飞蓟宾B、37.54mg/L异水飞蓟宾A和33.45mg/L异水飞蓟宾B，水飞蓟宾和异水飞蓟宾的总产量为120.45mg/L，即转化率为24.97%。因此，研究人员以OPOprⅠ为基础进行进一步的酶级联转化条件优化。

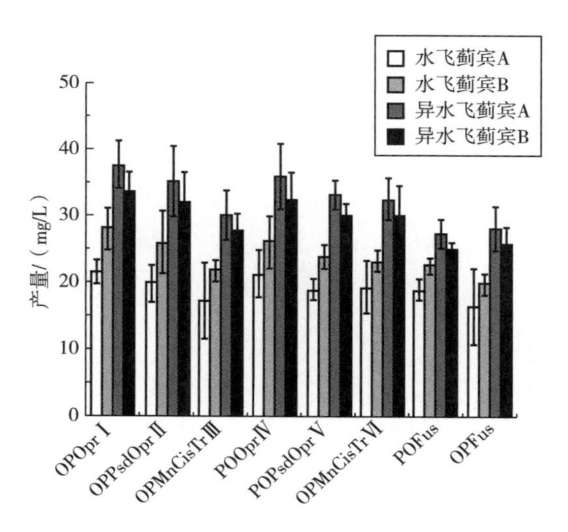

图7-7 合成途径关键酶不同表达方式对合成水飞蓟宾和异水飞蓟宾产量的影响

OPOprⅠ：PsVAO与APX1以操纵子形式组装；OPPsdOprⅡ：PsVAO与APX1以假操纵子形式组装；OPMnCisTrⅢ：PsVAO与APX1以单顺反子形式组装；POOprⅣ：APX1与PsVAO以操纵子形式组装；POPsdOprⅤ：APX1与PsVAO以假操纵子形式组装；POMnCisTrⅥ：APX1与PsVAO以单顺反子形式组装。

（三）血红素合成过程的强化

在水飞蓟宾合成过程中，血红素是过氧化物酶活性的限速因子。由于过氧化物酶为血红素蛋白，大肠杆菌异源表达的过氧化物酶活性往往不高，这主要是因为其胞内血红素合成的速率低于蛋白质骨架合成的速率，从而导致大量过氧化物酶未能整合血红素。另一方面，由于血红素价格比较昂贵，不适合大量添加。大肠杆菌胞内血红素合成的关键调控节点为*hemL*基因和*hemA*基因，研究人员通过以不同拷贝数的质粒在大肠杆菌中过表达*hemL*基因和*hemA*基因来提高胞内血红素的供给水平[81]。操纵子*hemL-A*由T7启动子、T7终止子、*hemL*基因和*hemA*基因组成。研究人员通过构建含有不同拷贝数质粒的菌株实现 *hemL-A*不同程度的过表达，并筛选获得了菌株pCDFDuet-1，该菌株最终合成了26.5mg/L水飞蓟宾A、38.5mg/L水飞蓟宾B、55.2mg/L异水飞蓟宾A和49.1mg/L异水飞蓟宾B，水飞蓟宾和异水飞蓟宾的总产量为169.3mg/L[82]。

（四）体外反应条件优化

体外反应条件优化能够有效提水飞蓟宾体外合成产量。通过对pH、温度、溶氧水平和丁香酚和黄杉素比例进行优化能够获得最优转化条件（图7-8）：最优pH和温度分别为7.0和37℃；通过增加转速从而提高溶氧量能够提高水飞蓟宾的产量，当转速达到250r/min时，水飞蓟宾的产量最高；优化底物丁香酚和黄杉素的比例发现，丁香酚比例较高时，有利于产物的合成，当丁香酚和黄杉素的比例为5：1时，水飞蓟宾和异水飞蓟宾的产量达到最高水飞蓟宾和异水飞蓟宾的总产量比优化前（丁香酚：黄杉素=1：1）提高了2.65倍。

由于水飞蓟宾在酸性条件下稳定，因此研究人员测试了pH6.0的弱酸条件下水飞蓟宾的转化。结果表明，在pH6.0条件下，虽然水飞蓟宾的转化速率有所降低，但其最终产量相对于pH7.0有所提高。因此，接下来的研究采用pH6.0。此前的研究结果表明，高浓度的丁香酚对PsVAO酶活力及其宿主细胞均有抑制作用[83]。研究人员试图通过不同速率的流加补料来减少丁香酚的积累及抑制作用。虽然较高的补料速率可以获得较高的产量，但是转化率较低。最后，使用3L发酵罐将该反应放大到1.5L规模。初始底物浓度为5mmol/L丁香酚和1mmol/L黄杉素。补料速率分别为1.5mL/h和3.75mL/h（分别相当于摇瓶中25μL/h和62.5μL/h的补料速率）。利用以上条件，水飞蓟宾和异水飞蓟宾最终产量达到了2.58g/L，黄杉素的转化率为76.7%（图7-9）。

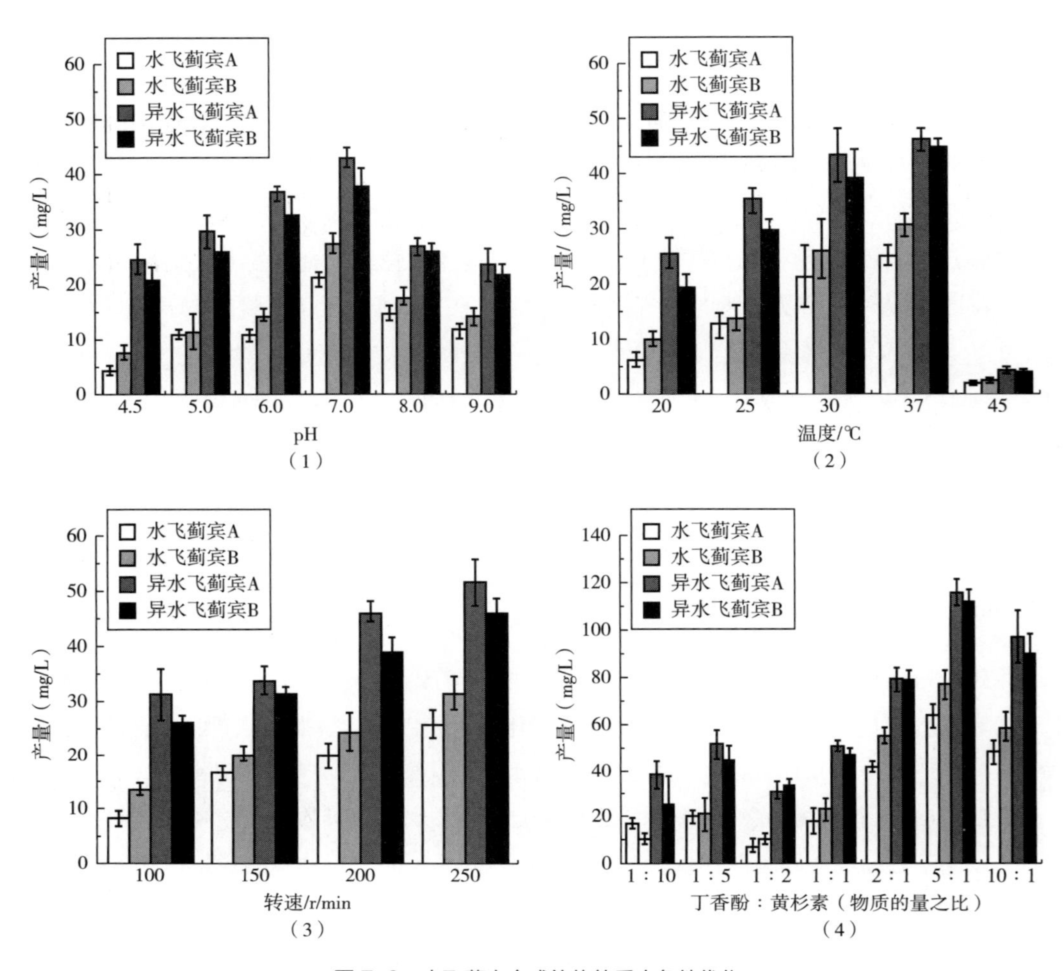

图 7-8 水飞蓟宾合成的体外反应条件优化

（1）pH优化 （2）温度优化 （3）溶氧水平优化 （4）丁香酚：黄杉素比例优化

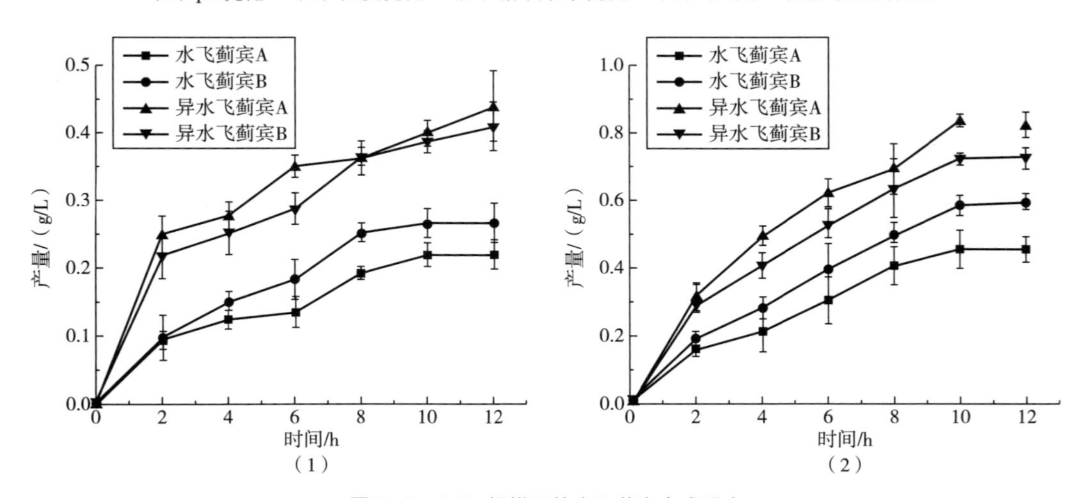

图 7-9 1.5L 规模下的水飞蓟宾合成反应

（1）1.5mL/h补料速率 （2）3.75mL/h补料速率

参考文献

[1] Chang H, Xie Q, Zhang Q Y, et al. Flavonoids, flavonoid subclasses and breast cancer risk: a meta-analysis of epidemiologic studies [J]. PLoS ONE, 2013, 8 (1): 54318-54326.

[2] Lee H, Paul A K, Eric B R, et al. Flavonoids, flavonoid-rich foods, and cardiovascular risk: a meta-analysis of randomized controlled trials [J]. Am J Clin Nutr, 2008, 88 (1): 38-50.

[3] Zhang S Z, Yang X N, Coburn R A, et al. Structure activity relationships and quantitative structure activity relationships for the flavonoid-mediated inhibition of breast cancer resistance protein [J]. Biochem Pharmacol, 2005, 70 (10): 627-639.

[4] Kumar S, Pandey A K. Chemistry and biological activities of flavonoids: an overview [J]. The Scientific World, 2013, 52 (13): 162750-162759.

[5] Bondonno C P, Yang X B, Croft K D, et al. Flavonoid-rich apples and nitrate-rich spinach augment nitric oxide status and improve endothelial function in healthy men and women: a randomized controlled trial [J]. Free Radical Biol Med, 2012, 52 (1): 95-102.

[6] Aedín C, Éilis J O, Colin K, et al. Habitual intake of flavonoid subclasses and incident hypertension in adults [J]. Am J Clin Nutr, 2011, 93 (2): 338-347.

[7] Curtis P J, Potter J, Kroon P A, et al. Vascular function and atherosclerosis progression after 1 y of flavonoid intake in statin-n-treated postmenopausal women with type 2 diabetes: a double-blind randomized controlled trial [J]. Am J Clin Nutr, 2013, 97 (5): 936-942.

[8] Russo M, Spagnuolo C, Tedesco I, et al. The flavonoid quercetin in disease prevention and therapy: facts and fancies [J]. Biochem Pharmacol, 2012, 83 (1): 6-15.

[9] Perez-Vizcaino F, Duarte J, Santos-Buelga C. The flavonoid paradox: conjugation and deconjugation as key steps for the biological activity of flavonoids [J]. J Sci Food Agric, 2012, 92 (13): 1822-1825.

[10] Rodriguez-Mateos A, Rendeiro C, Bergillos-Meca T, et al. Intake and time dependence of blueberry flavonoid-induced improvements in vascular function: a randomized, controlled, double-blind, crossover intervention study with mechanistic insights into biological activity [J]. Am J Clin Nutr, 2013, 98 (5): 1179-1191.

[11] William P, María J T, Pilar S C, et al. The flavonoid quercetin ameliorates liver damage in rats with biliary obstruction [J]. J Hepatol, 2000, 33 (5): 742-750.

[12] Zhang S, Lu B N, Xu H N, et al. Protection of the flavonoid fraction from Rosa laevigata Michx fruit against carbon tetrachloride-induced acute liver injury in mice [J]. Food Chem Toxicol, 2013, 55 (1): 60-69.

[13] Atanassova M, Georgieva S, Ivancheva K. Total phenolic and total flavonoid contents, antioxidant capacity and biological contaminants in medicinal herbs [J]. J Univer Chem Technol Metall, 2011, 46 (3): 81-88.

[14] Carmela S, Maria R, Stefania B, et al. Dietary polyphenols in cancer prevention: the example of the flavonoid quercetin in leukemia [J]. Ann N Y Acad Sci, 2012, 1259 (12): 95-103.

[15] Wang Y C, Chen S, Yu O. Metabolic engineering of flavonoids in plants and microorganisms [J]. Appl Microbiol. Biotechnol, 2011, 91 (2): 949-956.

[16] Katsuyama Y, Funa N, Miyahisa I, et al. Synthesis of unnatural flavonoids and stilbenes by exploiting the plant biosynthetic pathway in *Escherichia coli* [J]. Chem Biol, 2007, 14 (3): 613-621.

[17] Watts K, Lee P, Schmidt-Dannert C. Biosynthesis of plant-specific stilbene polyketides in metabolically engineered *Escherichia coli* [J]. BMC Biotechnol, 2006, 6 (3): 22-32.

[18] Fowler Z L, Koffas M A G. Biosynthesis and biotechnological production of flavanones: current state

and perspectives [J]. Appl Microbiol Biotechnol, 2009, 83 (5): 799–808.
[19] Lin Y H, Jain R, Yan Y J. Microbial production of antioxidant food ingredients via metabolic engineering [J]. Curr Opin Biotechnol, 2014, 26 (5): 71–78.
[20] Du F C, Zhang F K, Chen F F, et al. Advances in microbial heterologous production of flavonoids [J]. Afr J Microbiol Res, 2011, 5 (18): 2566–2574.
[21] Wang A M, Zhang F K, Huang L F, et al. New progress in biocatalysis and biotransformation of flavonoids [J]. J Med Plants Res, 2010, 4 (10): 847–856.
[22] Leonard E, Yan Y J, Fowler Z L, et al. Strain improvement of recombinant *Escherichia coli* for efficient production of plant flavonoids [J]. Mol Pharm, 2008, 5 (1): 257–265.
[23] Leonard E, Lim K H, Saw P N, et al. Engineering central metabolic pathways for high-level flavonoid production in *Escherichia coli* [J]. Appl Environ Microbiol, 2007, 73 (11): 3877–3886.
[24] Miyahisa I, Kaneko M, Funa N, et al. Efficient production of (2*S*) –flavanones by *Escherichia coli* containing an artificial biosynthetic gene cluster [J]. Appl Microbiol Biotechnol, 2005, 68 (1): 498–504.
[25] Xu P, Ranganathan S, Fowler Z L, et al. Genome-scale metabolic network modeling results in minimal interventions that cooperatively force carbon flux towards malonyl-CoA [J]. Metab Eng, 2011, 13 (6): 578–587.
[26] Lee J W, Na D, Park J D, et al. Systems metabolic engineering of microorganisms for natural and non-n-natural chemicals [J]. Nat Chem Biol, 2012, 8 (1): 536–546.
[27] Chen J F, Dong X, Li Q, et al. Biosynthesis of the active compounds of *Isatis indigotica* based on transcriptome sequencing and metabolites profiling [J]. BMC Genomics, 2013, 14 (5): 1471–1479.
[28] Shi S G, Yang M, Zhang M, et al. Genome-wide transcriptome analysis of genes involved in flavonoid biosynthesis between red and white strains of *Magnolia sprengeri* Pamp [J]. BMC Genomics, 2014, 15 (1): 1186–1196.
[29] Bhan N, Xu P, Khalidi O, et al. Redirecting carbon flux into malonyl-CoA to improve resveratrol titers: Proof of concept for genetic interventions predicted by OptForce computational framework [J]. Chem Eng Sci, 2013, 103 (6): 109–114.
[30] Fernandez-Castane A, Feher T, Carbonell P, et al. Computer-aided design for metabolic engineering [J]. J Biotechnol, 2014, 192 (22): 302–313.
[31] Davids T, Schmidt M, Böttcher D, et al. Strategies for the discovery and engineering of enzymes for biocatalysis [J]. Curr Opin Chem Biol, 2013, 17 (1): 215–220.
[32] Chambers C S, Valentova K, Kren V. "Non-n-taxifolin" derived flavonolignans: phytochemistry and biology [J]. Curr Pharm Des, 2015, 21 (1): 5489–5500.
[33] Abenavoli L, Capasso R, Milic N, et al. Milk thistle in liver diseases: past, present, future [J]. Phytother Res, 2010, 24 (3): 1423–1432.
[34] Šimánek V, Kren V, Ulrichová J, et al.An appeal for a change of editorial policy [J]. Hepatology, 2000, 32 (1): 442–444.
[35] Biedermann D, Vavrikova E, Cvak L, et al. Chemistry of silybin [J]. Nat Prod Rep, 2014, 31 (1): 1138–1157.
[36] Stephen J P, Chihiro M, Volker L, et al. Identification of hepatoprotective flavonolignans from silymarin [J]. Proc Natl Acad Sci, 2010, 107 (13): 5995–5999.
[37] Kang S Y, Choi O, Lee J K, et al. Artificial biosynthesis of phenylpropanoic acids in a tyrosine overproducing *Escherichia coli* strain [J]. Microb Cell Fact, 2012, 11 (3): 153–161.
[38] El-Lakkany N M, Hammam O A, El-Maadawy W H, et al. Anti-inflammatory/anti-fibrotic effects

of the hepatoprotective silymarin and the schistosomicide praziquantel against *Schistosoma mansoni*–induced liver fibrosis [J]. Parasites Vectors，2012，5 (1)，9-16.

[39] Cheung C W Y，Gibbons N，Johnson D W，et al. Silibinin – a promising new treatment for cancer [J]. Anti–Cancer Agents Med Chem，2010，10 (12)：186–195.

[40] Lee D G，Kim H K，Park Y，et al. Gram–positive bacteria specific properties of silybin derived from *Silybum marianum* [J]. Arch Pharmacal Res，2003，26 (8)：597–600.

[41] Subramaniam S，Vaughn K，Carrier D J，et al. Pretreatment of milk thistle seed to increase the silymarin yield：An alternative to petroleum ether defatting [J]. Bioresour Technol，2008，99 (12)：2501–2506.

[42] Chambers C S，Holečková V，Petrásková L，et al. The silymarin composition and why does it matter? [J].Food Res，2017，100 (3)：339–353.

[43] Pelter A，Hänsel R. The structure of silybin (silybum substance E6)：the first flavonolignan [J]. Tetrahedron Lett，1968，9 (1)：2911–2916.

[44] Schrall R，Becker H. Production of catechins and oligomeric proanthocyanidins in tissue and suspension cultures of Crataegus monogyna，*C. oxyacantha* and *Ginkgo biloba* (author's transl) [J]. Planta Med，1977，32 (1)：297-307.

[45] Merlini L，Zanarotti A，Pelter A，et al. Biomimetic synthesis of natural silybin [J]. J Chem Soc，Chem Commun，1979，16：695–695.

[46] Vanholme R，Demedts B，Morreel K，et al. Lignin biosynthesis and structure [J]. Plant Physiol，2010，153 (5)：895–905.

[47] Althagafy H S，Meza–Avina M E，Oberlies N H，et al. Mechanistic study of the biomimetic synthesis of flavonolignan diastereoisomers in milk thistle [J]. J Org Chem，2013，78 (4)：7594–7600.

[48] Horton P，Park K J，Obayashi T，et al. WoLF PSORT：protein localization predictor [J]. Nucleic Acids Res，2017，35 (4)：585–587.

[49] Lepiniec L，Debeaujon I，Routaboul J M，et al. Genetics and biochemistry of seed flavonoids [J]. Annu Rev Plant Biol，2006，57 (1)：405–430.

[50] Lin Z B，Ma Q H，Xu Y. Lignin biosynthesis and its molecular regulation [J]. Prog Nat Sci，2003，13 (5)：321–328.

[51] Boerjan W，Ralph J，Baucher M. Lignin biosynthesis [J]. Annu Rev Plant Biol，2003，54 (8)：519–546.

[52] Lee Y，Rubio M C，Alassimone J，et al. A mechanism for localized lignin deposition in the endodermis [J]. Cell，2013，153 (14)：402–412.

[53] Bela D. Formation of flavanolignane in the white–flowered variety (Szibilla) of *Silybum marianum* in relation to fruit development [J]. Acta Pharm Hung，2007，77 (1)：47–51.

[54] Buer C S，Muday G K，Djordjevic M A. Flavonoids are differentially taken up and transported long distances in *Arabidopsis* [J]. Plant Physiol，2007，145 (6)：478–490.

[55] Petrussa E，Braidot E，Zancani M，et al. Plant flavonoids–biosynthesis，transport and involvement in stress responses [J]. Int J Mol Sci，2013，14 (7)：14950–14973.

[56] Sun R Z，Pan Q H，Duan C Q，et al. Light response and potential interacting proteins of a grape flavonoid 3′–hydroxylase gene promoter [J]. Plant Physiol Biochem，2015，97 (2)：70–81.

[57] Tatoli S，Zazza C，Sanna N，et al. The role of arginine 38 in horseradish peroxidase enzyme revisited：a computational investigation [J]. Biophys Chem，2009，141 (13)：87–93.

[58] Nokthai P，Lee V S，Shank L. Molecular modeling of peroxidase and polyphenol oxidase：substrate specificity and active site comparison [J]. Int J Mol Sci，2010，11 (14)：3266–3276.

[59] Duenas M，Sun B S，Hernandez T，et al. Proanthocyanidin composition in the seed coat of lentils [J].

J Agric Food Chem，2003，51（13）：7999-8004.

［60］Attree R，Du B，Xu B. Distribution of phenolic compounds in seed coat and cotyledon，and their contribution to antioxidant capacities of red and black seed coat peanuts（*Arachis hypogaea* L.）［J］. Ind Crops Prod，2015，67（5）：448-456.

［61］Hwang E I，Kaneko M，Ohnishi Y，et al. Production of plant-specific flavanones by *Escherichia coli* containing an artificial gene cluster［J］. Appl Environ Microbiol，2003，69（2）：2699-2706.

［62］Santos C N S，Koffas M A G，Stephanopoulos G. Optimization of a heterologous pathway for the production of flavonoids from glucose［J］. Metab Eng，2011，13（2）：392-400.

［63］Vannelli T，Wei Q W，Sweigard J，et al. Production of *p*-hydroxycinnamic acid from glucose in *Saccharomyces cerevisiae* and *Escherichia coli* by expression of heterologous genes from plants and fungi［J］. Metab Eng，2007，9（1）：142-151.

［64］Schroeder A C，Kumaran S，Hicks L M，et al. Contributions of conserved serine and tyrosine residues to catalysis，ligand binding，and cofactor processing in the active site of tyrosine ammonia lyase［J］. Phytochemistry，2008，69（7）：1496-1506.

［65］Watts H D，Mohamed M N A，Kubicki J D. Evaluation of potential reaction mechanisms leading to the formation of coniferyl alcohol α-linkages in lignin：a density functional theory study［J］. Phys Chem Chem Phys，2011，13（12）：20974-20985.

［66］Eiichiro O，Masaaki N，Yuko F，et al. Formation of two methylenedioxy bridges by a *Sesamum* CYP81Q protein yielding a furofuran lignan，（+）-sesamin［J］. Proc Natl Acad Sci，2006，103（26）：10116-10121.

［67］Overhage J，Steinbüchel A，Priefert H. Highly efficient biotransformation of eugenol to ferulic acid and further conversion to vanillin in recombinant strains of *Escherichia coli*［J］. Appl Environ Microb，2003，69（4）：6569-6576.

［68］Chen Z Y，Sun X X，Li Y，et al. Metabolic engineering of *Escherichia coli* for microbial synthesis of monolignols［J］. Metab. Eng，2017，39（4）：102-109.

［69］Kirk T K，Brunow G. Synthetic ^{14}C-labeled lignins［J］. Methods Enzymol，1988，161（5）：65-73.

［70］Quideau S，Ralph J. Facile large-scale synthesis of coniferyl，sinapyl and *p*-coumaryl alcohol［J］. J Agric Food Chem，1992，40（5）：1108-1110.

［71］Chemler J A，Koffas M A G. Metabolic engineering for plant natural product biosynthesis in microbes［J］. Curr Opin Biotechnol，2008，19（14）：597-605.

［72］Wang S Y，Zhang S W，Xiao A F，et al. Metabolic engineering of *Escherichia coli* for the biosynthesis of various phenylpropanoid derivatives［J］. Metab Eng，2015，29（4）：153-159.

［73］Bongaerts J，Kramer M，Muller U，et al. Metabolic engineering for microbial production of aromatic amino acids and derived compounds［J］. Metab Eng，2001，3（12）：289-300.

［74］Overhage J，Steinbuchel，Priefert H. Harnessing eugenol as a substrate for production of aromatic compounds with recombinant strains of *Amycolatopsis* sp. HR167［J］. J Biotechnol，2006，125（13）：369-376.

［75］Ricklefs E，Girhard M，Koschorreck K，et al. Two-step one-pot synthesis of pinoresinol from eugenol in an enzymatic cascade［J］. ChemCatChem，2015，7（13）：1857-1864.

［76］Lv Y，Cheng X，Du G，et al. Engineering of an H_2O_2 auto-scavenging *in vivo* cascade for pinoresinol production［J］. Biotechnol. Bioeng，2017，114（15）：2066-2074.

［77］Korshunov S，Imlay J A. Two sources of endogenous hydrogen peroxide in *Escherichia coli*［J］. Mol Microbiol，2010，75（6），1389-1401.

［78］Kara S，Schrittwieser J H，Hollmann F，et al. Recent trends and novel concepts in cofactor-dependent biotransformations［J］. Appl Microbiol Biotechnol，2014，98（16）：1517-1529.

［79］Lv Y K，Cheng X Z，Wu D，et al. Improving bioconversion of eugenol to coniferyl alcohol by in situ eliminating harmful H_2O_2［J］. Bioresour. Technol，2018，267（3）：578–583.
［80］Passardi F，Theiler G，Zamocky M，et al. PeroxiBase：The peroxidase database［J］. Phytochemistry，2007，68（12）：1605–1611.
［81］Doyle W A，Smith A T. Expression of lignin peroxidase H8 in *Escherichia coli*：Folding and activation of the recombinant enzyme with Ca^{2+} and haem［J］. Biochem J，1996，315（13）：15–19.
［82］Jung Y，Kwak J，Lee Y. High–level production of heme–containing holoproteins in *Escherichia coli*［J］. Appl Microbiol Biotechnol，2001，55（5）：187–191.
［83］Kang，Z，Wang Y，Gu P，et al. Engineering *Escherichia coli* for efficient production of 5–aminolevulinic acid from glucose［J］. Metab Eng，2011，13（5）：492–498.

第八章

食品生物制造风险评估

第一节　食品生物制造风险分析

食品合成生物学颠覆了传统食品加工方式，是未来食品的生产方式，可有效缓解资源、能源及环境约束日益严峻的形势。但它也是一把双刃剑，新的食品原料和制造过程中的污染风险对人类健康、遗传等影响都存在未知的风险因素。因此，加强对未来食品合成生物学的风险评估，对于降低未来食品的风险程度、保障未来食品安全具有重要意义。

一、概述

食品生物制造是基因工程、细胞工程、发酵工程、酶工程、生物过程工程等新技术的应用。从生物原料的选择、过程设计，到后续的加工处理、保存、进入市场等的每一个环节和阶段，都可能产生已知或潜在的不良因子，对环境、人体健康等造成危害。在上述过程中，主要的风险来源可总结为以下三点：

（1）食品原料　无论是哪种食品产品的生物制造，都需要相应的原材料作为基础。这些食品原料通常是植物来源或动物来源的，或是携带有这些组分的微生物。每种原料都有自身的安全风险因子，如对人体健康产生危害的物理或化学物质。此外选择一些转基因产品作为食品原料或添加成分时，也存在潜在风险。

（2）新制造工艺　生物制造涉及对原料的加工处理过程，许多原料的加工制造过程会由于工艺的影响（如热处理、化学试剂处理等）产生一些危害因子，不仅危害人体健康，对环境和生态也会造成影响。

（3）基因工程　基因改造食品的安全性是研究热点之一。其中，致敏性问题是基因改造食品安全性的重要考虑因素，如对巴西坚果过敏的人对转入巴西坚果基因的大豆也存在过敏现象；人造肉培养原料中的异性蛋白质也可能引起过敏等。此外，转基因食品中抗性基因（如抗除草剂基因等），通过基因水平转移和重组，使病原菌的毒素可以跨物种传播，可能给人类带来灾难性的危害。

二、几类食品生物制造的风险因子

（一）植物蛋白肉的风险因子

从原料来源来看，植物蛋白主要是指来自大豆、花生等油料或谷物、可食性果实以及花草林果等植物中所含的蛋白质，这些植物蛋白往往携带有抗营养因子及过敏原等成分。抗营养因子有例如大豆分离蛋白中存在的胰蛋白酶抑制剂、低聚糖，豆科植物种子中存在的植酸，此外还有α-半乳糖苷、鞣质、生物碱等。其中，胰蛋白酶抑制剂强烈抑制胰蛋白酶和糜蛋白酶的活性，通过形成复合物抑制蛋白质的消化吸收；低聚糖会引起人体胀气、腹胀等不良生理反应。植酸的磷酸根与多种金属离子、蛋白质结合形成植酸盐（肌醇磷酸盐），会降低基本营养素的生物利用率[1]。过敏原如大豆7S球蛋白中的Glym Bd 30K、Glym Bd 28K等，花生过敏原蛋白Arah1、Arah2等，会引起典型的过敏反应[2，3]。

从加工过程来看，植物蛋白肉由于缺少畜禽肉制品的风味，常人为添加“肉味香精”，而肉味香精里存在危害因子3-氯-1,2-丙二醇酯，具有致癌风险。此外，为模拟畜禽肉丰富的色泽，添加了一些色素，或通过发酵产生色泽的途径，这些均存在安全风险[4]。此外，植物蛋白肉的高水分、中性pH容易引起微生物污染。环境中的微生物会通过食品添加剂、调味料和附着在生产设备中进而带到整个加工过程中，导致微生物污染。其中主要的腐败菌包括清酒乳杆菌（*Lactobacillus sakei*）和明串珠菌（*Leuconostocci treum* sp.）。另外，在植物蛋白肉的后续加工处理过程中，植物蛋白和油脂会发生不同程度的氧化，脂肪氧化酶催化生成醇、醛类物质会导致异味的产生，高温处理可能产生有害的化学物质，富含蛋白质的食品经高温加热会产生杂环芳胺等致癌、致突变性的化学物质，经过烤制、油炸、炭烤等高温加热会产生多种杂环胺、多环芳烃等有害化学物质[5]。在油炸植物蛋白肉的过程中尤其容易发生这些氧化反应，既影响感官风味，同时也对人体健康造成危害。

（二）细胞培养肉

从原料来源来看，对于细胞组织的培养，种子细胞的选择是研究的重点和难点之一。目前，主要使用的有两种种子细胞。一种是以原始组织或细胞株为原料，通过基因工程或一些物理化学方法诱导突变，筛选无限增殖细胞。原始组织或细胞株的基因组往往也是复杂的，是否存在有害基因或产生复杂代谢物质均还未知。另一种种子细胞来源是从动物组织中分离出的干细胞，如胚胎干细胞、肌肉干细胞或间叶干细胞。在各种干细胞增殖过程中，细胞突变的积累会影响细胞的增殖能力，造成细胞衰老，且干细胞的突变过程也存在一定的安全风险问题[6]。

从细胞的处理和培养过程来看，首先，原始细胞的诱导突变过程存在着不定向的风险；其次，加工培养肉的培养过程依赖于特定的培养基，需要添加一些生物营养成分才能维持细胞的正常增殖分化和成熟，胎牛血清较为常用，其成分主要包括生长因子、黏附因子、结合蛋白、维生素、矿物质、激素以及部分未知成分等真核细胞生长所必需的物质。然而，由于血清来源于动物体内，依然是病原体的潜在载体，且采集过程中存在杂质污染的风险，影响细胞生长。另外，在低血清、无血清细胞培养基中，为满足细胞生长增殖需要，常常添加一些成分：蛋白质、多肽、核苷、嘌呤、柠檬酸循环的中间产物、脂类及一些血清替代因子等。这些添加成分可能会有不同程度的残留进入培养肉中，造成潜在的安全危害[7]。

此外，细胞培养肉的培养条件苛刻，培养基需要的无菌环境很容易受到环境污染，往往某个条件没有控制好就会导致环境微生物的引入和增殖。

由于细胞培养肉的技术限制，目前其并未进入大规模生产阶段，后续加工过程中存在的安全风险未知，但是可以参考肉类加工普遍存在的安全问题。

（三）人造蛋与人造奶

从原料来源来看，人造蛋与人造蛋的植物来源的原料风险与前文关于植物蛋白肉的风险阐述类似。

从加工处理过程来看，无论是人造蛋还是人造奶，要想达到感官评价和营养价值与“真蛋”“真奶”相同或相近，就需要经过复杂的调配工艺，一些化学成分的添加是必要的，安全风险也就伴随其中。

当前也有基于重组动物蛋白人造蛋和人造奶概念的提出，重组动物蛋白相对于植物蛋白来说，更接近于真实的蛋、奶的要求。然而重组改造技术也不是完全定向的，重组蛋白是否会受到突变基因的影响，也存在未知风险。

（四）新食品蛋白资源

随着人类对优质蛋白质的需求量日益增大，许多新食品蛋白资源如昆虫蛋白、藻类蛋白、酵母蛋白等也被挖掘开发和利用。

（1）昆虫蛋白　昆虫蛋白是以昆虫为原料，从昆虫的各个生长阶段，如卵、幼虫、成虫、蛹、蛾等提取的蛋白质。由于自身结构与生长环境的复杂性，昆虫会携带有有毒有害成分[8]。已有26种蚕蛹蛋白质被定为过敏原，如精氨酸激酶、副肌球蛋白、几丁质酶等。这些过敏原会引起不同程度的过敏反应，风险较大。此外，昆虫不仅自身会是一些病毒的宿主，也会从环境中携带毒害物质[9]，因此从中提取蛋白也是很大的病毒风险源。

（2）藻类蛋白　藻类植物的蛋白质含量高达60%（干质质量分数），如藻蓝蛋白、藻红蛋白等。从藻类植物中提取的蛋白质往往也携带有过敏原和其他有害物质，且藻类的人工种植培养可能对环境造成一定的污染。

（3）酵母蛋白　酵母蛋白是存在于天然酵母中的一种优质完全蛋白。不过，由于酵母中含有较高量的核酸，若摄入过量的酵母蛋白则会造成血液中的尿酸水平升高，引起机体的代谢紊乱。

总之，对新食品蛋白资源开发利用的同时，需要对其携带的危害成分进行全面的风险分析。

第二节　食品合成生物学风险评估方法与对象

随着食品科学技术的发展，以生命科学为基础的合成生物学技术已经在食品科学领域得到了广泛的应用。然而，现有生物产业发展、市场准入和监管、安全性评价等制度已不适用于许多食品（如人造肉、人造蛋等）。未来食品的发展在安全监管与相应的政策制度方面仍面临一系列挑战。因此，对未来食品的安全性评估是未来食品科学的“必修课”，对该行业健康发展具有十分重要的意义，同时也给予消费人群充分的信心保证[10]。

一、食品安全风险评估

食品安全风险评估是指食品中生物、化学和物理性危害对人体健康产生的已知的或潜在不良健康作用的可能性的科学评估过程。为保证食品的安全性，可以从膳食暴露因素、营养因素、毒理学评价、潜在有害物因素等方面进行评估。

（一）膳食暴露评估

膳食暴露评估是指对经由食品或其他相关来源摄入的生物、化学和物理性物质进行的定性或定量评估。对未来食品的暴露评估需要针对食品中潜在的危害进行分析，构建针对性的评价模型。然而，相比传统食物，目前人们对未来食品（如植物蛋白肉、人造奶、人造蛋）的消费积极性和接受度仍然不高。因此，运用膳食暴露评估对未来食品进行安全性评价仍需不断完善。膳食暴露评估应包含以下步骤。

（1）样品的采集及处理　按需采样，参照人们的饮食习惯对样品进行加工处理（烹饪、水溶解等）。

（2）样品中潜在危害物含量的测定　明确需要测定的潜在危害物质后，对样品进行前处理，用液相色谱-质谱等仪器分析方法分析处理好的样品。

（3）膳食调查　选用食品消费数据进行膳食暴露评估时，应考虑不同地区、人群食品消费模式的差异性的影响。人们对未来食品的接受范围尚未拓宽，因此个体的消费数据最接近真实值，最能反映与消费模式相关的详细信息。常用的个体食品消费量调查方法包括膳食记录法、24h膳食回顾法、食物频率法。

（4）评估方法　常用的暴露评估方法包括分步式评估、评估模型（点评估和概率评估）。理想的暴露评估应当是能够利用最少的资源来发现最需要引起关注的食品安全问题。FAO/WHO建议的暴露评估分析框架采用的是分步或分层的方法，如图8-1所示。对于未来食品来说，采用分步式的方法进行暴露评估是不错的选择。对未来食品的评估模型建立和完善，是未来食品科学的重要研究方向之一。

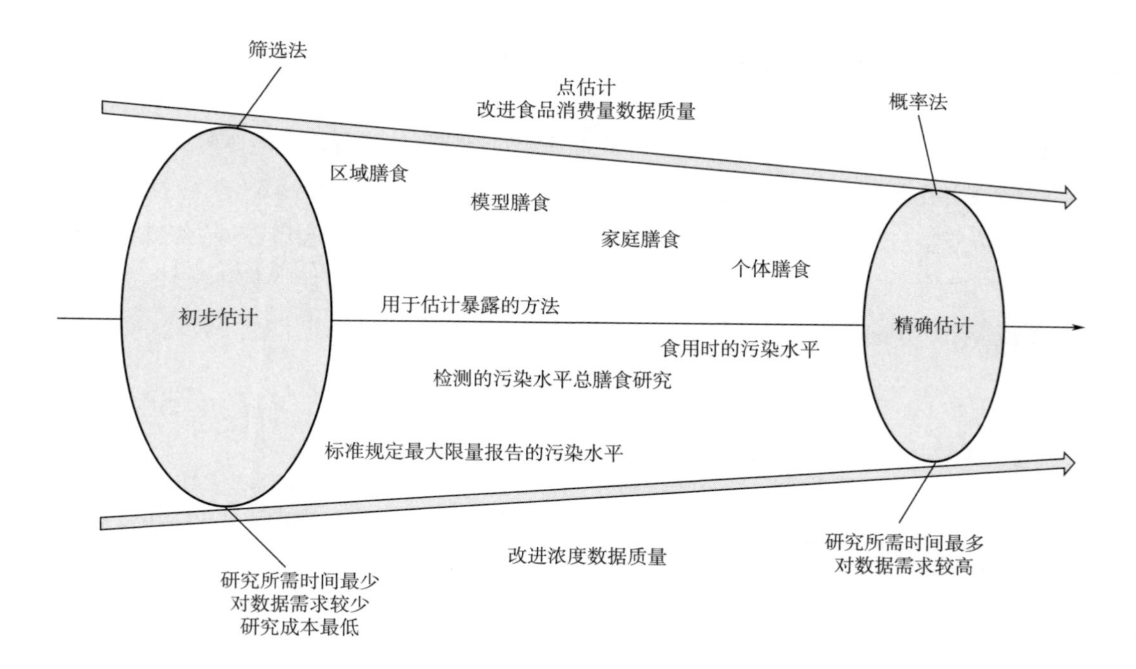

图 8-1 采用分布式膳食暴露评估法

（二）营养价值评估

营养价值评估是对食品中基本营养素的种类、数量以及配比模式对产品利用有效性的综合评价，是食品品质评价的重要部分。

对于未来食品中的肉类或蛋类食品来说，首先要明确食品中可食性天然组成成分和含量，如食品中蛋白质、糖类、微量元素、维生素等维持人类正常生理活动的物质，还要分析食品加工处理后其中营养素的损失，可采用高效液相色谱等方法鉴定。尤其需要与相同类型的传统食品进行平行测试，根据两者的差异判断未来食品对消费人群总体膳食营养摄入量的影响。

另一方面，对于未来食品中生物合成的小分子化合物或生物活性分子，可以借助大型仪器（液相色谱、液相色谱-质谱联用等）对产品进行成分和纯度的分析，确认食品中宣称的有效成分种类和浓度是否达标或合格，判断其中是否含有其他非必要的杂质组分。

（三）毒理学评价

食品毒理学评价是指对食品生产、加工、保藏、运输和销售过程中所涉及的可能对健康造成危害的化学、生物和物理性因素的安全性评价。检验对象包括食品及其原料、食品添加剂、新食品原料、辐照食品、食品相关产品（用于食品的包装材料、容器、洗涤剂、消毒剂和用于食品生产经营的工具、设备）以及食品污染物[11]。国家标准规定的评价内容包括急性经口毒性试验、遗传毒性试验、28d经口毒性试验、90d经口毒性试验、致畸试验、生殖毒性试验和生殖发育毒性试验、毒物动力学试验、慢性毒性试验、致癌试验、慢性毒性和致癌合并试验。对于未来食品的毒理学评价手段大致可以分为以下几种。

1. 细胞实验评估

随着分子生物学、细胞生物学等生命科学技术的不断发展，利用细胞或组织培养等体外实验技术可以实现对未来食品的毒理学评价。此类体外实验方法虽然对细胞培养的环境要求较高，但是具有标准化的实验流程，相对简单、费时短，是如今较为成熟的生物技术。

就未来食品而言，细胞培养可以选择幼龄动物或人胚细胞为模型。通过对细胞的生物学特征描述，一定程度上可以反映食品中潜在危害物质的含量。细胞的主要生物学特征包括：①细胞活力，如细胞的存活率、完整性、贴壁能力、覆盖面积等；②化学成分与酶的活性，如糖类、脂类等的含量和一些生物催化酶活性；③特殊功能的测定，可以借助转录组学、蛋白组学等多组学分析工具来完成。

2. 动物实验评估

动物实验是研究包括人类在内的生命活动和疾病预防的基本手段和工具，常用的实验动物有小鼠、大鼠、豚鼠和兔等。对于未来食品中可能存在的、未知的、预测之外的危害物质，研究人员无法直接通过人群的膳食暴露来评估其安全性，那么此时就可以借助动物实验模型来进行评估。在常规的动物实验评估中，需要涉及急性毒性实验、重复给药毒性实验、生殖和发育毒性实验、神经毒性实验、遗传毒性实验、致癌实验[12]。其中，生殖和发育毒性实验、神经毒性实验、遗传毒性实验、致癌实验可用于对未来食品的毒理学评价。

（1）生殖和发育毒性实验　生殖和发育毒性实验的目的在于评估对亲代或子代的生育或繁殖能力的影响，以及评估子代的生长发育是否正常。

（2）神经毒性实验　神经毒性实验的主要目的是检测在发育期或成熟期接触危害物是否会对神经系统造成结构性或功能性损害。

（3）遗传毒性实验　遗传毒性一般指代染色体变异，初步检测一般不采用动物体内实验，通常可以通过体外细胞实验获得检测结果。如果体外突变实验结果呈阳性，则需要做进一步的动物实验来确定这种突变是否会发生在活体动物中。

（4）致癌实验　致癌实验的主要目的是观察并评估实验动物在大部分生命周期内，摄入不同剂量的受试物后，发生肿瘤的可能性。

上述动物实验是传统食品安全风险评估的重要组成部分，也可以为未来食品的安全性评估提供重要的参考价值。

（四）潜在有害物评估

潜在有害物评估主要是对未来食品中病原微生物、过敏原、生物毒素或有害次生代谢产物、外源基因的安全性评价，是未来食品进入市场不可或缺的一环。

1. 对潜在病原微生物的评估

不管是传统食品还是未来食品，它们的生产制造过程都会受到病原微生物污染的影响，因而对病原微生物的评估必不可少。对于植物蛋白肉或人造奶来说，微生物的污染会严重影响生产宿主（细胞）的正常生长，所以生产过程必须保证严格无菌。此类食品的病原微生物污染极有可能发生在风味提升、产品包装和运输过程。未来食品中病原微生物的评估可以参考GB 4789.1—2016《食品安全国家标准　食品微生物学检验　总则》等检验规范标准，检测潜在病原微生物的含量，分析对消费人群是否构成健康威胁。

2. 对潜在过敏原的评估

食物过敏原是指食物中能引起超敏反应的抗原物质，大多数食物中的过敏原都是食物中的蛋白质[13]。大豆、花生、小麦等植物是未来食品中的植物类产品（例如植物蛋白肉等）的生产原料，其中的过敏原成分不可避免成为了潜在的健康威胁因素。要评估未来食品中过敏原的安全性，就必须将其中的过敏原与已知过敏原氨基酸序列进行比对和蛋白质理化性质分析（包括体外抗胃蛋白酶降解能力等），还需要进行动物模型试验、体外生物学试验甚至人体临床试验[14]。

3. 对潜在生物毒素或次生代谢产物的评估

未来食品中有很多是可以通过微生物这类底盘生物发酵生产的，例如乳粉中的部分活性成分、黄酮类化合物。所用底盘生物中不乏一些非食品级菌种（如大肠杆菌），虽然最终的产品会经过无菌化处理，但是发酵过程中可能产生的生物毒素或次生代谢产物（内毒素等）却不易去除。因此，针对不同的发酵菌株，需要排查具有共生能力的有害菌株污染的可能性，同时运用精准的检测方法分析未来食品中潜在生物毒素或次生代谢产物的水平，有效评估未来食品的安全性。

上述三类未来食品中危害物的初步评估一般可以在实验室中完成。根据不同类型未来食品中可能存在的病原微生物、过敏原、生物毒素等类别，进行针对性的采样，尽可能采集到含有危害物质或其检验指标的样本，尽可能多地采集样本以满足实验室检验和留样需求。待测样品的采集和保存过程中，应避免微生物或其他干扰物质的污染，防止样本之间的交叉污染，同时严格记录采样时间、地点、数量等数据。检测工作应从最有可能存在的污染物开始检验，ELISA或胶体金试纸条等快速检验方法能够有效地实现危害物的初筛。在最终的实验评估结果中，对危害物的确认和报告应优先选用国家标准方法；在没有国家标准方法时，可参考行业标准方法、国际通用方法。

在部分未来食品的生产制造过程中，底盘生物可以通过插入基因组或游离质粒的形式引入外源基因。虽然在产品的纯化步骤中包含核酸的去除，但是对潜在外源基因（特别是源自病原微生物）残留的安全性评估是不可或缺的，因为外源基因残留对人类健康可能存在远期效应，即对子代健康可能有影响。针对不同未来食品生产中所用到的不同外源基因序列，合理设计特异性引物，再利用聚合酶链式反应（PCR）技术、基因芯片等检测工具，可以实现对未来食品中残留外源基因的定量或定性分析。未来食品中潜在危害物评估流程如图8-2所示。

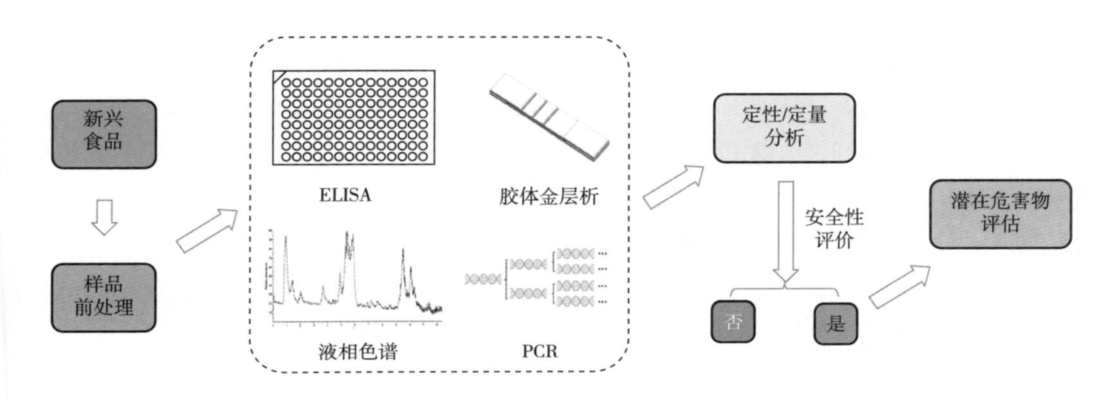

图 8-2　未来食品中潜在危害物评估流程

二、对不同未来食品的安全风险评估

（一）细胞培养肉

细胞的增殖和分化是生产细胞培养肉的重要步骤。一些细胞可以通过自发突变（类似癌变）获得无限增殖的能力，但是同时会引出细胞特性的变化；一些细胞也可以通过基因工程改造的方式获得无限增殖的能力。此类细胞所生产的食品被称为转基因食品，难以推广，在欧盟国家甚至是完全禁止的。细胞培养肉除了仍需在技术层面有所突破外，还存在着一定的伦理风险，诸如食品安全、技术滥用、技术监管等[15]。用于细胞培养肉的干细胞增殖和分化，应该是以优化培养条件以及代谢调控为主[16]。

对细胞培养肉的安全性评估主要包括以下三个部分[17]。

（1）生产过程使用的无安全使用史的细胞培养组分和载体的安全性评估　细胞培养肉生产系统由细胞培养支架、培养基和氧载体组成，通常不会应用于传统食品生产中，没有安全使用历史，因此需要参考其他食品添加剂进行安全评估。

（2）生产制备新工艺的安全性评估　细胞培养肉生产通常会使用大型的生物反应器，使细胞在培养基中处于几乎连续悬浮的状态，有利于组织生长。此类生物反应器从未用于食品生产，因此该过程是无食品安全使用史的。在对细胞培养肉生产制备新工艺进行安全性评估时需要考虑实验设计和实验条件、样品采集和样品制备过程的标准、所有组件的原始数据、已发布数据、产品的预期用途和可能的最终产品、任何可预见的非预期用途等。

（3）基因改造细胞培养肉的潜在安全性评估　对基因改造细胞培养肉的评估应相对于传统肉类食品进行，同时考虑了预期和非预期的影响。从生物安全的角度看，细胞在分离、增殖和分化过程中，可能发生基因突变，从而改变正常发育过程中的核酸、蛋白质等成分；另外，采用基因编辑等手段改造种子细胞时，容易引入高风险的生物外源物质，因此要对细胞的功能和食用特性进行致敏性、毒性等安全性评价[18]。

对于优化后的细胞系，需要通过全基因组测序、转录组学、蛋白质组学等分析工具确认其基因型等生物信息，评估细胞系分子层面的改变是否可能对消费人群造成潜在危害。通过多次培养传代，确定细胞的稳定性，评估其在数十代乃至上百代的传代过程中，各项指标的差异性。对于细胞培养肉中可能存在的、无法预知的危害物质，需要进一步利用模型动物进行暴露评估。如果在动物暴露评估实验中没有明确危害性，还要进行人群膳食暴露评估。通过对动物细胞培养肉与真实肉制品的对比测试，确定动物培养肉在评估中暴露的膳食摄入标准，为细胞培养肉的市场推广提供安全保障的政策法规[12]。

（二）人造奶

当今较为出名的Perfect Day公司的人造奶是用里氏木霉生产的。里氏木霉适合用于蛋白质生产，且对人没有毒性。但是Perfect Day公司所用的里氏木霉并非纯天然的，而是利用基因重组技术将牛乳DNA添加到里氏木霉中，再通过发酵技术产生乳清蛋白和酪蛋白。因此，除了常规的安全性评估，对人造奶的评估还需要对人工改造的里氏木霉等发酵菌株的安全性进行评估。

（三）新食品蛋白

从食物营养成分角度看，新食品蛋白的蛋白质含量丰富，氨基酸配比均衡，藻类中甚至含有维生素、矿物质和微量元素。在供人类食用之前，新食品蛋白必须在实验室中经过毒理学测试，证明基于新食品蛋白的食品没有危害；还要利用动物模型进行短期或长期喂养实验，确定对模型动物没有危害；在没有明显危害的前提下，需要对消费人群的膳食暴露进行最终的安全性评估。

（四）其他未来食品

未来食品的快速发展，离不开合成生物学理论的不断创新和技术的不断革新。而合成生物学的核心技术离不开对各类底盘生物的工程化（基因工程或酶工程）改造。不管是人造蛋、人造奶，还是母乳寡糖、唾液酸、黄酮类化合物等活性生物分子，除了对新型生产工艺、营养价值、有害物质等的传统安全性评估，最让广大研究人员和不同消费群体关心的重点仍是“转基因食品”中的“转基因”可能带来的问题。因此，对未来食品的安全性评估必须包含对用于食品工业生产的工程菌株或细胞株的各项评估，如基因型（即染色体或基因组中哪个位置发生了改变或人工修饰）、稳定性（在工业发酵过程中生产宿主本身的性状是否会发生变化）、未知危害物（在生产过程中是否会产生非天然的毒害物质）等。

（五）母乳寡糖

母乳寡糖2′-FL可以通过工程改造微生物发酵的方式大量生产，常用的底盘微生物有大肠杆菌、枯草芽孢杆菌、谷氨酸棒杆菌、酿酒酵母、解脂耶氏酵母等，其中大肠杆菌是现今2′-FL主流生产企业的首选宿主。最终高纯度2′-FL产物的获得需要严格的分离纯化过程，不仅要求彻底除菌，还要求去除可溶性蛋白质、多糖、核酸、色素等其他杂质和副产物[19]。

（六）黄酮类化合物

通过代谢工程的手段改造微生物，从而合成黄酮类骨架物质，已经成为国际上对黄酮类化合物生产研究的重要方向之一[20]。黄酮类化合物生物合成中，常用的底盘微生物有大肠杆菌、酿酒酵母等。不管是哪种类型的微生物，在经过基因工程改造后都必须对微生物本身的安全性进行评估。对于革兰阴性细菌——大肠杆菌来说，该菌株在发酵过程中还会产生脂多糖和内毒素等有害物质，在产品的下游制备过程中需要去除。因此，有效评估基于大肠杆菌发酵生产的黄酮类化合物产品中脂多糖和内毒素的水平，是保证此类生物制品安全性的重要步骤。

第三节　特殊人群的暴露评估

随着食品生物合成技术的成熟，相比于传统的食品制造，基于细胞工厂的生物制造能够将有效地减少土地使用率和水资源的浪费，其最主要优势的是在生产过程不需要使用农药化肥等有害试剂。随着生物制造食品的普及与推广，该类食品最终会走进千家万户的餐桌，尽管这些食品生产制造过程清洁无污染，但是底盘生物、外源基因与最终产物的安全性仍然需要评估，尤其针对一些特殊人群如婴幼儿、代谢综合征以及过敏人群的食品等更需要有针对性地进行风险评估。

一、婴幼儿配方食品活性物质的暴露评估

新生的婴儿正处于生长发育阶段的黄金时期，机体代谢速率加快并使得营养快速转化，能量与蛋白质的消耗是成人的三倍。但是婴儿没有牙齿且消化功能不完善，再加上代谢过程不成熟与肾溶质负荷有限，使婴儿对能量与营养的高需求产生矛盾。因此，婴幼儿配方食品中物质的含量与种类都有着明确的规定（表8-1）[21]。

表 8-1 婴幼儿配方乳粉中的成分

能量	维生素	矿物质和微量元素	其他物质
蛋白质	维生素A	铁	肌碱
脂肪	维生素D	钙	肌醇
亚油酸	维生素E	磷	*l*-肉碱
亚麻酸	维生素K	镁	牛磺酸[①]
月桂酸+豆蔻酸	维生素B_1	钠	总核苷酸[①]
芥酸	维生素B_2	氯	二十二碳六烯酸[①]
总磷脂	烟酸	钾	
碳水化合物	维生素B_6	锰	
乳糖	维生素B_{12}	碘	
蔗糖	泛酸	硒	
葡萄糖	叶酸	铜	
低聚果糖和半乳寡糖	维生素C	锌	
	生物素	氟化物	

注：①可选择。

乳寡糖主要以半乳糖和*N*-乙酰氨基糖为碳骨架，两者交替连接并与乳糖相连，经过岩藻糖基化和唾液酸基化修饰形成[22]。2′-岩藻糖基乳糖（2′-FL）和乳酰-*N*-新四糖（LNnT）是乳寡糖中最为典型的存在，已经分别在2015年和2016年被FDA批准为婴儿乳粉中的添加剂。

生产LNnT的方法与2′-FL的生产方法有较大区别。LNnT的生物合成枯草芽孢杆菌为底盘细胞，半乳糖为原料，通过调控生物合成相关基因的表达并添加木糖等诱导剂增大LNnt的产量。与LNnT合成相关的途径有三条，分别是糖酵解途径、戊糖磷酸途径和磷壁酸途径，通过下调三条途径中*pfkA*、*pyk*、*zwf*和*mnaA*基因的表达，增多前体物质尿苷二磷酸乙酰氨基葡糖（UDP-Glc NAc）和尿苷二磷酸半乳糖（UDP-Gal）的含量，同时过表达来自大肠杆菌K12的*β*-半乳糖苷通透酶（LacY）和来自脑膜炎奈瑟菌MC58的*β*-1, 3-*N*-乙酰氨基葡萄糖氨基转移酶（LgtA）和*β*-1,4-半乳糖基转移酶（LgtB），可有效提高LNnT的产量，并且通过敲除基因组上编码UDP-葡萄糖-脱氢酶的tua D基因和添加诱导剂木糖会进一步提高LNnT的产量[23]。尽管生产方法不同，但是LNnT的功能与2′-FL类似，都对婴儿早期肠道的发育有巨大影响。因此这些生物合成制品需要更严格的暴露评估，不仅要评估原料与底盘细胞的风险，还要对工程菌的代谢途径与外源基因进行安全评估。

二、代谢综合征人群的暴露评估

代谢综合征（Metabolic syndrome）是一系列人体营养代谢异常的病理状态，随着人们生活水平与生活方式的改变，代谢综合征的发病率逐渐升高。代谢综合征现在已经成为慢性非传染性疾病增长最快的疾病，不仅在老年人群体中高发，在儿童与青少年群体中发病率也逐年升高。其主要特征有糖代谢异常、脂代谢异常、中心性肥胖以及微量蛋白尿等，会引发高血压、血脂蛋白异常等疾病，甚至会引起动脉粥样硬化等心血管疾病[24]。利用合成生物学技术制造的功能性稀有糖和脂肪酸等是调节代谢综合征人群健康的有效方法。代谢综合征人群的暴露评估是安全应用合成生物学技术制造功能性稀有糖和脂肪酸的重要保障。

（一）稀有糖的暴露评估

稀有糖是指自然界中存在但含量极少的一类单糖及衍生物，可以作为低热量甜味剂在食品和饮料中使用。塔格糖是一种低热量、全脂的天然糖，甜度与蔗糖相似，但热量却少得多，而且具有潜在健康和医疗效益，根据美国食品和药品监督管理局的规定，允许其作为甜味剂在食品和饮料中使用。但是塔格糖的早期生产通常涉及异构化反应，反应产物一般为混合物，商业化生产时需要额外的分离步骤，制造成本往往高于高果糖玉米糖浆；而另一种生产方式——酶法生产时对酶解温度要求很高，很难实现工业化[25~27]。随着生物合成技术的进步，研究人员开始研究使用生物合成法来制造塔格糖。

研究表明塔格糖对餐后高血糖和高胰岛素血症有良好的治疗作用，是一种潜在的抗糖尿病药物，属于糖尿病人群可以摄入的甜味剂，但是过量摄入会引起胃肠紊乱，并且可能会引起其他生理性疾病[28~30]，因此，在使用时应针对糖代谢异常的人群做专项的风险评估。

（二）脂肪酸的暴露评估

脂肪酸能够为人体提供能量、保护脏器并维持细胞膜的完整性，是机体的重要组成部分。脂肪酸按碳链上碳原子数量的多寡可分为长链、中链与短链脂肪酸。其中，中链脂肪酸具有独特的生理生化功能，可以降低脂肪沉积、改善胰岛素敏感性、调节能量代谢，因此受到学者关注。最早的中链脂肪酸可以直接从天然油脂中水解分离得到，大多数采用化学合成法制备，但该法原料为石化产品，原料日益短缺，成本日益增加，且副产物多；同时通过化学方法合成的脂肪酸产品不能被食品添加剂行业所接受，因而使其在食品及食品相关行业的应用受到限制[31~33]。目前生物法合成中链脂肪酸被认为是一种非常有潜力、可持续利用的新型资源化回收技术。

生物合成法制备中链脂肪酸主要是中链甘油酸酯，以废弃有机物为原料，经混合菌群厌氧发酵产酸过程中得到短链羧酸，再经碳链延长反应形成中链脂肪酸。在此过程应用的混合菌群都具有复杂的脂肪合酶，能够将乙醇或乙酸、丁酸等短链脂肪酸通过β-氧化逆循环途径转化为中链羧酸，从而生产出大量的中链脂肪酸[34~37]。

中链脂肪酸在人体中的代谢途径与长链脂肪酸有较大差异，其在肠道中不会组成乳糜微粒而是经肠道上皮细胞吸收后与蛋白质结合，不需要通过淋巴系统，直接通过门静脉转运到肝脏，转运到辅酶肝细胞的中链脂肪酸不需要依赖肉碱转移酶作用，直接进入线粒体内进行β-氧化分解，不会转运至脂肪、肌肉等组织（表8-2），与长链脂肪酸相比，更适合脂代谢异常人群摄入，可以降低血脂浓度，从而降低心血管疾病的发病概率。但是能生产中链羧酸的菌多为梭菌属、假单胞菌属、芽孢杆菌属等，其都有毒素污染的风险[38~41]。因此在评估脂肪酸的生物合成制品时，不仅要评估产品风险，还要评估发酵时采用的混合菌种的风险。

表 8-2 中链脂肪酸和长链脂肪酸的代谢特点

	中链脂肪酸	长链脂肪酸
吸收	中链脂肪酸经肠道上皮细胞吸收后，与蛋白质结合，不易再合成甘油三酯，也不需要结合胆盐	在小肠内吸收的长链脂肪酸，在小肠黏膜细胞中被再合成甘油三酯，形成乳糜微粒
转运	不经过淋巴系统通过门静脉直接转运至肝脏	以乳糜微粒的形式经过淋巴系统流入血液，再运输至脂肪、肝脏和肌肉等组织中
氧化	中链脂肪酸不依赖肉碱转运系统的协助，直接通过线粒体膜进入线粒体内进行氧化分解	高度依赖肉碱转运系统，通过线粒体膜进入线粒体内进行氧化分解

参考文献

[1] 刘素素，沙磊.植物蛋白基肉制品的营养安全性分析［J］. 食品与发酵工业，2021，47（8）：297-303.

[2] Tian Y，Rao H，Zhang K，et al. Effects of different thermal processing methods on the structure and allergenicity of peanut allergen Arah1［J］. Food Science & Nutrition，2018，6（6）：243-255.

[3] Meng S，Tan Y Q，Chang S，et al. Peanut allergen reduction and functional property improvement by means of enzymatic hydrolysis and transglutaminase crosslinking.［J］. Food chemistry，2020，302（1）：23-44.

[4] Natalija N，Soheila J M，Carmen C，et al. Interaction of Monocyte-Derived Dendritic Cells with Arah 2 from Raw and Roasted Peanuts［J］. Foods，2020，9（7）：156-168.

[5] 韦仕静，林喆，姚崇，等. 食用动物油脂制备肉味香精的研究现状［J］. 中国食品添加剂，2021，32（2）：123-127.

[6] Fels-klerx H J，Nguyen H，Mogol B A. Effects of processing conditions on the formation of acrylamide and 5-hydroxymethyl- 2-furfural in cereal-based products［J］Aspects of Applied Biology，2013，116（1）: 97 - 106.

［7］郑欧阳，孙钦秀，刘书成，等. 细胞培养肉的挑战与发展前景［J］. 食品与发酵工业，2021，47（9）：314–320.

［8］袁波，王卫，张佳敏，等. 植物蛋白肉及其研究开发进展［J］. 食品研究与开发，2021，42（9）：183–190.

［9］周海泳，朱剑锋，祁姣姣，等. 食用和饲用昆虫的安全性分析［J］. 广东饲料，2021，30（7）：27–31.

［10］周景文，张国强，赵鑫锐，等. 未来食品的发展：植物蛋白肉与细胞培养肉［J］. 食品与生物技术学报，2020，39（10）：1–8.

［11］宁喜斌. 食品科技系列食品安全风险评估［M］. 北京：化学工业出版社，2017.

［12］Breiteneder H，Clare M E N. Plant food allergens––structural and functional aspects of allergenicity［J］. Biotechnol Adv，2005，23（6）：395–399.

［13］于闯，雍凌，李振兴，等. 从过敏原危害评估食物过敏风险［J］. 中国食品卫生杂志，2021，33（3）：383–391.

［14］周亚楠，王淑敏，马小清，等. 植物基植物蛋白肉的营养特性与食用安全性［J］. 食品安全质量检测学报，2021，12（11）：4402–4410.

［15］汪超，刘元法，周景文. 细胞培养肉的生物伦理学思考［J］. 生物工程学报，2021，37（2）：378–383.

［16］王廷玮，周景文，赵鑫锐，等. 培养肉风险防范与安全管理规范［J］. 食品与发酵工业，2019，45（11）：254–258.

［17］Stephens N，Di Silvio L，Dunsford I，et al. Bringing cultured meat to market：Technical，socio-political，and regulatory challenges in cellular agriculture［J］. Trends Food Sci Technol，2018，78，155–166.

［18］周光宏，丁世杰，徐幸莲. 培养肉的研究进展与挑战［J］. 中国食品学报，2020，20（5）：1–11.

［19］齐晓彦. 唾液酸在婴幼儿配方乳粉中的应用进展［J］. 食品工业，2017，38（8）：221–225.

［20］陈坚，周胜虎，吴俊俊，等. 微生物合成黄酮类化合物的研究进展［J］. 食品科学技术学报，2015，33（1）：1–5.

［21］刘延峰，周景文，刘龙，等. 合成生物学与食品制造［J］. 合成生物学，2020（1）：84–91.

［22］史然，江正强.2′–岩藻糖基乳糖的酶法合成研究进展和展望［J］. 合成生物学，2020，1（4）：481 –494.

［23］Baumgärtner F，Seitz L，Sprenger G A，et al. Construction of *Escherichia coli* strains with chromosomally integrated expression cassettes for the synthesis of 2′–fucosyllactose［J］. Microbial Cell Factories 2013，12（1）：40–51.

［24］Asakuma S，Hatakeyama E，Urashima T，et al. Physiology of consumption of human milk oligosaccharides by infant gut–associated *Bifidobacteria*［J］. Journal of Biological Chemistry，2011，286（12）：34583–34592.

［25］Ferguson S A，Sims I M，Biswas A，et al. *Bifidobacterium bifidum* ATCC 15696 and Bifidobacterium breve 24b metabolic interaction based on 2′–O–fucosyl–lactose studied in steady–state cultures in a freter–style chemostat［J］. Applied and Environmental Microbiology，2019，85（7）：13–18.

［26］Thongaram T，Hoeflinger J L，Chow J M，et al. Human milk oligosaccharide consumption by probiotic and human– associated *Bifidobacteria* and *Lactobacilli*［J］. Journal of Dairy Science，2017，100（10）：7825–7833.

［27］Sakanaka M，Gotoh A，Yoshida K，et al. Varied pathways of infant gut–associated *Bifidobacterium* to assimilate human milk oligosaccharides：prevalence of the gene set and its correlation with *Bifidobacteria*–rich microbiota formation［J］. Nutrients，2019，12（1）：56–62.

［28］Bode L. The functional biology of human milk oligosaccharides［J］. Early Human Development，

2015，91（11）：619-622.
[29] Kong C L，Elderman M，Cheng L H，et al. Modulation of intestinal epithelial glycocalyx development by human milk oligosaccharides and non-digestible carbohydrates [J]. Molecular Nutrition & Food Research，2019，63（17）：303-321.
[30] Dong X，Li N，Liu Z，et al. CRISPRi-guided multiplexed finetuning of metabolic flux for enhanced lacto-*N*-neotetraose production in *Bacillus subtilis* [J]. Journal of Agricultural and Food Chemistry，2020，68（8）：2477-2484.
[31] Lin B X，Qiao Y，Shi B，et al. Polysialic acid biosynthesis and production in *Escherichia coli*：current state and perspectives [J]. Applied Microbiology&Biotechnology，2016，100（1）：1-8.
[32] Hichem C，Wacim B，Moez R，et al. Characterization of an l-arabinose isomerase from the *Lactobacillus plantarum* NC8 strain showing pronounced stability at acidic pH [J]. Fems Microbiology Letters，2010（2）：260-267.
[33] Wanarska M，Kur J . A method for the production of D-tagatose using a recombinant *Pichia pastoris* strain secreting *β*-D-galactosidase from *Arthrobacter chlorophenolicus* and a recombinant L-arabinose isomerase from *Arthrobacter* sp. 22c [J]. Microbial Cell Factories，2012，11（1）：113.
[34] JJ Liu，Zhang G C，Kwak S，et al. Overcoming the thermodynamic equilibrium of an isomerization reaction through oxidoreductive reactions for biotransformation [J]. Nature Communications，2019，10（1）：1356-1364.
[35] Lu Y，Levin G V，Donner T W . Tagatose，a new antidiabetic and obesity control drug [J]. Diabetes Obesity & Metabolism，2010，10（2）：109-134.
[36] Levin，Gilbert V. Tagatose，the New GRAS Sweetener and Health Product [J]. Journal of Medicinal Food，2002，5（1）：23-36.
[37] Marshall C W，Labelle E V，May H D. Production of fuels and chemicals from waste by microbiomes [J]. Curr Opin Biotechnol，2013，24（3）：391-400.
[38] 冯晶，张玉华，罗娟，等. 批式与连续两相发酵的果蔬废弃物厌氧产气性能 [J]. 农业工程学报，2016，32（1）：223-238.
[39] Spirito C M，Richter H，Rabaey K，et al. Chain elongation in anaerobic reactor microbiomes to recover resources from waste [J]. Curr Opin Biotechnol，2014，27（6）：115-122.
[40] Marshall C W，Labelle E V，May H D. Production of fuels and chemicals from waste by microbiomes [J]. Curr Opin Biotechnol，2013，24（3）：391-399.
[41] Grootscholten T I M，Strik D P B T B，Steinbusch K J J，et al. Two-stage medium chain fatty acid（MCFA）production from municipal solid waste and ethanol [J]. Applied Energy，2014，116（1）：223-229.

第九章

食品合成生物学危害物质分析

第一节　病原微生物的检测

据报道，全球每年爆发的食源性疾病中70%是由致病性微生物污染造成的，全球约70万人死于感染耐药菌。细菌耐药性是21世纪以来食品安全的关键问题。在利用合成生物学生产的食品中，构建底盘微生物或底盘细胞、重构基因回路是必不可少的关键环节。因此，分析检测致病菌包括新型病原微生物以及原有代谢谱系调整可能产生的新型生物毒素，对保障利用合成生物学生产的食品安全具有重要意义。

一、食品合成生物学病原微生物的来源

（一）食品合成生物学生产中常见的病原微生物污染

微生物污染是由一些致病微生物引起的，主要包括细菌性、真菌性和病毒性污染三类。由于微生物具有较强的生态适应性，食品在加工、包装、运输、销售、保存以及食用等每一个环节都可能被微生物污染。同时，微生物具有易变异性，未来可能不断有新的病原微生物威胁食品安全和人类健康。

1. 细菌性污染

细菌性污染是涉及面最广、影响最大、问题最多的一类食品污染，其引起的食物中毒是所有食物中毒中最普遍、最具爆发性的。细菌性食物中毒全年皆可发生，具有易发性和普遍性等特点，对人类健康有较大的威胁。细菌性食物中毒可分为感染型和毒素型。感染型如沙门氏菌属、变形杆菌属引起的食物中毒。毒素型又可分为体外毒素型和体内毒素型两种。体外毒素型是指病原菌在食品内大量繁殖并产生毒素，如葡萄球菌肠毒素中毒、肉毒梭菌毒素中毒。体内毒素型指病原体随食品进入人体肠道内产生毒素引起中毒，如产气荚膜梭状芽孢杆菌食物中毒、产肠毒素性大肠杆菌食物中毒等。也有感染型和毒素型混合存在的情况发生。引起食品污染的微生物主要有沙门氏菌、副溶血性弧菌、志贺菌、葡萄球菌等。近年来，变形菌属、李斯特菌、大肠菌科、弧菌属引起的食品污染报道数呈上升趋势。沙门氏菌是全球报道最多的、各国公认的食源性疾病首要病原菌。

2. 真菌性污染

真菌在发酵食品行业应用非常广泛，但许多真菌也可以产生真菌毒素，引起食品污染。尤其是20世纪60年代发现强致癌的黄曲霉素以来，真菌与真菌毒素对食品的污染日益引起重视。真菌毒素不仅具有较强的急性毒性和慢性毒性，而且具有致癌、致畸、致突变性，如黄曲霉、寄生曲霉产生的黄曲霉素，麦角菌产生的麦角碱，杂色曲霉、构巢曲霉产生的杂色曲霉素等。真菌毒素的毒性可以分为神经毒性、肝脏毒性、肾脏毒性、细胞毒性等，例如黄曲

霉素具有强烈的肝脏毒性，可以引起肝癌。真菌性食品污染一是来源于作物种植过程中的真菌病，如小麦、玉米等禾本科作物的麦角病、赤霉病，都可以引起毒素在粮食中的累积；另一来源是粮食、油料及其相关制品保藏和贮存过程中发生的霉变，如甘薯被茄病镰刀菌或甘薯长喙壳菌污染可以产生甘薯酮、甘薯醇、甘薯宁毒素，甘蔗保存不当也可被甘蔗节菱孢霉侵染而霉变。

3. 病毒性污染

与细菌、真菌不同，病毒的繁殖离不开宿主，所以病毒往往先污染动物性食品，然后通过宿主、食物等媒介进一步传播。带有病毒的水产品、患病动物的乳、肉制品一般是病毒性食物中毒的起源。与细菌、真菌引起的病变相比，病毒病多难以有效治疗，更容易暴发流行。常见的食源性病毒主要有甲型肝炎病毒、戊型肝炎病毒、轮状病毒、诺瓦克病毒、朊病毒、禽流感病毒等。这些病毒曾经或仍在肆虐，造成许多重大的疾病事件。

（二）食品合成生物学引发的新型病原微生物

以上提到的食品生产中常见的病原微生物污染在利用合成生物学制造的食品中都有可能出现，另外由于食品自身的特点，还会出现一些新型病原微生物污染。合成生物的人工生物元件可能对人类或其他生物和生态环境的安全产生潜在威胁。例如，人工改造的细菌往往导入抗生素抵抗基因而便于人工筛选，如果这些细菌被释放到实验室以外的环境中，这些抗生素基因有可能通过基因的水平转移被致病菌获得，从而使得致病菌具有抵抗抗生素的能力，给细菌感染的治疗造成很大的困难。同样的机制，基因的水平转移有可能让致病菌通过获得某些特定的基因而导致更强的致病能力。人工改造的细菌也有可能由于代谢通路的改变而产生预期外的新毒素，使非致病菌转变成致病菌，危害人类的健康。

二、病原微生物检测技术

食品微生物和人类的关系非常密切，对食品微生物进行深入了解、应用与预防，是食品安全相关工作者始终都在做的事情，对现代化新技术的合理探究，检验检测食品当中的微生物是确保食品安全的有效措施。现代社会更加重视绿色、健康相关事业的发展，食品安全是民生主题当中极为关键的组成部分。科学技术的创新与发展中，现代化新技术在食品微生物的检验检测工作中的实际应用，奠定了食品安全的坚实基础。食品是人类得以生存与发展的重要前提，是人类社会实现持续发展的根本，是经济发展得以全面实现的动力，是社会实现科学、繁荣发展的重要保证，重视食品安全相关问题，现代化新技术的应用发展是非常关键的。近年来，随着科学技术的发展，逐步出现了以微生物学为基础，运用分子生物学、免疫学、代谢组学以及现代仪器等方面的理论和技术，所建立的现代食品微生物检验方法。这些方法具有简便、快速、准确、高效、高灵敏度等特点，可以快速评价食品质量，从而有效地控制食源性疾病。

（一）分子生物学技术

1. 聚合酶链式反应（PCR）

自从PCR技术于1985年发明以来，由于其高度敏感性、特异性等特点使其在食品微生物检测中得到了广泛应用，而且由此衍生出多种检测方法。现在经常应用的有实时荧光定量PCR、免疫PCR、反转录PCR、多重PCR等，都是针对食品中病原菌的特异性靶基因（通常是致病基因）进行检测。同时集保守性和可变性于一体的23S rRNA基因几乎存在于所有细菌中，这也为细菌的检测提供了理论依据。另外PCR技术在16S～23S区间序列的扩增也可以用于16S不能鉴别的、非常接近的菌种和种内细菌之间的鉴别。由中国检验检疫科学研究院成功开发的《猪链球菌多重PCR检测方法》在北京通过了专家鉴定。该方法将检测猪链球菌的时间从过去的4d减少到了4h，并首次建立了具有自主知识产权的猪链球菌16S核糖体、荚膜多糖的特异性引物。目前该方法已被应用在乳制品中双歧杆菌、乳酸菌及酵母菌的检测中，且能对沙门氏菌、大肠杆菌O157：H7、志贺杆菌、单核细胞增生李斯特菌与金黄色葡萄球菌等致病菌进行有效测定。

PCR技术还可与新技术结合，形成新的PCR衍生技术。例如，实时荧光PCR（RT-PCR）、多重PCR以及环介导等温扩增技术（LAMP）等。其中，RT-PCR相对于传统的PCR技术而言，具有更强的特异性、更高的自动化程度，且不易污染，近年来已在多种致病细菌、霉菌、酵母菌以及乳酸菌等重要食品微生物指标的定性和定量检测中广泛应用。RT-PCR技术可被用于食品中单增李斯特菌的快速检测，设计的引物和探针的序列特异性强，省去凝胶电泳过程，降低了污染的可能性[1]。另外，多重PCR可被用于检测大肠杆菌O157：H7、沙门氏菌、金黄色葡萄球菌和李斯特菌的混合物，这个多重PCR反应体系中应用的是大肠杆菌O157：H7特异性引物 Stx2A，沙门氏菌特异性引物Its，金黄色葡萄球菌特异性引物Cap8A-B和李斯特菌特异性引物Hly，其检出致病菌DNA的范围为0.45～ 0.05pmol/μL，是快速检测多种致病菌的有效方法[2]。环介导等温扩增技术是2000年由日本荣研化学株式会社开发的一种新颖的恒温核酸扩增方法，其特点是针对靶基因的6个区域设计4种特异引物，利用一种链置换DNA聚合酶在等温条件（63℃左右）保温30～ 60min，即可完成核酸扩增反应，与常规PCR相比，不需要模板的热变性、温度循环、电泳及紫外观察等过程。该技术在灵敏度、特异性和检测范围等指标上都优于PCR技术，不依赖任何专门的仪器，可实现现场高能量快速检测，检测成本远低于荧光定量PCR。近年来，LAMP方法衍生出了许多新的核酸扩增方法，如多重LAMP方法、反转录LAMP方法等，以满足不同检测目的的需要，并在食源性致病菌检测中的应用越来越多。DNA染料——叠氮溴化乙锭与LAMP相结合的方法能快速检测食品中副溶血性弧菌活细胞，其最低检测限为1×10CFU/mL，而PCR方法最低检测限为1×10^3CFU/mL[3]。与PCR方法相比较，叠氮溴化乙锭-LAMP检测方法具有快速、灵敏度高、操作简便等优点，并能检测鉴定副溶血性弧菌病原活细胞。

2. 基因芯片技术

基因芯片的基本原理是分子生物学中的核酸分子杂交测序，即利用核酸分子碱基之间互补配对的原理，通过各种技术手段将已知序列的核苷酸片段（分子探针）固定到固体支持物上，随后将处理好的样品与其进行杂交，以实现对所测样品基因的大规模检验。基因芯片技术与其他分析基因表达谱的技术，如RNA印迹、cDNA文库序列测定、基因表达序列分析等的不同之处在于，基因芯片可以在一次实验中同时平行分析成千上万个基因[4~6]。在玻璃芯片上以链霉亲和素包被的磁珠作为标记物，采用生物素标记的核酸为样品，通过链霉亲和素与生物素的亲和作用，进行核酸杂交检测，杂交结果以肉眼或通过普通显微镜观测，验证方法的特异性，灵敏性及重复性。结果显示方法检测的灵敏度为50ng，特异性和重复性均较好；对20份临床粪便样本分别进行PCR和芯片检测，芯片检测结果与PCR检测结果一致。20份临床样本中，6份阳性，其中1份为诺如病毒Ⅰ型，5份为诺如病毒Ⅱ型，14份阴性[7]。结果显示该方法具有高效，实用和可视化的特点，可同时检测样品中含有的诺如病毒Ⅰ型，诺如病毒Ⅱ型；检测时间短，能够满足口岸诺如病毒的快速检测要求，具有较好的实用价值，对于进一步开发更多指标的微生物检测方法具有很好的示范作用。

（二）免疫学技术

1. 免疫荧光技术

免疫荧光技术是根据抗原抗体反应的基本原理，用荧光素来标记抗体或抗原再与待测样品中的抗体或抗原结合，通过荧光显微镜观察的一种方法。该法有直接法和间接法两种，直接法是在待测样品上直接添加已知荧光素标记的抗血清，经洗涤后在荧光显微镜下观察的一种方法。间接法是在待测样品上滴加已知细菌的特异性抗体，与样品反应后经洗涤，再加入荧光标记的第二、第三抗体的方法。如抗沙门氏菌的荧光抗体，可用于食品样品的检测，检测结果与常规培养法基本一致。该方法简单、快速，但有时会受到样品中非特异性荧光的干扰影响结果，且荧光显微镜较昂贵。

2. 酶联免疫吸附测定

酶联免疫吸附测定（Enzyme Linked Immunosorbent Assay，ELISA）是利用抗原、抗体反应高度特异性和酶促反应高度敏感性，通过肉眼或显微镜观察及分光光度计测定，达到在细胞或亚细胞水平上示踪抗原或抗体部位，及对其进行定量目的。根据抗原、抗体反应是否需要分离结合和游离酶标记物而分为均相和非均相两种类型。非均相法较常用，包括液相与固相两种免疫测定法。非均相酶固相免疫测定法在目前使用最为广泛，其原理如图9-1所示，一般先用一号抗体与抗原发生特异性结合，然后用通用的酶标记的二号抗体与其发生特异性结合，再将酶显色，就能凭肉眼进行直接观察。其优点是通量较高，利用96孔酶标板，完成很多个样本的同时检测；同时利用酶联的特性，将原来的抗原信号放大，在时间上，比传统的培养基富集微生物的方法要缩短很多。冷鲜肉中福氏志贺氏菌2a双抗夹心ELISA检测体系采用福氏志贺氏菌2a抗原免疫获得多克隆抗体，应用杂交瘤技术进行细胞融合，筛选出一株福氏志贺氏菌2a单克隆抗体杂交瘤细胞株，命名为2C10[8]。用此单克隆抗体作为检测抗体，多克隆抗体为捕捉抗体，建立双抗夹心ELISA体系，检测限为1000CFU/g。用此体系检测宋氏志贺氏菌、大肠杆菌O157：H7、沙门氏菌、单核细胞增生李斯特菌、枯草芽孢杆菌及阪崎肠杆菌，均无交叉反应。该研究可为冷鲜肉中福氏志贺氏菌2a的检测提供一种特异性强，准确度高的ELISA检测方法。ELISA法还可用于调查检测食品从业者甲肝、乙肝病毒等的感染状况[9]。

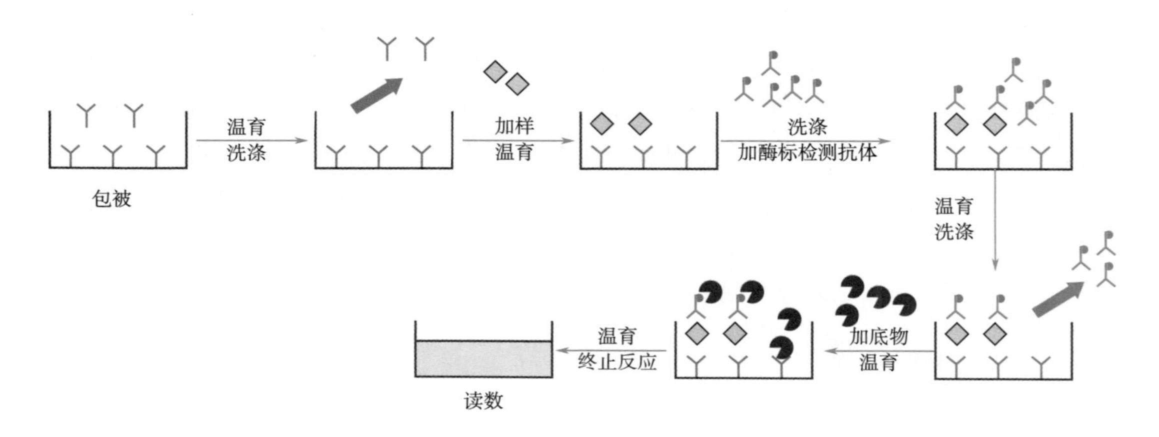

图 9-1 双抗夹心 ELISA 技术原理示意图[8]

3. 免疫层析技术

双抗体夹心免疫层析技术的原理如图9-2所示，是将特异的抗体先固定于硝酸纤维素膜的某一区带，当该干燥的硝酸纤维素一端浸入样品后，由于毛细管作用，样品将沿着该膜向前移动，当移动至固定有抗体的区域时，样品中相应的抗原即与该抗体发生特异性结合，若用免疫胶体金或免疫酶染色可使该区域显示一定的颜色，从而实现特异性的免疫诊断。如胶体免疫层析法能快速、灵敏检测金黄色葡萄球菌，应用胶体金免疫层析法检测食品中的沙门菌，简便快速，无需特殊仪器设备，适合现场检测使用。采用胶体金免疫层析法检测金黄色葡萄球菌，其灵敏度实验结果显示检测灵敏性为1×10^6CFU/mL[10]；特异性实验检测显示与副溶血弧菌、鼠伤寒沙门氏菌、痢疾杆菌、霍乱弧菌小川型、霍乱弧菌O139型及霍乱弧菌569B型等菌无交叉反应，但与耶尔森氏菌、大肠杆菌标准株（ATCC25922）、铜绿假单胞菌标准株（ATCC27853）有一定交叉[10]。显示胶体金免疫层析法，能快速、灵敏地检测金黄色葡萄球菌。有研究者采用检测O9抗原沙门菌的胶体金免疫层析试纸条对市场采集的鸡蛋、鸡肉以及猪肉样品577份进行免疫层析试纸的检测，试纸条与经典细菌分离鉴定法相比，敏感度为90.0%，特异性为98.6%[11]。研究结果显示检测O9抗原沙门氏菌的试纸条检测方法快速、特异、灵敏，在重要沙门氏菌病检测方面有着潜在、广阔的应用前景。胶体金标记免疫层析还可以用于检测不同食品和人畜粪便标本中大肠杆菌O157：H7，结果显示试纸条检测标本的大肠杆菌O157：H7，特异性较高，不需要任何仪器设备，较简便快速，易于判断结果，可对标本进行快速筛查[12]。

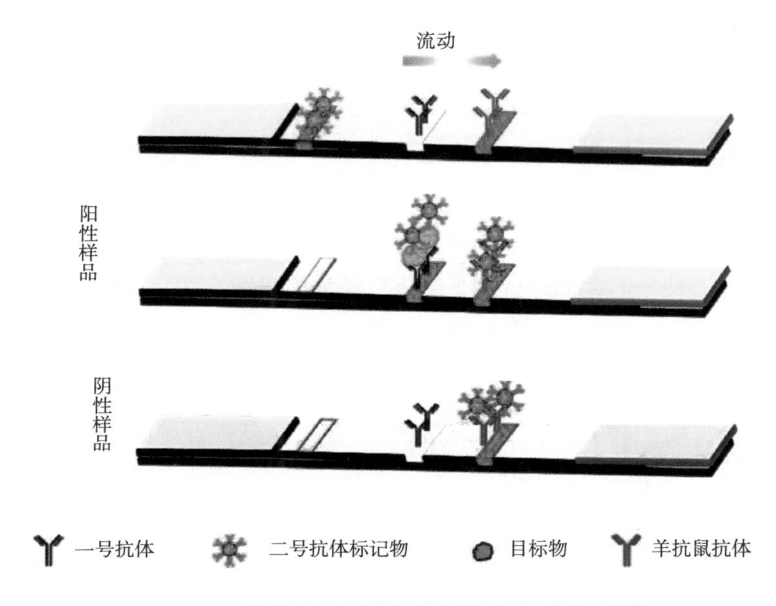

图 9-2　双抗体夹心免疫层析技术检测原理示意图[10]

4. 免疫磁珠技术

免疫磁珠技术是在磁性颗粒表面偶联特异性抗体，并与样品中被检微生物中的特定抗原发生特异性结合，通过磁场作用于载有微生物的磁性颗粒，使微生物可得到特异性分离、浓集。该方法使食品检测更加快速、高效，且具有可重复性。免疫磁珠-免疫脂质体荧光法能够在8h内快速检测出多种液态样品（水样、苹果汁、苹果酒）中低至1CFU/mL的大肠杆菌O157：H7。经比较，免疫磁珠荧光法检测大肠杆菌O157：H7感染样本，准确率为100%，而传统的微生物学方法不能从阴性样本中区分出大肠杆菌O157：H7感染样本[13]。免疫磁珠法用于食品中沙门氏菌的分离不仅可节省分离平板，还能提高筛检效率。一种空肠弯曲菌的免疫磁性捕获-荧光聚合酶链反应方法应用抗血清和磁珠制备了空肠弯曲菌的免疫磁珠，直接捕获检样中的目的菌，不需要增菌培养，即通过荧光PCR技术检测鞭毛蛋白A基因和/或马尿酸基因，该法检测空肠弯曲菌简便易行。可在24h内完成，特异性好，检测低限达10 CFU/mL。而且解决了非可培养态的空肠弯曲菌难以检测的问题[15]。

虽然免疫学方法具有很多优点，但是仍然有许多需要改善的地方，例如由于洗涤和抗原包被等原因，也会导致结果出现假阳性；实验的灵敏度方面，非常依赖于抗体的好坏，一方面制作抗体是一个耗时耗力的工作，而且即使抗体制作得很好，也会由于抗原表面决定簇类似的原因，使结果出现交叉反应，另一方面，免疫学在检测病毒方面，特别是变异性较快的病毒，免疫学检测就比较困难，比如禽流感病毒，存在很多的亚型，并且经常变异，从而使抗体失效，不能检测新的抗原。

（三）代谢组学技术

1. 电阻抗技术

电阻抗技术是近年发展起来的一项生物学技术，已经开始应用于食品微生物的检验。细菌在培养基内生产繁殖的过程中，使培养基中的大分子电惰性物质如碳水化合物、蛋白质和脂类代谢物等代谢为具有电活性的小分子物质，如乳酸盐、醋酸盐等，这些离子态物质能增加培养基的导电性，使培养基的阻抗发生变化，通过检测培养基的电阻抗变化情况，判定细菌在培养基中的生长繁殖特性，即可检测出相应的细菌。通过对沙门氏菌选择培养基——四硫磺酸盐煌绿增菌培养基进行改进，加入氧化三甲胺以增加培养基的电阻抗变化灵敏度，可以连续检测沙门氏菌代谢所引起的培养基电阻抗变化值，通过培养基电阻抗降低的百分比判定沙门氏菌的存在。与常规培养法进行比较，对加入食品中的21种已知沙门氏菌属的检测，电阻抗法检出19个为阳性，检出率在90%以上；常规法检出18个为阳性，即电阻抗法的检出率与常规培养法相差不多，而电阻抗法对于阴性结果能在48h内出具结果。此实验表明电阻抗法能够快速，可靠地检测食品中的沙门氏菌[16]。用电阻抗法对饮用纯净水中的真菌总数进行测定，测定结果与现行的国际方法比较，相符率为90.4%，检测时间缩短至44h，而且样品污染越严重，检出时间就越短，一些污染比较严重的样品的检测时间仅为27h[17]。用电阻抗法对沙门氏菌、金黄色葡萄球菌、大肠杆菌的菌悬液进行检测，发现3种微生物的阻抗曲线图谱有其特定的规律，所形成的特异性阻抗曲线图谱的重复性也非常好，可以应用于微生物的鉴别[18]。

2. 微量热技术

微生物在生长过程中会产生热量，利用微热量计测量特征性微生物的产热量等特异性数据，绘制成时间与产热量对比组成的热曲线图，将所有特征性微生物的热曲图综合后形成图库。待测微生物的热曲线图与已知细菌热曲线图直观比较，即可对微生物进行鉴别。该方法操作便捷、检测效率高、应用范围广。例如，美国TA公司的TAMⅢ系统就是基于该原理对菌体进行鉴别的。

3. 放射测量技术

放射测量技术是将培养基中的碳水化合物或盐类等底物分子，引入放射性^{14}C标记，通过微生物代谢碳水化合物或底物后，释放出含放射性的$^{14}CO_2$，再用自动化放射测定仪测量$^{14}CO_2$的含量，以达到检测微生物的目的。该方法具有快速、准确等优点，在测定食品中的细菌方面，该方法得以广泛应用，如常用的Bactec MGIT 960系统。

4. ATP 生物发光技术

ATP生物发光技术原理如图9-3所示，荧光素酶在以荧光素、三磷酸腺苷（ATP）和氧气为底物，存在Mg^{2+}时，可将化学能转化为光能，发出光量子。ATP既是荧光素酶催化发光的必需底物，又是所有生物生命活动的能量来源。在荧光素酶催化发光反应中，ATP在一定浓度范围内，其浓度与发光强度呈线性关系，各生长期细菌均有较恒定水平ATP含量。因此，提取细菌ATP，利用生物发光法测出ATP含量后，即可推算出样品中含菌量，整个过程仅为十几分钟。ATP生物发光法应用于肉类食品中微生物检测的相关研究结果显示，若将该法应用于生肉类的食品检测，因为其体内ATP的存在就会使得结果被干扰，所以首先要做的就是把样品中的细胞ATP去除，先用2g/L的曲拉通X-100和1.5g/L的三磷酸腺苷双磷酸酶混合液清除体细胞ATP，然后加入30g/L的三氯乙酸混合并振摇1min，进行离心后取上清检测ATP，其光值就是细菌ATP发光值，整个过程大概需要15min[19]。而在熟肉中的自体ATP含量很少，所以对结果的干扰也很小，这样就能省掉清除体细胞ATP的步骤而直接进行测定，整个过程仅需4min。对比38份样品实验后发现，ATP生物发光法检测结果与细菌菌落平板计数方法之间具有良好的线性关系（R^2=0.98）。

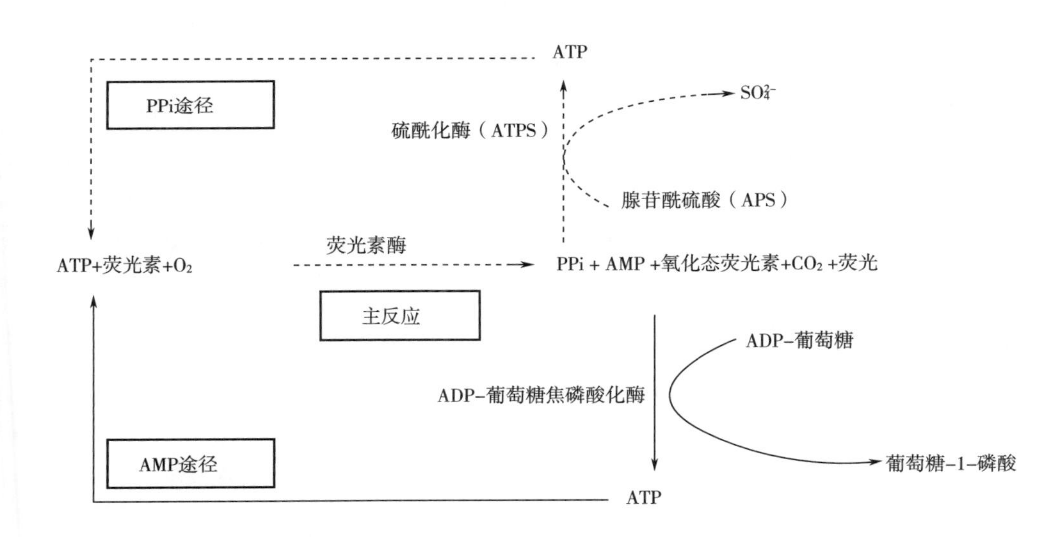

图 9-3　ATP 生物发光技术原理示意图[19]

（四）微生物仪器检测技术

微生物检测仪器的发展，可以实现复杂样本的及时检测和评估[20]。在20世纪90年代以前，人们常通过计数和生化分析进行常规检测，而显微镜、流式细胞术、光学方法、生物发光、超声波和量热法在20世纪90年代才开始用于检测，另有物理化学方法也可以用于检测微生物。例如，用于脂肪酸分析和微生物检测的气相色谱法当前仍用于检测各种微生物化合物，基于红外光谱的其他仪器技术也普遍被应用在微生物检测领域。

1. 流式细胞仪

流式细胞仪是生物领域一种十分重要的检测工具，也是传统激光技术的改进技术。它由几个主要部件：激光器、样品室和装有光电倍增管的光电探测器系统组成。由于其简单快速的性能，流式细胞仪常被用作临床检测中的杀菌活性检测。研究表明，流式细胞仪可以在食品工业中检测微生物的污染情况，提供关于微生物生理状态的详细知识，同时通过使用特异性探针和荧光染料，可以在混合培养物中快速计数。流式细胞术结合羟基荧光素标记的特异性适配体羟基荧光素可以对金黄色葡萄球菌进行特异性检测，检测时长为40min，该方法检测限较高，与适配体亲和力有关[21]。流式细胞术还能对经过核酸染料染色的单增李斯特菌进行检测，此方法检测限低（1.2×10^4个/mL），同时也缩短了增菌时间，省略了复杂的增菌过程[22]。

2. 色谱技术

色谱技术近年来被发现可用于鉴定微生物。气相色谱/质谱法是鉴定和检测细菌及其化合物的有效工具。新的小型化技术如气相色谱-离子迁移谱已用于检测大肠杆菌等微生物，同时通过气相色谱/质谱进一步确认结果。这两种技术都可以用于检测细菌细胞释放的各种化合物（如*O*-硝基苯酚和吲哚）。基质辅助激光解吸电离-飞行时间质谱（MALDI-TOF-MS），提供了特定的生物标志物配置文件，可以实现快速检测，高效且成本较低，其工作原理如图9-4所示。MALDI-TOF-MS已被用于快速检测高致病性细菌，包括芽孢杆菌、耶尔森氏菌、伯克霍尔德氏菌、弗朗西斯菌和布鲁氏菌等[23]。克罗诺杆菌原来称为阪崎肠杆菌，因其能通过污染婴幼儿配方食品导致严重的新生儿脑膜炎、菌血症和小肠结肠炎等疾病，而受到广泛的关注[24]。

3. 毛细管电泳技术

毛细管电泳（CE）技术泛指以高压电场为驱动力，以毛细管为分离通道，依据样品中各组分之间淌度和分配行为差异而实现分离的一类分离技术。Ebersole和McCormick用CE技术对粪肠球菌、化脓链球菌、无乳链球菌、肺炎链球菌和金黄色葡萄球菌5种细菌进行分离，发现不同发育阶段菌体细胞对应着不同特征峰，且大多数细菌在电泳后仍能保持活体状态，活体细菌在线检测可为微生物分析提供新的快速分析方法[25]。Pingle等用通用引物扩增细菌16S rRNA，再进行连接酶链反应提高检测特异性，以CE技术分析连接酶链反应产物，建立的高通量PCR-连接酶链反应-毛细管电泳可被用于20种血源性病原菌（包括炭疽芽孢杆菌、鼠疫耶尔森菌、土拉弗朗西斯菌和布鲁菌等4种生物恐怖病原菌）检测，与常规鉴定方法相比，该方法对血培养物检测灵敏度为97.7%，准确率为99.2%[26]。

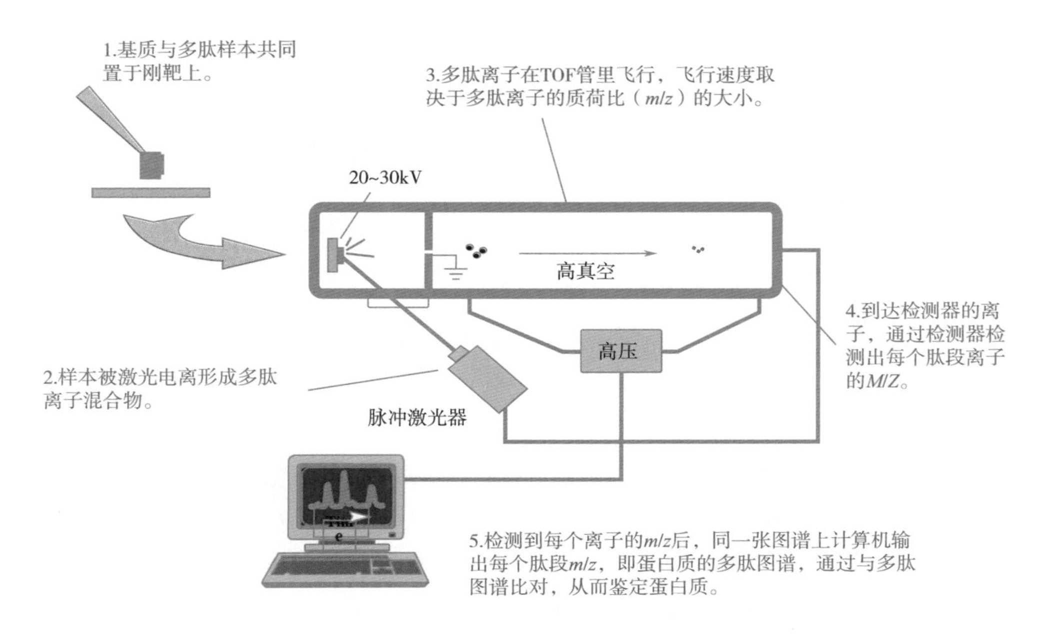

图 9-4　MALDI-TOF- MS 的工作原理示意图

三、病原微生物检测技术未来发展趋势

传统的微生物检验依赖于微生物的富集培养，费时费力；基于核酸序列、免疫学、生物传感器等病原微生物的快速检测技术发展迅速。但是造成感染性疾病的病原微生物种类日益复杂，除已知病原微生物和耐药性菌株外，新型食品制造工艺如对底盘微生物的基因改造等，必然会造成新型病原微生物和新型重组病原微生物等出现的风险。因此，未知病原微生物快速筛查检测技术的开发是病原微生物快速检测技术研究的热点。

（一）基于 CRISPR/Cas 技术的核酸检测

成簇规律性间隔短回文重复序列（Clustered regularly interspaced short palindromic repeats，CRISPR）是细菌和古菌防御机制的起源。完整的CRISPR位点结构如图9-5所示，CRISPR序列由众多短而保守的重复序列区和间隔区组成。重复序列区含有回文序列，可以形成发卡结构。间隔区是被细菌俘获的外源DNA序列。上游的前导区是CRISPR的启动子，另外上游还有一个多态性的家族基因，其基因编码的蛋白质均可与CRISPR序列区域发生作用，因此，该基因被命名为CRISPR关联基因（CRISPR associated，Cas）[27]。CRISPR-Cas系统通常依赖于Cas内切酶及RNA引导，切割特定的核酸序列。Cas9、Cas12a和Cas13a是当前常用的Cas内切酶。随着针对Cas蛋白质研究的深入，CRISPR/Cas技术与核酸等温扩增技术相结合，具有更灵敏、特异性更高、更高效、更便捷等优点，使其在病原微生物的快速检测、抗生素抗性筛选等领域具有广大的发展潜力[28]。

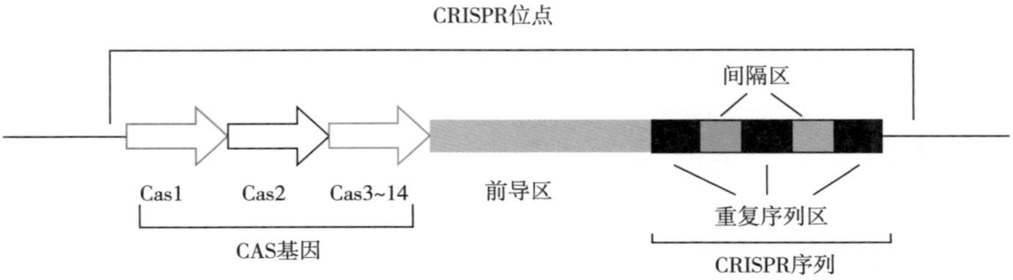

图 9-5 CRISPR 位点结构

1. 基于 Cas9 效应器的生物传感系统

Cas9由于具有引导特异性RNA与DNA互补配对并切割的特性，在国内外广泛用于辅助病原核酸检测及开发核酸生物传感系统。华南师范大学周小明研究团队利用Cas9作用于ssDNA的特性，将CRISPR-Cas与等温指数扩增反应（EXPAR）结合，具有较高的特异性，并将此方法成功用于单核细胞增生李斯特菌mRNA的快速检测[29]。

2. 基于 Cas12a 效应器的生物传感系统

Cas12a作用于DNA和跨切割侧枝ssDNA。侧枝切割活动需要形成Cas12-gRNA-靶DNA的三元复合物，通过RuvC（Cas12具有切割活性的结构域）口袋切割任何侧枝ssDNA。Dai等利用电化学方法检测CRISPR裂解活性的生物传感芯片，以Ag/AgCl为参比电极，设计了一种非特异性的ssDNA报告器，带有用于信号转导的亚甲蓝（MB）电化学标记和硫醇部分，固定在传感器表面以获得电信号，靶标序列可激活Cas12a的反式切割活性，将MB-ssDNA从电极表面切割下来，从而减少MB的转导信号，并应用于人乳头瘤病毒16型和细小病毒B19的核酸检测，检测限可达pmol/m^3的水平[30]。

3. 基于 Cas13a 效应器的生物传感系统

Cas13a是一种RNA引导的核糖核酸酶。与Cas9切割DNA不同，Cas13a可结合并切割RNA。2017年，美国麻省理工学院张锋教授团队将核酸等温扩增技术与CRISPR-Cas13a基因编辑系统相结合，其能够识别单个碱基差异[31]。检测原理是通过重组酶聚合酶扩增（RPA）实现目标核酸的指数扩增，反转录成RNA，Cas13a蛋白质在crRNA引导下定位目标RNA，切割核酸，同时激活Cas13a蛋白质的附属效应，切割带有荧光和猝灭基团标记的二核苷酸，使反应体系发出荧光，荧光信号被捕捉，实现目标基因的检测。研究人员将这种结合命名为SHERLOCK（Specific High Sensitivity Enzymatic Reporter Unlocking）并将其应用于寨卡病毒、登革热病毒、病原菌、人类基因分型及游离DNA癌变基因检测[32]。此外，结合免疫层析试纸条方法，研究人员也将该系统用于新型冠状病毒的检测，该方法成本低，灵敏度高，易于现场检测[33]。

（二）高通量筛查的基因芯片技术

现有病原微生物检测方法多是一对一的检测方法，或是局限的一对多的检测方法。为满足未来快速检测的需求，亟须开发一对多的检测方法。基因芯片作为一种高通量检测技术，适用于开发一对多的病原微生物通用检测新技术。其原理是将各种基因寡核苷酸点样于芯片表面，微生物样品经PCR扩增后制备荧光标记探针，然后再与芯片上寡核苷酸点杂交，最后通过扫描仪定量和分析荧光分布模式确定检测样本是否存在某些特定微生物（图9-6）。

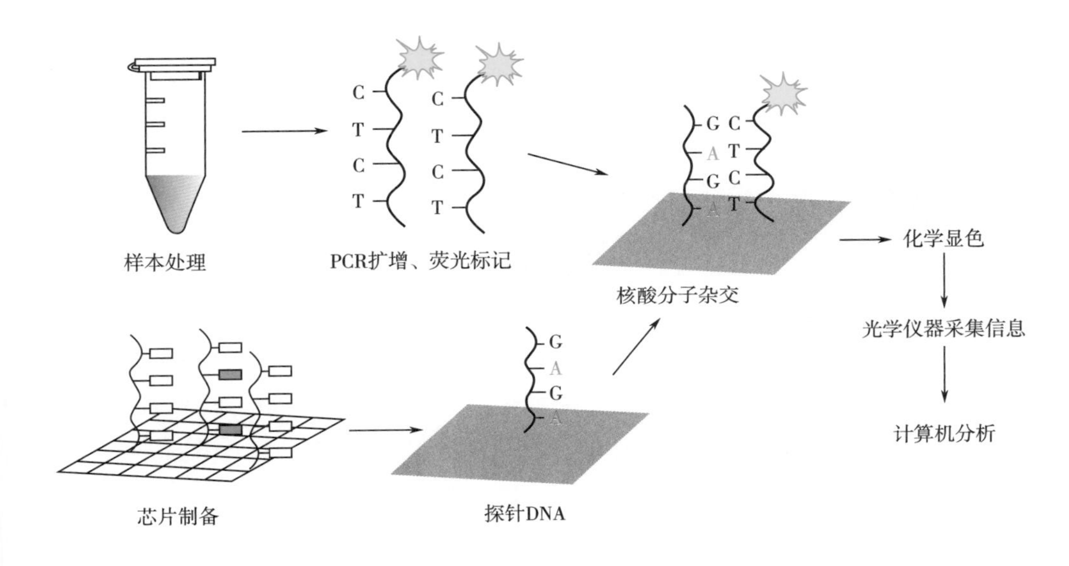

图 9-6　基因芯片原理

目前，国内已发展用于检测未知病毒并对病毒进行分型鉴定的基因芯片技术。但大规模特异性的探针设计复杂，充分发挥基因芯片高通量以及未知病原微生物检测的优势还存在巨大挑战[34]。

第二节　生物毒素的检测

新型的食品制造技术是一把双刃剑。一方面通过改造食品原料组成、新型加工工艺等手段，可减少食品中原有生物毒素产生；另一方面基因工程改造等手段，如底盘微生物的改造等，又有可能带来新型未知毒素。

一、概述

生物毒素是指生物机体分泌代谢或半生物合成产生的、不可自复制的有毒化学物质。一般根据来源，生物毒素可分为微生物毒素、动物毒素和植物毒素，其中大多数生物毒素具有很强的毒性，常造成严重的食品安全问题。

整体来说，生物毒素具有结构复杂、分布广、毒性强、生物学功能特殊、不易解毒等特性，且生物毒素多以痕量形式存在于食品中，加上食品介质及不同生物毒素理化性质的差异，采取何种检测技术能有效、灵敏地检测生物毒素一直是监管部门关注的瓶颈问题。因此，发展快速、高灵敏度、高特异性的生物毒素检测方法显得尤为重要。目前，生物毒素检测方法主要包括高效液相色谱/质谱法、免疫分析法、生物传感器法以及核酸适配体法。

二、生物毒素的检测技术

（一）色谱 / 色谱 - 质谱联用技术

色谱/色谱-质谱联用技术是目前生物毒素检测中应用最广泛的技术之一，具有高准确性、高灵敏等优点。随着提取、色谱、质谱技术的不断发展，色谱/色谱-质谱联用技术可实现已知生物毒素的高通量和痕量分析。其中超高效液相色谱-质谱联用/质谱（UPLC-MS/MS）方法已经逐渐成为最近几年应对大多数真菌毒素检测的方法，并通过该方法实现了对花生、粮油中18种真菌毒素，玉米粉中10种真菌毒素，小麦粉中11种真菌毒素，中药材中14种真菌毒素等样品中真菌毒素含量的定性定量分析，并且对真菌毒素的检测种类可达106种。

（二）免疫分析技术

免疫分析技术前处理简单、成本低、结果呈现快速，可实现现场检测，用于大批量样本的快速初筛。目前常用于食品中生物毒素检测的免疫分析技术包括ELISA和免疫层析检测技术。

其中ELISA具有选择性强、灵敏度高、时间短、检测限低等特点。目前，市场上真菌毒素类酶联免疫检测试剂盒种类与规格繁多，样品前处理方法也较为多样化。北京普赞生物技术有限公司自成立至今一直致力于真菌毒素快速检测方法的研究，目前已成功研制出黄曲霉毒素B_1、黄曲霉毒素M_1、呕吐毒素、玉米赤霉烯酮、伏马毒素、T-2毒素、赭曲霉毒素等酶联免疫试剂盒。与其他同类产品相比，普赞生物的产品操作更为简便快速，40min左右即可完成样品检测并收集结果数据，回收率可达 90%~110%，产品灵敏度和检测限均处于国内领先地位，尤其是黄曲霉毒素B_1酶联免疫试剂盒，灵敏度可达0.01ng/mL。

根据抗体标记物的不同，免疫层析技术又可分为胶体金免疫层析技术、时间分辨荧光免疫层析技术等。胶体金免疫层析技术是以粒径为15~40nm的金纳米粒子为抗体标记物，其检测结果具有肉眼可视化的优点，是目前市场上生物毒素应用最多的检测技术之一。随着纳米材料技术的不断发展，荧光标记物也已成为霉菌毒素免疫检测中最常用的标记物之一。它们化学稳定，价格低廉，对敏感信号有很高的荧光强度。最重要的是，它们含有活性化学基团（—COOH、—NH_2或—CN），可以偶联到抗体或半抗原上。近年来，荧光微球（FMs）作为这些标记之一，在真菌毒素的检测方面引起了人们的极大兴趣。作为一种聚苯乙烯材料，FMs在小球的内外表面都含有染料，构象稳定，荧光强度高。它们有各种球体大小和颜色可供选择，并显示出广泛的荧光强度。荧光免疫层析法是一种将FM标记与免疫层析相结合的快速分析方法。将荧光免疫层析纸与荧光分析仪相结合，可以定量读取和分析荧光信号，避免了目视观察带来的误差。分析物浓度可以通过建立拟合曲线来计算。荧光免疫层析法和胶体金免疫层析法可被用于分析蓝藻毒素。荧光条在水样中的检出限为0.2ng/mL，而金胶体条的检出限为1ng/mL，荧光免疫层析系统测定结果更准确，且荧光条可以比金胶体条更快地完成样品中微囊藻毒素的测定，包括检测器稳定时间、检测器溶液制备时间、检测器溶液与水样混合时间、样品运行时间，而胶体金免疫层析系统具有在检测现场直接检测微囊藻毒素的强大优势，无需将样品带回实验室[35, 36]。相比于ELISA和PCR等检测方法，这两种方法均具有快速，成本低，简单方便，特异性好，稳定性高等优点。

无标记免疫分析方法已经开始出现，其具有低阈值和低成本的特点，似乎是一种很好的分析方法。然而，从灵敏度和特异性方面考虑，标记免疫分析方法仍然优于非标记免疫分析方法。

（三）生物传感器技术

1. 电化学生物传感器

电化学生物传感器的原理是利用电极作为换能元件，通过生物识别元件捕获目标分析物后在电极界面上进行的电化学反应从而引起生物传感器表面发生电流、电位、阻抗或电导变化，根据监测这些电信号的变化来定量目标分析物的浓度。故按最终测量信号的不同可将电化学生物传感器分为阻抗型、电流型、电势型和电导型4种类型，其中阻抗型和电流型生物传感器在检测细菌方面应用较多，而电势型和电导型生物传感器主要用于检测病毒和微生物毒素，在实际应用中并不是很广泛。由于电化学生物传感器研究相对较早同时也较其他传感器更加成熟，近年来，国内外学者对于研究开发各种类型生物传感器做了大量的工作并取得了一些重要的成果。电化学免疫传感器法测定牛乳中黄曲霉毒素M_1，测定限与线性扫描伏安法相比，具有很高的相关性，这说明该方法具有很高的准确度，适合于牛乳中黄曲霉毒素M_1的测定[37]。在众多种类的生物传感器中，以金纳米颗粒/石墨烯–壳聚糖复合涂层的阻抗免疫传感器是检测血清型A型肉毒杆菌最有效的生物传感器之一，这种免疫传感器可以快速准确地检测肉毒杆菌神经毒素，这种传感器在0.2～230pg/mL范围内具有线性关系，可以应用于检测牛乳和血清等样品，检测限为0.15pg/mL[38]。还有一种利用金纳米双锥体进行无标记检测的光电生物传感技术，其对AFB1的检测范围为0.1~25nmol/L，检测限为0.1nmol/L。在添加玉米样品中测试了该传感器的实用性，回收率为95%~100%，相对标准偏差低，证明了该AFB1传感器的稳定性[39]。一种利用计时安培法的安培生物传感器是基于钯掺杂石墨碳氮化物的非竞争性策略的信号对磁电化学免疫传感器，可用于贻贝和海水中贝类毒素的检测，其检测范围为20~400pg/mL，检测限为1.2pg/ml[40]。经过改进，基于钯掺杂石墨碳氮化物的非竞争性策略的信号对磁电化学免疫传感器可用于贻贝和海水中贝类毒素的检测；一种简单的三明治分析型电化学免疫传感器可以检测艰难梭菌毒素B（TcdB）[41]。

2. 光学生物传感器

光波导模式谱（Optical waveguide lightmodespectroscopy，OWLS）是一种非标记光学检测方法。OWLS 方法通过检测波导附近的有效折射率的变化进行传感，无需进行放射性、荧光或其他标记方法。通过同时对传导模式的测定，可以实时定量分析波导表面吸附物质的质量[42]。结合抗原抗体之间的反应，这种方法可应用于测定多种生物物质。另外一种比较常见的光学生物传感器是表面等离子体共振（Surface plasma resonance，SPR）免疫传感器，这是SPR技术与生物分子特异性相互作用分析原理相结合的产物。SPR免疫传感器的原理是将一种受体（抗体、抗原）结合在金属膜表面，加入含相应配体（抗原、抗体）的样品，配体和受体的结合将使金属与溶液界面的折射率上升。从而导致共振角度改变。如果固定入射光角度，就能够根据共振角的改变程度来定量配体浓度。在食品检测中应用这种光学免疫传感器进行测定已有不少报道。Daly等报道了一种SRP免疫传感器，采用间接竞争法的原理来测定黄曲霉毒素B_1，测定范围为3.0 ~ 98.0ng/mL。SRP免疫传感器测定范围广，测定下限低[43]。SPR生物传感器，可用于识别所有的微囊藻毒素形式[44]。该传感器可用于超过500个周期，每个周期包括单个样品4次测量，测量时间不超过10min，灵敏度达0.05ng/mL，可以定量检测蓝藻膳食补充剂，其检测限为0.24μg/g。另外还有一种可以检测赭曲霉毒素的新型电化学生物传感器，可以用来检测果汁、乳粉和小麦牛乳等各种食品中的赭曲霉毒素含量，其检测限低于国家标准对赭曲霉毒素的限量0.5μg/kg[45]。等离子体共振生物传感器也可被用于检测小麦中的T−2毒素和“隐藏”的T−2毒素−3−葡萄糖苷（T2−G），其中T−2毒素检出限为1.2ng/mL，T2−G检出限为0.9 ng/mL，分别相当于小麦中的48μg/kg和36μg/kg[46]。

三、生物毒素检测技术未来发展趋势

随着科技的进步，便携式、高通量的实时现场检测是未来的研究热点之一。结合智能手机的普及，许多企业开发了信息处理软件，开发手机应用客户端，集成数据读取、数据处理和数据输出为一体的检测器，并能同时自动生成有用的数据报告，极大地方便了用户的信息读取，同时也可进行数据上传，便于进行实时监督、监管[47]。但目前市场上相关生物毒素的检测设备还有很大的改进空间。此外，新型检测技术手段（电子鼻、高光谱成像等）以及对未知毒素的检测等，将成为未来食品中生物毒素检测的主要发展趋势。

（一）电子鼻技术

电子鼻是通过模拟动物嗅觉进行检测的一种电子装置，它由电子采样器、电子传感器列阵以及模拟识别系统三大功能系统构成，通过识别各种气味，建立气味模型进而检测出发生霉变食品的特殊气味。采用电子鼻技术对被黄曲霉毒素感染的糙米样品中的挥发性物质进行检测分析，结果表明，电子鼻响应信号与糙米中黄曲霉毒素B_1、黄曲霉毒素B_2、黄曲霉毒素G_1、黄曲霉毒素G_2含量及总黄曲霉毒素B_1含量有很高的相关性。其中黄曲霉毒素B_1的预测精度最高，预测相关系数和均方根误差分别为0.808mg/kg 和127.3μg/kg，从而体现出电子鼻技术在食品黄曲霉毒素检测中应用的可行性和准确性[48]。

（二）高光谱成像技术

高光谱成像技术是一种新型的图谱合一化学计量手段，随着技术的成熟和发展，广泛地应用于食品以及农产品的检测。利用高光谱技术对花生中的黄曲霉毒素进行检测，在365nm紫外灯下，通过高光谱成像系统采集5种不同黄曲霉毒素浓度共250个花生籽粒样本33个波段（400～720nm）的高光谱图像，得到的检测结果精密度高，从而体现出高光谱检测法较强的检测能力[49]。利用高光谱成像技术对玉米籽粒表面黄曲霉毒素进行检测，并采用因子判别分析对5种样品进行了分类，该模型对训练集和验证集的准确率分别达95%和86%。结果表明，利用高光谱成像技术检测玉米籽粒表面黄曲霉毒素是可行的[50]。

（三）通过基因组测序、生物信息学推测新型毒素

传统的生物毒素发现往往是在病情发生后再分离、培养、鉴定毒素，这种方法获得的信息过于滞后，不可避免地会对健康和经济等造成影响。许多未知毒素的基因组可能跨越了不同的基因谱系，但发育树已存在于现有数据库中，如NCBI数据库已有近10万原核生物的部分或完整基因组。基因组数据库的快速增长，尤其是元基因组的快速发展，使得在毒素分离测试之前，即可进行确认。此外，生物信息学方法还可以用来开发一种持续地、自动化地监视基因组数据库技术，以此完成新型毒素的鉴定[51]。Krueger等使用对比工具PSI-BLAST（Positive-specific Interative-Basic Local Alignment Search Tools）寻找同源蛋白，发现了沙门氏菌SqvB毒素[52]。Pallen等通过已知基因组确定了20多个其他假定的二磷酸腺苷-核糖基转移酶，并通过生化手段进行了验证[53]。

（四）生物毒素污染预测技术

预测技术主要是通过检测手段来确认食品内所有成分，再根据成分在正常环境下的变化表现以及变化后对食品整体质量的影响作出预测判断，确定食品保质期。此外，由于食品中污染残留种类繁多，通常还需借助信息化手段生产智能逻辑，再通过智能逻辑代替人工进行

判断，并结合人工校改，得到准确的检测结果。预测技术的出现为生物毒素以及其他化学污染残留物的检测提供了很大的发展空间。

第三节　食品过敏成分的检测

食品过敏也是当今食品安全领域的重要问题之一，由食品引起的过敏疾病占过敏总数的90%。基因改造等新兴生物制造食品引入的过敏性问题也是人们关注的焦点之一。目前，避免食用含有过敏原的食物是目前食物过敏的唯一措施。因此，食品过敏原标识及检测是控制食物过敏的重要手段。

一、食品生物制造中致敏成分的来源

（一）天然致敏成分

食物的致敏性可能是由具有类似致敏能力的多种蛋白质引起的，也可能是由单一的主要过敏原引起的。目前，国际公认的主要八大类过敏食品为：大豆、麦类、蛋类、甲壳类、乳类、芹菜、花生、坚果。由于不同国家的饮食结构不同，所以过敏食物的种类也有差异，因此，不同国家和地区对食物过敏原标签标注情况也不同（表9-1）。豆科植物如花生、大豆和羽扇豆是含有大量有效致敏蛋白的典型食物。相比之下，对甲壳类动物、鱼类和软体动物的过敏主要是由对各自动物体内的一种主要肌肉蛋白的过敏反应引起的。

表 9-1　不同国家和地区食物过敏原标签标注情况

食物	过敏原	欧盟	中国	日本	美国	南非	澳大利亚	加拿大
谷蛋白（谷类食品）	Tri a 14~15、Tri a 19、Tri a 25	√	√	√	√	√	√	√
蛋类	卵白蛋白、卵类黏蛋白、卵转铁蛋白和溶菌酶等	√	√	√	√	√	√	√
乳类	α-乳白蛋白、β-乳球蛋白、酪蛋白和牛血清白蛋白等	√	√	√	√	√	√	√
大豆	Gly m 8、G1y m 5	√	√		√	√	√	√
花生	Ara h 1 ~ 8	√	√	√	√	√	√	√

续表

食物	过敏原	欧盟	中国	日本	美国	南非	澳大利亚	加拿大
坚果	Ana o 1 ~ 3	√	√	—	√	√	√	√
芝麻	Ses i 1 ~ 5	√	—	—	—	—	√	√
芹菜	Api g 1 ~ 4	√	—	—	—	—	—	—
芥末	Bra j 1、Sin a 1	√	—	—	—	—	—	√
荞麦	Fag t 2、Fag t 10	—	—	—	—	—	—	—
羽扇豆	Ara h 1~8、Gly m 8	√	—	—	—	—	—	—
鱼	小清蛋白	√	√	—	√	√	√	√
甲壳类	原肌球蛋白	√	√	—	√	√	√	√
软体动物	Pen a 1、Tod p 1	√	—	—	—	√	—	—
亚硫酸盐（>10mg/kg）	—	√	√	—	—	—	√	—

注：Tri a：小麦贮藏蛋白；Gly m：大豆致敏蛋白；Ara h：花生过敏蛋白；Ses i：芝麻过敏蛋白；Api g：芹菜过敏原蛋白；Bra j：芥末过敏原蛋白；Sin a：芥末过敏原蛋白；Fag t：荞麦过敏原蛋白；Pen a：虾致敏蛋白；Tod p：鱿鱼原肌球蛋白。

（二）基因改造过程引入的过敏物质

基因改造食物是通过体外核酸技术（基因转移、基因改良、DNA重组）获得的食物。以下基因改造过程均可能产生过敏性：①所转基因编码已知的过敏蛋白；②基因源含过敏蛋白；③在转入蛋白质与已知过敏蛋白的氨基酸序列免疫学上有明显同源性，至少有8个连续氨基酸相同；④转入的蛋白质属于家族中有过敏蛋白的家族。

基因工程食品的开发通常涉及新蛋白质的引入，比如为提高大豆中甲硫氨酸含量，改善动物饲料营养品质，将来自巴西坚果的富含甲硫氨酸的蛋白质基因克隆到大豆中，而开发出一种新的转基因大豆品种，动物试验表明巴西坚果种子储藏蛋白无致敏性，但含巴西坚果清蛋白基因的大豆有致敏性。

二、食品过敏原的检测技术

随着食品安全问题的日益突出，食品过敏原的识别和检测技术也在不断发展。研究人员已经应用各种技术来确定食物中过敏原的存在，这些方法是定性或定量的，可以检测过敏原蛋白质本身或通常表示其存在的标记物质。基于蛋白质的检测方法通常是基于免疫化学过敏原检测，涉及来自患者血清的免疫球蛋白E抗体（IgE）或通过动物免疫产生的多克隆和单克隆免疫球蛋白G抗体（IgG），PCR法是常用的间接技术，检测代表过敏性食物的DNA。同时质谱技术和方法学的进步也促进了蛋白质组学领域的发展，包括食物过敏原的鉴定、表征和测定。

（一）免疫分析技术

1. ELISA 技术

目前，ELISA技术是食品工业实验室和官方食品控制机构检测和量化食品中隐藏的过敏原最常用的方法。用ELISA技术检测过敏原或特异性标记蛋白质，结合特异性酶标抗体进行比色反应。该抗原–抗体复合物的浓度随后可基于用纯化的参考标准物生成的标准曲线来估计。竞争ELISA法和夹心ELISA法两种ELISA法可用于定量潜在过敏性食品的过敏原。竞争ELISA法已被用于多种食物过敏原的检测，检测限可至0.4mg/kg[54]，对于某些过敏原，竞争ELISA法以试剂盒形式销售。夹心ELISA法已被开发用于检测花生、榛子、牛乳等食物中过敏原，并且许多测试试剂盒也已在市场上销售。研究人员采用胡桃总蛋白质产生的多克隆抗体建立检测胡桃成分的间接竞争ELISA法，并通过特异性试验和样品回收试验对该方法进行验证，该方法对胡桃蛋白的定量检测限为94ng/mL；在特异性试验中，只有美洲山核桃出现交叉反应，其他植物样品均未出现交叉反应，将10～200μg/g的胡桃蛋白添加到小麦蛋白中，胡桃蛋白的回收率为78%～93%[55]。基于花生主要过敏原蛋白Arah6的间接竞争酶联免疫检测法实现了对食物中花生的定量检测，此检测方法对Arah6的定量检测范围为16.5～10000ng/mL，该检测方法灵敏度高，检测范围广，适用于食品中花生现场快速检测[56]。

2. 十二烷基硫酸钠 – 聚丙烯酰胺凝胶电泳免疫印迹法

十二烷基硫酸钠（SDS）–聚丙烯酰胺凝胶电泳（PAGE）免疫印迹法代表了蛋白质/过敏原分离和鉴定的标准程序。样品和标准品根据其分子质量在SDS–PAGE中分离，其原理如图9–7所示。通过SDS–PAGE电泳分离牛乳的蛋白质组分，采用免疫印迹方法鉴定过敏原，通过离子交换层析对牛乳过敏原进行初步纯化，结果表明，鲜牛乳粗提液SDS–PAGE显示蛋白质条带有12条，乳粉粗提液SDS–PAGE显示出的蛋白质条带与鲜牛乳的蛋白质条带基本一致。鲜牛乳SPS–PAGE显示14ku的阳性条带[57]。离子交换层析可初步纯化出14ku的过敏原蛋白。

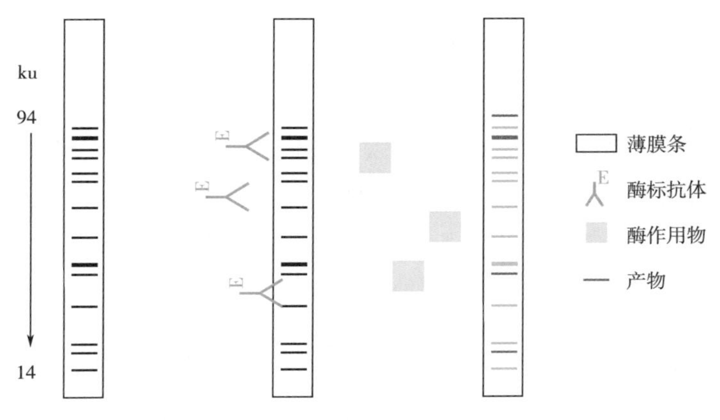

图 9-7　SDS-PAGE 免疫印迹原理示意图

3. 火箭免疫电泳技术

火箭免疫电泳技术的原理是使用含有抗体的凝胶、标准或样品蛋白质（抗原）根据其电泳迁移率迁移，直到抗原抗体复合物在凝胶中沉淀，火箭状沉淀以恒定的抗原/抗体比形成，火箭的高度与施加的抗原量成正比。火箭免疫电泳测定牛乳中免疫球蛋白方法，标准曲线的线性良好，精密度和准确性较高，样品重复测定的相对标准偏差为1.65%，与不同原理的其他方法相比对测定的结果无显著性差异，而且操作简便、快速、成本低廉，适用于工厂的产品检验。但由于凝胶制备和免疫染色程序的处理相当不方便和耗时，火箭免疫电泳并没有广泛用于过敏原的测定[58]。

4. 通过斑点免疫印迹法

斑点免疫印迹法可以简单且廉价地筛选食物样品。其原理如图9-8所示，先将样品蛋白质提取物点在硝酸纤维素膜或聚偏二氟乙烯膜上，并与结合靶抗原的酶标记的蛋白质特异性抗体一起温育，这些斑点通过添加底物而显现，底物通过酶反应转化为有色产物，可以使用放射性标记的抗体，随后通过放射线照相分析，点的强度与抗原的量成正比。该测试是半定量的，允许检测食物中含量低至2.5mg/kg的目标蛋白质（例如花生）。

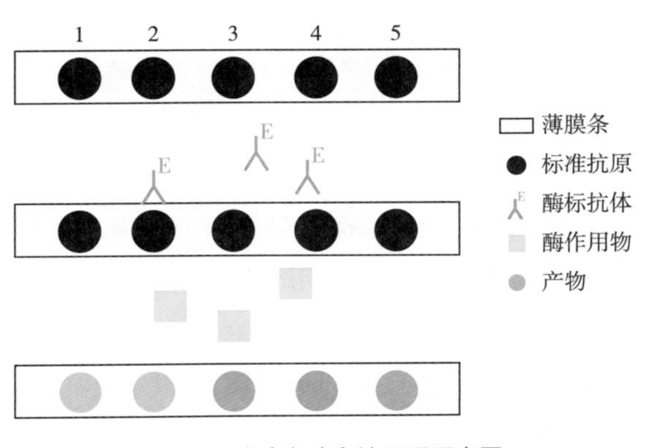

图 9-8　斑点免疫印迹原理示意图

（二）基于核酸的检测技术

基于DNA的方法越来越多地用于检测外来食物成分，如微生物病原体或转基因作物材料的存在。这些方法为检测食品中的特定致敏成分提供了灵敏的工具。食物中的过敏原通常以微量形式存在，并且被食物基质掩盖，因此检测食物中的过敏原是非常困难的。在许多此类情况下，或者当免疫学方法不易获得检测结果时，基于DNA的检测方法构成了一种替代方法。基于DNA的检测方法比基于蛋白质的检测方法多了许多优点，主要是目标DNA在苛刻的变性条件下被有效提取，并且比从食品基质中提取蛋白质的难度更小。

1. 聚合酶链式反应（PCR）

PCR技术通常用于定量检测各种食品中的转基因成分，如转基因大豆和玉米。采用普通PCR和SYBR GreenⅠ（一种核酸染料）实时荧光PCR的方法建立食品过敏原牡蛎成分的检测方法，可以对10种牡蛎阳性样品和20余种阴性样品进行实验。该检测方法可以检测出含牡蛎成分0.1%（质量分数）的样品，其中荧光PCR的灵敏度达到0.01ng/μL，特征峰的T_m温度为80.08℃，对于收集到的食品相关产品以及保健品中牡蛎粉的检出率为100%，该方法可广泛应用于食品中牡蛎成分的快速鉴定[59]。王海艳等根据胡桃叶绿体成熟酶K基因（*matK*）设计特异引物WALⅠ/WALⅡ，建立检测胡桃成分的PCR法，该引物能够在胡桃和美洲山核桃中扩增出长度为120bp的目的片段，再通过限制性内切酶BfaⅠ对扩增产物进行酶切，可有效区分胡桃和美洲山核桃[60]。

2. 实时聚合酶链式反应（RT-PCR）法

RT-PCR需要更昂贵的实验室设备，但与其他DNA定量方法相比，它显示出极其准确的优势且劳动强度更低。市场上有几种用于各种过敏原检测的RT-PCR试剂盒。榛子过敏原的RT-PCR检测方法采用针对榛子热休克蛋白设计合成的引物和探针，具有相对较高的灵敏性，而且和常见的食物种类无交叉反应，适于榛子过敏原的检测[61]。汪永信等人根据大豆*atpA*基因和芹菜*mtd*基因设计特异性引物，利用不同荧光素标记的TaqMan探针，建立了一种RT-PCR检测方法，可同时检测食物中大豆和芹菜致敏成分。该方法可作为同时检测食品中大豆和芹菜的致敏成分的特异性方法[62]。

3. 聚合酶链式反应 - 酶联免疫吸附测定（PCR-ELISA）

PCR-ELISA将基于DNA的方法的高特异性与用于半定量分析的相当简单和经济的ELISA法测定相结合。基于DNA分析（PCR法）的方法可用于分析食品中隐藏的过敏原，并可通过ELISA法进行补充。ELISA法可用于检测鸡蛋和牛乳作为食物过敏原，而PCR法检测应用于密切相关产品（核桃、榛子、杏仁）之间的鉴定。用PCR-ELISA扩增过敏性食物的特定DNA片段，然后将扩增产物与特定的蛋白质标记的DNA探针连接。然后将该蛋白质标记与特异性酶标记的抗体偶联。DNA的浓度可以通过酶-底物产生的显色反应来定量。目前市场上已有PCR-ELISA检测试剂盒。

（三）基于蛋白质组学的检测技术

蛋白质组学是指对一个物种包含的所有蛋白质进行大规模分析[63]。虽然生物体的基因组是稳定的，但蛋白质组会根据细胞外和细胞内条件、共翻译和翻译后修饰、剪接变体、共价和非共价结合以及分布的时空差异而不断变化。许多质谱技术已经被开发用于蛋白质组学分析的不同方面[64]。基于质谱的蛋白质组学可用于蛋白质和肽的鉴定和定量、一级序列的测定以及蛋白质相互作用和修饰的检测。应用蛋白质组学方法分析致敏蛋白质被称为变应原组学。变应原组包含许多不同的假定蛋白变应原，变应原组信息不断积累并可在诸如过敏原数据库之类的在线目录中获得。

基于质谱的平台构成了蛋白组学的核心技术，可以快速、准确地分析蛋白质，具有高灵敏度、特异性和重现性。离子源和质量分析仪是质谱技术研究蛋白质的核心。自20世纪80年代末引入以来，基质辅助激光解吸电离（MALDI）和电喷雾电离（ESI）一直是生物分子分析中应用最广泛的软电离技术。MALDI和ESI接口以各种方式与许多质量分析仪结合，使得质量分析仪的性能在灵敏度、分辨率、质量精度等方面均有很大提高[65]。高效液相色谱-质谱联用可被用于食品中水产品过敏原的快速筛查和定量检测，该方法能筛选出南美白虾、大闸蟹、青蟹、金枪鱼、大西洋鲑鱼的7种过敏原蛋白的30个特征肽，利用高效液相色谱-三重四极杆质谱（UPLC-QqQ-MS）系统对特征肽进行验证和多反应监测（MRM）定量研究，该方法在5～250mg/kg内线性关系良好，检出限为2～3.5mg/kg，该方法具有重现性好、高通量的优点，可应用于肉制品和调味料中7种过敏原的快速筛查和定量分析[66]。

三、过敏原检测技术未来发展趋势

目前应用最广泛的食品过敏原检测技术主要有免疫学分析方法、质谱法以及基于核酸检测的实时荧光定量PCR技术、环介导等温扩增技术等[67]。由于过敏原的抗原活性表位容易发生构象改变、变弱或降解，免疫学方法容易出现假阴性的检测结果。质谱法的检测结果与蛋白质的构象无关，尤其适用于食品加工过程中的过敏原检测，但质谱仪器昂贵，前处理步骤复杂，成本高，难以满足商业化需求。基于核酸的检测技术检测的是过敏原对应的DNA片段，不能直接反应样品的致敏性。因此，准确、高效、便捷仍是食品过敏原检测技术的主要发展趋势。以下从细胞传感器技术、生物芯片技术和基因工程技术角度介绍食品过敏原检测技术的未来发展趋势。

（一）细胞传感器技术

细胞传感器是以活细胞为传感元件，其利用细胞的高敏感性，具有实时、快速、动态、准确等优点，能检测和分析目标物的含量和危害，克服了基于蛋白质和核酸检测方法的缺点。大鼠嗜碱性白血病肥大细胞（RBL-2H3）是含有许多组胺和肝素颗粒的粒细胞，是过敏原检测中最常用的一种细胞传感元件[68]。利用RBL-2H3细胞对过敏原的敏感性，将细胞固定在电极进行3D培养，研究人员构建了一种可用于检测虾肌球蛋白的电化学肥大细胞传感器，检测限可达0.15mg/L。结合荧光质粒构建、细胞转染，研究人员进一步构建了检测鱼小清蛋白的荧光肥大细胞传感器，检测限可达0.35μg/L[69]。此外，研究人员也利用B细胞自身接触过敏原后能分泌特异性抗体的特性，将RBL肥大细胞与B细胞共同培养，构建了基于细胞共同培养体系的生物传感器用于过敏原检测[70]。

（二）生物芯片技术

生物芯片是构建在固相载体上的微小检测装置，可在一定条件下与待测样品发生生物杂交反应，在扫描仪器和计算机辅助下对反应结果进行数据采集和分析，具有微量化、高通量、高效率和自动化等明显优势，是食品过敏原检测的有效新型检测工具，主要包括蛋白质芯片、基因芯片、细胞芯片等[71, 72]。研究人员采用夹心式检测方式，制备了一种能够同时定量检测样品中β-乳球蛋白、乳铁蛋白两种过敏原的蛋白质芯片，将大豆、小麦、花生、腰果、虾、鱼、牛肉和鸡8种食品过敏原组合在一张可视化的基因芯片上，实现了单一样品中8种过敏原同时快速检测[73]。基于硅的光学薄膜基因芯片模拟机体内免疫环境，研究人员构建了巨噬细胞和肥大细胞共培养微流控芯片（图9-9），该芯片能够实时监测细胞接收过敏原刺激时发生的过敏反应，包括释放炎性细胞因子、细胞阻抗变化，为生物芯片在食品过敏原检测中的应用提供了思路[74]。

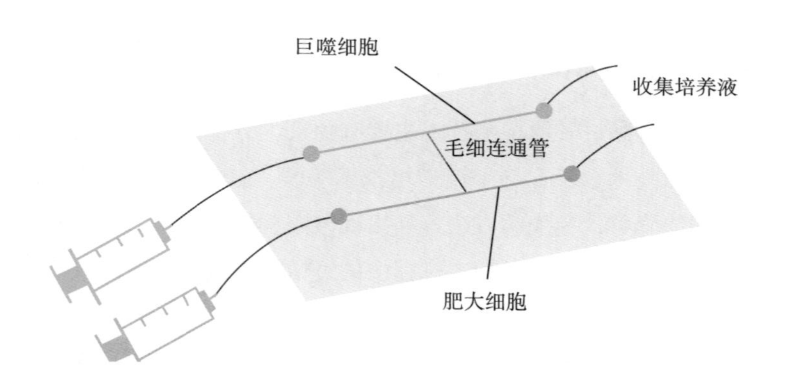

图 9-9 细胞共培养微流控芯片示意图

（三）基因工程技术

传统的兔源多克隆抗体、鼠源单克隆抗体等，存在表位结合不确定、空间位阻大等缺点。表位是食品过敏原致敏的基础，但过敏原在加工中极容易发生结构改变而表位保持良好的稳定性，导致传统抗体不能特异性识别这些过敏原[75]。传统抗体与纳米抗体的对比如表9-2所示，相比传统抗体，纳米抗体只包含一个重链可变区和重链2、3区，轻链天然缺失，具有亲和力高、稳定性强、溶解性好以及人源化简单等优点，在食品过敏原检测方面具有较好的应用前景[76]。

表 9-2 传统抗体与纳米抗体的对比

项目	传统抗体	纳米抗体
抗体表达	在哺乳动物表达系统中表达，周期长、成本高	既可在哺乳系统中表达，又可在大肠杆菌表达系统中表达，表达的抗体具有水溶性、易复性①
抗体稳定性	易失活，高温或极度pH下失效或分解	高酸碱稳定性、高耐热性，90℃处理后依然可以保持较高的活性
免疫原性	较高	较低
组织渗透性	较低	较高

注：复性指在变性条件不剧烈，变性蛋白质内部结构变化不大时，除去变性因素，在适当条件下变性蛋白质可恢复其天然构象和生物活性。

参考文献

[1] 金大智，曹际娟，张政，等. 实时荧光RT-PCR检测活性单核细胞增生李斯特菌方法的建立［J］. 中华微生物学和免疫学杂志，2008，28（10）：941-945.
[2] Park Y S，Sang R L，Kim Y G. Detection of *Escherichia coli* O157：H7，*Salmonella* spp. *Staphylococcus aureus* and *Listeria monocytogenes* in Kimchi by Multiplex Polymerase Chain Reaction（mPCR）［J］. Journal of Microbiology，2006，44（1）：92-96.
[3] 张毅，王爱华，王贵春. EMA-LAMP方法快速检测食源性副溶血性弧菌活细胞［J］. 江苏农业科学，2012，40（10）：290-292.
[4] Song J M，Vo-Dinh T . Miniature biochip system for detection of *Escherichia coli* O157：H7 based on antibody-immobilized capillary reactors and enzyme-linked immunosorbent assay［J］. Analytica Chimica Acta，2004，507（1）：115-121.
[5] Borucki M K，Krug M J，Muraoka W T，et al. Discrimination among *Listeria monocytogenes* isolates using a mixed genome DNA microarray［J］. Veterinary Microbiology，2003，92（4）：351-362.
[6] 饶宝，唐桂芬，刘玲玲，等. 沙门氏菌、金黄色葡萄球菌和大肠杆菌的基因芯片检测技术研究［J］. 郑州牧业工程高等专科学校学报，2012，（03）：3-5.
[7] 史蕾，顾大勇，徐云庆，等. 基于磁珠的可视化基因芯片在诺如病毒快速检测中的应用［J］. 中国热带医学，2009，（4）：596-598.
[8] 王怡雯，张帅，张红星，等. 双抗夹心ELISA快速检测冷鲜肉中福氏志贺氏菌2a［J］. 中国食品学报，2019，019（2）：230-235.
[9] 黄汉菊，黄振武，吴红英，等. 肠道病毒感染和克山病病因关系的探讨［J］. 同济医科大学学报，2001，（4）：23-25.

[10] 杜玉萍，陈清，王雅贤，等. 胶体金免疫层析法检测金黄色葡萄球菌的初步研究 [J]. 热带医学杂志，2006，6（6）：650-652.

[11] 柳健，焦新安，曹春梅，等. 快速检测O9抗原沙门菌免疫金标层析法的建立及其应用研究 [J]. 中国卫生检验杂志，2008，18（1）：42-44.

[12] 刁琳琪，王伟，徐建国，等. 胶体金标记免疫层析法检测大肠杆菌O157 [J]. 疾病监测，2007，22（7）：438-440.

[13] Decory T R，Durst R A，Zimmerman S J，et al. Development of an immunomagnetic bead-immunoliposome fluorescence assay for rapid detection of *Escherichia coli* O157：H7 in aqueous samples and comparison of the assay with a standard microbiological method [J]. Applied and Environmental Microbiology，2005，71（4）：1856-1864.

[14] 许学斌，顾宝柯，金汇明，等. 免疫磁珠法检测食品中的沙门菌及分离菌株的耐药性 [J]. 中国食品卫生杂志，2006，（3）：202-204.

[15] 刘光明，方元炜，陈伟玲，等. 空肠弯曲菌的磁捕获-荧光PCR检测技术研究 [J]. 检验检疫科学，2004，14（12）：16-21.

[16] 陈广全，张惠媛，饶红，等. 电阻抗法检测食品中沙门氏菌 [J]. 食品科学，2001（9）：66-70.

[17] 黄吉城，赖蔚冬，戴昌芳，等. 电阻抗法快速测定饮用纯净水中细菌和真菌总数的研究 [J]. 中国卫生检验杂志，2001，11（1）：19-20.

[18] 王洪志，王爱华. 用电阻抗法进行细菌种类鉴别试验 [J]. 中国医学生物技术应用，2003，（1）：66-70.

[19] 舒柏华，孙丹陵，王胜利，等. 肉类食品细菌污染生物发光快速分析技术研究 [J]. 中国公共卫生，2003，19（4）：483-484.

[20] 曹利蓉，张伟，晁蕊. ATP生物发光法在铁路站车食品器具卫生学检验中的应用 [J]. 铁路节能环保与安全卫生，2004，31（2）：86-87.

[21] 董晓琳，李志萍，高玮村，等. 基于适配体的金黄色葡萄球菌流式细胞术检测方法 [J]. 东北农业科学，2016，41（3）：81-86.

[22] 黄生权，付萌，唐青涛，等. 流式细胞术检测单增李斯特菌与酿酒酵母 [J]. 现代食品科技，2014（3）：195-200.

[23] 赵贵明，杨海荣，赵勇胜，等. MALDI-TOF质谱技术对克罗诺杆菌的鉴定与分型 [J]. 微生物学通报，2010（8）：1169-1175.

[24] 赵红阳，吕佳，卢雁，等. 基质辅助激光解吸电离飞行时间质谱对阪崎肠杆菌的鉴定 [J]. 中国微生态学杂志，2013，25（5）：541-547.

[25] Ebersole R C，Mccormick R M. Separation and Isolation of Viable Bacteria by Capillary Zone Electrophoresis [J]. Biotechnology，1993，11（11）：1278-1282.

[26] Pingle M R，Granger K，Feinberg P，et al. Multiplexed identification of blood-borne bacterial pathogens by use of a novel 16S rRNA gene PCR-ligase detection reaction-capillary electrophoresis assay. [J]. Journal of Clinical Microbiology，2007，45（6）：1927-1935.

[27] 尹畅. 基于CRISPR/Cas9介导的基因编辑技术研究进展 [J]. 科技视界，2017（2）：173-173.

[28] 李子玥，杨同仁，杨歌，等. 病原微生物的核酸检测分析研究进展 [J]. 应用化学，2021，38（5）：592-604.

[29] Huang M，Zhou X，Wang H，et al. Clustered Regularly interspaced short palindromic repeats/Cas9 triggered isothermal amplification for site-specific nucleic acid detection [J]. Anal Chem，2018，90（3）：2193-3197.

[30] Dai Y，Somoza R A，Wang L，et al. Inside cover：Exploring the trans-cleavage activity of CRISPR-Cas12a（cpf1）for the development of a universal electrochemical biosensor [J]. Angew Chem Int Ed，2019，58（48）：17084-17084.

[31] Cox D B，Gootenberg J S，Abudayyeh O O，et al. RNA editing with CRISPR-Cas13 [J]. Yearbook of Paediatric Endocrinology，2018，358（6366）：1019-1027.

[32] Gootenberg J S，Abudayyeh O O，Lee J W，et al. Nucleic acid detection with CRISPR-Cas13a/C2c2 [J]. Science，2017，356（6336）：438-442.

[33] Motaei J. CRISPR-based biosensing systems：a way to rapidly diagnose COVID-19 [J]. Rev Clin Lab Sci，2020，58（4）：225-241.

[34] 牛超. 未知细菌病原体毒力、重组筛查体系研究 [D]. 北京：中国人民解放军军事医学科学院，2010.

[35] Pyo，Dongjin. Comparison of fluorescence immunochromatographic assay strip and gold colloidal immunochromatographic assay strip for detection of microcystin [J]. Analytical Letters，2007（5）：907-919.

[36] Lu T，Zhu K，Huang C，et al. Rapid Detection of Shiga Toxin Type Ⅱ Using Lateral Flow Immunochromatography Test Strips of Colorimetry and Fluorimetry [J]. The Analyst，2020，（1）：76-82.

[37] Parker C O，Tothill I E. Development of an electrochemical immunosensor for aflatoxin M 1 in milk with focus on matrix interference [J]. Biosensors and Bioelectronics，2009，24（8）：2452-2457.

[38] Abbas A，Pegah H，Hasan B，et al. Impedimetric immunosensor for the label-free and direct detection of botulinum neurotoxin serotype A using Au nanoparticles/graphene-chitosan composite [J]. Biosensors & bioelectronics，2017，93（1）：124-131.

[39] Hema B，Gajjala S，Christophe A M. Gold nanobipyramids integrated ultrasensitive optical and electrochemical biosensor for Aflatoxin B 1 detection [J]. Talanta，2021，222（15）：121578.

[40] Jin X J X，Chen J C J，Zeng X Z X，et al. A signal-on magnetic electrochemical immunosensor for ultra-sensitive detection of saxitoxin using palladium-doped graphitic carbon nitride-based non-competitive strategy. [J]. Biosensors & Bioelectronics，2019，32（1）：45-51.

[41] Fang Y F Y，Chen S C S，Huang X H X，et al. Simple approach for ultrasensitive electrochemical immunoassay of *Clostridium difficile* toxin B detection [J]. Biosensors and Bioelectronics，2014，13（1）：238-244.

[42] 谢骁，刘全俊，陆祖宏. 光波导模式谱（OWLS）用于生物医学检测的研究进展 [J]. 激光与光电子学进展，2006，43（11）：33-42.

[43] Daly S J，Keating G J，Dillon P P，et al. Development of surface plasmon resonance-based immunoassay for aflatoxin B 1 [J]. Journal of Agricultural and Food Chemistry，2000，48（11）：5097-5104.

[44] Betsy J Y，Sara M H，Kelsey M. K，et al. Improved screening of microcystin genes and toxins in blue-green algal dietary supplements with PCR and a surface plasmon resonance biosensor [J]. Harmful Algae，2015：9-16.

[45] Todescato F，Antognoli A，Meneghello A. Sensitive detection of Ochratoxin A in food and drinks using metal-enhanced fluorescence. [J]. Biosensors & bioelectronics，2014，57：125-132.

[46] Mz H，Susan P M，Chris M M. An Imaging Surface Plasmon Resonance Biosensor Assay for the Detection of T-2 Toxin and Masked T-2 Toxin-3-Glucoside in Wheat. [J]. Toxins，2018，10（3）：119.

[47] 王忠兴，郭玲玲，匡华. 食品安全免疫层析检测技术研发及应用进展 [J]. 生物产业技术，2019（4）：75-81.

[48] 沈飞，刘鹏，蒋雪松，等. 基于电子鼻的花生有害霉菌种类识别及侵染程度定量检测 [J]. 农业工程学报，2016，32（24）：297-302.

[49] 韩仲志，刘杰. 高光谱亚像元分解预测花生中的黄曲霉毒素B_1 [J]. 中国食品学报，2020（3）：

244-250.
[50] 袁莹，王伟，褚璇，等. 基于高光谱成像技术和因子判别分析的玉米黄曲霉毒素检测研究[J]. 中国粮油学报，2014，29（12）：107-111.
[51] Doxey A C，Mansfield M J，Montecucco C. Discovery of novel bacterial toxins by genomics and computational biology [J]. Toxicon，2018，147（1）：2-12.
[52] Krueger K M，Barbieri J T. The family of bacterial ADP-ribosylating exotoxins [J]. Clin Microbiol Rev，1995，8（1）：34-47.
[53] Rappuoli R，Masignani V，Pizza M. An abundance of bacterial ADP-ribosyltransferases - implications for the origin of exotoxins and their human homologues - Response from Rappuoli，Masignani and Pizza [J]. Trends Microbiol，2001，9（7）：308.
[54] Poms RE，Klein CL，Anklam E. Methods for allergen analysis in food：a review. Food Addit Contam. 2004，21（1）：1-31.
[55] 王海艳，袁飞，吴亚君，等. 食品中过敏原胡桃蛋白间接竞争ELISA检测方法研究[J]. 中国食品学报，2010，（5）：217-222.
[56] 闰飞，周宁菱，罗春萍，等. 基于Arah6的花生间接竞争ELISA检测方法的建立[J]. 食品工业科技，2012，33（17）：303-306.
[57] 吴序栎，袁小平，刘志刚，等. 牛乳过敏原的分离、鉴定与纯化[J]. 中国乳品工业，2008，36（12）：15-17.
[58] 郭鸰，姜瞻梅，刘恩照，等. 火箭免疫电泳法测定牛乳中的免疫球蛋白[J]. 中国食品学报，2004，4（4）：75-77.
[59] 张懿翔，曲勤凤，余顺吉，等. 食品过敏原牡蛎成分PCR检测方法的初步研究[J]. 食品工业科技，2019，40（2）：251-256.
[60] 王海艳，陈颖，杨海荣，等. 食品过敏原胡桃PCR检测方法研究[J]. 中国食品学报，2010（1）：214-218.
[61] 孙敏，梁君妮，徐彪，等. 实时荧光PCR法检测食物中榛子过敏原成分[J]. 食品工业科技，2011（1）：248-254.
[62] 汪永信，程潇，安虹，等. 实时荧光PCR法同时检测食物中大豆和芹菜致敏原成分[J]. 生物技术通报，2016，32（1）：69-73.
[63] Pali-Schll I，Verhoeckx K，Mafra I，et al. Allergenic and novel food proteins：State of the art and challenges in the allergenicity assessment [J]. Trends in Food Science & Technology，2018，84：45-48.
[64] Verhoeckx K，Broekman H，Knulst A，et al. Allergenicity assessment strategy for novel food proteins and protein sources [J]. Regulatory Toxicology & Pharmacology，2016，79（1）：118-124.
[65] 祝子铜，黄雪，雷美康，等. 基于蛋白质组学和液相色谱-三重四级杆/线性离子阱串联质谱测定鱼糜制品中的大豆过敏原蛋白[J]. 分析仪器，2019，14（3）：118-124.
[66] 孟佳，古淑青，方真，等. 高效液相色谱-串联质谱法测定肉制品和调味料中7种水产品过敏原[J]. 色谱，2019，37（7）：50-60.
[67] 郭颖慧，霍胜楠，孟静，等. 食品过敏原检测技术研究进展[J]. 食品安全质量检测学报，2019，33（16）：5276-5281 .
[68] Yamanishi R，Tsuji H，Bando N，et al. Micro-assay method for evaluating the allergenicity of the major soybean allergen，Gly m Bd 30K，with mouse antiserum and RBL-2H3 cells [J]. Journal of the Agricultural Chemical Society of Japan，1997，61（1）：19-23.
[69] 蒋栋磊. 基于肥大细胞传感器检测食品过敏原蛋白技术研究[D]. 无锡：江南大学，2015.
[70] 葛攀玮. 构建基于RBL肥大细胞的电化学细胞传感器检测食品中的过敏原蛋白[D]. 扬州：扬州大学，2019.

[71] 佘之蕴，范安妮，张娟，等. 基于分子生物学技术检测食物过敏原的研究进展［J］. 食品安全质量检测学报，2016，7（12）：4721–4725.

[72] Yin J Y，Huo J S，Xin M X，et al. Study on the simultaneously quantitative detection for β–lactoglobulin and lactoferrin of cow milk by using protein chip technique［J］. Biomedical and Environmental ences，2017，30（12）：875–886.

[73] Wei，Wang. Optical thin–film biochips for multiplex detection of eight allergens in food［J］. Food Res Int，2011，44（10）：3229–3234.

[74] Jiang H，Jiang D，Zhu P，et al. A novel mast cell co–culture microfluidic chip for the electrochemical evaluation of food allergen［J］. Biosens. Bioelectron.，2016，83（1）：126–133.

[75] 武涌，李欣，陈红兵，等. 食物过敏原表位定位技术的研究进展［J］. 食品科学，2010（2）：406–410.

[76] 郭婷，张宇昊，马良. 纳米抗体的特性及其应用研究进展［J］. 食品科学，2013，34（3）：294–297.